DAXUE WULI SHIYAN

（修订版）

大学物理实验

主　编　许伯强
副主编　王纪俊　王国余　董荣生　徐晨光

江苏大学出版社
JIANGSU UNIVERSITY PRESS
镇　江

图书在版编目(CIP)数据

大学物理实验 / 许伯强主编．—修订本．—镇江：
江苏大学出版社，2020.8(2024.1 重印)
ISBN 978-7-5684-1330-5

Ⅰ.①大… Ⅱ.①许… Ⅲ.①物理学—实验—高等学
校—教材 Ⅳ.①O4-33

中国版本图书馆 CIP 数据核字(2020)第 014174 号

大学物理实验(修订版)

主　　编/许伯强
责任编辑/郑晨晖
出版发行/江苏大学出版社
地　　址/江苏省镇江市京口区学府路301号（邮编：212013）
电　　话/0511-84446464(传真)
网　　址/http://press.ujs.edu.cn
排　　版/镇江文苑制版印刷有限责任公司
印　　刷/江苏扬中印刷有限公司
开　　本/787 mm×1 092 mm　1/16
印　　张/17.5
字　　数/414 千字
版　　次/2020 年 8 月第 1 版
印　　次/2024 年 1 月第 7 次印刷
书　　号/ISBN 978-7-5684-1330-5
定　　价/48.00 元

如有印装质量问题请与本社营销部联系(电话:0511-84440882)

修订版前言

许伯强等编写的《大学物理实验》第 1 版，自 2011 年出版以来，深受广大读者厚爱.为适应教育部新工科创新人才培养目标和实验教学仪器的更新换代的需要，我们对其进行了修订. 这次修订充分考虑了广大使用者所提出的建议和意见，在保留第 1 版的体系、风格、特色的同时，对部分实验进行了较大的修改，同时增加了 3 个新实验.

《大学物理实验》修订版由许伯强主编，参加此次修订和编写工作的有许伯强、王纪俊、王国余、董荣生、徐晨光等. 江苏大学物理实验中心部分教师参与了本书中实验内容更新的工作，在此表示衷心的感谢.

编　者

2020 年 1 月

前　言

本书是根据面向21世纪物理实验教学内容与课程体系改革的精神，参照教育部高等学校物理基础课程教学指导委员会制定的《大学物理实验课程教学基本要求》，在江苏大学已使用的刘映栋编著的《大学物理实验教程》的基础上，认真吸取了国内相关实验教材的精华，并结合江苏大学物理实验教学改革成果总结、改编而成的.

大学物理实验是学生进入大学后的第一门科学实验课程.本课程应使学生受到比较严格和系统的基本实验技能训练，以培养学生的实践能力和创新能力，并在实验教学过程中使学生逐步养成严谨的治学态度和求实的科学作风.

本书的编写具有以下几个特色：

（一）按照"低起点、高台阶"的原则，建立以物理实验的基本知识、基本方法、基本技能训练为基础，以科学研究能力和创新能力培养为主线，采用阶梯式教学的新体系.将整个实验教学过程分成基础性实验、综合提高性实验、设计研究性实验三个阶段，既能适应低年级学生的接受能力，又能达到较高的教学培养目标.

（二）在教学内容安排上既重视系统全面的基础性实验，又增添了现代科学技术发展的代表性实验和创新性课题.第1章"绪论"包括了物理实验课程的地位、目的、作用及基本实验程序；第2章较为系统、完整地介绍了"测量误差与数据处理"的相关知识，在数据处理的基本方法中介绍了计算机数据处理软件（如Origin，Excel等），推荐利用计算机进行数据处理；第3章为"常用物理实验仪器及使用"，不仅要求学生学会使用基本仪器，而且要达到一定的熟练程度；第4章为"常用物理实验思想与方法"，系统地介绍和总结了物理实验的基本思想和测量方法；第5章为"预备性实验"，弥补中学实验基础的不足，使整个实验的起点适中；第6章为"基础性实验"，该部分不仅实验原理叙述清楚、公式推导完整，而且还有详细的实验步骤和部分数据表格，以便初学者自学和了解规范要求；第7章为"综合提高性实验"，帮助学生提高综合实验能力，使学生能够根据测量条件及精度要求在确定实验方法、选择实验仪器等方面得到初步的训练；第8章为"设计研究性实验"，设计研究性实验突出了实验背景和设计思路，淡化了实验过程与操作步骤，以便促进学生主动学习与自主实验，此外研究性实验还突出了工程背景与应用；书末附表介绍了国际单位制及部分常用导出单位等.

（三）在教学要求上，体现既重视基本实验技术的训练，又强调综合实验能力、创新能力的培养.在教学过程中，要求紧紧地把握大学物理实验教学与发展规律，努力尝试实验教学与科研相结合，为学生营造一个研究式的氛围，培养学生自主学习、综合实践、研究和创新能力.

（四）在文字方面，力求叙述准确，思路清晰，逻辑性、条理性强，语言简明扼要.模块化的编排方式既利于教学，又使读者通过模块化的实验训练达到融会贯通、举一反三的目的，同时给学生留下充分的思考空间，培养自主创新意识.

本书适用于普通高校理工科专业的物理实验课程教学，不同院校可根据实际情况，对内容进行选择性使用.

本书收集了46个实验项目，它凝聚了江苏大学几代教师和实验技术人员的智慧和劳动，同时也参考了诸多院校所编的实验教材和仪器厂家的说明书，吸收了其中许多精华之处.在编写本书的过程中，得到了江苏大学教务处领导、理学院领导和物理系老师的大力支持和关心，也得到了江苏大学出版社的支持，在此一并表示衷心的感谢！

由于编者水平有限，书中难免会有错漏之处，敬请读者指教，以便改进.

编　者

2010年11月

目　录

1 绪　　论

1.1 物理实验的意义与任务

物理学是一门实验科学，物理学的形成与发展是以实验为基础的. 物理概念的确立、物理规律的发展、物理理论的建立都有赖于物理实验，并受物理实验的检验. 物理学是一切自然科学的基础，人类文明史上历次重大的技术革命都是以物理学的进步为先导的，物理实验在其中起着独特的作用. 例如，法拉第等人进行电磁学的实验研究促使了电磁学的产生与发展，诞生了电力技术与无线电技术，形成了电力与电子工业；放射性实验的研究和发展促使原子核科学的诞生与核能的运用，使人类进入了原子能时代；固体物理实验的研究和发展促使晶体管与集成电路的问世，进而形成了强大的微电子工业与计算机产业，使人类步入信息时代.

物理实验既为开拓新理论、新领域奠定基础，又丰富和发展了物理学应用的广阔天地. 当今科学技术的发展以学科互相渗透、交叉与综合为特征. 物理实验作为有力的工具，其构思、方法和技术与其他学科相互结合并已经取得巨大的成果. 基于这方面的原因，人们逐渐感到理工科加强对学生进行物理实验训练的重要性. 理论课是进行物理实验必要的基础，在实验过程中，通过理论的运用与现象的观测分析，使得理论与实验相互补充，从而加深和拓展学生的物理知识.

物理实验是一门独立的必修基础实验课程，是高校理工科进行科学实验训练的一门基础课程，是各专业后继实验课程的基础之一. 也可以说，它是大学生从事科学实验工作的入门，其主要任务如下：

（1）通过对实验现象的观察、分析及对物理量的测量，学习物理实验知识，加深对物理学原理的理解.

（2）培养与提高学生的科学实验能力.

① 自学能力：能够自行阅读实验教材和参考资料，正确理解实验原理和实验内容，做好实验前的准备；能通过查阅资料解决实验中出现的基本问题.

② 动手实践能力：能够借助实验教材或仪器说明书，正确地使用仪器进行各种基本操作；培养一定的动手操作能力，能够解决实验中的一般性技术问题，排除实验中的简单故障；在一定的仪器设备条件下，通过努力得出尽可能好的实验结果.

③ 观察能力:能够通过自身的感觉器官及其延伸物——实验仪器,捕捉实验过程中所呈现的各种现象,探求实验现象的各种特征,通过对实验现象的观察和比较获得全面的、本质的实验信息.

④ 综合分析能力:能够运用物理学理论和实验原理对实验现象和实验结果进行初步分析、判断和解释;对各种因素可能引起的误差进行初步估计,并对结果进行初步评价.

⑤ 表达能力:能够正确记录和处理实验数据,设计表格,绘制图形,描述实验现象,说明实验结果,撰写合格的实验报告.

⑥ 设计能力:对于简单设计性实验,能够从研究对象或课题要求出发查阅资料;依据基本原理,设计实验方法,确定实验参数,选配实验仪器,拟定实验程序,合理、有效地安排测量方案和实验步骤.

(3) 培养与提高学生的科学实验素养.

要求学生具有理论联系实际和实事求是的科学态度,严肃认真的工作作风,主动研究的探索精神,遵守纪律、爱护公共财产的优良品德,团结协作、共同探索的协同心理和讲究科学方法、遵守操作规程、注意安全的良好习惯等.

1.2 物理实验课的基本程序

物理实验课通常分以下三个阶段进行:

1. 实验课前的预习

预习是上好实验课的基础和前提.实验前必须认真阅读教材,做好必要的预习,只有这样才能按质、按量、按时完成实验.同时,预习也是培养阅读能力的学习环节.阅读时要以实验目的为中心,理解实验原理(包括测量公式)、实验内容、操作要点、数据处理及其分析方法等;应反复思考实验原理、仪器装置选择及操作、数据处理等内容和要求,以达到实验目的.物理实验应始终在明确的理论指导下进行.预习时应尽量精心构思,要求在实验报告中写出简明的预习报告(统一写在实验报告纸上),其内容包括:

(1) 实验名称.

(2) 实验目的.

(3) 实验器材.

(4) 实验原理.在理解的基础上,用简短的文字扼要地阐述实验原理,切忌整篇照抄,力求做到图文并茂,尽量使用原理图、电路图或光路图.写出实验所用的主要公式,说明式中各物理量的意义和单位,以及公式适用条件(或实验必要条件).

(5) 实验内容和步骤.简述主要实验内容、实验方法、实验技术和实验步骤.

(6) 注意事项.

此外,为了使测量结果一目了然,防止漏测数据,预习时还应根据实验要求在实验原始数据记录纸上列出待测物理量,画好数据记录表格,表中要留有余地,以便在意外发生时能够记录相关数据.

2. 实验中的操作与记录

实验室与教室的最大区别就是实验室中有大量的仪器设备和实验材料. 因此，进入实验室前必须详细了解并严格遵守实验室的各项规章制度，保证人身和实验仪器设备的安全.

做实验时，要胆大心细，严肃认真，一丝不苟. 按照仪器操作规程安装与调整好实验仪器，观察实验现象与选择测试条件，读取实验数据并记录在原始数据记录纸上. 数据记录应做到整洁、清晰而有条理，以便于计算与复核，达到省工省时的目的. 在标题栏内要注明单位. 数据不得任意涂改. 确定测错而无用的数据，可在旁边注明“作废”字样，不要任意删去. 实验数据应交指导教师审阅.

实验过程中应对观察到的现象和测得的数据及时判断其是否正常与合理. 实验过程中可能会出现故障，应在教师的指导下主动分析故障原因，掌握排除故障的本领.

离开实验室前，要整理好所用的仪器，做好清洁工作，数据记录须经教师审阅签名.

3. 撰写实验报告

实验后撰写实验报告是完成一个实验题目的最后程序，也是对实验进行全面分析总结的一个过程，必须予以充分重视.

应在原预习报告的基础上充实以下内容：

(1) 补充记录实验所用主要仪器的编号和规格. 记录仪器编号是一个很好的工作习惯，便于以后对实验进行复查. 记录仪器规格可以帮助学生逐步熟悉仪器名称及作用，以培养其选用仪器的能力.

(2) 数据记录与处理. 设计记录和处理表格，运算步骤应完整；误差计算应先写出误差公式，再代入数值进行运算；以较准确的形式写出最后结果，必要时可注明结果的实验条件，特别要注意有效数字的正确表示.

(3) 结果分析和问题讨论等. 分析讨论实验结果(对实验中出现的问题进行说明和讨论)，写出实验心得或建议等，完成实验后的思考题.

实验报告是实验工作的书面总结，是实验操作、观察测量及数据分析后的永久性的科学记录. 撰写实验报告有助于锻炼逻辑思维能力，将自己在实验中的思维活动变成有形的文字记录，发表自己对本次实验结果的评价和收获. 实验报告也是今后书写科研论文的基础，应保持字迹工整、措辞简练、步骤完整、数据真实、图表齐全、书写规范.

1.3 实验室规则

为了保证实验正常进行，以及培养严肃认真的工作作风和良好的实验工作习惯，特制定下列规则.

(1) 学生应在规定时间内进行实验，不得无故缺席或迟到. 学生若变动实验时间，须经实验室同意.

(2) 学生在每次实验前应对安排要做的实验进行预习，并在预习的基础上写出预习报告，准备好实验原始数据记录纸(画好待测量的数据记录表格).

(3) 进入实验室后，应将预习报告和实验原始数据记录纸放在桌上由教师检查.

(4) 实验时应携带必要的物品,如文具、计算器和草稿纸等. 对于需要作图的实验应事先准备毫米方格纸和铅笔.

(5) 进入实验室后,核对自己使用的仪器是否缺少或损坏. 若发现问题,应及时向教师或实验室管理员反映.

(6) 实验前应细心观察仪器构造,操作应谨慎细心,严格遵守各种仪器仪表的操作规则及注意事项. 尤其是电学实验,线路接好后先经教师或实验室工作人员检查,经许可后才可接通电路,以免发生意外.

(7) 实验完毕前应将实验数据交由教师检查,实验合格者教师可予以签字通过. 余下时间在实验室内进行实验计算与做作业题,待下课后方可离开.

(8) 实验时应注意保持实验室整洁、安静. 实验完毕应将仪器、桌椅恢复原状,放置整齐.

(9) 如有仪器损坏应及时报告教师或实验室工作人员,并填写损坏单,注明损坏原因. 赔偿办法应根据学校规定处理.

2 测量误差与数据处理

物理实验离不开对物理量的测量.由于测量仪器、测量方法、测量条件、测量人员等因素的限制,测量结果不可能绝对准确,所以需要对测量结果的可靠性做出评价,对其误差范围做出估计,以正确地表达实验结果.

本章主要介绍误差和不确定度的基本概念、测量结果的表达和不确定度的计算、实验数据处理等方面的基本知识.这些知识不仅在后面的每个实验中都将用到,而且是学生今后从事科学实验工作所必须了解和掌握的.

2.1 测量与误差

2.1.1 直接测量与间接测量

物理实验是将物质的运动形态按人们的意愿在一定的实验条件下再现,以找出各物理量间的关系,并确定它们的数值大小,从中获取规律性认识的过程.物理实验是以测量为基础的.

测量是通过一定的实验者,运用一定的方法,使用一定的仪器实现对自然界中的客体获取数量概念的一种认识过程.在测量过程中,为确定被测对象的测量值,首先要选定一个单位,然后将待测量与这个单位进行比较,得到比值(倍数)即为测量值的数值.显然,数值的大小与所选的单位有关,因此表示一个测量值数值时必须附以单位.测量就是借助仪器用某一计量单位将待测量的大小表示出来.

根据获得测量结果方法的不同,测量可分为直接测量和间接测量.所谓直接测量就是将待测量与预先选定好的仪器、量具比较,直接从仪器上读出待测量的大小.例如,用米尺测长度,用天平测质量,用电流表测电流等.另一类需依据待测量和某几个直接测量值的函数关系通过数学运算获得测量结果,这种测量称为间接测量.例如用伏安法测电阻,已知电阻两端的电压和流过电阻的电流,依据欧姆定律求出待测电阻的大小.

一个物理量能否直接测量不是绝对的.随着科学技术的发展,测量仪器的改进,许多原来只能间接测量的量,现在可以直接测量了.比如车速的测量,可以直接用测速仪进行直接测量.物理量的测量大多数是间接测量,但直接测量是一切测量的基础.

2.1.2 测量误差

在一定条件下，某一物理量所具有的客观大小称为真值. 测量的目的就是力图得到物理量的真值. 但由于测量方法、测量仪器、测量条件以及观测者水平等多种因素的限制，测量结果与真值之间总有一定的偏差，这就是测量误差. 测量误差可以用绝对误差表示，也可以用相对误差表示.

绝对误差是一个有量纲的代数值，它表示测量值偏离真值的程度，通常简称为误差；相对误差反映了测量的准确程度，是一个无量纲的量，通常用百分数表示.

设测量值为 X，待测量真值为 A，则可将测量的绝对误差 ΔX 表示为

$$\Delta X = X - A \tag{1}$$

相对误差表示为

$$\text{相对误差} = \frac{|\Delta X|}{A} \times 100\% \tag{2}$$

由于真值是一个理想的概念，从测量角度讲，真值是不可能确切获知的，实际应用中常用约定真值代替真值，所以计算相对误差时常用约定真值 X_0 代替真值 A，这时就称为百分误差，即百分误差表示为

$$E_0 = \frac{|\Delta X_0|}{X_0} \times 100\% = \frac{|X - X_0|}{X_0} \times 100\% \tag{3}$$

测量得到的一切值都毫无例外地存在误差，误差存在于一切测量之中，而且贯穿于测量过程的始终. 在误差无法避免的情况下，所做的工作应该是找到在同一测量条件下最接近于真值的最佳近似值，分析测量过程中产生误差的原因，将影响降低到最低程度，并对测量结果中未能消除的误差做出估计.

2.1.3 测量误差的分类

根据测量误差的来源和性质，通常将其分为系统误差、随机误差和过失误差三类.

1. 系统误差

系统误差是指在同一条件（如方法、仪器、环境、人员）下多次测量同一物理量时，结果总是向一个方向偏离，其数值固定或按一定规律变化. 系统误差具有一定的规律性.

系统误差的产生原因可归结为以下几个方面：

(1) 仪器误差. 它是由仪器本身的缺陷或没有按规定条件使用仪器而造成的误差. 如螺旋测微计的零点不准，天平不等臂等.

(2) 理论误差. 它是由测量所依据的理论公式本身的近似性，或实验条件不能达到理论公式所规定的要求，或测量方法不当等所引起的误差. 如实验中忽略了摩擦、散热、电表的内阻、单摆周期公式 $T = 2\pi\sqrt{\frac{l}{g}}$ 的成立条件等理想条件与实验方法上的不完善.

(3) 环境误差. 它是受外界环境性质（如光照、温度、湿度、电磁场等）的影响而产生的误差. 如环境温度升高或降低，使测量值按一定规律变化.

(4) 个人误差. 它是由观测者本人生理或心理特点造成的误差. 如有人用秒表测时

间时，总是使之过快.

系统误差的发现、减小或修正是一项重要的实验课题，对于广大学生来说，则是需要通过具体的实验训练逐步掌握的一种重要的实验技能. 原则上讲，系统误差的分析处理可以根据具体情况在实验前、实验中或实验后进行. 例如，在实验前选择合适的测量方法，对测量仪器进行校准；在实验中可采取一定的方法和手段使测量中的系统误差消除或减小；在实验测量后可对实验值进行理论修正等.

2. 随机误差

随机误差是指在相同测量条件下，多次测量同一物理量时，误差时大时小、时正时负，以不可预定方式变化着的测量误差. 就每一次测量而言，其随机误差的大小和符号都是不可预知的，具有"偶然性"或"随机性". 它是由一系列随机的、不确定的因素导致的. 例如，人的感官判断能力的随机性，在测量与读数时难免存在时大时小的偏差；外界因素的起伏不定，如温度或高或低、空气流动、气压变化等；仪器内部存在的一些偶然因素，如零部件配合的不稳定等.

在实验过程中，上述因素往往混杂出现，难以预知，难以控制，所以，对待随机误差不可能像系统误差那样找出原因，对其一一加以分析处理. 但理论和实践都证明，如果对某一物理量在同一条件下进行多次测量，当测量次数足够多时，这一组等精度测量数据(称为一个测量列)其随机误差一般服从如图 2-1 所示的统计规律，图中横坐标表示误差 ΔX，纵坐标表示一个与该误差出现的概率相关的概率密度函数 $f(\Delta X)$. 可以证明：

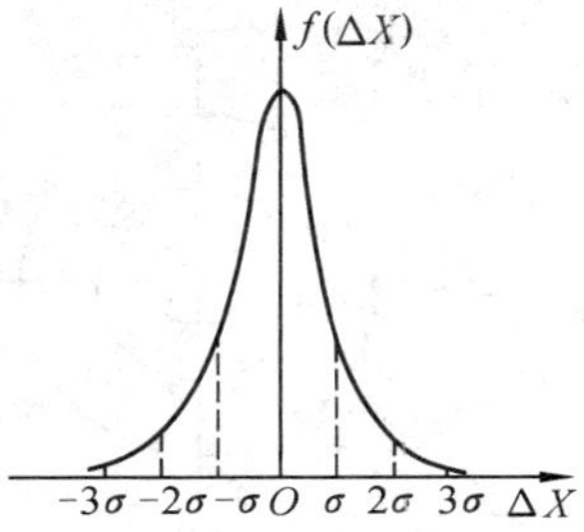

图 2-1　随机误差的统计规律

$$f(\Delta X)=\frac{1}{\sqrt{2\pi}\sigma}\mathrm{e}^{-(\Delta X)^2/2\sigma^2} \tag{4}$$

这种分布称为正态分布(或高斯分布)，其中的 σ 为分布函数的特征量，其值为

$$\sigma=\sqrt{\frac{\sum_{i=1}^{n}(\Delta X_i)^2}{n}} \tag{5}$$

服从正态分布的随机误差具有以下一些特征：

(1) 单峰性. 绝对值小的误差出现的概率比绝对值大的误差出现的概率大.

(2) 对称性. 绝对值相等的正、负误差出现的概率相同.

(3) 有界性. 在一定的测量条件下，误差的绝对值不超过一定限度.

(4) 抵偿性. 随机误差的算术平均值随测量次数的增加而趋向于零，即

$$\lim_{n\to\infty}\frac{1}{n}\sum_{i=1}^{n}\Delta X_i=0 \tag{6}$$

随机误差不可能用测量的方法加以消除，但可通过增加测量的次数来减少.

3. 过失误差

过失误差又称为粗大误差，它是由于不正确地使用仪器，粗心大意、观察错误或记错数据等不正常情况引起的误差. 只要实验者有严肃认真的科学态度，一丝不苟的工作作风，过失误差是可以避免的，即使不小心出现了，也应能在分析后立即予以剔除.

2.1.4 精密度、正确度和精确度

为了能正确评价实验中测量结果的好坏，可引入精密度、正确度和精确度三个概念.

（1）精密度——表示重复测量所得的各测量值相互接近的程度，它描述了测量结果重复性的优劣，反映了测量中随机误差的大小. 所谓测量的精密度高，就是指测量数据的离散性小，即随机误差小（但系统误差的大小不明确）.

（2）正确度——表示测量结果与真值相接近的程度，它描述了测量结果的正确性的高低，反映了测量中系统误差的大小程度. 所谓测量的正确度高，就是指最后的测量结果与真值的偏差小，即系统误差小（但随机误差的大小不确定）.

（3）精确度——表示对测量结果的精密性与正确性的综合评定，因而反映了总的误差情况. 所谓测量的精确度高，就是指测量值集中于真值附近，即测量的随机误差与系统误差都较小.

图 2-2 所示子弹打靶时的着弹点的分布情况可形象地说明上述三个量的意义.

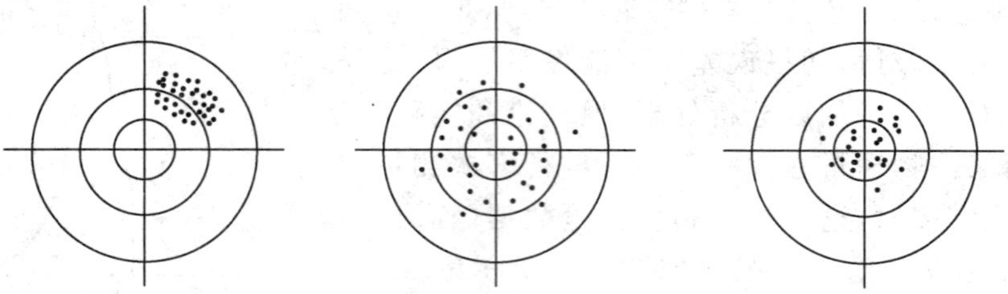

图 2-2　子弹着弹点的分布图

图 2-2a 表明数据的精密度高，但正确度低，相当于随机误差小而系统误差大；图 2-2b 则表示数据的正确度高而精密度低，即系统误差小而随机误差大；图 2-2c 则代表精密度和正确度都较高，即精确度高，总误差小.

2.1.5 随机误差的估计

对某一物理量进行多次重复测量时，其测量结果服从一定的统计规律，也就是正态分布（或高斯分布）. 可用描述正态分布的两个参量（X 和 σ）来估计随机误差. 设在一组测量值中，n 次测量的值分别为 $X_1, X_2, \cdots, X_n$.

1. 测量结果的最佳值——算术平均值

根据最小二乘法原理可证明，多次测量的算术平均值

$$\overline{X} = \frac{1}{n}\sum_{i=1}^{n} X_i \tag{7}$$

是待测量真值 A 的最佳估计值，称 $\overline{X}$ 为近似真实值，以后将用 $\overline{X}$ 来表示多次测量的近似真实值. 从统计学上讲，测量列的算术平均值 $\overline{X}$ 比任何一个测量值 X_i 都更接近于真值 A.

此结论也适用于"随机误差遵从其他分布规律"的情况.

2. 多次测量的随机误差估计

图 2-3 所示为不同 σ 值时 $f(\Delta X)$ 的正态分布. 由图可见，σ 值越小，则曲线较陡，说明这组测量数据的分散性小，重复性好；而 σ 值大，则曲线较平坦，分布较宽，说明测量

数据的重复性差.

根据随机误差的高斯理论可以证明,在有限次测量情况下,单次测量值的标准偏差为

$$\sigma_X = \sqrt{\frac{\sum_{i=1}^{n} V_i^2}{n-1}} = \sqrt{\frac{\sum_{i=1}^{n}(X_i - \overline{X})^2}{n-1}} \quad \text{(贝塞尔公式)} \tag{8}$$

通常称 $V_i = X_i - \overline{X}$ 为偏差或残差. σ_X 表示测量列的标准偏差,它表征同一被测量在同一条件下作 n 次有限测量时其结果的分散程度,其相应的置信概率 $P(\sigma_X)$ 接近于 68.3%,意义是 n 次测量中任一次测量值的误差落在 $(-\sigma_X, +\sigma_X)$ 区间的可能性约为 68.3%,也就是说真值落在 $(\overline{X}-\sigma_X, \overline{X}+\sigma_X)$ 范围内的概率约为 68.3%. 标准偏差 σ_X 小则表示测量值密集,即测量的精密度高;标准偏差 σ_X 大则表示测量值分散,即测量的精密度低.

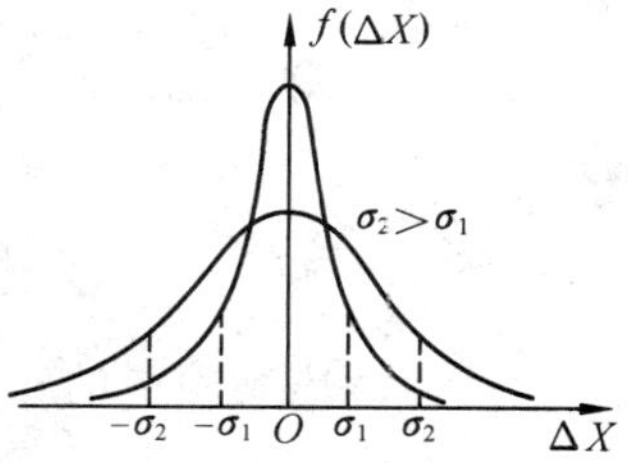

图 2-3　正态分布图

3. 算术平均值的标准偏差

如前所述,从统计学上讲 $\overline{X}$ 应比每一个测量值 X_i 都更接近于真值,应用误差理论可以证明,当测量次数 n 有限时,其算术平均值的标准偏差为

$$\sigma_{\overline{X}} = \frac{\sigma_X}{\sqrt{n}} = \sqrt{\frac{\sum_{i=1}^{n}(X_i - \overline{X})^2}{n(n-1)}} \tag{9}$$

其意义是测量平均值 $\overline{X}$ 的随机误差在 $(-\sigma_{\overline{X}}, +\sigma_{\overline{X}})$ 区间的概率为 68.3%. 或者说,待测量的真值落在 $(\overline{X}-\sigma_{\overline{X}}, \overline{X}+\sigma_{\overline{X}})$ 范围内的概率为 68.3%. 因此 $\sigma_{\overline{X}}$ 反映了平均值接近真值的程度.

由式(9)可知,随着测量次数 n 的增加, $\sigma_{\overline{X}}$ 将减小,这就是通常所说的"增加测量次数,可以减少随机误差"的意义所在. 但在 $n>10$ 后, $\sigma_{\overline{X}}$ 变化很慢,所以测量次数过多也没有多少实际意义. 综合各种因素,在物理实验中一般取 $6 \leqslant n \leqslant 10$.

2.2　测量结果的表示与不确定度

2.2.1　测量结果的表达形式与不确定度

一般情况下,科学实验中的测量结果应该体现测量值和与之相对应的测量误差的评定两方面.

按照我国国家计量技术规范,测量结果应表述为

$$Y = X \pm \Delta_X \tag{10}$$

式中, Y 为待测量; X 为该待测量的测量值; Δ_X 为测量的总不确定度,它们具有相同的单位.

不确定度是对待测量的真值所处量值范围的评定,即对测量误差的一种评定方式.

不确定度恒为正值，它表示由于存在测量误差，导致待测量的真值不能确定的程度. 不确定度越小，测量结果可信赖程度越高；不确定度越大，测量结果可信赖程度越低.

将测量结果写成式(10)的真实含义是：待测量的真值在一定的概率水平上落在$[X-\Delta_X, X+\Delta_X]$的范围内，或者说区间$[X-\Delta_X, X+\Delta_X]$以一定的概率包围真值. 这里所说的一定的概率即为"置信概率"，而区间$[X-\Delta_X, X+\Delta_X]$称为"置信区间". 置信概率与置信区间之间存在单一的对应关系，置信区间大，相应地置信概率就高；置信区间小，置信概率就低.

为了更准确地反映测量结果的优劣，很多情况下还应同时求出测量值的相对不确定度，即

$$E=\frac{\Delta_X}{X}\times 100\% \tag{11}$$

为综合考虑实验中的各种误差情况，通常将不确定度分为两类分量.

(1) 不确定度 A 类分量：根据一列测量值的统计分布进行评估，用标准偏差来表征，记为 Δ_A.

(2) 不确定度 B 类分量：根据经验或其他信息进行评估，用非统计方法评定，记为 Δ_B.

A,B 两类不确定度与随机误差、系统误差不存在简单的对应关系.

2.2.2 直接测量结果的不确定度

1. 多次测量结果的不确定度

在物理实验教学中，当对某一物理量进行多次直接测量后，测量值采用测量列的算术平均值 $\overline{X}$ 表示，而总不确定度则是 A,B 两类不确定度的方和根，即

$$\Delta=\sqrt{\Delta_A^2+\Delta_B^2} \tag{12}$$

(1) A 类不确定度 Δ_A 的估计.

平均值作为测量结果的最佳值，其不确定度为

$$\Delta_A=\Delta_{\overline{X}}=\frac{t}{\sqrt{n}}\sigma_{\overline{X}}=t\sqrt{\frac{\sum_{i=1}^{n}(X_i-\overline{X})^2}{n(n-1)}} \tag{13}$$

式中，t 称为"t 因子"，它与测量次数置信概率有关. t 因子的数值可以根据测量次数和置信概率查表得到. 对于置信概率 $P=0.683$，不同的测量次数 n 对应的 t 因子的值如表 2-1 所示.

表 2-1　$P=0.683$ 时不同的测量次数对应的 t 因子的值

测量次数 n	2	3	4	5	6	7	8	9	10	20	30	40	∞
$t_{0.683}$	1.84	1.32	1.20	1.14	1.11	1.09	1.08	1.07	1.06	1.03	1.02	1.01	1.00

从表 2-1 可以看出，置信概率为 68.3%时，当测量次数较少时，$t>1$；当测量次数 $n\geqslant 10$ 时，$t\approx 1$；为了简便，本书一般取 $t=1$，则式(13)就简化为

$$\Delta_A=\Delta_{\overline{X}}=\sqrt{\frac{\sum_{i=1}^{n}(X_i-\overline{X})^2}{n(n-1)}} \tag{14}$$

(2) B类不确定度 Δ_B 的估计.

Δ_B 是用非统计方法评定的不确定度的分量，一般应根据经验或其他非统计信息估计. 在测量中往往采用一些必要的措施，使系统误差减小到最低程度，或对系统误差进行修正，这样就可以只考虑测量仪器误差或者测量条件不符合要求引起的附加误差所带来的B类分量. 为了方便，本书对B类分量 Δ_B 的估计做如下简化：由实验室给出，或近似地取为计量仪器的误差，即

$$\Delta_B = \Delta_{仪} = \frac{\sigma_{仪}}{\sqrt{3}} \tag{15}$$

式中，$\Delta_{仪}$ 为仪器的不确定度，是由仪器本身的特性所决定的；$\sigma_{仪}$ 为仪器说明书上所标明的"最大误差"或"不确定度限值"，统称为仪器误差限值.

仪器说明书上所标明的"最大误差"或"不确定度限值"是指在正确使用仪器的条件下，仪器示值与被测量真值之间可能产生的最大误差的绝对值. 本书常见的仪器误差限值 $\sigma_{仪}$ 参见表2-2.

表2-2 常见的仪器误差限值 $\sigma_{仪}$

仪器种类	规格	仪器误差限值 $\sigma_{仪}$
游标卡尺	0.02 mm，0.05 mm	分度值
螺旋测微计	0～25 mm 及 25～50 mm	0.004 mm
天　平		标尺分度值的一半
电　表		量程×准确度等级%
数字式仪表		末位数最小分度的一个单位
电阻箱、电桥		示值×准确度等级%＋零值电阻
示值误差或准确度等级未知仪器		最小分度值的一半

(3) 多次测量的总不确定度.

综上所述，等精度多次直接测量结果的总不确定度为

$$\Delta = \sqrt{\Delta_A^2 + \Delta_B^2} = \sqrt{\frac{\sum_{i=1}^{n}(X_i - \overline{X})^2}{n(n-1)} + \frac{\sigma_{仪}^2}{3}} \tag{16}$$

2. 单次测量结果的不确定度

在实际测量中，经常会遇到由于条件的限制不能对某一被测物理量进行多次测量，以及由于仪器的精度较低或被测对象不稳定，多次测量的结果并不能反映随机性的情形，此时多次测量已失去意义. 在这些情况下，测量结果的不确定度应根据对仪器精度、测量方法和测量对象的分析，估计其最大误差. 因此，对单次测量可认为不存在不确定度的A类分量，而B类分量可取为仪器误差限值，即

$$\Delta_X = \Delta_B = \sigma_{仪} \tag{17}$$

2.2.3 间接测量结果不确定度的合成

物理实验中的大部分物理量都需由间接计算得到，即在直接测量的基础上通过一定的函数运算得到. 由于各直接测量量都带有一定的误差，因而间接测量量也必然带有

误差,这就是“误差的传递”问题.

若用 $x, y, z, \cdots$ 表示彼此独立的直接测量量,N 表示间接测量量,则可表示为

$$N=f(x, y, z, \cdots) \tag{18}$$

对式(18)求全微分,即得

$$\mathrm{d}N=\frac{\partial f}{\partial x}\mathrm{d}x+\frac{\partial f}{\partial y}\mathrm{d}y+\frac{\partial f}{\partial z}\mathrm{d}z+\cdots \tag{19}$$

若先对式(18)取自然对数后再求全微分,则有

$$\ln N=\ln f(x, y, z, \cdots)$$

$$\frac{\mathrm{d}N}{N}=\frac{\partial \ln f}{\partial x}\mathrm{d}x+\frac{\partial \ln f}{\partial y}\mathrm{d}y+\frac{\partial \ln f}{\partial z}\mathrm{d}z+\cdots \tag{20}$$

式(19)和式(20)就是误差传递的基本公式.

当用不确定度来反映测量的误差情况时,误差传递问题实际上也就是不确定度的传递问题,或者说是不确定度的合成问题.

1. 绝对值合成法

间接测量的不确定度就是对间接测量误差的一种测度,为避免对间接测量的误差估算不足,最保险的办法是将式(19)中各项取绝对值,分别用不确定度 $\Delta_x, \Delta_y, \Delta_z, \cdots$ 替换微小偏差 $\mathrm{d}x, \mathrm{d}y, \mathrm{d}z, \cdots$,不确定度的绝对值合成公式为

$$\Delta_N=\left|\frac{\partial f}{\partial x}\Delta_x\right|+\left|\frac{\partial f}{\partial y}\Delta_y\right|+\left|\frac{\partial f}{\partial z}\Delta_z\right|+\cdots \tag{21}$$

同理,相对不确定度的绝对值合成公式为

$$E=\frac{\Delta_N}{N}=\left|\frac{\partial \ln f}{\partial x}\Delta_x\right|+\left|\frac{\partial \ln f}{\partial y}\Delta_y\right|+\left|\frac{\partial \ln f}{\partial z}\Delta_z\right|+\cdots \tag{22}$$

当不知道各直接测量量的误差符号时,这种合成过程计算较简便,但计算结果往往偏大.绝对值合成法一般适用于仪器较粗糙,实验精确度较低,系统误差较大的实验.

2. 方和根合成法

对于仪器精度较高,系统误差较小的实验,不确定度绝对值合成公式夸大了间接测量结果的不确定度.对于以随机误差为主的不确定度的传递问题,更合理的合成方法是方和根合成法,即将全微分式(19)、式(20)中的微分形式改写为不确定度形式,并将微分式中的各项求“方和根”.也就是说,可用以下两个公式来计算间接测量结果的不确定度和相对不确定度,即

$$\Delta_N=\sqrt{\left(\frac{\partial f}{\partial x}\right)^2\Delta_x^2+\left(\frac{\partial f}{\partial y}\right)^2\Delta_y^2+\left(\frac{\partial f}{\partial z}\right)^2\Delta_z^2+\cdots} \tag{23}$$

$$E=\frac{\Delta_N}{N}=\sqrt{\left(\frac{\partial \ln f}{\partial x}\right)^2\Delta_x^2+\left(\frac{\partial \ln f}{\partial y}\right)^2\Delta_y^2+\left(\frac{\partial \ln f}{\partial z}\right)^2\Delta_z^2+\cdots} \tag{24}$$

例 2-1 用不确定度的方和根合成法推导加减运算和乘除运算的不确定度的合成公式.

(1) 设 $N=x+y$,则 $\mathrm{d}N=\mathrm{d}x+\mathrm{d}y$,应有 $\Delta_N=\sqrt{\Delta_x^2+\Delta_y^2}$,从而

$$\frac{\Delta_N}{N}=\frac{\sqrt{\Delta_x^2+\Delta_y^2}}{x+y}$$

(2) 设 $N=x-y$,则 $\mathrm{d}N=\mathrm{d}x-\mathrm{d}y$,仍有 $\Delta_N=\sqrt{\Delta_x^2+\Delta_y^2}$,从而

$$\frac{\Delta_N}{N}=\frac{\sqrt{\Delta_x^2+\Delta_y^2}}{x-y}$$

(3) 设 $N=xy$,则 $dN=ydx+xdy$,应有 $\Delta_N=\sqrt{y^2\Delta_x^2+x^2\Delta_y^2}$,从而

$$\frac{\Delta_N}{N}=\sqrt{\left(\frac{\Delta_x}{x}\right)^2+\left(\frac{\Delta_y}{y}\right)^2}$$

也可以用以下方法得出相同的结论:

$$\ln N=\ln x+\ln y$$

$$\frac{dN}{N}=\frac{dx}{x}+\frac{dy}{y}$$

故

$$\frac{\Delta_N}{N}=\sqrt{\left(\frac{\Delta_x}{x}\right)^2+\left(\frac{\Delta_y}{y}\right)^2}$$

(4) 设 $N=\frac{x}{y}$,则 $dN=\frac{1}{y^2}(ydx-xdy)$,应有

$$\Delta_N=\frac{1}{y^2}\sqrt{(y\Delta_x)^2+(x\Delta_y)^2}$$

从而

$$\frac{\Delta_N}{N}=\sqrt{\left(\frac{\Delta_x}{x}\right)^2+\left(\frac{\Delta_y}{y}\right)^2}$$

也可以用以下方法得出相同的结论:

$$\ln N=\ln x-\ln y$$

$$\frac{dN}{N}=\frac{dx}{x}-\frac{dy}{y}$$

故

$$\frac{\Delta_N}{N}=\sqrt{\left(\frac{\Delta_x}{x}\right)^2+\left(\frac{\Delta_y}{y}\right)^2}$$

一般函数的不确定度合成公式也可用类似的方法得到.现将一些常用的不确定度的方和根合成公式列入表 2-3 中.

表 2-3 常用函数的不确定度传递公式

函数式	不确定度传递公式(方和根合成法)
$N=x+y$	$\Delta_N=\sqrt{\Delta_x^2+\Delta_y^2}$
$N=x-y$	$\Delta_N=\sqrt{\Delta_x^2+\Delta_y^2}$
$N=ax+by-cz$	$\Delta_N=\sqrt{a^2\Delta_x^2+b^2\Delta_y^2+c^2\Delta_z^2}$
$N=xy$	$\frac{\Delta_N}{N}=\sqrt{\left(\frac{\Delta_x}{x}\right)^2+\left(\frac{\Delta_y}{y}\right)^2}$
$N=\frac{x}{y}$	$\frac{\Delta_N}{N}=\sqrt{\left(\frac{\Delta_x}{x}\right)^2+\left(\frac{\Delta_y}{y}\right)^2}$
$N=x^ay^bz^{-c}$	$\frac{\Delta_N}{N}=\sqrt{a^2\left(\frac{\Delta_x}{x}\right)^2+b^2\left(\frac{\Delta y}{y}\right)^2+c^2\left(\frac{\Delta z}{z}\right)^2}$
$N=\sin x$	$\Delta_N=\lvert\cos x\rvert\Delta_x$
$N=\ln x$	$\Delta_N=\frac{\Delta_x}{x}$

以上所述的加减运算或乘除运算,均是指彼此独立的测量结果间的运算.若是稍复

杂些的四则运算，或一般的函数运算，则应根据式(19)、式(20)、式(21)、式(22)进行运算.

例 2-2 设 $N=\frac{x+y}{x-y}(x>y>0)$，试用方和根合成法推导不确定度传递公式.

解法 1

$$\frac{\partial N}{\partial x}=\frac{x-y-x-y}{(x-y)^2}=-\frac{2y}{(x-y)^2}$$

$$\frac{\partial N}{\partial y}=\frac{x-y+x+y}{(x-y)^2}=\frac{2x}{(x-y)^2}$$

$$\Delta_N=\sqrt{\left(\frac{\partial N}{\partial x}\right)^2\Delta_x^2+\left(\frac{\partial N}{\partial y}\right)^2\Delta_y^2}=\frac{2}{(x-y)^2}\sqrt{y^2\Delta_x^2+x^2\Delta_y^2}$$

$$\frac{\Delta_N}{N}=\frac{2}{x^2-y^2}\sqrt{y^2\Delta_x^2+x^2\Delta_y^2}$$

解法 2

$$\ln N=\ln(x+y)-\ln(x-y)$$

$$\frac{\mathrm{d}N}{N}=\frac{\mathrm{d}x+\mathrm{d}y}{x+y}-\frac{\mathrm{d}x-\mathrm{d}y}{x-y}$$

$$\frac{\mathrm{d}N}{N}=\frac{-2y}{x^2-y^2}\mathrm{d}x+\frac{2x}{x^2-y^2}\mathrm{d}y$$

$$\frac{\Delta_N}{N}=\frac{2}{x^2-y^2}\sqrt{y^2\Delta_x^2+x^2\Delta_y^2}$$

$$\Delta_N=\sqrt{\left(\frac{\partial N}{\partial x}\right)^2\Delta_x^2+\left(\frac{\partial N}{\partial y}\right)^2\Delta_y^2}=\frac{2}{(x-y)^2}\sqrt{y^2\Delta_x^2+x^2\Delta_y^2}$$

由上述两例可知，式(23)用于和差形式的函数时计算较方便，式(24)用于积商形式的函数时计算较方便.

2.3 有效数字及其运算

2.3.1 有效数字

1. 有效数字的概念

物理实验离不开物理量的测量，直接测量需要记录数据，间接测量既要记录数据，又要进行数据的运算. 为了正确地反映测量结果的准确度，需引入有效数字的概念. 正确和有效表示测量结果的数字称为有效数字.

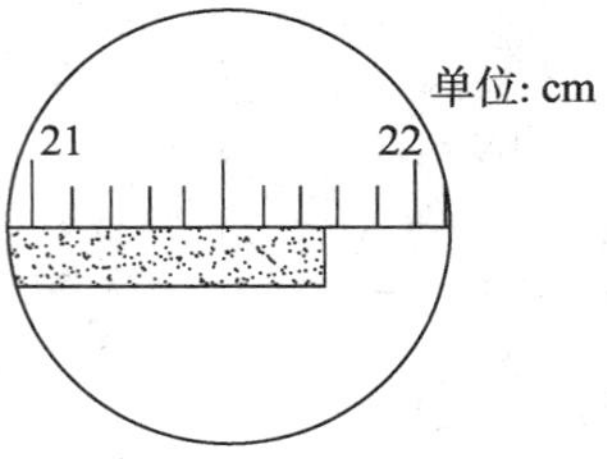

图 2-4 读数示意图

例如，用最小分度为 1 mm 的米尺测量一物体的长度，始端和米尺零线对齐，终端落在 21.7 cm 和 21.8 cm 之间(见图 2-4)，最终读数可读为 21.78 cm. 显然前三位是从米尺上读出的准确数字，最后一位是在最小分度之间估读的，是欠准数字. 这样 21.78 cm 即为正确表示测量结果的有效数字.

由此可见，有效数字总是由若干位准确数字和一位欠准数字(可疑数)构成的，所以有效数字的位数就等于全部准确数的位数加 1.

2. 有效数字的意义

众所周知，对普通的数学意义上的数字而言，1.55 m＝1.550 m＝1.550 0 m，但对物理实验中的测量值而言，1.55 m≠1.550 m≠1.550 0 m，这是因为它们的准确度不同. 可见，有效数字不仅反映了测量值的大小，还反映了测量结果的不确定度.

（1）有效数字中欠准位所在位置反映了不确定度的大小. 例如，12.8 mm 与 12.84 mm 相比，前者的不确定度比后者大.

（2）有效数字的位数多少大致反映了相对不确定度的大小. 例如，2.3 mm 与 22.3 mm 相比，两者的不确定度处于同一量级，但相对不确定度前者比后者大一个量级. 再如，1.28 mm 和 112.8 mm 相比，前者的不确定度小于后者，而相对不确定度大于后者.

3. 正确记录和书写有效数字

（1）在记录测量数据时，应使最后一位（欠准）数字恰在仪器误差所在位. 一般来说，仪器显示的数字均为有效数字（包括最小刻度后估读的一位），不能随意增减，但有时当仪器误差较大或测量对象比较粗糙时，应根据实际情况决定是否要估读到最小刻度后的一位.

（2）测量结果的数字中间与末尾的 0 均应算作有效数字. 但在记录数据时，有时因定位需要而在小数点前添加的 0，则不算作有效数字.

（3）有效数字位数反映了客观测量结果，与小数点的位置无关，也与十进制单位的变换无关. 例如，$L=1.28\ \text{cm}=12.8\ \text{mm}=0.012\ 8\ \text{m}$ 均为三位有效数字.

（4）采用科学表达式. 当数字很大或很小时，用科学表达式来表示既方便又科学，且不易出错. 其中有效数字部分是 10 的幂指数的系数部分. 一般规定小数点在第一位有效数字后面，而整个数的量级由 10 的幂次体现. 例如，地球质量可表示为 $m=5.96\times10^{24}\ \text{kg}$，电子的电荷 $e=-1.602\ 2\times10^{-19}\ \text{C}$.

（5）表示测量结果的末位数字（欠准数字）与不确定度的数字对齐，总不确定度取 1～2 位有效数字. 为了简便，本书约定总不确定度只取一位有效数字；相对不确定度一般也只取一位有效数字，但是当相对不确定度的第一位数较小，如 1，2 或 3 时，建议取两位有效数字.

2.3.2 有效数字的运算

既然有效数字包括欠准数字，则其运算如同间接测量结果的计算一样，也应根据测量误差或不确定度来确定有效数字位数. 为了简化计算，本书中约定以下规则：

（1）运算数据尾数的取舍.

运算中确定了欠准数字所在位后，在去掉其余尾数时为了使舍和入的概率相等，现在通用的规则是“四舍六入逢五凑偶法”.

例如：$12\underline{3}+10.4\underline{5}\approx13\underline{3}$，$12\underline{3}+10.6\underline{5}\approx13\underline{4}$，$12\underline{3}+10.\underline{5}\approx13\underline{4}$，$12\underline{2}+10.\underline{5}\approx13\underline{2}$

（2）加减运算.

几个数相加减后，所得运算结果的欠准位与各数中欠准位数最高的对齐.

例如：$24.\underline{8}+3.9\underline{6}\approx28.\underline{8}$，$53\underline{7}-61.2\underline{8}\approx47\underline{6}$

（3）乘除运算.

几个数相乘除后，所得运算结果的有效数字位数与参与运算的各数中有效数字位数最少的相同.

例如：$1.7\underline{2}\times 4.\underline{1}\approx 7.\underline{1}$，$5.3\underline{9}\div 2\underline{3}\approx 0.2\underline{3}$

对既有加减运算又有乘除运算的混合运算，则可逐步按上述有效数字运算规则处理，以确定最后的有效数字.

例如：$\dfrac{970.\underline{6}-215.\underline{4}}{11.\underline{7}-7.2\underline{4}}+12\underline{8}=\dfrac{755.\underline{2}}{4.\underline{46}}+12\underline{8}\approx 1.\underline{69}\times 10^2+12\underline{8}\approx 3.\underline{0}\times 10^2$

（4）乘方和开方运算.

乘方和开方运算后的有效数字位数应与其底的有效数字位数相同.

例如：$25.36^2\approx 643.1$，$\sqrt{36.87}\approx 6.072$

（5）对数运算.

对数运算后，其小数部分的位数可取与真数的位数相同.

例如：$\ln 2.67\approx 0.982$，$\ln 267\approx 5.567$，$\lg 2.67\approx 0.427$，$\lg 267\approx 2.427$

（6）函数运算.

函数运算（例如三角函数运算）原则上都遵循由不确定度决定有效数字的原则，即通过不确定度的传递运算，由 x 的不确定度确定 $f(x)$ 的不确定度，最后确定 $f(x)$ 的有效数字位数.

（7）参与运算的常数.

参与运算的常数如 $\frac{1}{4}$，$\sqrt{2}$，π 等，其有效数字位数均可认为是无穷的，需要取几位就可取几位. 一般情况下，无理数在运算中可适当多取一位有效数字.

（8）中间运算的处理.

在中间运算过程中，为避免由于舍入过多而造成的不确定度进位，一般可多保留一位欠准数，但作为最终结果的有效数字位数一定要由不确定度来决定，不得增减.

例如：$4.8\underline{2}\pi+\dfrac{0.367\ 5\underline{4}\times 34.01\underline{2}}{14.91\underline{0}}\approx 4.8\underline{2}\times 3.14\underline{2}+\dfrac{12.50\underline{0}\ \underline{7}}{14.91\underline{0}}\approx 15.\underline{14}+0.8\underline{4}\approx 16.0$

需要特别强调的是，由不确定度决定有效数字是处理一切有效数字问题的基本原则，如果已知各直接测量量的完整表达式（测量值与不确定度），则应在计算出间接测量的不确定度后再确定间接测量量的有效数字位数，并最终写出间接测量的结果表达式.

例 2-3 已知 $N=AB/C$，且 $A=(9.82\pm 0.01)\,\Omega$，$B=(11.52\pm 0.02)\,\Omega$，$C=(98.6\pm 0.1)\,\Omega$，求 N 的结果表达式.

解 先将 A，B，C 的测量值代入表达式计算出 N 的测量值，则

$$N=9.82\times 11.52\div 98.6\approx 1.147\ \Omega$$

再计算不确定度 Δ_N，显然，这里应先计算相对不确定度

$$E=\frac{\Delta_N}{N}=\sqrt{\left(\frac{\Delta_A}{A}\right)^2+\left(\frac{\Delta_B}{B}\right)^2+\left(\frac{\Delta_C}{C}\right)^2}\approx 0.23\%$$

所以

$$\Delta_N=E\cdot N=1.147\times 0.23\%\approx 0.003\ \Omega$$

最后写出 N 的结果表达式为

$$N=(1.147\pm0.003)\Omega,\ E=0.23\%$$

例 2-4 已知金属环的外径 $D_1=(3.600\pm0.004)$cm,内径 $D_2=(2.880\pm0.004)$cm,高 $h=(2.575\pm0.004)$cm,求金属环体积的测量结果表达式.

解 体积公式为 $V=\frac{\pi}{4}(D_1^2-D_2^2)h$,代入数据有

$$V=\frac{1}{4}\times3.1416\times(3.600^2-2.880^2)\times2.575$$

$$\approx9.436\ \text{cm}^3$$

又
$$\ln V=\ln\frac{\pi}{4}+\ln(D_1^2-D_2^2)+\ln h$$

从而
$$\frac{dV}{V}=\frac{2D_1dD_1-2D_2dD_2}{D_1^2-D_2^2}+\frac{dh}{h}$$

所以
$$E=\frac{\Delta_V}{V}=\sqrt{\left(\frac{2D_1\Delta_{D_1}}{D_1^2-D_2^2}\right)^2+\left(\frac{-2D_2\Delta_{D_2}}{D_1^2-D_2^2}\right)^2+\left(\frac{\Delta_h}{h}\right)^2}$$

$$=\sqrt{\left[\left(\frac{2\times3.6}{3.6^2-2.88^2}\right)^2+\left(\frac{2\times2.88}{3.6^2-2.88^2}\right)^2+\left(\frac{1}{2.575}\right)^2\right]\times0.004^2}$$

$$\approx0.0081$$

故
$$\Delta_V=E\cdot V\approx0.08\ \text{cm}^3$$

所以
$$V=(9.44\pm0.08)\ \text{cm}^3,\ E=0.8\%$$

例 2-5 已知圆柱体的质量 $m=(14.06\pm0.01)$g,高 $H=(6.715\pm0.005)$cm,用螺旋测微计测得直径 D 的数据,如下表所示.

次 数	1	2	3	4	5	6
D_i/cm	0.564 2	0.564 8	0.564 3	0.564 0	0.564 9	0.564 6

求其密度 ρ 的测量结果.

解
$$\overline{D}=\frac{1}{n}\sum D_i\approx0.56447\ \text{cm}$$

将 6 次测量的标准差作为不确定度 A 类分量,即

$$\Delta_A=\sqrt{\frac{\sum(D_i-\overline{D})^2}{n(n-1)}}\approx0.00014\ \text{cm}$$

将仪器不确定度作为总不确定度 B 类分量,即

$$\Delta_B=\Delta_{仪}=\frac{1}{\sqrt{3}}\sigma_{仪}=\frac{0.004}{\sqrt{3}}\approx0.00023\ \text{cm}$$

故
$$\Delta_D=\sqrt{\Delta_A^2+\Delta_B^2}\approx0.00027\ \text{cm}\approx0.0003\ \text{cm}$$

所以
$$D=(0.5645\pm0.0003)\ \text{cm}$$

根据圆柱体的密度公式

$$\rho=\frac{4m}{\pi D^2H}$$

其密度的测量值为

$$\rho=\frac{4\times14.06}{3.1416\times0.5645^{2}\times6.715}\approx8.366\ \mathrm{g/cm^{3}}$$

而
$$E=\frac{\Delta_\rho}{\rho}=\sqrt{\left(\frac{\Delta_m}{m}\right)^2+\left(\frac{2\Delta_D}{D}\right)^2+\left(\frac{\Delta_H}{H}\right)^2}$$

$$=\sqrt{\left(\frac{0.01}{14.06}\right)^2+\left(\frac{2\times0.00027}{0.5645}\right)^2\times\left(\frac{0.005}{6.715}\right)^2}$$

$$\approx1.4\times10^{-3}=0.14\%$$

所以
$$\Delta_\rho=E\cdot\rho\approx0.012\approx0.01\ \mathrm{g/cm^{3}}$$

故测量结果应表示为

$$\rho=(8.37\pm0.01)\ \mathrm{g/cm^{3}},\ E=0.14\%$$

2.4 数据处理的基本方法

物理实验中测量得到的许多数据需要处理后才能表示测量的最终结果.对实验数据进行记录、整理、计算、分析、拟合等,从中获得实验结果和寻找物理量变化规律或经验公式的过程就是数据处理.它是实验方法的一个重要组成部分,是实验课的基本训练内容.本节主要介绍列表法、作图法、逐差法和最小二乘法.

2.4.1 列表法

列表法是数据处理的基本方法,它能使测量数据表达清晰醒目,富有条理,有助于反映物理量间的对应关系,同时它还有利于提高处理数据的效率,减少和避免错误.

数据在列表处理时,应遵循以下原则:

(1) 各栏目均应标明名称和单位,单位写在标题栏中,不要重复记在每个数字上.

(2) 列入表中的数据主要是原始数据,处理过程中一些重要的中间结果也可列入表中.

(3) 栏目的顺序应充分注意数据间的联系和计算的程序,力求简明、齐全、有条理.

(4) 表中的数据应是正确反映测量结果的有效数字.

在实验测量后绘制一张规范的数据记录和处理表格,虽不是一件很困难的事情,但也不是一蹴而就的,需要实验者进行认真的学习和训练.

2.4.2 作图法

作图法在实验中也是常用的数据处理方法,通过作图可以把测量数据间的关系及其变化情况直观地表示出来,特别是对很难找到解析函数式的实验结果,可在图线上反映实验结果并寻求相应的经验公式.

按作图目的不同,作图法可分为图示法和图解法两类.

1. 图示法

一组测量数据以及物理量之间的关系,可用图线的形式表现出来,这称为图示法.

物理实验中常用到两种图线,一种是表示在一定条件下两量之间依赖关系的图线,这种关系大都有一定的规律.例如,电阻的阻值随温度变化满足线性关系;二极管具有特定的伏安特性.画这类图线的方法是:依据观测的实验点,注意其变化的趋势,画出光滑的曲线.由于测量值存在误差,所以不能强求观测点都在曲线上,但应使不在曲线上的点大致均匀分布在曲线两侧(见图 2-5a).另一种图线表示的是两个无依赖关系的变量之间的变化关系.例如,气温随时间变化的图线,电表的校正曲线等.画这类图线时图线必须过观测点,由于观测值不可能无限多且相邻观测点间两个量的关系并不清楚,因此,只能用直线将相邻观测点连接起来,使所作实验图线成为一条折线(见图 2-5b).

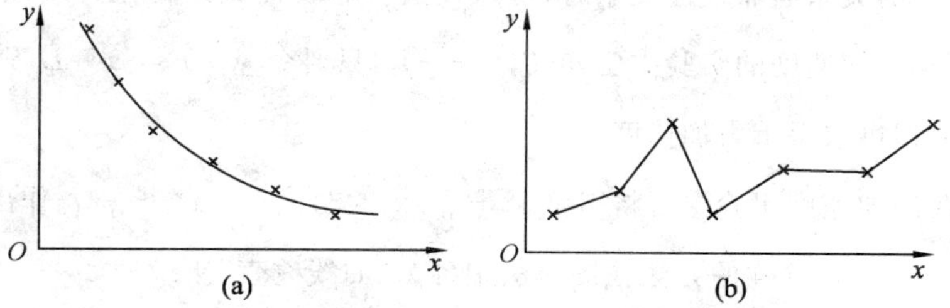

图 2-5　图示法示例

为尽可能准确反映各物理量间的对应关系,应按以下原则作图:

(1) 根据函数关系选择适当的坐标纸(如直角坐标纸、单对数坐标纸、双对数坐标纸、极坐标纸等)和比例,画出坐标轴,标明物理量符号、单位和刻度值.

(2) 坐标轴的选择和坐标轴单位的标定.坐标的原点不一定是变量的零点,可根据测试范围进行选择,以避免图纸上出现大片的空白区(见图 2-6a);坐标分格最好使最低数字的一个单位可靠数与坐标最小分度相当;纵横坐标比例要恰当,以使所作图线比较对称地充满大部分坐标纸空间(见图 2-6b).

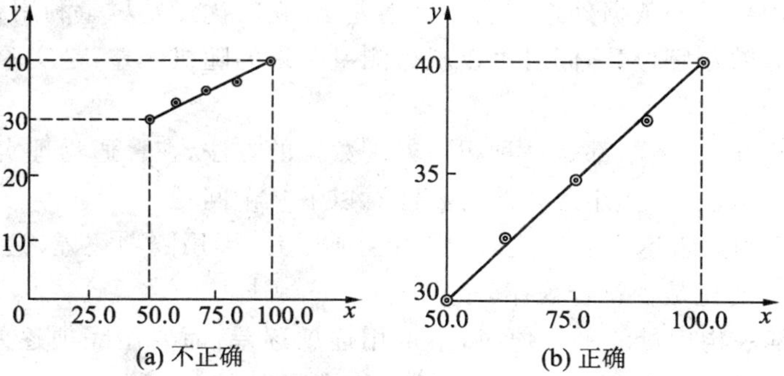

图 2-6　坐标轴选择和单位示例

(3) 描点和连线.根据测量数据,用直尺和笔尖使其函数对应的实验点准确地落在相应的位置.当一张图纸上画几条实验曲线时,每条图线应用不同的标记如"+""×""*""Δ"等符号标出数据点,以免混淆.连线时,要顾及各数据点,使曲线呈光滑曲线(含直线),并使数据点均匀分布在曲线(直线)的两侧,且尽量贴近曲线(直线).个别偏离过大的点要重新审核,属过失误差的应剔除.

(4) 标明图名,即作好实验图线后,应在图纸下方或空白的明显位置处标明图的名称、作者和作图日期,有时还要附上简单的说明,如实验条件等,使读者一目了然.作图时，一般将纵轴代表的物理量写在前面，横轴代表的物理量写在后面，中间用“-”连接.

2. 图解法

图解法就是利用已作好的图线，定量地求解一些问题. 特别是当所作图线为直线时，采用此法尤为方便. 例如，测量某电阻的阻值随温度的变化情况，已知阻值与温度呈线性关系 $R_t=R_0(1+bt)$. 这样，在实验中测出一系列不同温度下的电阻值后，可作出一条 R_t-t 直线，从直线上求出截距即得 R_0，求出斜率 k 后即可求得 b.

由于很方便通过求直线的斜率和截距进而求得一些物理参数，所以在实际问题中当被测量量间的关系为非线性关系时，可以设法将非线性关系转化为线性关系. 例如，在用单摆测重力加速度的实验中已知 $T^2=\frac{4\pi^2}{g}L$，只要令 $y=T^2$，$x=L$，则作出y-x直线，求其斜率即可求得重力加速度 g.

再如，在测加速度实验中可将 $S=v_0t+\frac{1}{2}at^2$ 改写成$\frac{S}{t}=v_0+\frac{1}{2}at$，作出$\frac{S}{t}$-$t$ 直线，由此可求出 v_0 和 a，这样的方法在图解法中称为“曲线改直”法.

2.4.3 逐差法

对随等间距变化的物理量 x 进行测量及函数可以写成 x 的多项式时，可用逐差法进行数据处理.

例如，一空载长为 x_0 的弹簧，逐次在其下端加挂质量为 m 的砝码，测出对应的长度分别为 $x_1,x_2,\cdots,x_5$. 为求每加一单位质量的砝码的伸长量，可将数据按顺序对半分成两组，使两组对应项相减有

$$\frac{1}{3}\left(\frac{x_3-x_0}{3m}+\frac{x_4-x_1}{3m}+\frac{x_5-x_2}{3m}\right)=\frac{1}{9m}[(x_3+x_4+x_5)-(x_0+x_1+x_2)]$$

这种对应项相减的数据处理方法即为逐差法. 它的优点是尽量利用各测量量，而又不减少结果的有效数字位数，同时可以减少测量结果的随机误差，是实验中常用的数据处理方法之一.

逐差法与作图法一样，都是一种粗略处理数据的方法，在普通物理实验中经常要用到这两种基本的方法. 在使用逐差法时要注意以下几个问题：

(1) 在验证函数表达式的形式时，应用逐项逐差，不用隔项逐差. 这样可以检验每个数据点之间的变化是否符合规律.

(2) 在求某一物理量的平均值时，不可用逐项逐差，而要用隔项逐差；否则中间项数据会相互消去，而只用到首尾项，白白浪费许多数据.

如上例，若采用逐项逐差法(相邻两项相减的方法)求伸长量，则有

$$\frac{1}{5}\left(\frac{x_1-x_0}{m}+\frac{x_2-x_1}{m}+\cdots+\frac{x_5-x_4}{m}\right)=\frac{1}{5m}(x_5-x_0)$$

可见只有 x_0，x_5 两个数据起作用，没有充分利用整个数据组，失去了在大量数据中求平均以减小随机误差的作用，这是不合理的.

2.4.4 最小二乘法和直线拟合

作图法虽然在数据处理中是一种很直观、方便的方法，但在图线的绘制上带有一定

的主观随意性.对于同一组数据,不同的人作图甚至同一个人在不同时刻所绘制的图线都会有所不同.因此,在根据图线确定有关参数时往往会引入附加误差.那么,有没有一种方法,对同一组数据处理得到的是相同的完全客观的结果呢?答案是肯定的,这就是最小二乘法.

这里简单讨论用最小二乘法确定一元线性拟合问题,由于不少非线性函数可通过数学变换变成线性函数,所以,这一方法具有较大的适用范围.

设某一实验中,可控制的物理量(例如,在测量电阻随温度变化实验中的温度)取 $x_1, x_2, \cdots, x_n$ 值时,对应的物理量(例如,在测量电阻随温度变化实验中的电阻)依次取 $y_1, y_2, \cdots, y_n$,假定对各 x_i 值的测量误差很小,即测量误差主要集中在 y_i 的观测上.显然,从 (x_i, y_i) 中任取两组实验数据,就可以得出一条直线,只不过这条直线并不是寻求的最佳直线,误差可能较大.直线拟合的任务就是用数学分析的方法从这组观测到的数据中求出一个误差最小的经验公式 $y=a+bx$.这条直线并不会通过每一个实验点,但它将以最接近这些点的方式平滑地穿过它们,这才是所要拟合的最佳直线(见图 2-7).

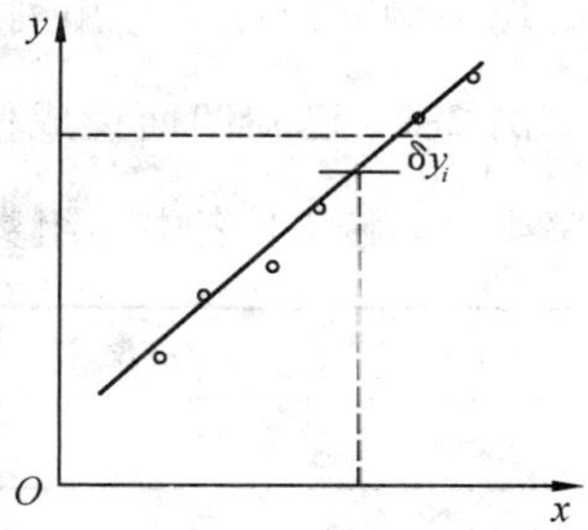

图 2-7　直线拟合示图

很明显,对于每一个 x_i 值,观测值 y_i 与在最佳直线上的对应值 y 之间存在一偏差

$$\delta y_i = y_i - y = y_i - (a + bx_i)$$

如果 $y=a+bx$ 确实是最佳直线,就应使各 y_i 的偏差 δy_i 的平方和最小,即使

$$\begin{aligned} S &= \sum (\delta y_i)^2 \\ &= \sum [y_i - (a + bx_i)]^2 \end{aligned}$$

最小.上式中的各个 x_i, y_i 作为测量值都是已知量,a 和 b 是待定的,因此,S 实际上是 a 和 b 的函数.令 S 对 a 和 b 的偏导数为零,则可求出 a, b 之值,即

$$\begin{cases} \dfrac{\partial S}{\partial a} = -2\sum (y_i - a - bx_i) = 0 \\ \dfrac{\partial S}{\partial b} = -2\sum x_i(y_i - a - bx_i) = 0 \end{cases}$$

即

$$\begin{cases} \sum y_i - na - b\sum x_i = 0 \\ \sum (x_i y_i) - a\sum x_i - b\sum x_i^2 = 0 \end{cases}$$

令

$$\overline{x} = \frac{1}{n}\sum x_i,\ \overline{y} = \frac{1}{n}\sum y_i,\ \overline{xy} = \frac{1}{n}\sum (x_i y_i),\ \overline{x^2} = \frac{1}{n}\sum x_i^2$$

则

$$\begin{cases} \overline{y} - a - b\overline{x} = 0 \\ \overline{xy} - a\overline{x} - b\,\overline{x^2} = 0 \end{cases}$$

由此就可确定最佳直线方程 $y=a+bx$ 中的系数为

$$b = \frac{\overline{x \cdot y} - \overline{x} \cdot \overline{y}}{\overline{x^2} - (\overline{x})^2}$$

上面介绍了用最小二乘法求经验公式中的常数 a 和 b 的方法,是一种直线拟合法.它在科学实验中广泛应用,特别是有了计算器后,其计算工作量大大减小,计算精度也

能保证，因此它是非常方便、有效的方法. 用这种方法计算的常数值 a 和 b 是"最佳的"，但并不是没有误差，它们的误差估算比较复杂. 一般地说，一列测量值的 δy_i 大(即实验点对直线的偏离大)，那么由这列数据求出的 a,b 值的误差也大，由此定出的经验公式可靠程度就低；如果一列测量值的 δy_i 小(即实验点对直线的偏离小)，那么由这列数据求出的 a,b 值的误差就小，由此定出的经验公式可靠程度就高. 直线拟合中的误差估计问题比较复杂，可参阅其他资料，本书不作介绍.

现举例介绍综合应用列表法、曲线改直法和最小二乘法进行数据处理的方法.

例 2-6 已知凹面镜成像公式为 $\frac{1}{u}+\frac{1}{v}=\frac{2}{r}$，其中 u 为物距，v 为像距，r 为凹面镜曲率半径，测得下表中 5 组数据.

u/cm	22.8	27.0	33.7	38.0	52.0
v/cm	68.0	43.1	34.5	31.1	25.1

假定 u 的测量误差与 v 的测量误差相比可忽略，试用最小二乘法求凹面镜的曲率半径.

解 为利用最小二乘法进行计算，可将成像公式改写为

$$\frac{u}{v}=\frac{2}{r}u-1$$

令 $x=u, y=\frac{u}{v}$，则 $y=\frac{2}{r}x-1$(曲线改直).

这里可认为误差主要在 y 的测量上. 为计算方便，可进一步列出如下表格：

$x=u$/cm	22.8	27.9	33.7	38.0	52.0	$\bar{x}=34.88$ cm, $(\bar{x})^2=1\ 217$ cm^2
$y=\frac{u}{v}$	0.335	0.647	0.977	1.222	2.072	$\bar{y}=1.051$, $\bar{x}\cdot\bar{y}=36.66$ cm
x^2/cm^2	520	778	1 109	1 444	2 704	$\overline{x^2}=1\ 316$ cm^2
xy/cm	7.64	18.1	32.5	46.4	107.1	$\overline{xy}=42.5$ cm

所以

$$b=\frac{2}{r}=\frac{\overline{xy}-\bar{x}\cdot\bar{y}}{\overline{x^2}-(\bar{x})^2}\approx 0.058\ 8$$

故

$$r=2/b\approx 34.01\ \text{cm}$$

从测量数据中寻求经验方程或提取参数，称为回归问题. 这里讨论的最小二乘法因涉及的变量只有一个，拟合的方程是线性方程，故又称为一元线性回归. 这是一种最简单、最基本的回归问题.

应用回归法处理数据的关键在于函数形式的选取，函数形式的确定一般根据理论的推断或者从实验数据变化的趋势来推测. 因此，对于同一组实验数据，不同的人员可能采取不同的函数形式，得出不同的结果. 为了判断所得的结果是否合理，在待定常数确定后，还需要计算相关系数 γ. 对于一元线性回归，γ 定义为

$$\gamma=\frac{\overline{xy}-\bar{x}\cdot\bar{y}}{\sqrt{[\overline{x^2}-(\bar{x})^2][\overline{y^2}-(\bar{y})^2]}}$$

可以证明，γ 的值总在 0 和 1 之间．从相关系数的这一特性可以判断实验数据是否符合线性．普通物理实验中 γ 如达到 0.999，就表示实验数据的线性关系良好，各实验点聚集在一条直线附近．γ 值越趋近于 1，说明实验数据点越密集地分布在所拟合的直线的两旁，用线性函数进行回归是合适的；相反，如果 γ 值远小于 1 而接近于 0，说明实验数据相对于所拟合的直线很分散，即用线性回归不妥，应该考虑用其他函数重新试探．因此，用直线拟合法处理数据时应计算其相关系数．具有二维统计功能的计算器具备直接计算 γ 及 a，b 的功能，具体应用时可参考其仪器说明书掌握其功能．

除了线性函数外，物理学中常用的回归函数还有幂函数 $y=ax^b$ 和指数函数 $y=ae^{bx}$，相应的相关系数的计算比较烦琐，可以通过计算机编程求出．

2.5　计算机数据处理方法

2.5.1　Origin 数据处理方法

Origin 是美国 OriginLab 公司（其前身为 Microcal 公司）开发的图形可视化和数据分析软件，是科研人员和工程师常用的高级数据分析和制图工具．自 1991 年问世以来，由于其操作简便，功能开放，很快就成为国际流行的分析软件之一，是公认的快速、灵活、易学的工程制图软件．

Origin 为数据导入、转换、处理、作图、分析数据及发布研究结果，提供了各种各样的工具和选项．使用 Origin 时，用户可执行以下操作（有时只需要部分功能）：

(1) 向 Origin 中输入数据；

(2) 准备作图和分析所需的数据；

(3) 使用数据作图；

(4) 分析数据；

(5) 自定义图形；

(6) 导出或打开图形以备发布或介绍；

(7) 组织项目；

(8) 混合编程以提高效率．

它在 Windows 平台下工作，可以完成物理实验常用的数据处理、误差计算、绘图和曲线拟合等工作．这里结合实例说明 Origin 软件在物理实验中经常用到的几项功能．

1．误差计算

例 2-7　用千分尺测量铜柱直径，并用 Origin 处理测量数据．

Origin 将需完成的一个数据处理任务称作一个“工程”（project）．当启动 Origin 或在 Origin 窗口下建立一个工程时，软件将自动打开一个空的数据表，供输入数据．默认形式的数据表中一共有两列，分别为“A(X)”和“B(Y)”．

将 10 次测量值输入数据表的 A(X) 列（或 B(Y) 列）．用鼠标点击 A(X)，选中该列．选择菜单命令【Statistics】—【Descriptive Statistics】—【Statistics On Columns】—【Open Dialog】，随后弹出窗口【Statistics On Columns】，单击【OK】，接着弹出提示窗口

【Reminder Message】,再单击【OK】便可进行统计. Origin 将统计结果输出到一个新工作表单窗口中,如图 2-8 所示.

对于选中的 A(X)列,其统计结果包括点数(N total)、平均值(Mean)、标准差(Standard Deviation)、总和(Sum)、最小值(Minimum)、中间值(Median)、最大值(Maximum)等.

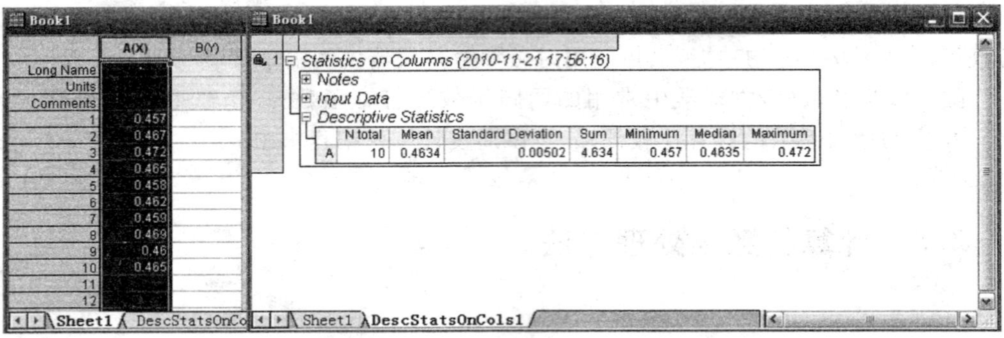

图 2-8　Origin 数据统计示例

如果原数据发生变化,单击工具栏的按钮(Recalculate)即可重新计算各项统计结果.

2. 绘图

例 2-8　测量电阻 R 的伏安特性曲线,其数据如下表所示. 试用 Origin 软件作图,绘制电阻 R 的伏安特性曲线.

U/V	0.00	1.00	2.00	3.00	4.00	5.00	6.00
I/mA	0.00	2.04	3.98	6.04	7.98	10.04	11.98

将电压 U 的数据输入 A 列,将电流 I 的数据输入 B 列,再输入 x,y 坐标标注和曲线标注,如图 2-9 所示.

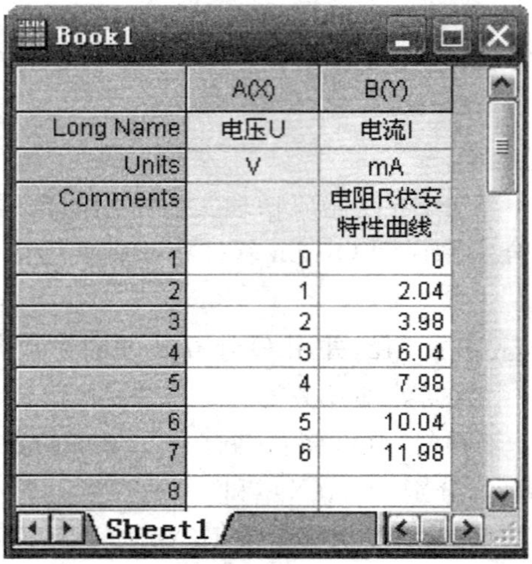

图 2-9　数据表

选择菜单命令【Plot】—【Line】—【Line】,弹出一个窗口【Plot Setup】. 对应于 A 列

(Column A)，鼠标点选 x，对应于 B 列(Column B)，鼠标点选 y，再单击【OK】即出现实验数据的图表，如图 2-10 所示.

Origin 默认将图的原点设在第一个数据点的左下方，用户也可改变这一设置. 选择菜单命令【Format】—【Axes】—【X Axis】，弹出一个窗口【X Axis】，在此可以修改 x 坐标的起止点、坐标示值的增量和坐标线的颜色等. 同样，选择菜单命令【Format】—【Axes】—【Y Axis】，可以修改 y 轴的设置.

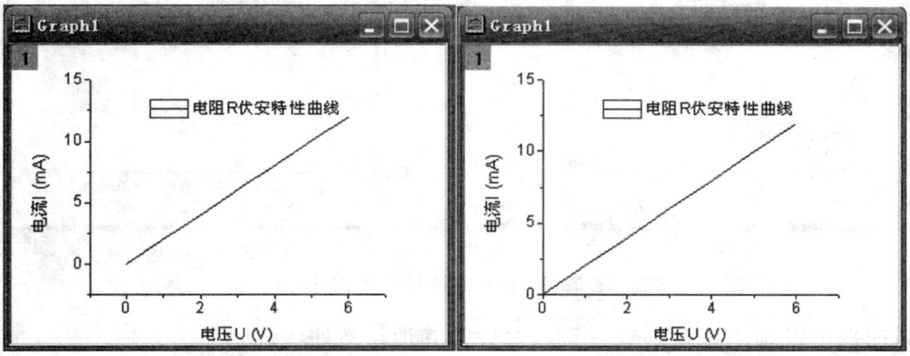

图 2-10　电阻 R 的伏安特性曲线

在图中任意位置单击鼠标右键，选择【Add Text】，可以建立一个新的文本框. 可以在文本框中输入必要的文字说明.

3. 函数图形的绘制

例 2-9　自由落体重力加速度数据如下表所示. 试用 Origin 软件作图，绘制 t–S 曲线和 t^2–S 曲线.

S/m	0.00	0.20	0.40	0.60	0.80	1.00
t/s	0.000	0.202	0.298	0.346	0.418	0.456

如果绘制 t–S，则它不是一条直线. 理论分析证明，S 与 t^2 之间才是线性关系. 这里用以上数据来画 t^2–S 曲线.

选择菜单命令【Column】—【Add New Columns】，弹出一个窗口【Add New Columns】，单击【OK】后就会在数据表中增添 C(Y) 列. 用鼠标单击 C(Y) 以选中该列，选择菜单命令【Column】—【Set Column Values】，在弹出的窗口【Set Values】中输入 col(B) * col(B)，即 B 列值的平方，如图 2-11 所示.

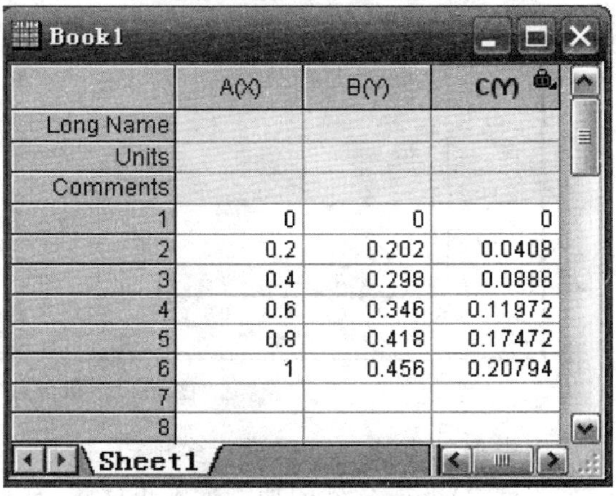

Book1

	A(X)	B(Y)	C(Y)
Long Name			
Units			
Comments			
1	0	0	0
2	0.2	0.202	0.0408
3	0.4	0.298	0.0888
4	0.6	0.346	0.11972
5	0.8	0.418	0.17472
6	1	0.456	0.20794
7			
8			

Sheet1

图 2-11　数据表

先绘制 t–S 曲线. 选择菜单命令【Plot】—【Line】—【Line】，弹出一个窗口【Plot Setup】. 对应于 A 列(Column

A)，鼠标点选 x，对应于 B 列(Column B)，鼠标点选 y，再单击【OK】，出现实验数据的图表，如图 2-12a 所示.

重复绘图的步骤，此时将 C 列设为 y 变量，就绘出了 t^2-S 曲线，如图 2-12b 所示.

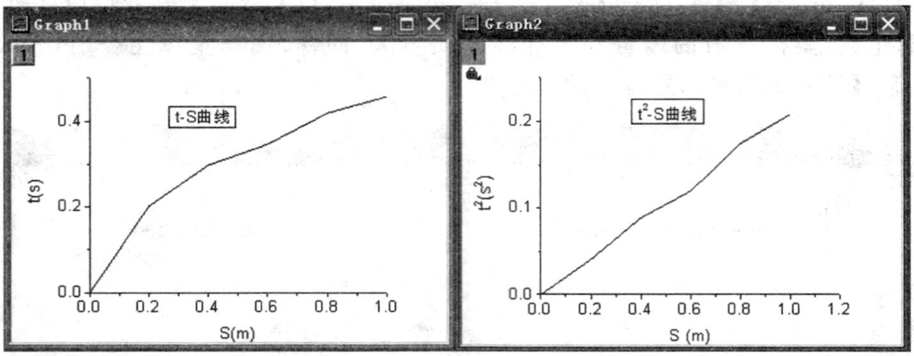

(a) (b)

图 2-12 t-S 曲线和 t^2-S 曲线

同理也可以画出三角函数、指数、对数等其他函数曲线.

4. **曲线的拟合**

Origin 软件具有多种常用函数曲线拟合功能. 例如图 2-12b 表现的应该是直线关系. 在图形表窗口，选择菜单命令【Analysis】—【Fitting】—【Fit Linear】—【Open Dialog】，弹出一个窗口【Linear Fit】，单击【OK】就完成了直线 $y=A+Bx$ 的拟合，并计算出 A,B 值及 A,B,y 的实验标准差和相关系数 $\gamma(R)$等，即

$$y=0.000\ 16+0.210\ 34x$$

即

$$t^2=0.000\ 16+0.210\ 34S$$

$$\gamma=0.995\ 47$$

拟合结果如图 2-13 所示.

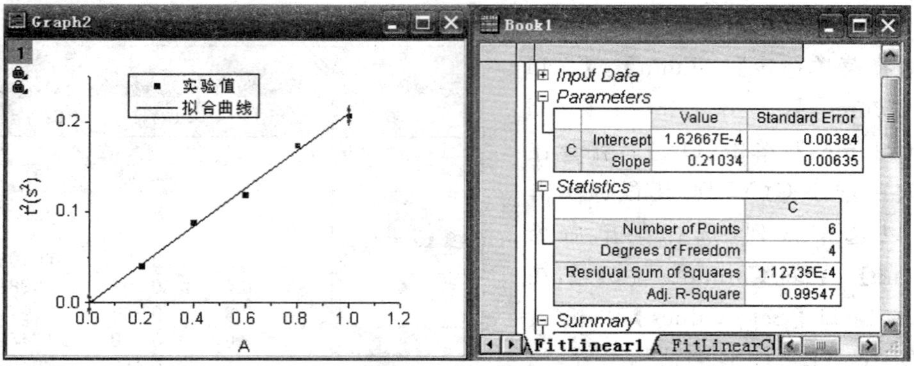

图 2-13 拟合直线及数据表

用类似的方法还可以进行多项式、指数等其他函数关系曲线的回归拟合.

当然，Origin 软件的功能远不止这些. 有兴趣的读者可以通过软件使用手册或软件的“帮助文件”了解其更多的使用功能.

2.5.2 Excel 数据处理方法

Excel 是一种先进的多功能集成软件，具有强大的数据处理、分析、统计等功能. 它最显著的特点是函数功能丰富、图表种类繁多. 使用者能在表格中定义运算公式，利用软件提供的函数功能进行复杂的数学分析和统计，并利用图表来显示工作表中的数据及数据变化趋势. 物理实验数据处理的常用方法——列表法、作图法、曲线（包括直线）拟合法，均可方便快速地在 Excel 中实现. 本书主要对中文版 Excel 处理物理实验数据作简要介绍.

1. 用 Excel 记录实验数据、绘制表格、简单数据处理和简单作图

先学习使用 Excel 的第一步——记录测量数据（建立工作表），然后再学习利用其函数功能计算一组数据的算术平均值，最后用它画出最简单的图表.

例 2-10 建立如下表格，记录某一周内每一天的最高气温，画成图表并求出它们的平均值.

日期 D/天	1	2	3	4	5	6	7	平均值
温度 T/℃	15.0	17.5	18.5	21.0	16.0	14.5	22.0	

可以按照下面的方法操作：

(1) 进入 Excel 的界面后，用鼠标单击选定 A1 单元格，使其成为活动单元格，处于可以输入数据的状态，然后输入 D 表示日期.

(2) 在 B1，C1，…，H1 各单元格中顺序输入数据 1，2，…，7.

(3) 在 A2 单元格输入字母 T 表示温度，在 B2，C2，…，H2 各单元格中分别按顺序输入各天的温度值 15.0，17.5，…，22.0. 以上操作完成后，屏幕上的工作表如图 2-14 所示.

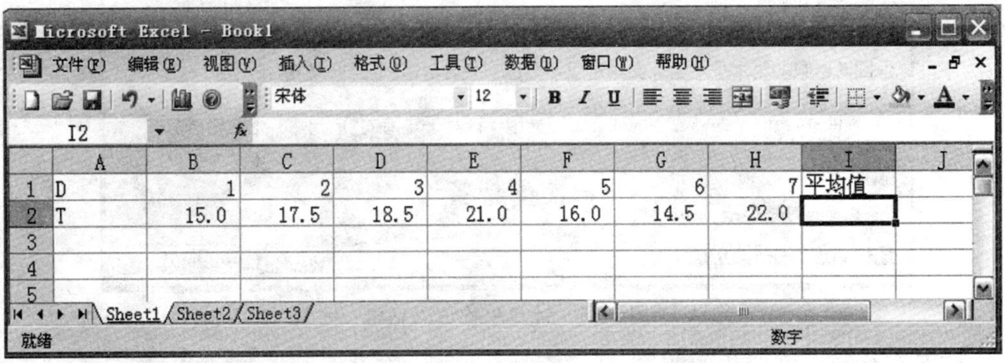

图 2-14 工作表

(4) 选定空白的 I2 为活动单元格，然后选择菜单命令【插入】—【函数】，弹出一个对话框，如图 2-15 所示. 从对话框的【选择函数】窗口中选择“AVERAGE”（求平均值），单击【确定】.

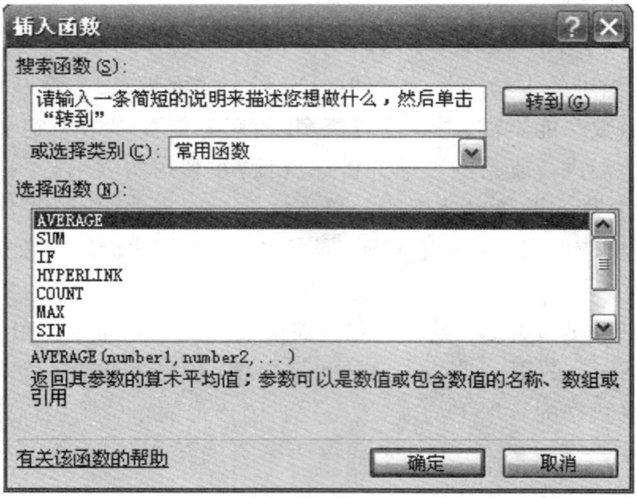

图 2-15 【插入函数】对话框

注：Excel 中有大量常用的函数供人们选择，如求和函数(SUM)、算术平均值函数(AVERAGE)、标准偏差函数(STDEV)、计数函数(COUNT)、线性回归拟合方程的斜率函数(SLOPE)等.

(5) 这时又出现一个计算平均值的对话框，如图 2-16 所示，选择取平均值的各个数值. 默认选取 B2～H2 这 7 个单元格中的数据. 单击【确定】，对话框消失，此时在 I2 单元格中显示出平均值“17.8”. 用户可以通过改变该单元格数值格式来设定小数位数.

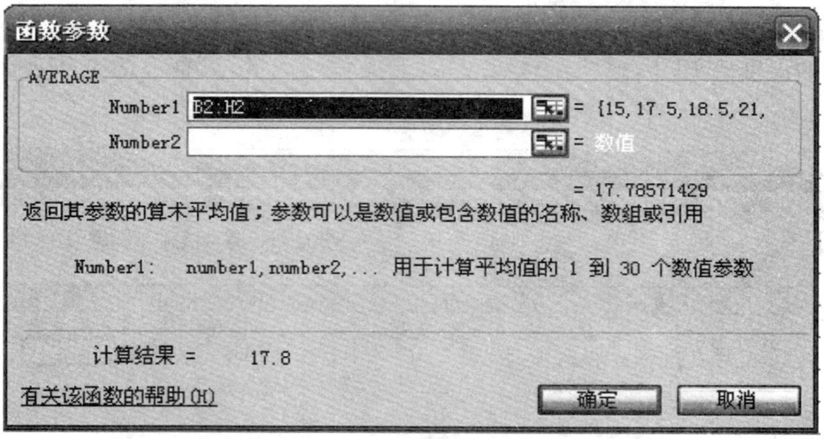

图 2-16 计算平均值对话框

接下来绘制温度变化的曲线.

(1) 单击界面上工具栏中的【图表向导】，则出现【图表类型】对话框. 在【图表类型】窗口中选择第 5 种，即【XY 散点图】，在【子图表类型】中选择左下角的【折线散点图】，单击【下一步】.

(2) 这时出现了【图表源数据】对话框，在【数据区域】窗口中输入“B1：H2”，在【系列产生在】标题后面的两个选项中，用鼠标选择【行】，就出现了如图 2-17 所示的状态，此时可以预览到图线的形状.

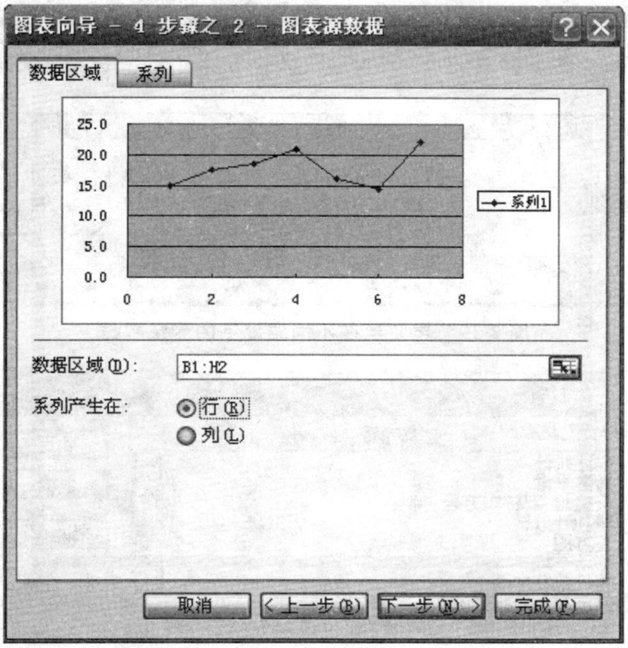

图 2-17 【图表源数据】对话框

(3) 单击【下一步】,这时出现了【图表选项】对话框,它有 5 个选项卡. 在【标题】选项卡的【图表标题】窗口中输入"一周内最高气温的变化",在 X 轴窗口中输入"日期",在 Y 轴窗口中输入"温度". 单击【完成】,于是得到了如图 2-18 所示的图线.

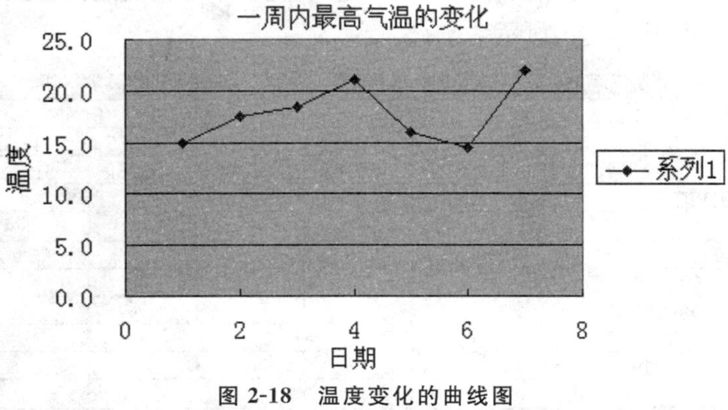

图 2-18 温度变化的曲线图

2. 用 Excel 的数据进行线性回归分析

利用线性回归的方法处理实验数据比较繁杂,需进行大量的计算工作,而使用 Excel 处理时便会使该过程变得非常简单.

例 2-11 将一电阻丝在不同温度下测得的电阻值数据输入 Excel 工作表中,如图 2-19 所示.

(1) 从【工具】菜单中选择【数据分析】子菜单,打开【数据分析】对话框,从中选择【回归】分析工具(见图 2-20). 如果【工具】菜单中没有【数据分析】,则从【工具】中选定【加载宏】,在【加载宏】中选定【分析工具库】即可在【工具】菜单中加载【数据分析】.

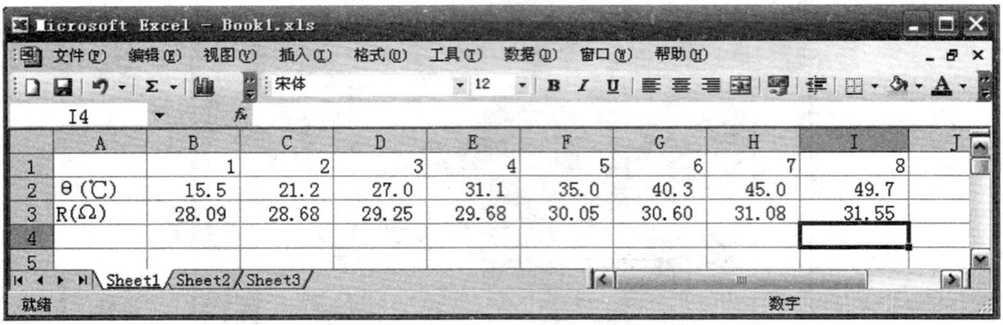

图 2-19 电阻丝在不同温度下的测量数据

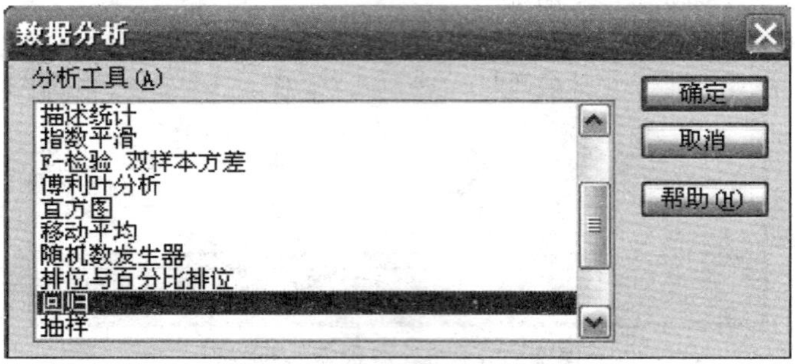

图 2-20 选择【回归】数据分析工具

（2）在弹出的【回归】对话框的【输入】域中输入 R 值的数据所在的单元格区域和 θ 值的数据所在的单元格区域；在【输出选项】中选择【输出区域】单选按钮并输入要显示结果的单元格（若需要作线性拟合图，还可在【残差】域中选择复选按钮【线性拟合图】）。单击【确定】，界面如图 2-21 所示.

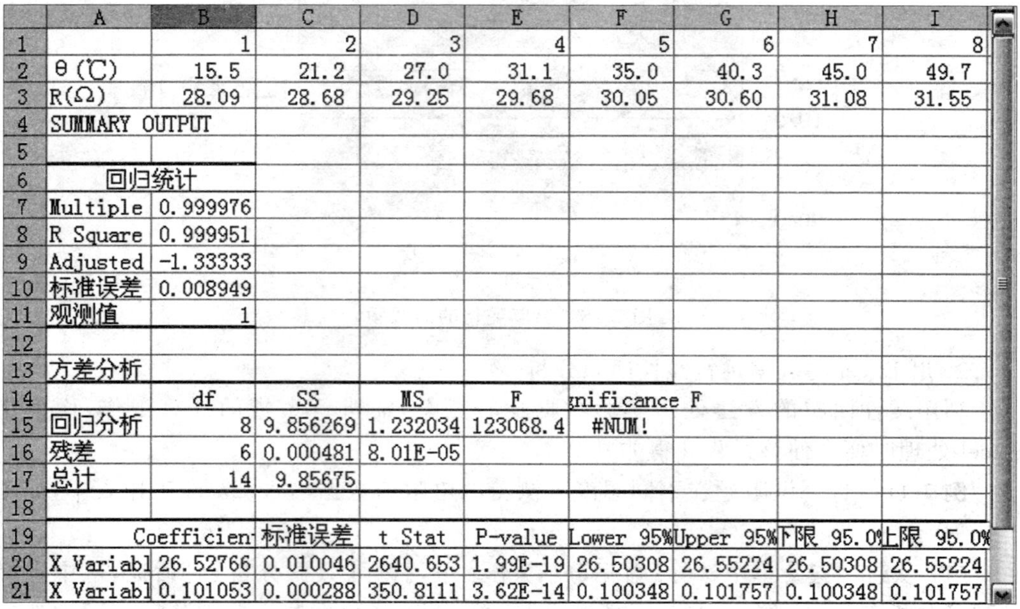

图 2-21 结果显示界面

线性回归分析的许多计算数值都可在 Excel 中显示出来，其中包括实验数据处理要求的线性回归方程的常数、相关系数等. 在图 2-21 中，单元格“Multiple”显示的是相关系数γ=0. 999 976；单元格“Coefficient”中显示的是线性回归方程的截距 a=26. 527 66 Ω 及斜率 b=0. 101 053 Ω/℃；“标准误差”行中显示的是测量值 R 的标准偏差 S_R；“标准误差”列中显示的是 a，b 的标准偏差 S_a，S_b 等.

3. 用 Excel 作图

用 Excel 作图来处理实验数据，既可以保持作图法简明直观的特点，又可以减少作图时人为主观因素的影响.

这里仍以例 2-11 中实验数据为例，单击【插入】菜单中的【图表】命令，在弹出的【图表向导…步骤之 1】对话框的【标准类型】标签下选择【XY 散点图】，在【子图表类型】中选择折线散点图，如图 2-22 所示. 单击【下一步】，在弹出的【图表向导…步骤之 2】的【数据区域】中用鼠标选择单元格区域“B2：I3”. 单击【下一步】，在弹出的【图表向导…步骤之 3】对话框的【标题】标签中键入图表标题、X 轴和 Y 轴代表的物理量及单位，单击【下一步】和【完成】后即可显示如图 2-23 所示的折线散点图. 单击【图表】菜单中的【添加趋势线】命令，在弹出的【添加趋势线】对话框中单击【类型】标签后，根据实验数据所体现的关系或规律，从“线性”“乘幂”“对数”“多项式”等类型中选择一个适当的拟合曲线，如本例中选择“线性”. 单击【选项】标签，在【趋势预测】域中通过前推和倒推的数字增减框可将图线按需要延长，以便应用外推法；选中【显示公式】复选按钮，可得出图线的经验公式，省去了求常数的过程；选中【显示 R 的平方值】复选按钮，可得出相关系数的平方值，以判别拟合图线是否合理. 单击【确定】，这时的图线并不符合实验作图的要求，还可以通过【图表选项】【坐标轴格式】【数据系列格式】【绘图区格式】等对话框（均可通过单击所需修改的项目，利用鼠标右键实现），对标度、有效数字等方面进行编辑处理，即可得出符合作图要求的图线，如图 2-24 所示.

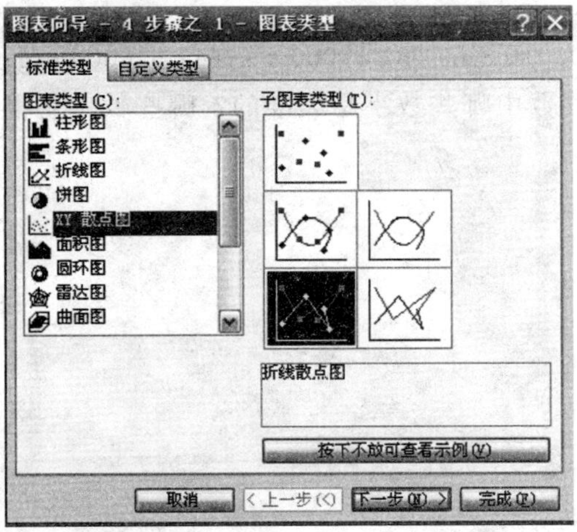

图 2-22　图表类型对话框

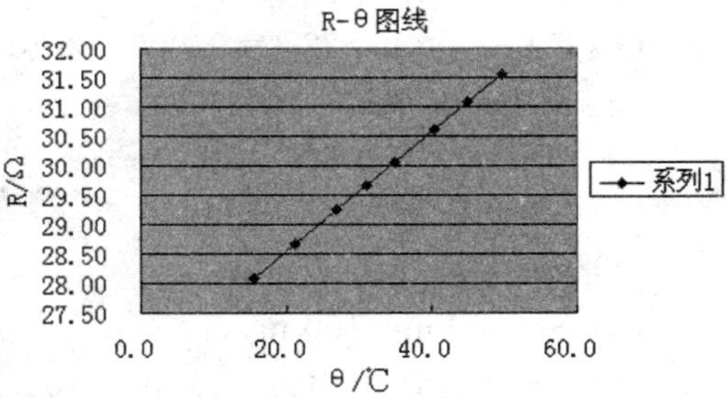

图 2-23　折线散点图

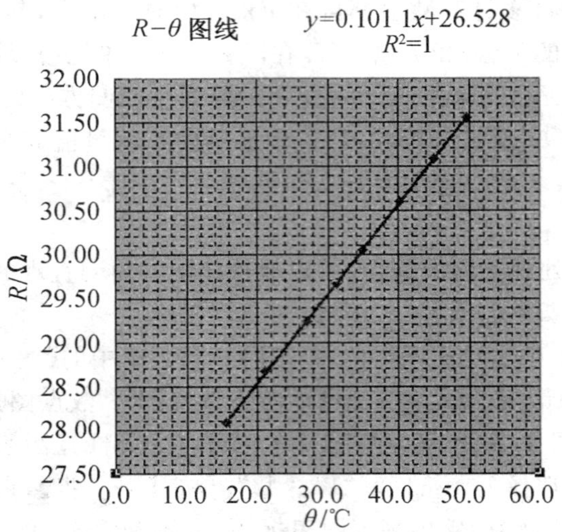

图 2-24　修改后的折线散点图

习　题

1. 判断下列情况的误差类型：

(1) 千分尺零点不准；

(2) 检流计零点漂移；

(3) 读数瞄准误差；

(4) 电压扰动引起电压表读数不准；

(5) 温度变化引起米尺热胀冷缩.

2. 有下列几个数：(1) 109.20 cm；(2) 0.010 8 m；(3) 1.000 1 s；(4) 9.800 0 kg；(5) 20.45 ℃；(6) 2.50×10^{-3} m，试问每个读数中哪些数字是欠准的？哪些数字是准确的？各读数中分别有几位有效数字？

3. 改正下列各式中的错误：

(1) $0.022\ 1\times0.022\ 1=0.000\ 488\ 41$；

(2) $\dfrac{200\times2\ 000}{20.80-16.8}=100\ 000$；

(3) $L=(10.800\pm0.2)$ m；

(4) $m=(1.8\pm0.005)$ g；

(5) $S=12$ km±100 m；

(6) $v=(3.461\ 2\times10^{-2}\pm5.07\times10^{-4})$ cm/s；

(7) $L=28$ cm$=280$ mm；

(8) (8.54 ± 0.02) m$=(854\ 0\pm20)$ mm.

4. 利用有效数字的近似运算规则，计算出下列各式的结果：

(1) $107.50-2.5$；

(2) 5.21×0.39；

(3) $123^2 \div 6.3 + 437 \times 87$；

(4) $\dfrac{8.0421}{6.088-6.034}+30.9$；

(5) $\dfrac{50.0\times(18.30-16.3)}{(103-3.0)\times(1.00+0.001)}$.

5. 试用方和根合成法推导出下列各间接测量结果的不确定度与相对不确定度公式：

(1) $g=4\pi^2 L/T^2$；

(2) $\rho=\rho_0\dfrac{m_1}{m_1-m_2}$（忽略 ρ_0 的误差）；

(3) $R=\sqrt{R_1 R_2}$；

(4) $f=\dfrac{uv}{u+v}$.

6. 计算下列结果：

(1) $N=A-2B+4C$，已知 $A=(25.3\pm0.2)$ mm，$B=(9.0\pm0.3)$ mm，$C=(476\pm2)$ mm；

(2) $V=\dfrac{1}{4}\pi D^2 H$，已知 $D=(6.003\pm0.003)$ cm，$H=(8.095\pm0.002)$ cm；

(3) $r=h_1/(h_1-h_2)$，已知 $h_1=(45.51\pm0.03)$ cm，$h_2=(12.20\pm0.02)$ cm；

(4) $y=\lg x$，已知 $x=1\,220\pm2$；

(5) $y=\sin\theta$，已知 $\theta=45°30'\pm2'$；

(6) $y=\dfrac{b}{a}\sin\theta$，已知 $a=(0.24\pm0.01)$ cm，$b=(12.13\pm0.03)$ cm，$\theta=18°26'\pm1'$.

7. 下表为某同学在弹簧劲度系数的测量中所得的数据，其中 F 为弹簧所受的作用力，y 为弹簧的长度.

F/N	2.00	4.00	6.00	8.00	10.00	12.00	14.00
y/cm	6.90	10.00	13.05	15.95	19.00	22.05	25.10

试用图解法处理数据，从而求出弹簧的劲度系数 k 及弹簧的原有长度 y_0.

8. 将上题用最小二乘法处理，求 k 和 y_0.

3 常用物理实验仪器及使用

在物理实验中无论是观察现象，还是进行测量都要使用相关仪器. 一方面，大学物理实验使用各种不同的实验仪器，例如，力学实验中常用游标尺和千分尺，热学实验中常用温度计，电磁学实验中常用各种电表；而另一方面，各类实验中使用的仪器也相互渗透和关联，例如，应用游标尺和千分尺原理制成的读数装置也常出现于光学实验的仪器中，而大量的电子仪器和光学仪器也越来越多地应用于力学实验. 因此，本章将集中介绍一些最基本的物理实验仪器，其他一些专业化的仪器将在有关实验中进行介绍.

3.1 力学实验常用基本仪器

长度、质量、时间是物理学中的三个基本力学量，因而，用来测量这三个物理量的仪器就是力学实验乃至整个物理实验中的基本仪器.

3.1.1 长度测量仪器

最普通的长度测量工具是米尺，但由于米尺的分度值为 1 mm，常常不能满足测量精度的需要. 为提高测量的精度，人们设计了各种能较精确测量长度的仪器，游标尺和螺旋测微计(千分尺)就是最常见的两种.

1. 游标尺

游标尺主要由主尺和游标两部分组成，如图 3-1 所示. 主尺 D 按米尺刻度，量爪 A 与 A′固定在主尺上. 游标 E 可沿主尺滑动，量爪 B，B′及深度尺 C 固定在游标上. A 和 B 用来测量物体的厚度和外径，A′和 B′用来测量物体的内径，C 用来测量槽的深度. 由

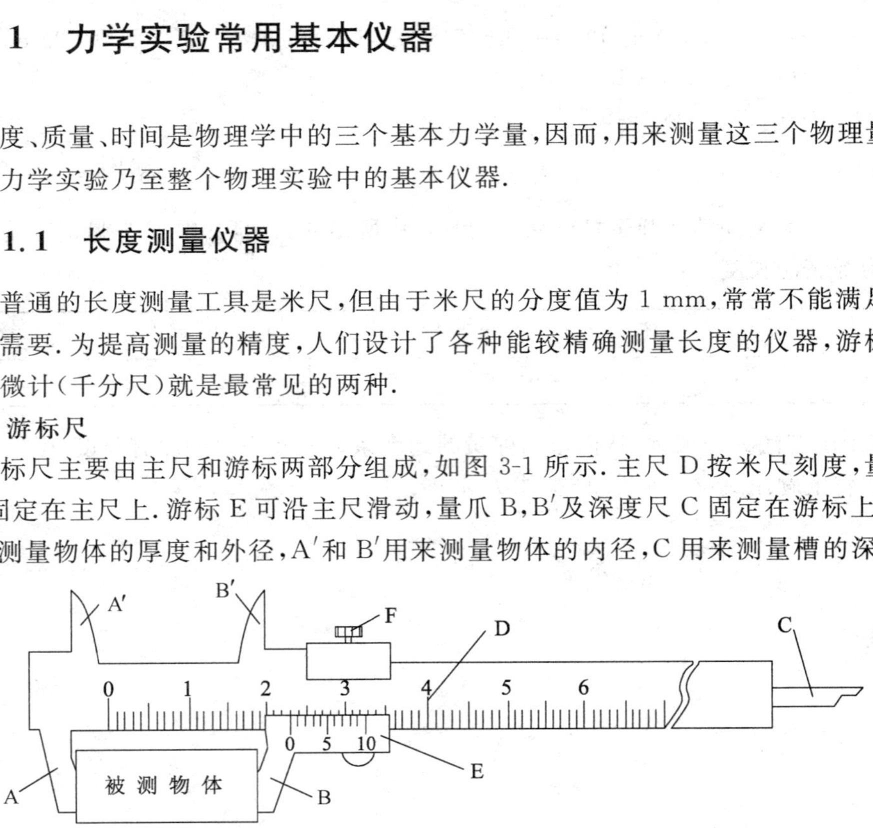

图 3-1 游标尺示意

主尺零线和游标零线之间的距离，可以确定上述被测量的读数值.

游标尺的主尺和普通米尺一样，刻有毫米分格，而游标的刻度则有各种不同的分格. 设游标上 n 个分格的总长与主尺上 $n-1$ 个分格（每个分格长度为 l）的总长 L 相等，则游标上每个分格的长度 $l'=L/n$，主尺与游标每分格的差值 $\delta=l-l'$，δ 就是该游标尺的分度值. 对于如图 3-2 所示的二十分游标，$n=20$，游标上 20 个分格的长度等于主尺上 19 mm，游标上每个分格 $l'=0.95$ mm，主尺上每分格 l 与游标上每分格 l' 的差值为0.05 mm，则该游标尺的分度值为 $\delta=0.05$ mm.

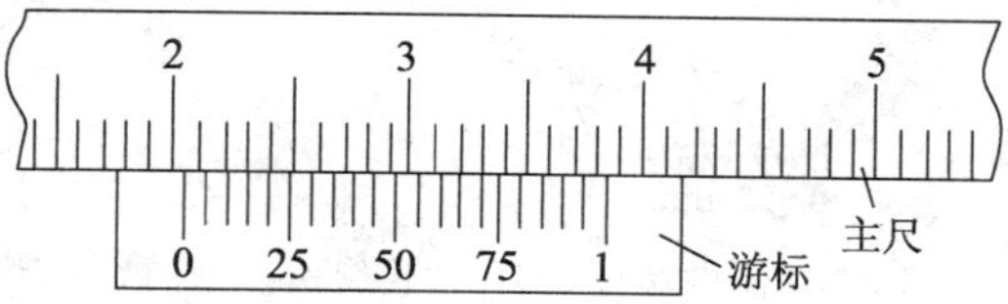

图 3-2　二十分游标示意

测量时，游标的零线一般不会与主尺上的某刻度线重合. 对于图 3-2 所示情形，游标零线超过主尺的 20 mm 刻线，游标的第三刻线与主尺的 23 mm 刻线重合，则主尺的 20 mm 刻线与游标零线之间的距离为 $3-3\times0.95=0.15$ mm，所以物体的长度为 20.15 mm. 可见，若游标零刻线左侧主尺读数为 Y，游标上的第 K 条刻线与主尺上某刻度线重合，则游标尺读数为

$$L=Y+K\delta$$

为便于读数，在二十分游标上刻有 0，25，50，75，1 等可直接读出的数字. 图 3-3 所示的是另一种二十分游标，图中读数为 1.60 mm.

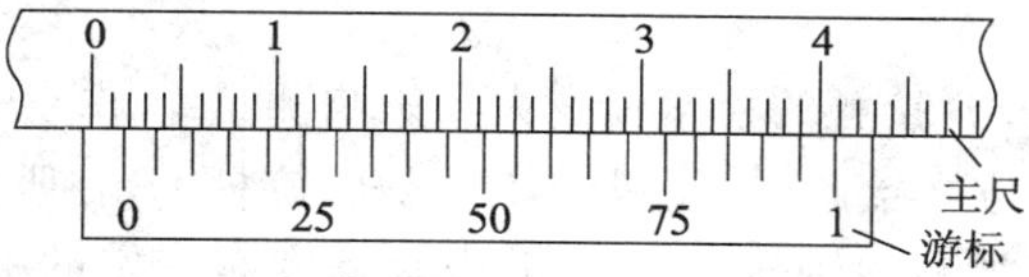

图 3-3　另一种二十分游标示意

使用游标尺时应注意：

(1) 测量前先检查游标尺是否有零值误差（即主尺的零线与游标的零刻度线是否对齐），如有则应记下此值，用以修正测量值.

(2) 测量时量爪应卡正物体，松紧要适当，需要将被测物体取下读数时，要旋紧固定螺丝 F（见图 3-1）.

(3) 游标尺的读数也会产生误差. 由于在判断游标上哪一条线与主尺上的某一条刻度线相对来说对得最齐时，最多只可能有正负一条线之差，所以取游标尺的最小分度值 δ 作为仪器的最大示值误差.

2. 螺旋测微计（千分尺）

螺旋测微计的构造如图 3-4 所示，A 为 U 形支架，一端是固定端 F（称测砧），另一端连接可旋转的螺杆 B. 螺距是 0.5 mm，因此当螺杆旋转一周时，它沿轴方向移动 0.5 mm；E 是固定套管，上面有刻度，每一小格表示 0.5 mm，称之为主尺；D 为微分套筒，与螺杆 B 相连，其上一周刻着 50 个等分的小格，称之为副尺. 显然副尺一周和

0.5 mm 相当. 由于 D 每转一周, B 就向 F 靠拢或远离 0.5 mm, 因此 D 转过一格, B 就向 F 靠拢或远离 0.01 mm, 这样螺旋测微计的最小刻度就为 0.01 mm, 这就是螺旋测微计的分度值. 根据读数原则, 还可以估读一位数字, 这就是说可以估读到 0.001 mm, 所以螺旋测微计又称为千分尺.

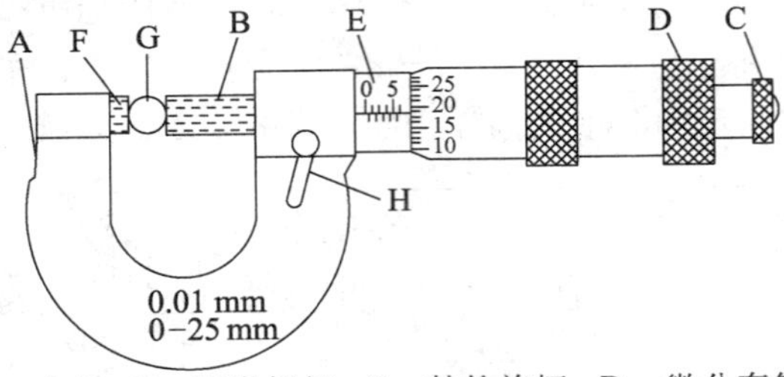

A—支架; B—测微螺杆; C—棘轮旋柄; D—微分套筒;
E—固定套管; F—测砧; G—待测物; H—锁紧装置

图 3-4　螺旋测微计的构造

在测量时首先使 B 适当离开 F, 然后夹入待测物, 读数时先读出主尺上的刻度为 x mm, 然后再读出副尺上的刻度为 n(估计到一格的 1/10), 则物体长度为

$$L=\left(x+\frac{n}{100}\right)\ \mathrm{mm}$$

如图 3-5a 所示, 其读数为 3.475 mm, 最后一位 5 是估计数字.

使用螺旋测微计时应注意下列几点:

(1) 首先检查螺旋测微计当 F, B 的端面接触时, 其初读数是否为"0". 如不为"0"则应调"0", 否则应在测得物体长度读数后, 减去或加上这一差数(零点误差), 此时才是物体长度.

(2) 被测物体与 F, B 接触的松紧程度大大影响测量结果. 为此测量时应将物体靠于 F, 当转动到物体将与 B 接触时, 应慢慢转动棘轮旋柄 C, 在听到"轧轧轧"三声后应停止转动. 这样可保证被测物体与 F, B 接触松紧程度有一定的标准, 从而减小测量误差, 同时也避免螺纹受力过大而损伤. 在检查螺旋测微计零点时亦应如此.

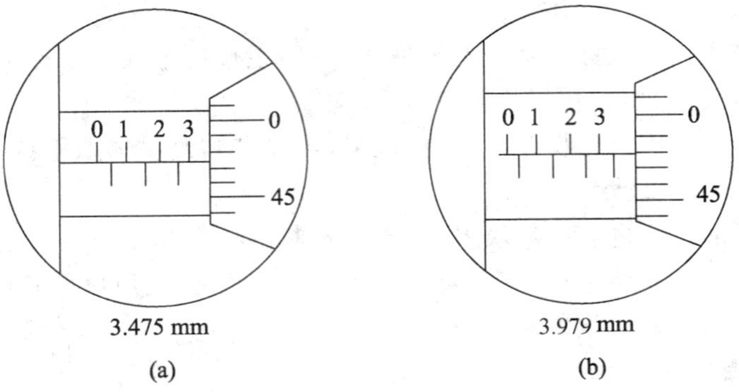

图 3-5　螺旋测微计读数

(3) 当 D 旋转一周时, B 只移动 0.5 mm, 所以读数时必须注意 E 上的 0.5 mm 刻度线, 以免少读 0.5 mm(例如将 3.979 mm 误读成 3.479 mm, 见图 3-5b).

(4) 螺旋测微计使用完毕后，F 与 B 之间留少量空隙，以免膨胀时接触过紧而损坏螺纹.

3.1.2 质量称衡器

1. 物理天平

物体的质量常用天平称衡. 天平根据其精度级别的高低分为物理天平和分析天平. 分析天平精度级别较高，常用于化学分析，而物理实验通常使用的是物理天平. 天平的规格除了等级以外，主要还有称量和感量(或灵敏度).

天平的称量是指天平允许称重的最大质量.

天平的感量是指天平指针从平衡位置偏转一个小分格时，天平两边秤盘上的质量差，单位是 mg/格.

天平的灵敏度是指天平平衡时，在一边秤盘中加一单位质量后指针偏转的刻度数. 天平的灵敏度也是感量的倒数.

例如，J-T21 型天平的称量为 1 000 g，感量为 50 mg；TW1 型天平的称量为 1 000 g，感量为 100 mg. 这些参量均标注在铭牌上.

物理天平的构造如图 3-6 所示.

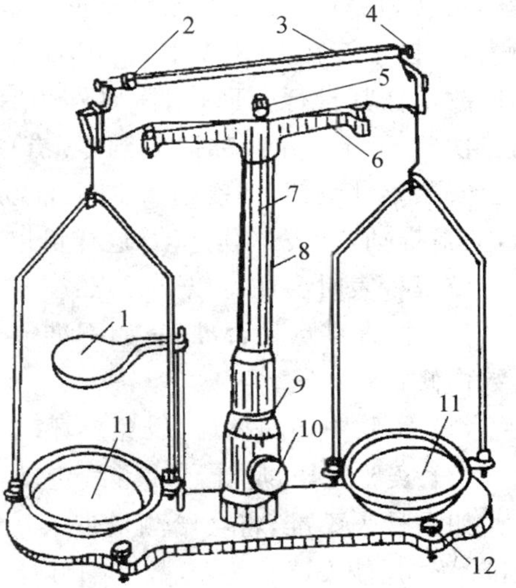

1—托盘；2—游码；3—横梁；4—平衡螺母；5—主刀口；6—制动架；7—支柱；8—指针；9—标尺；10—制动旋钮；11—秤盘；12—底脚螺钉

图 3-6 物理天平的构造

(1) 主要操作步骤.

① 调节底脚螺钉，使底盘水平.

② 调节零点，将秤盘吊钩挂在两端的刀口上，把横梁上的游码移到标尺的零位，旋动制动旋钮使横梁慢慢升起. 若天平指针在刻度盘零线左右微微对称摆动，则天平平衡. 否则应立即反转制动旋钮使横梁降下，调节平衡螺母后，再慢慢升起横梁……如此反复调节，直至天平平衡.

③ 称衡，将待测物体放在左盘内，砝码放在右盘内，适当增减砝码或移动游码，按与②类似的步骤进行操作(但不得再移动平衡螺母)，直至天平平衡.

④ 称衡完毕，放下横梁，将秤盘吊钩摘离刀口.

(2) 使用物理天平注意事项.

① 转动制动旋钮时应缓慢平稳.

② 调节平衡螺母、移动游码、增减砝码和取、放物体时，都必须将横梁放下. 不能为"节省时间"在横梁被升起时进行上述操作，以免损伤刀口，影响天平的灵敏度.

③ 砝码的使用应从大到小，并放在秤盘中央. 取放砝码时应使用镊子，不得用手直接抓取.

④ 天平的负载量不得超过其称量.

2. 电子天平

现在新型的电子天平正在逐步得到普及，该天平比普通的物理天平使用更方便，称量的精度根据不同的需要可以有多种选择. 其中最精密的电子天平的称量精度可超过机械式的分析天平. 电子天平在称量时不需要使用砝码，只需把待测物放在托盘上即可在数字屏幕上显示出被测物的质量，使用十分方便. 不过电子天平使用日久后应定期重新校准，这点须加以注意.

3.1.3　计时仪器

1. 机械秒表

机械秒表一般有两个针，长针是秒针，短针是分针. 表面上的数字分别表示秒和分的数值. 这种秒表的分度值是 0.2 s 或 0.1 s，如图 3-7 所示.

秒表上端有可旋转的按钮 A，用以旋紧发条及控制秒表的走动和停止. 使用前先旋紧发条，测量时用手掌握住秒表，大拇指按在按钮 A 上，稍用力按下，秒表立即走动；随即放手任其自行弹回，当需要停止时可再按一下；再按第三次时，秒针、分针都回复到零. 有些秒表在按钮 A 的边上安装累计键钮 B，键钮 B 向上推动时，秒表即停止走动，向下推动，秒表继续走动，这样可以连续累计计时.

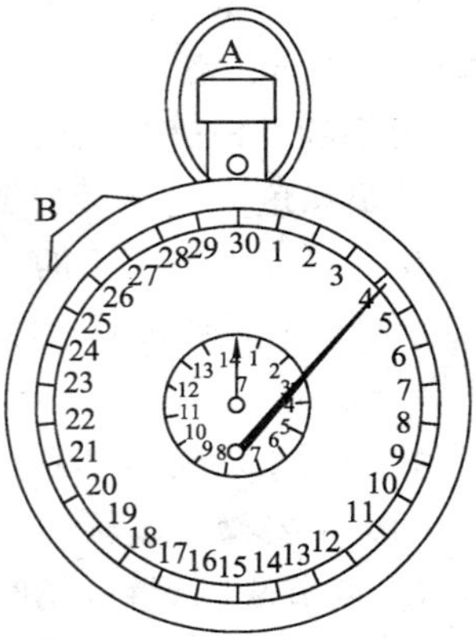

图 3-7　机械秒表示意

使用秒表时要注意以下几点：

(1) 检查零点是否准确，如不准，应记下初读数，并对读数作修正.

(2) 实验中切勿摔碰，以免震坏.

(3) 实验完毕，应让秒表继续走动，使发条完全放松.

如果秒表不准，将会给测量带来系统误差，这时可用数字毫秒计作为标准计时器来校准. 例如，秒表读数为 x，数字毫秒计读数为 y，校准系数即为 $c=y/x$. 当实验测得的秒表读数为 t' 时，真正的时间应为 $t=ct'$.

2. 电子秒表

电子秒表由表面上的液晶显示时间，最小显示为 0.01 s，外形结构如图 3-8 所示. 常用的 J9-1 型有 S_1，S_2，S_3 三个按钮（E7-1 型无 S_3 按钮），其中 S_1 按钮为启动/停止（Start/Stop）；S_2 按钮为复零（Reset）；S_3 按钮为状态选择，可作计时、闹时、秒表三种状态（实验时处于秒表状态）. 一般在实验中只要使用 S_1，S_2 两个按钮的启动、停止、复零三种功能. 按钮均有一定机械寿命，不能随意乱按.

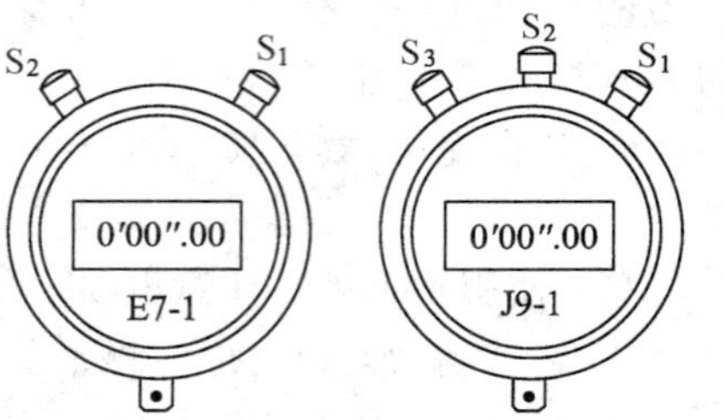

图 3-8　电子秒表示意

3. 电子计时仪

电子计时仪是近代发展起来的一种计时仪器. 如常用的数字毫秒计就属于此类，一般测量的时间间隔为 0.01 ms～999.9 s.

数字毫秒计的基本原理是利用一个频率很高的石英振荡器作为时间信号发生器，不断地产生标准时基信号.在实验中，它通过光电元件（称为传感器）和一系列电子元件所组成的控制电路来控制时基信号进行计时，并在数码管中显示出被测定的时间间隔.为了实验方便，仪器还装有自动清“零”的装置（即自动复“零”）.

3.2 电磁学实验常用基本仪器

电测设备和电测仪表主要是利用“电”和“磁”互相联系的物理关系来工作的.在物理实验中，电磁学常用设备和仪器主要有电源、电阻器、电表、开关等.如果对它们缺乏认识，不了解其使用方法，那么不仅在实验时不能正确使用，而且容易造成损坏，甚至导致人身事故.因此，在电磁学实验开始以前，学习和掌握它们的性能及使用方法是很有必要的.

3.2.1 电　源

电源是能够产生和维持一定电动势的设备，即电路产生电流的设备.除标准电池外，电源主要用来提供能量、输出电能.电源可分为直流电源和交流电源两类.

1. 直流电源

物理实验常用的直流电源有干电池、蓄电池和直流稳压电源等.干电池和蓄电池是化学电源，蓄电池可以充电，使用时可根据需要串联多个蓄电池以获得高电压.使用直流稳压电源时，需将插头接到 220 V 的交流电源上，它能输出连续可调的直流电压，并能从仪表上直接读出输出的电压和电流值.

直流电源上标有“＋”号（或红色）的接线柱为正极，标有“－”号（或黑色）的接线柱为负极.习惯上规定，直流电流总是由电源的正极流出，经过外电路后，再由负极流回电源.

使用直流电源时应注意以下几点：

(1) 在正极和负极之间，绝对不能直接用导线连接（此现象称为电源短路），以免损坏或烧毁电源.

(2) 蓄电池内装有酸性或碱性溶液，具有强烈的腐蚀性，故不能将其倾斜，更不能翻倒.

(3) 使用直流稳压电源时，应注意它能输出的电压值及最大允许电流值，切不可超载；实验时，应先将输出电压置于较小值（或将输出旋钮置“0”），然后逐步加大，观察电路及电表等均正常后再将电压加大到需要值，以免损坏仪器或仪表.

(4) 实验时，操作者必须注意电压高低.一般来讲，电压在 64 V 以下对人体是安全的，但当电压大于 64 V 时，人体就不能随便触及，以免发生危险.

2. 交流电源

常用的交流电源为供电电网，物理实验中大多使用单相 220 V，50 Hz 交流电源.交流电表上的读数都是有效值，它与峰值的关系为

$$交流量的峰值=\sqrt{2}\times 交流量有效值$$

例如，常用的 220 V 交流电压，实际上指的就是交流电压的有效值，其峰值为$\sqrt{2}\times 220\ \text{V}\approx 310\ \text{V}$.

使用交流电源时，同样要注意不能使电源短路，人体的任何部位不得与它直接接触，否则有生命危险！另外，交流电有零线(地线)与相线(火线)之分，绝对不能把相线接到仪器的接地端，否则将造成电源短路.

3.2.2 电阻器

电阻器是电学实验中必不可少的电器元件，是许多电路的组成部分，它可分为固定电阻器和可变电阻器两类. 在物理实验中，除了用到具有固定值的电阻外，常用的电阻器是滑线电阻器和电阻箱，它们都属可变电阻器.

1. 滑线电阻器

滑线电阻器的外形和结构如图 3-9 所示. 一根绝缘的镍铬丝绕在瓷筒上，电阻丝的两端用铜片压紧后与接线柱 A，B 相连. 因此 A，B 之间的电阻即为总电阻. 在瓷筒上方的滑动接头 D 可在粗铜棒上移动，它的下端在移动时始终与瓷筒上的电阻丝接触. 改变滑动接头 D 的位置，就可改变 AC 和 BC 之间的电阻.

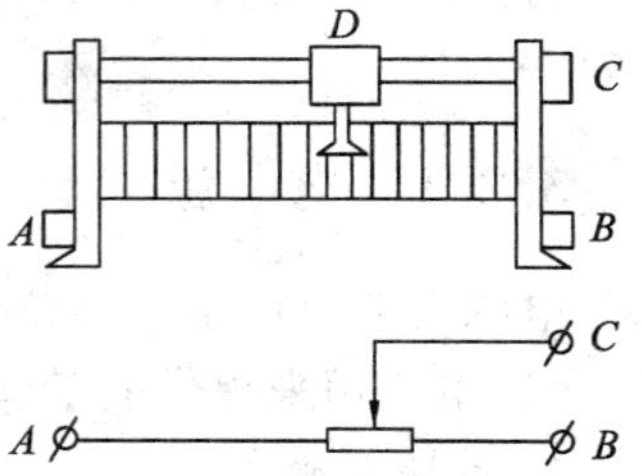

图 3-9　滑线电阻器外形和结构

滑线电阻器在电路中有两种接法：

(1) 限流接法. 其接法如图 3-10 所示，即将电阻器中的任一个固定端 A(或 B)与滑动端 C 串联在电路中. 移动滑动接头就改变了 A，C 间的电阻，也就改变了电路中的总电阻，从而使电路中的电流发生变化.

(2) 分压接法. 其接法如图 3-11 所示，即电阻器的两个固定端 A，B 分别与电源的两极相连，由滑动端 C 和任一固定端 B(或 A)将电压引出来. 由于电流通过电阻器的全部电阻丝，故 A，B 之间任意两点都有电位差. 改变滑动接头 C 的位置，就改变了 B，C 间的电压 U_{BC}(或 A，C 间的电压 U_{AC}).

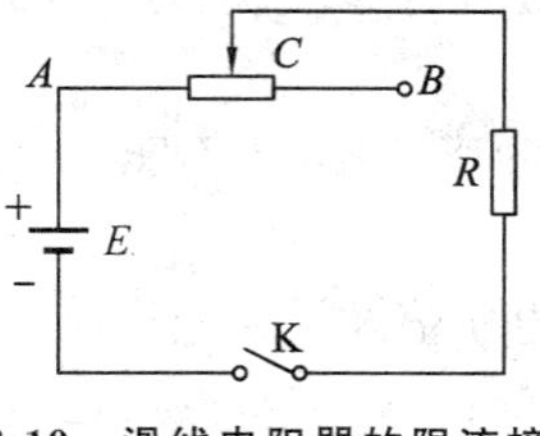

图 3-10　滑线电阻器的限流接法

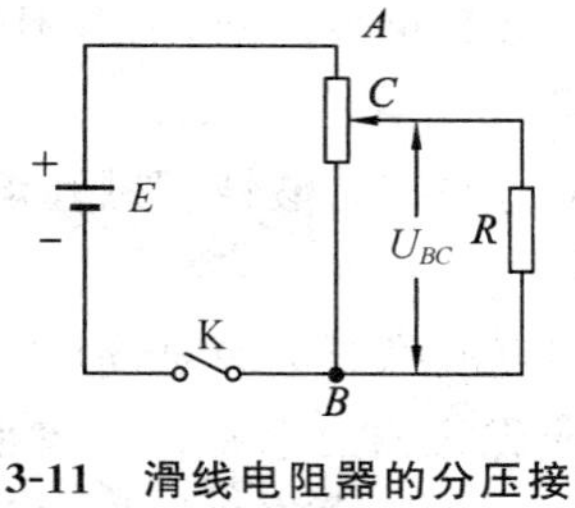

图 3-11　滑线电阻器的分压接法

2. 电阻箱

电阻箱是由若干个电阻值相当准确的固定电阻元件，按照一定的组合方式接在特殊的转换开关装置上而构成的. 利用电阻箱可以在电路中准确调节电阻值. 这里以 Z×21 型旋转式电阻箱的面板为例进行介绍，如图 3-12 所示. 在箱面上有 6 个旋钮和 4 个接线柱，它的读法是当某个旋钮上的数字旋到对准其所示的倍率时，用倍率乘以旋钮上的数字，即为对应的电阻. 图 3-12 中电阻箱面板上所示的总电阻为 $3\times0.1+4\times1+5\times10+6\times100+7\times1\,000+8\times10\,000=87\,654.3\ \Omega$,使用时不必列出算式,只要依照倍率大小的顺序,读出旋钮上的数字,即为总电阻数值. 4 个接线柱中,标有 0 的是公共端,标有 0.9 Ω,9.9 Ω,99 999.9 Ω 的是表示 3 个调节范围. 0 与 0.9 Ω 两接线柱的阻值调节范围为 0.1～0.9 Ω;0 与9.9 Ω 两接线柱的阻值范围是 0～9.9 Ω. 这两组用在电阻值较小时,以减少接触电阻带来的误差. 0 与 99 999.9 Ω 两接线柱的阻值范围是 0～99 999.9 Ω.

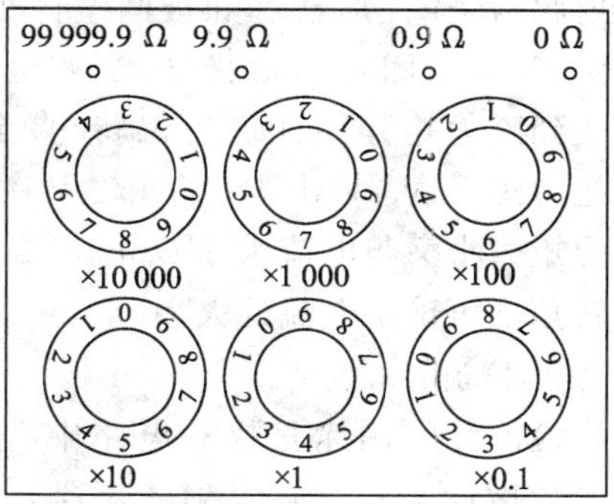

图 3-12　Z×21 型旋转式电阻箱面板结构

电阻箱的主要规格有总电阻、额定电流(额定功率)和准确度等级. 使用电阻箱时,为确保其准确度,不得超过其额定功率或最大允许电流. 电阻箱根据其误差大小可分为若干个准确度等级,物理实验常用的是 0.02,0.05,0.1,0.2,0.5 级. 电阻箱的误差主要包括电阻箱的基本误差和零电阻误差两个部分. 零电阻值包括电阻箱本身的接线、焊接、接触等产生的电阻值.

电阻箱的仪器相对误差限通常由公式

$$\frac{\sigma_{R仪}}{R}=\left(a+b\,\frac{m}{R}\right)\%$$

进行计算. 其中 a 为电阻箱的准确度等级,R 为电阻箱的示值,b 为与准确度等级有关的系数,m 为所使用的电阻箱的转盘数. 对于通常的 0.1 级的电阻箱,$a=0.1$, $b=0.2$,即有

$$\frac{\sigma_{R仪}}{R}=\left(0.1+0.2\times\frac{m}{R}\right)\%$$

显然,当 R 较大时,由转盘的接触电阻引入的误差可以忽略不计,即可直接将准确度等级作为电阻箱示值的相对误差限. 0.1 级的电阻箱所指示的电阻值最多为 4 位有效数字,另外作为小电阻用时应使用“9.9”或“0.9”的接线柱.

使用滑线电阻器与电阻箱时,应注意以下几点:

(1) 使用前,应先查看电阻器铭牌上标明的最大电阻值和最大允许电流值,以免电流过大烧坏电阻器.

(2) 电阻器接入电路时,应拧紧接线柱,以免产生附加接触电阻.

(3) 电路接通前,作限流用的电阻器应具有最大的电阻值,以保护仪器.

(4) 将滑线电阻器作分压器使用时,滑动触头的初始位置应置于分出电压最小的位置.

3.2.3　电　表

物理实验中常用的是磁电式仪表,其内部构造可简单地表示为如图 3-13 所示的情形,永久磁铁的两个极上连着圆形孔腔的极掌,极掌之间装有圆柱形软铁芯,其作用是保证极掌和铁芯间的空隙中拥有很强的磁场,并且磁力线是以圆柱的轴为中心呈均匀

辐射状.在圆柱形铁芯和极间空隙处放有长方形线圈,线圈上固定一根指针,当有电流流通时,线圈受到磁力矩作用而产生偏转,直至跟游丝的反向扭力矩平衡.线圈偏转的角度与磁力矩成正比,磁力矩大小又与电流大小成正比.因此,根据线圈偏转角度可确定电流的大小.

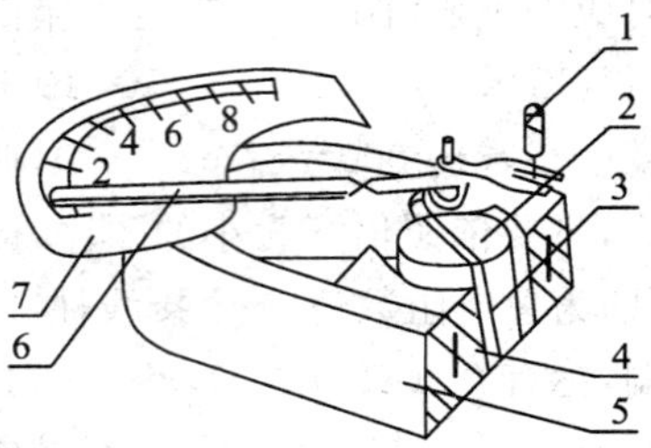

1—零点调正螺钉;2—铁芯;3—线圈;4—极掌;5—永久磁铁;6—指针;7—标度盘

图 3-13　磁电式仪表的内部构造

1. 检流计

检流计的用途是检验电路中有无电流通过.它分为指针式和光点反射式两类,其特点是指针的零点在刻度盘的中央,指针可以朝两个方向转动,以便检验出不同方向的直流电.使用时,检流计应串联在电路中.

图 3-14 为 AC5/4 型直流指针式检流计面板图.线圈锁扣 2 拨向左侧红点(即图中位置时),由于机械作用,线圈被锁住不能转动;锁扣 2 拨向右侧白点时,线圈被松开,指针可转动.使用有锁扣的检流计时,检测时锁扣应松开;移动检流计或检流计用过后,锁扣应锁住.旋钮 1 为零调节器,检测前应旋转该旋钮,使指针指在零线上,因指针的转动滞后于旋钮的转动,旋转时应轻缓.3 为接线柱,用以将检流计接入待检测的电路中.按钮 4 相当于检流计开关,按下 4 则检测电路接通,按钮向上弹起时,则检测电路不通.若需要较长时间接通检测电路,在按下按钮后再将其旋转,松手后按钮不再弹起.按钮 5 是一个阻尼开关,它与检流计线圈并联.按下 5,检流计线圈被短路,指针即因受到电磁阻尼而停止摆动.适时地按下该按钮,可使指针迅速停在零点处,以节省实验时间.

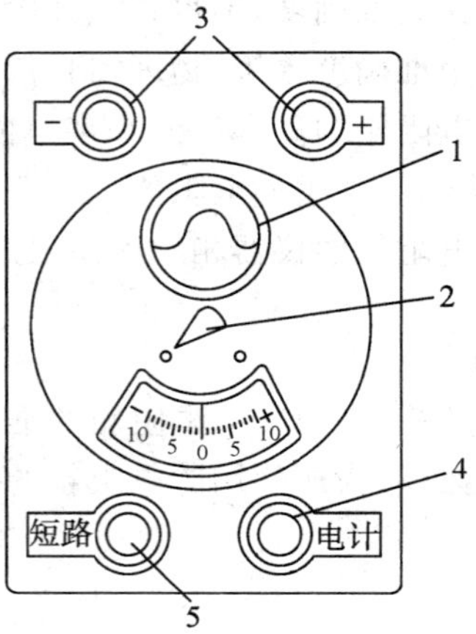

图 3-14　AC5/4 型直流指针式检流计面板

有的检流计没有"电计"按钮与"短路"按钮,实验者可根据需要自行外接.有的检流计没有锁扣,这种检流计准确度较低.

检流计一般只能测量很小的电流,约 100 μA.为防止通过检流计的电流过大,必要时可在检测电路上串联一个保护电阻,在保护电阻上再并联一个短路开关,以便根据需要为检流计加上或去掉保护电阻.

2. 电流表 (安培表)

电流表的用途是测量电路中电流的大小.它由在表头线圈上并联一个阻值很小的分流电阻而成,其构造如图 3-15 所示.表头上并联的分流电阻不同时,它可以测量的最大电流也就不同,即得到不同量程的电流表.

3. 电压表 (伏特表)

电压表的用途是测量电路中两点间电压的大小.它由在表头线圈上串联一个附加的高电阻而成,其构造如图 3-16 所示.表头串联的附加电阻不同时,可以测量的最大电压也就不同，即得到不同量程的电压表.

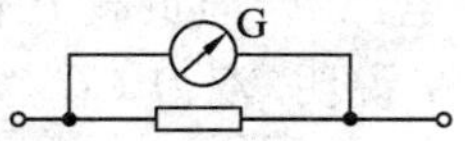

图 3-15 电流表的构造

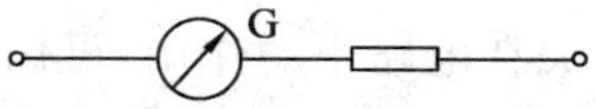

图 3-16 电压表的构造

使用电表应注意以下几点：

(1) 直流电流表，正端接电流流入，负端接电流流出.

(2) 直流电压表，正端接电位高的一端，负端接电位低的一端.

(3) 使用电流表和电压表时，应注意其量程(也叫量限). 所谓电流表或电压表的量程是指指针偏转满刻度时，所测量的最大电流或电压. 实验中不能使测量值超过量程，否则易损坏电表. 在不知测量值的情况下，为了安全，应先选大量程，在得出测量值的范围后(或者已知)，再选用与测量值最接近的量程，以获得更精确的测量值. 电表测量值 A 的计算公式为

$$A=n\cdot\frac{A_m}{N}$$

式中，A_m 为量程(可测量最大值)；N 为该量程标度尺的总分数(刻度总格数)；n 为指针指示的读数(刻度格数).

(4) 根据国家标准《电气测量指示仪表通用技术条件》(GB/T 776—1976)的规定，电表的准确度等级分为 0.1，0.2，0.5，1.0，1.5，2.5 和 5.0 等七级. 电表指示任一测量值所包含的最大基本误差(即仪器的最大误差限)为

$$\sigma_m=A_m\cdot K\%$$

式中，σ_m 为仪器的最大误差；A_m 为电表的量程；K 为电表的准确度等级. 对某一测量值的相对不确定度为

$$E=\frac{\sigma_m}{\text{测量值}}=\frac{A_m}{\text{测量值}}\times K\%$$

一般测量值不等于 A_m(量程)，所以当测量值越接近量程(即指针偏转越大)时，测量值的相对误差越小，反之越大. 因此，选用电表量程时应尽可能使指针偏转落在满刻度值 2/3 以上，以减小测量的相对误差.

(5) 电表要按出厂规定的放置方式放置. 读数时要正视指针，当指针和镜面反射指针的像重合时，指针指示的刻度即为其数值(一般估计到最小刻度的 1/2 或 1/5).

3.2.4 开关(电键)

电路中常用开关接通、切断电源或变换电路.

实验中常用的开关有单刀单向、单刀双向、双刀双向、双刀换向等各种开关，在电路中分别用图 3-17 所示的各种符号表示.

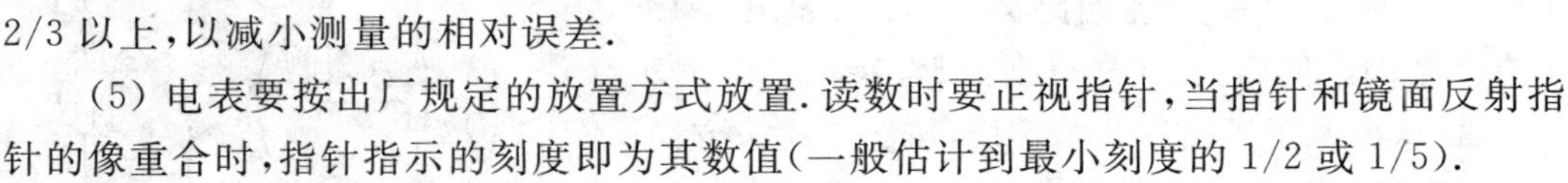

(a) 单刀单向　(b) 单刀双向　(c) 双刀双向　(d) 双刀换向　(e) 按钮开关

图 3-17 各种开关的符号表示

双刀双向开关在电路中的作用，可由图 3-18a 来说明. 开关的双刀 CC' 拨向 AA' 处时，由电源 E_1 向负载 R 供电；CC' 拨向 BB' 处时，由电源 E_2 向负载 R 供电.

双刀换向开关在电路中的作用，可由图 3-18b 来说明. 双刀 CC' 拨向 AA' 时，电流沿 $CAB'NMBA'C'$ 流动，R 中电流方向为 $N \rightarrow M$；双刀 CC' 拨向 BB' 时，电流沿 $CBMNB'C'$ 流动，R 中电流方向换成 $M \rightarrow N$.

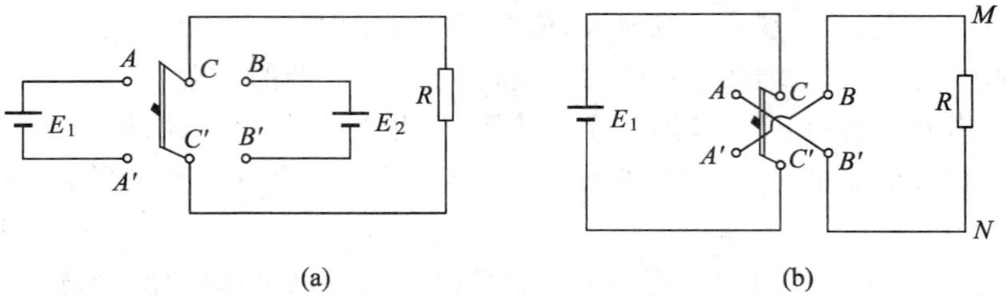

图 3-18　双刀双向、双刀换向开关示意

3.2.5　电学实验仪器的检查、布置和接线

电学实验使用的电源通常是 220 V 的交流电和 0～24 V 的直流电，所以在电学实验中注意人身设备安全尤为重要. 认真检查仪器，合理布局、正确连接线路是做好电学实验的关键环节.

(1) 接线时，首先了解线路图中每个符号代表的意义，再弄清各个仪器的作用，最后按照“接线合理，操作方便，易于观察，实验安全”的原则布置仪器，并严格遵守“先接线路后接电源，先断电源后拆线路”的操作规程.

(2) 电学实验中，正确接线是做好实验的关键. 建议采用回路接线法，这种接线方法较为科学. 它可以使导线分布均匀，不会过多地集中于一个接线柱上，而且在接好的线路中便于查线和排除故障.

① 将电路中所需用的开关全部断开，电阻器都应有适当的阻值.

② 从电路图的电源正极出发，将电路图分成若干个闭合回路，并标上各回路的序号. 例如图 3-19 中有三个闭合回路，其序号分别为Ⅰ，Ⅱ，Ⅲ.

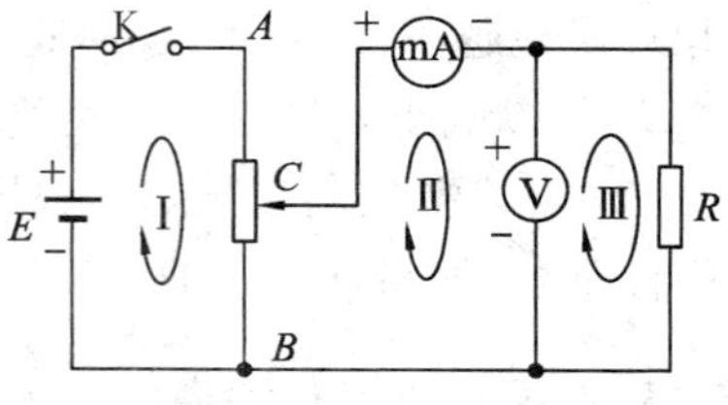

图 3-19　电学实验回路接线示意

③ 从电源正极出发开始接线，按图中箭头方向走线，碰到相应的部件就将其接入，接完一个回路再接下一个回路. 在图 3-19 中应先接完回路Ⅰ，再接回路Ⅱ，最后接回路Ⅲ，终止于电压表的负极，此时接线完毕. 应注意的是，图中每个闭合回路的箭头出发点都是该回路的高电势端.

(3) 当电路发生故障时，如能观察出故障发生在哪个回路，就不必拆线，可直接用万用电表的电压挡在电路通电的情况下查找. 从故障发生的所在回路查起，逐点查向电源. 常用等电势法查导线的通断，导线接通的，其两端电压为零；导线断开的，其两端就出现电压. 用这种方法可以较快判定故障所在，但它不适合检查电压太小的部位. 如无法确定故障发生的部位，则可从电源出发查找，应用电压法检查. 将万用电表直流电压挡的“−”表笔接于电源负极，“+”表笔接到电路各点，观察各点相对于电源负极的电压，检查其是否正常，从而判断故障所在.

(4) 测得数据后应先断开电源.运用理论知识来分析判断是否合理，有无遗漏，待教师复核同意后再拆线，最后将仪器复原、整理好.

常用电气元件的符号见表 3-1，常用电气仪表面板上的标记见表 3-2.

表 3-1　常用电气元件符号

名　称	符　号	名　称	符　号
直流电源(干电池、蓄电池、晶体管直流稳压电源)	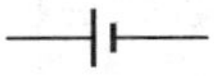	单刀单向开关	
220 V 交流电源	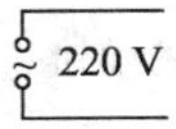	双刀双向开关	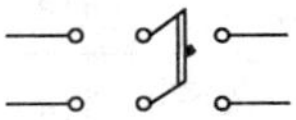
可变电阻		双刀换向开关	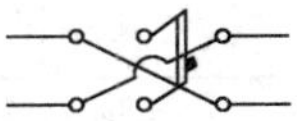
固定电阻		按钮开关	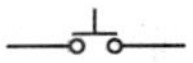
滑线电阻器	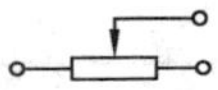	二极管	
电容器	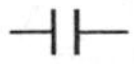	稳压管	
电解电容器	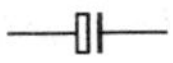	导线交叉连接	
可变电容器	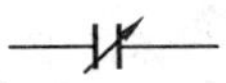	导线交叉不连接	
电感线圈		变压器	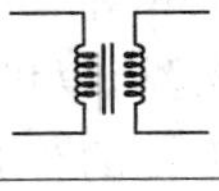
有铁芯电感线圈	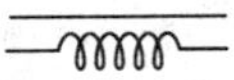	调压变压器	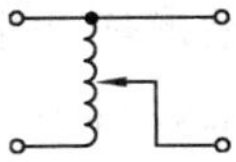

表 3-2　常用电气仪表面板上的标记

名　称	符　号	名　称	符　号
指示测量仪表的一般符号	○	直流和交流	≃
检流计	G	以标度尺量限的百分数表示的准确度等级，例如 1.5 级	1.5
电流表	A		
电压表	V	以指示值的百分数表示的准确度等级，例如 1.5 级	1.5
微安表	μA		

续表

名　称	符　号	名　称	符　号
毫伏表	mV	标度尺位置为垂直的	⊥
千伏表	kV	标度尺位置为水平的	⊓
欧姆表	Ω		
兆欧表	MΩ	绝缘强度试验电压为 2 kV	☆(2)
毫安表	mA		
负端钮	—	接地用的端钮	⏚
正端钮	+		
公共端钮	*	调零器	⌒
磁电系仪表	⋂		
静电系仪表	⊕	Ⅱ级防外磁场及电场	U U
直流	—		

3.3　光学基本仪器

光学仪器的种类很多，本节仅介绍两种最常用的光学仪器.

3.3.1　望远镜

望远镜一般用来观察远距离的物体，或者用来作为测量和对准的工具. 望远镜物镜和目镜相邻一侧的焦点重合在一起，并且在它们共同焦平面附近装有分划板，分划板上刻有叉丝，以供观察或读数之用.

物镜的作用是使远处的物体在其焦平面附近形成一个缩小而移近的实像，然后用眼睛通过目镜去观察由物镜形成的像，从而看到一个放大的、倒立的虚像.

图 3-20 是常见阿贝目镜结构式的测量望远镜示意图. 图中小棱镜的作用是改变入射光的方向，照亮分划板.

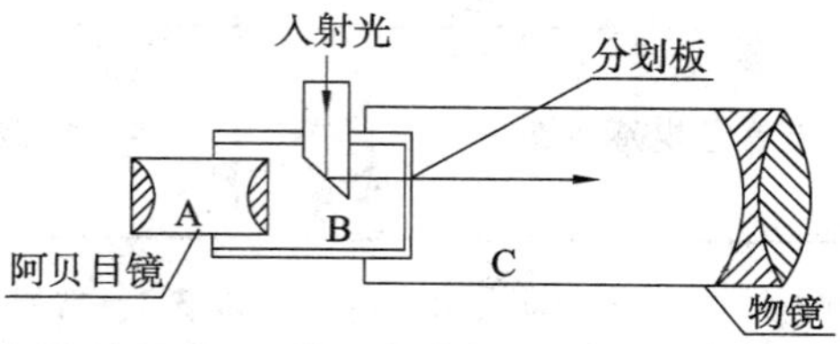

图 3-20　阿贝目镜结构式的测量望远镜示意

3.3.2　显微镜

显微镜用于观察细小物体，显微镜也由目镜和物镜组成. 物体 AB 放在物镜焦点 F_1 外不远处，使物体成一放大的实像 A_1B_1 落在目镜焦点 F_2 内靠近焦点处，其光路如图 3-21 所示.

目镜相当于一个放大镜，将物镜形成的中间像 A_1B_1 再放大成一虚像 A_2B_2，位于眼睛的明视距离处. 目镜中装有一个十字叉丝，作为读数时对准待测物体的标线.

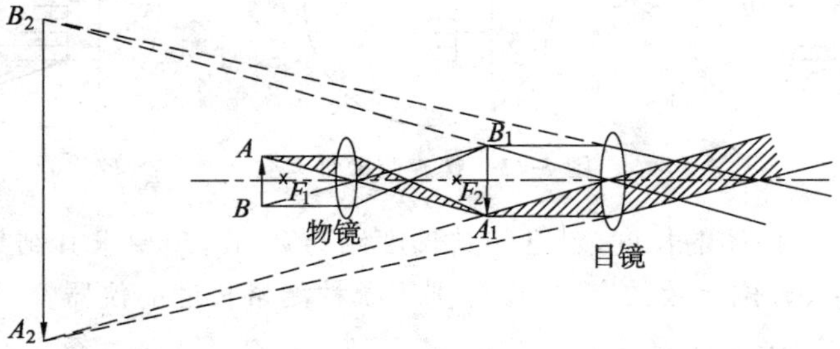

图 3-21　显微镜光路示意

3.3.3　光学仪器使用规则

(1) 大部分光学元件是用玻璃制成的，使用时要轻拿轻放，勿使元件碰撞、摔坏.

(2) 光学表面(光线在此表面反射或折射等)已经过仔细抛光或镀膜，因此不允许用手直接触摸. 拿光学元件时，只能捏非光学表面(见图 3-22).

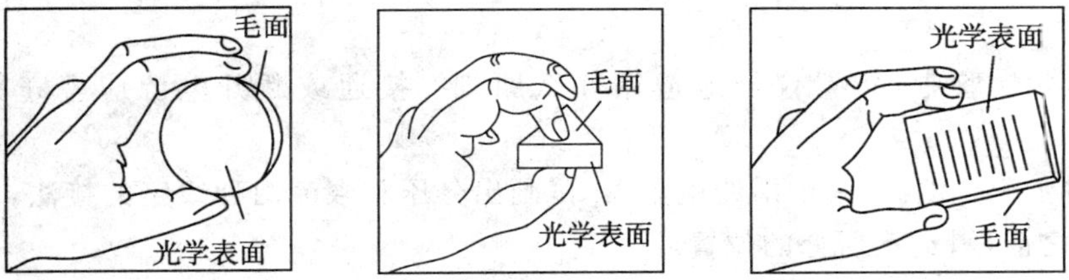

图 3-22　手拿光学仪器的规范

(3) 严禁对着光学表面说话、咳嗽和打喷嚏. 如发现光学表面有污渍，不要自行擦拭，而应立即向教师报告，以便教师及时处理.

(4) 光学仪器中，若有狭缝(如分光计平行光管狭缝)，不允许调节到狭缝紧闭，否则会由于刀刃口互相挤压而受损.

(5) 光学仪器的机械部分大多数都经过精密加工，使用前应明确仪器的使用方法和操作规则，动作要轻缓. 对于手动的螺旋，不能拧得过紧；某些部件被锁住时，不能用劲旋扭.

习　题

1. 使用螺旋测微计应注意什么？

2. 读出图 3-23 所示螺旋测微计的零点读数 d_0，对测量读数值 d 进行修正时，取 $d=\overline{d}-d_0$ 还是 $\overline{d}+d_0$？

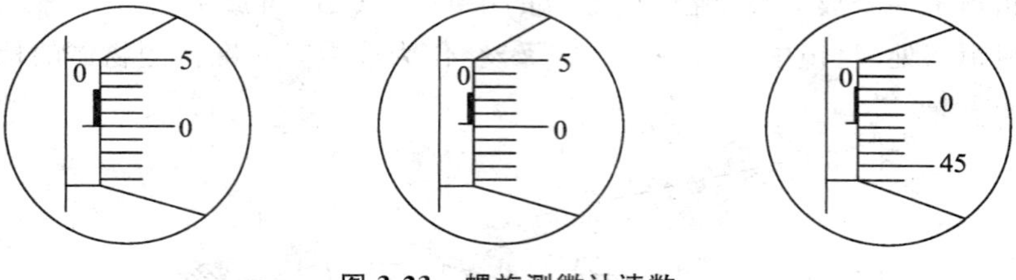

图 3-23 螺旋测微计读数

3. 测量一个圆柱体的长度，若已知其长度约为 2 cm，现要求其结果为三位有效数字、四位有效数字、五位有效数字时，应分别用哪种测量长度的仪器？

4. 使用物理天平应注意什么？

5. 什么是电表的最大基本误差？对于准确度等级相同、量程不同的电表，最大基本误差是否相同？

6. 量程为 7.5 mA 和 75 mA 的电流表，3 V 和 15 V 的电压表，它们的准确度等级皆为 0.5 级，面板刻度均为 150 小格，则每格代表多少？测量时记录有效数字位数应到小数点后第几位？为什么？

7. 一只电流表的量程为 10 mA，准确度等级为 1.0 级，另一只电流表的量程为 30 mA，准确度等级为 0.5 级，现要测量 9 mA 左右的电流，请分析选用哪只电流表较好？

8. 电学实验中，布置仪器应遵循什么原则？接通或断开电源应遵守哪些操作规程？

9. 对于一个电源、一个滑线电阻器，试画出分压和限流两种线路的接法，并标出在电源接通之前，滑动头所处的位置.

4 常用物理实验思想与方法

4.1 物理实验思想

物理实验的思想、方法和技术是构成现代高科技人才知识结构的基础，是应用技术的基础和源泉. 物理实验是素质教育的一个重要环节，实验课能培养学生严谨的科学思维和创新精神，以及理论联系实际，分析问题和解决问题的能力. 在人类追求真理、探索未知世界的过程中，物理学展现了一系列科学的世界观和方法论，深刻影响着人类对物质世界的基本认识、人类的思维方式和社会生活. 物理学发展的历史证明，正确的科学思想及由此产生的科学方法是科学研究的灵魂.

物理实验方法就是经验（以实验和观察的形式）与思维（以创造性构筑的理论和假说的形式）之间的动态的相互作用. 伽利略是近代科学的奠基者，是科学史上第一位具有现代意义的科学家，他首先为自然科学创立了两个研究法则，即观察实验和量化方法，拓展了实验和数学相结合、实验和理想实验相结合的科学方法. 伽利略开创的实验物理学，包括实验的设计思想、实验方法，开创了自然科学发展的新局面. 在物理实验数百年的发展进程中，涌现了众多卓越的在物理学发展史上发挥里程碑作用的实验. 它们以其巧妙的物理构思、独到的处理和解决问题的方法、精心设计的仪器、完善的实验安排、高超的测量技术、对实验数据的精心处理和无懈可击的分析判断等，为人们展示了极其丰富和精彩的物理思想，开创出解决问题的途径和方法. 这些思想和方法已经超越了各个具体实验而具有普遍的指导意义. 学习和掌握物理实验的设计思想、测量和分析的方法，对物理实验课及其他学科的学习和研究都大有裨益.

4.2 物理实验的基本测量方法

一切描述物质状态和运动的物理量都可以从几个最基本的物理量中导出，而这些基本物理量的定量描述只有通过测量才能得到. 测量的方法随着科学技术的发展而不断地丰富，测量精度也随之不断地提高，测量的精度与测量方法和手段密切相关. 同一种物理量，在不同的量值范围，其测量方法也会不同. 即使在同一范围内，精度要求不同也可能有多种测量方法，选用何种方法应根据待测物理量的范围及人们对测量精度的要求确定．物理实验中的测量方法很多，内容也很广泛，本节仅对几种理工科大学物理实验中常用的基本测量方法进行概括性的介绍．

4.2.1 比较法

比较法是最基本和最重要的测量方法之一．所谓测量，就是把待测物理量直接或者间接地与已知的标准的同类物理量进行比较，以得到比值的过程．比较法是物理测量中最普遍、最基本、最常用的测量方法．根据在比较过程中是否进行了转换，可将比较法分为直接比较法和间接比较法两类．

1．直接比较法

最简单的直接比较法就是将待测量与量具上属于同类物理量的标准量进行直接比较，测出其大小．例如，用米尺测量某一物体的长度就是最简单的直接比较法，其中最小分度毫米就是作为比较用的标准单位．直接比较法有以下特点：① 被测量与标准量的量纲相同；② 被测量与标准量的比较是同时发生的，没有时间的超前和滞后．

当待测量与已知标准量相差一小量时，应采用重合比较方法，即将两者加以延伸、重复若干个周期后，使两者重合在一起，这样即可通过相互间的比较测出未知量的大小．在用游标尺（包括各类游标卡尺和角游标）测量中所运用的游标原理就体现了这种测量方法．

在一些具体的实验中，为了提高测量精度也可运用重合比较法．例如，在用单摆测重力加速度实验中，为了提高测周期的精度，可在测量摆边上放一标准摆，设测量摆的待测周期为 T，标准摆的周期已知为 T_0，假定标准摆比待测摆稍快，于是在两摆前后两次同时通过平衡位置（重合）期间，标准摆摆动了 n 次，而待测摆摆动了 $n-1$ 次，则有

$$nT_0=(n-1)T$$

于是

$$T=nT_0/(n-1)$$

这样就可通过重合比较法精确测出单摆周期．

2．间接比较法

当一些物理量难用直接比较法测量时，可以利用物理量之间的函数关系将待测物理量与同类标准量进行间接比较测量．图 4-1 所示为利用间接比较法测量电阻的示意图，它将一个可调节的标准电阻与待测电阻相连接，保持稳压电源 E 的输出电压不变，调节标准电阻 R_S 的阻值，使开关 K 在“1”和“2”两个位置时，电流指示值不变，则 $R_X=R_S$．

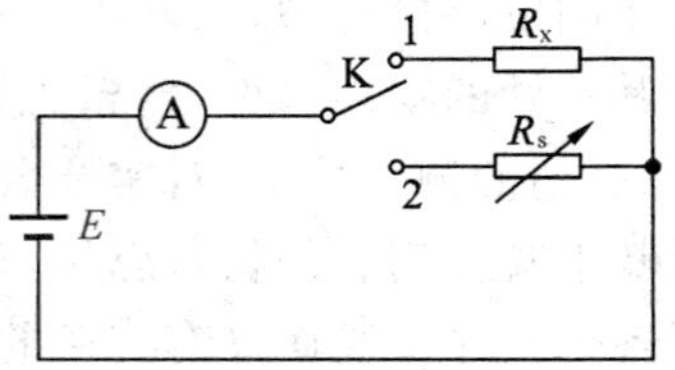

图 4-1　间接比较法测量电阻

4.2.2 平衡法、补偿法

平衡原理是物理学的重要基本原理，由此产生的平衡法是分析、解决物理问题的重要方法．在平衡条件下，可以比较简单地描述许多复杂的物理现象，一些复杂的物理函数关系亦可以变得简明．实验可保持原始条件，此时观察将具有较高的分辨率和灵敏度，从而容易实现定性和定量的物理分析．例如，天平、电子秤是根据力学平衡原理设计

的，可用来测量物质的质量、密度等物理量；根据电流、电压等电学量之间的平衡设计的桥式电路，可用来测量电阻、电感、电容、介电常数、磁导率等物质的电磁特性参量.

将标准值 S 选择或调节到与待测物理量 X 值相等，用于抵消(或补偿)待测物理量的作用，可使系统处于平衡(或补偿)状态. 处于平衡状态的测量系统，待测物理量 X 与标准值 S 具有确定的关系，这种测量方法称为补偿法. 补偿法往往要与平衡法、比较法结合使用，大多用在补偿法测量和补偿法校正两方面. 补偿法的特点是测量系统中包含标准量具和平衡器(或示零器). 在测量过程中，待测物理量 X 与标准量 S 直接比较，调整标准量 S，使 S 与 X 之差为零(示零法). 这一测量过程就是调节平衡(或补偿)的过程，其优点是可以免去一些附加系统误差，当系统具有高精度的标准量具和平衡指示器时，可获得较高的分辨率、灵敏度及测量的精确度.

图 4-2 所示的测量电路体现的就是补偿测量的思想. 先合上 K，调节 R_p 使电阻丝 AB 上有特定的工作电流，然后合上 K_1，改变 C 和 D 位置，使 G 示零，则待测电动势 E_X 被电位差 U_{CD} 所补偿，即 $E_X=U_{CD}=IR_{CD}$.

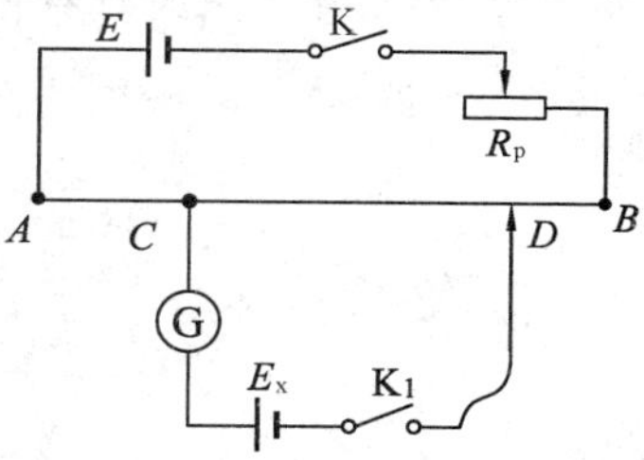

图 4-2　补偿法测量电路

4.2.3　放大法

在物理量测量中的一些微小量，例如微小的长度、很短的时间、微弱的电流，如果采用常规的测量方法，或者无法测量，或者精度太低. 这时通常需将被测量放大后再进行测量. 因此，放大法也是一种基本的测量方法(缩小也可视为放大，只是其放大倍数小于1). 常用的放大法有累计放大法、机械放大法、光学放大法、电子学放大法等.

1. 累计放大法

在单摆法测重力加速度实验中，设单摆周期为 2 s，而用来测量周期的机械秒表的仪器误差限为 0.1 s，如果用这一秒表测量单个周期，则测量的相对不确定度为

$$\frac{0.1}{2}=0.05=5\%$$

但若改测 50 个周期的累计时间间隔，则测量的相对不确定度为

$$\frac{0.1}{2\times 50}=0.001=0.1\%$$

测量的仪器未变，但实验精度已有很大提高.

劈尖干涉测金属丝直径的实验中也用到这种累计放大法，即为了测出相邻干涉条纹的间距 l，不是仅测量某一条纹，而是测量若干个条纹的总间距 $L=nl$，这样可减少实验的误差.

2. 机械放大法

机械放大法是最直观的一种放大方法，例如利用游标可以提高测量的细分程度，原来分度值为 y 的主尺，加上一个 n 等分的游标后，组成的游标尺的分度值 $\Delta y=y/n$，这对直游标和角游标都是适用的. 螺旋测微原理也是一种机械放大，将螺距(螺旋进一圈的推进距离)通过螺母上的圆周进行放大；机械杠杆可以把力和位移细分，例如各种不等臂的秤杆；滑轮亦可以把力和位移细分，例如机械连动杆或丝杆，连动滑轮或齿轮等.

3. 光学放大法

通过光学手段对待测量进行放大，然后进行测量的方法即为光学放大测量法.

如图 4-3a 所示，现要测量从 C 点发出的激光束的微小张角 α，从原理上讲，在测出了 AB 和 BC 的长度后，由 $\tan\alpha=AB/BC$ 即可测出 α，但因 AB 也是一个微小量，因此测量误差较大. 若延伸为测量相应的 $A'B'$ 与 $B'C$，则在使用相同量具的条件下测量误差将大为减小. 因此，这种光学放大法往往也称为延伸法.

如果 α 角非常小，以至于实验室中无法按图 4-3a 的方式将 $A'B'$ 放大至足够大，则可用如图 4-3b 所示的光路，借助于两平行的平面镜使激光束在两镜面间多次反射来延长光程，使其在射出时具有较大的光斑直径.

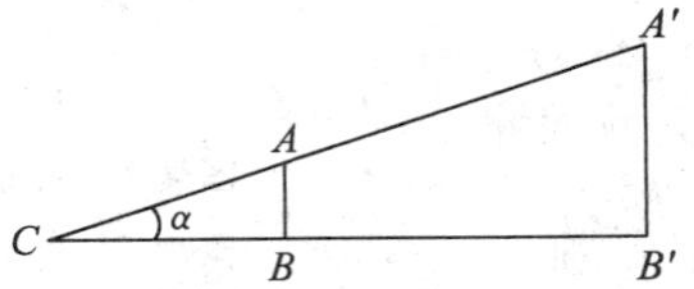

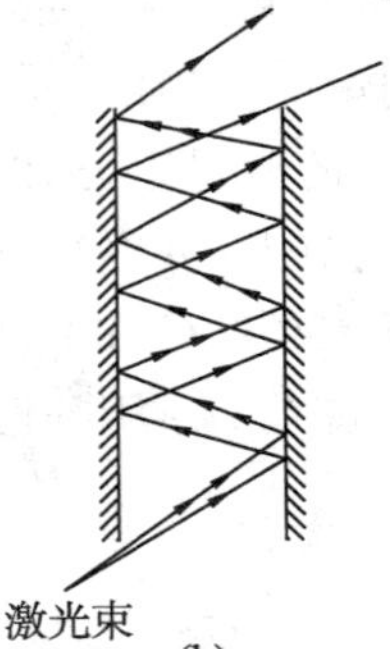

图 4-3　光学放大法示例

在杨氏弹性模量测定实验中，为测量金属丝长度的微小伸长量而设计的“光杠杆法”正是这种光学放大法的一个典型例子.

许多光学测量仪器，如测微目镜、读数显微镜等，它们本身就是根据光学放大原理设计而成的. 所以，使用这一类仪器进行测量也是光学放大法的一种具体运用. 另外，这种光学放大法在光标式灵敏检流计中也有运用.

4. 电子学放大法

微弱的电信号可以经放大器放大后进行观测，若被测量为非电量，则可设法用传感器将其转换为电学量，再经电子学放大进行测量. 这种电子学放大法在电磁测量中应用非常广泛.

对电信号进行的放大有电压放大、电流放大、功率放大，电信号可以是交流的或直流的. 随着微电子技术和电子器件的发展，各种电信号的放大都很容易实现，因而电子学放大法是应用最广泛、最普遍的测量方法. 例如，三极管是在任何电子电路中都可能遇到的常用元件，因为栅极 E_g 的微小变化都会产生板极电流 I_p 的较大变化，所以三极管常用作放大器. 现在各种新型的高集成度的运算放大器不断涌现，将弱电信号放大几个至十几个数量级已不再是难事. 因此，物理实验中常常把其他物理量转换成电信号，并放大后再转回去(如压电转换、光电转换、电磁转换等). 放大电学量在提高物理量本身量值的同时，还必须注意减少本底信号，提高所测物理量的信噪比和灵敏度，降低电信号的噪声.

4.2.4 转换法

各物理量之间存在着千丝万缕的联系，它们相互关联、相互依存，在一定的条件下亦可相互转化. 因此，寻求物理量之间的关系是探索物理学奥秘的主要方法之一，也是物理学中常见的课题. 当人们了解各物理量之间的相互关系和函数形式时，就能将一些不易测量的物理量转化成可以（或易于）测量的物理量来进行测量，此即转换测量法，它是物理实验中常用的方法之一. 转换测量法大致可分为参量转换测量法和能量转换测量法两大类.

1. 参量转换测量法

参量转换测量法是运用一定的参量变换关系或变化规律，将某些难以直接测量或者难以准确测量的物理量转换成另外一些易于较准确测量的物理量的测量方法. 最经典的例子便是利用阿基米德原理测量不规则物体的体积或密度. 用流体静力称衡法测量几何形状不规则物体的密度时，由于其体积无法用量具测定，为了克服这一困难，可利用阿基米德原理先测量物体在空气中的质量 m，再将物体浸没在密度为 ρ_0 的某液体中，称衡其质量为 m_1，则该物体的密度为

$$\rho=\frac{m}{m-m_1}\rho_0$$

因此，将对物体的体积测量转化为对 m 和 m_1 的测量，m 和 m_1 均可由分析天平或电子天平精确测量.

分光计实验中将棱镜折射率的测量转换为最小偏向角的测量也属于参量转换测量法. 类似的例子还有很多.

2. 能量转换测量法

能量转换测量法是指某种形式的物理量的测量，通过能量变换器变成另一种形式物理量的测量方法. 随着各种新型功能材料的不断涌现，如热敏、光敏、压敏、气敏、湿敏材料以及这些材料性能的不断提高，形形色色的敏感器件和传感器应运而生，为科学实验和物性测量方法的改进提供了很好的条件. 考虑到电学参量具有测量方便、快速的特点，电学仪表易于生产，而且常常具有通用性，所以许多能量转换法都是使待测物理量通过各种传感器和敏感器件转换成电学参量来进行测量的. 最常见的有以下几种能量转换测量法.

（1）热电换测——将热学量转换成电学量测量. 例如，利用温差电动势原理将温度的测量转换成热电偶的温差电动势的测量，或利用热敏电阻的温度特性将温度的测量转换成金属电阻的测量.

（2）压电换测——这是一种压力和电势间的变换. 话筒和扬声器就是人们所熟知的压电换能器. 话筒把声波的压力变化转换为相应的电压变化，而扬声器则进行相反的转换.

（3）光电换测——这是一种将光通量变换为电量的换能器，其理论依据是光电效应，如光敏二极管、光电管等. 事实上，各种光电转换器件在测量和控制系统中已获得相当广泛的应用.

（4）磁电换测——这是利用半导体霍尔效应进行磁学量与电学量的换测. 在后面

的实验中将以此法对磁场进行测量.

不难看出,以上几种能量换测法基本上可归结为"非电量电测法"范畴,即将位移、压力、温度、流量、光强、功率等非电学量转换成相应的电学量后实施测量.由于电学量具有控制方便,灵敏度高,反应速度快,能进行动态测量和自动记录等优越性,因此,人们热衷于这一技术的研究与运用也就不足为奇了.

转换测量法最关键的器件是传感器.传感器种类很多,从原则上讲所有物理量都能找到与之相应的传感器,从而将这些物理量转换为其他信号进行测量.

4.2.5 模拟法

模拟法是以相似性原理为基础,从模型实验开始发展起来的,研究物质或事物物理属性变化规律的实验方法.在探求物质的运动规律和自然奥妙或解决工程技术、军事问题时,常常会遇到一些特殊的、难以对研究对象进行直接测量的情况.根据相似性原理,可人为地制造一个类似于被研究的对象或者运动过程的模型进行实验.模拟法可以按其性质和特点分成两大类:物理模拟和数学模拟.

物理模拟就是保持同一物理本质的模拟,它必须具备以下一些条件:① 几何相似条件,即模型的几何尺寸与原型的几何尺寸成比例地缩小或放大;② 物理相似条件,即模型与原型遵从同样的物理规律.模拟法不仅运用于物理实验上,而且更多地被运用到其他科学领域.例如,用振动台模拟地震对工程结构强度的影响,用"风洞"(一种高速气流装置)中的飞机模型来模拟实际飞机在大气中的飞行等.

两个性质完全不同的物理现象或过程,依赖于其数学方程形式的相似而进行的模拟方法,称为数学模拟法.例如,在研究静电场时就运用了这种模拟法.电磁场理论指出,静电场和稳恒电流场具有相同的数学方程式,而直接对静电场进行测量是十分困难的,因为任何测量仪器的引入都将明显地改变静电场的原有状态.人们常用一种易于实现、便于测量的稳恒电流场来模拟难以测量的静电场.

将物理模拟和数学模拟两者互相配合运用,就能更见成效.随着计算机的广泛使用,利用计算机数值模拟进行模拟实验将更方便.

4.2.6 光的干涉、衍射法

在精密测量中,光的干涉、衍射法具有重要的意义.在干涉现象中,不论是何种干涉,相邻干涉条纹的光程差的改变都等于相干光的波长.可见,光的波长虽然很小,但干涉条纹间的距离或干涉条纹的数目却是可以计量的.因此,通过计量条纹数目或条纹的改变,可以获得以波长为单位的光程差的计量.利用光的等厚干涉现象可以精确测量微小长度或角度变化,测量微小的形变及其相关的其他物理量,也可以检验物体表面的平面度、球面度、光洁度及工件内应力的分布等.

光的衍射原理和方法可以广泛地应用于测量微小物体的大小.光的衍射原理和方法在现代物理实验方法中具有重要的地位.光谱技术与方法、X射线衍射技术与方法、电子显微技术与方法都与光的衍射原理与方法相关,它们已成为现代物理技术与方法的重要组成部分,在人类研究微观世界和宇宙空间中发挥着重要的作用.

以上所述几种基本测量方法,在物理实验中都得到广泛的运用.事实上,这些方法在许多具体的实验中往往交织在一起综合运用.在今后的实验中,学生一定要勤于思考,认真分析,不断总结,以逐步积累、提高自己的实验知识和技能.

习　题

在下列实验测量中：

(1) 用游标尺测圆球直径.

(2) 用伏安法测电阻.

(3) 用机械秒表测单摆周期.

(4) 用电位差计测电动势.

(5) 用共轭法测透镜焦距.

(6) 用模拟法测绘静电场.

(7) 用李萨如图形测交流电频率.

(8) 用光杠杆法测金属丝长度的伸长量.

使用比较法的有________________________________

使用放大法的有________________________________

使用转换法的有________________________________

使用模拟法的有________________________________

5 预备性实验

预备实验一　测定固态物体的密度

【实验目的】

(1) 掌握规则和不规则形状固体材料密度的测量方法.

(2) 熟悉游标卡尺、螺旋测微计和物理天平等仪器的使用方法.

【实验器材】

游标卡尺、螺旋测微计、物理天平、待测物体、量杯、温度计等.

【实验原理】

物体密度测量涉及长度和质量的测量. 长度测量针对不同情况可使用游标卡尺、螺旋测微计等,质量测量可用天平,这些仪器都是物理实验的基本仪器. 本实验重点学习使用基本仪器测定形状规则和不规则固体的密度.

(1) 密度公式.

若一物体的质量为 m,体积为 V,则该物体的密度 ρ 定义为

$$\rho=\frac{m}{V} \tag{1}$$

对于规则物体,实验中可以用物理天平直接测量物体的质量,用游标卡尺、螺旋测微计等测量长度的仪器测量物体的长度、直径等,通过公式间接测量该物体的体积.

(2) 用流体静力称衡法测定固体的密度.

对于不规则物体,很难通过测量物体的长、宽、高或直径等来测定其体积,否则误差会很大. 此时可以采用流体静力称衡法准确地测出物体的体积.

若待测物体与某种液体(如纯水)的体积相同,且液体水的质量已知为 m_0,则待测物体的体积为

$$V=\frac{m_0}{\rho_{水}} \tag{2}$$

其中 $\rho_{水}$ 为水的密度,由式(1)和式(2)可测得待测物体的密度为

$$\rho=\frac{m}{m_0}\rho_{水} \tag{3}$$

因此,测定物体密度的问题便转为如何测定物体的质量了.

设物体在空气中称衡时相应砝码的质量为 m,全部浸没在水中时称衡相应砝码的质量为 m_1,根据阿基米德原理,与该物体同体积的水的质量为

$$m_0 = m - m_1$$

代入式(3),可得到待测物体的密度为

$$\rho = \frac{m}{m - m_1}\rho_{水} \tag{4}$$

如果待测物体的密度小于水的密度,依靠物体自身的重量不能完全浸没在水中,因而不能用式(4)测量其密度.为此,须用某重物悬挂在待测物的下面,先使待测物体在水面之上而重物全部浸没在水中称衡,相应的砝码质量为 m_3,如图 5-1a 所示.再将待测物体连同重物全部浸没在水中称衡,相应的砝码质量为 m_4,如图 5-1b 所示.物体在水中所受浮力为

$$F_{浮} = (m_3 - m_4)g$$

物体的密度为

$$\rho_{物} = \frac{m}{m_3 - m_4}\rho_{水} \tag{5}$$

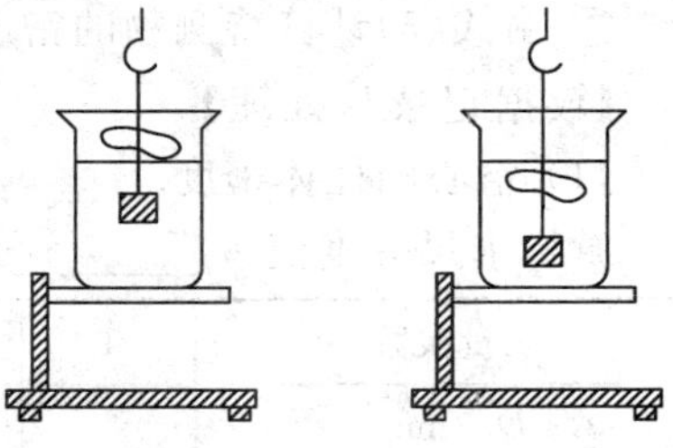

图 5-1 待测物体密度小于水时的密度测定方法

【实验内容及步骤】

(1) 测量空心圆柱体的密度.

① 用游标卡尺测量空心圆柱体的内径 D_1、外径 D_2 和高度 H. 每个量在不同方位测 6 次,再算出 3 个量的平均值和不确定度.

② 用物理天平测量空心圆柱体的质量 m. 按物理实验基本仪器中天平使用的相关内容和要求测量质量,并从仪器铭牌上记录天平的感量.取感量的一半作为仪器误差限 σ_m.

③ 由式(1)算出圆柱体的密度,并计算不确定度.

(2) 测量金属圆球的密度.

① 用螺旋测微计测量金属圆球的直径 D_3,在不同方向上测 6 次.记录螺旋测微计零点值 d_0.

② 用天平测量圆球的质量 m.

③ 计算金属圆球的密度并计算不确定度.

(3) 用流体静力称衡法测固体(金属螺母)的密度.

① 将待测物体用细线悬挂在天平左方的小钩上,测量其质量 m.

② 在玻璃杯中盛上水,放在天平的托盘上,将用细线悬挂的待测物体轻轻放入玻璃杯中,调节托盘的上下位置,使物体全部浸没在水中,并用玻璃棒驱去附在待测物体上的气泡,进行称衡,相应的砝码的质量为 m_1.

③ 用温度计测量水温,并从附录中查出该温度下水的密度 $\rho_{水}$.

④ 由式(3)计算待测物体的密度并计算不确定度.

⑤ 注意事项:

i. 待测物体悬在水中称衡时，切勿与杯壁或杯底相碰，也不允许局部露出水面；

ii. 实验中忽略了悬线的质量，故悬线应很细.

(4) 测定石蜡的密度.

① 用天平称衡在空气中的待测物(石蜡)相应砝码的质量为 m_2.

② 将一重物悬挂在石蜡的下方，并按图 5-1a 所示将重物置于水中而待测物在空气中，用天平称衡出此时相应砝码的质量为 m_3.

③ 按图 5-1b 所示将重物与待测物均放在水中，用天平称衡相应砝码的质量为 m_4.

④ 由式(5)计算待测物的密度 $\rho_{物}$，并计算不确定度(注：m_2 就是式(5)中的 m).

【数据记录与处理】

(1) 空心圆柱体密度.

游标卡尺分度值=________ mm，$\sigma_{仪}$ =________ mm

测量次数	1	2	3	4	5	6	平均值
D_{1i}/mm							
$(D_{1i}-\overline{D}_1)^2$/mm^2							—
D_{2i}/mm							
$(D_{2i}-\overline{D}_2)^2$/mm^2							—
H_i/mm							
$(H_i-\overline{H})^2$/mm^2							—

$\Delta_{仪}=\dfrac{\sigma_{仪}}{\sqrt{3}}=$________，　$\Delta_{\overline{D}_1}=\sqrt{\dfrac{\sum(D_{1i}-\overline{D}_1)^2}{n(n-1)}}=$________

$\Delta_{\overline{D}_2}=\sqrt{\dfrac{\sum(D_{2i}-\overline{D}_2)^2}{n(n-1)}}=$________，　$\Delta_{\overline{H}}=\sqrt{\dfrac{\sum(H_i-\overline{H})^2}{n(n-1)}}=$________

$\Delta_{D_1}=\sqrt{\Delta_{\overline{D}_1}^2+\Delta_{仪}^2}=$________，　$D_1=\overline{D}_1\pm\Delta_{D_1}=$________

$\Delta_{D_2}=\sqrt{\Delta_{\overline{D}_2}^2+\Delta_{仪}^2}=$________，　$D_2=\overline{D}_2\pm\Delta_{D_2}=$________

$\Delta_{H}=\sqrt{\Delta_{\overline{H}}^2+\Delta_{仪}^2}=$________，　$H=\overline{H}\pm\Delta_{H}=$________

天平感量=________，　$\Delta_{m_{仪}}=$________

空心圆柱体质量 $m_1=$________

$m_1=m_1\pm\Delta_{m_1}=$________

$$\bar{\rho}=\frac{4m_1}{\pi(\overline{D}_2^2-\overline{D}_1^2)H}=\text{________}$$

$$\Delta_{\rho}=\frac{4m_1}{\pi(\overline{D}_2^2-\overline{D}_1^2)}\sqrt{\left(\frac{2\overline{D}_1\Delta_{D_1}}{\overline{D}_2^2-\overline{D}_1^2}\right)^2+\left(\frac{2\overline{D}_2\Delta_{D_2}}{\overline{D}_2^2-\overline{D}_1^2}\right)^2+\left(\frac{\Delta_H}{\overline{H}}\right)^2+\left(\frac{\Delta_{m_1}}{m_1}\right)^2}=\text{________}$$

结果　　$\rho=\bar{\rho}\pm\Delta_{\rho}=$________，$E=\dfrac{\Delta_{\rho}}{\rho}=$________%

(2) 金属圆球的密度.

螺旋测微计分度值=________ mm,仪器零点值 d_0=________ mm,$\sigma_{d_{仪}}$=________

测量次数	1	2	3	4	5	6	$\bar{d}_3$
直径读数 d_{3i}/mm							
$(d_{3i}-\bar{d}_3)^2$/mm^2							—

$$\bar{D}_3=\bar{d}_3-d_0=\_\_\_\_\_\_\_\_$$

$$\Delta_{d_{仪}}=\frac{\sigma_{d_{仪}}}{\sqrt{3}}=\_\_\_\_\_\_\_\_$$

$$\Delta_{\bar{d}_3}=\sqrt{\frac{\sum(d_{3i}-\bar{d}_3)^2}{n(n-1)}}=\_\_\_\_\_\_\_\_$$

$$\Delta_{d_3}=\sqrt{\Delta_{\bar{d}_3}^2+\Delta_{d_{仪}}^2}=\_\_\_\_\_\_\_\_$$

圆球直径 $D_3=\bar{D}_3\pm\Delta_{D_3}=\bar{D}_3\pm\Delta_{d_3}$=________

圆球质量 $m_2=m_2\pm\Delta_{m_2}$=________

$$\bar{\rho}=\frac{6m_2}{\pi\bar{D}_3^3}=\_\_\_\_\_\_\_\_$$

导出不确定度公式,计算 $E,\Delta\rho$,并写出测量结果.

(3) 流体静力称衡法测物体(金属螺母)密度.

物体在空气中称衡相应砝码的质量 m=________

物体浸没在水中称衡相应砝码的质量 m_1=________

水温 t=________℃,查表得 $\rho_水$=________

$$\rho=\frac{m}{m-m_1}\rho_水=\_\_\_\_\_\_\_\_$$

导出不确定度公式,并计算出 E 和 Δ_ρ,写出最后测量结果.

(4) 测定石蜡的密度.

石蜡在空气中称衡相应砝码的质量 m_2=________

石蜡在空气中,重物在水中时进行称衡相应砝码的质量 m_3=________

石蜡和重物都在水中时进行称衡相应砝码的质量 m_4=________

水温 t=________℃,查表得 $\rho_水$=________

$$\rho=\frac{m_2}{m_3-m_4}\rho_水=\_\_\_\_\_\_\_\_$$

导出不确定度公式,并计算出 E 和 Δ_ρ,写出最后测量结果.

【思考题】

(1) 测定不规则固体密度时,若被测物体浸入水中时表面吸附有气泡,则实验结果所得密度值是偏大还是偏小?为什么?

(2) 如何应用流体静力称衡法测待测液体的密度?简述其原理和步骤.

预备实验二　测重力加速度

【实验目的】

(1) 掌握利用单摆测定重力加速度的原理和方法.

(2) 学习长度和时间的测量以及数据处理方法.

【实验器材】

单摆,卷尺,秒表.

【实验原理】

重力加速度是力学中常用的物理量,在地球的不同地区重力加速度有微小的不同.重力加速度的测量方法有多种,本实验利用单摆法测定重力加速度 g.

如图 5-2 所示,用一根细线悬挂一小球形成单摆,细线的变形可忽略不计.在摆角很小(摆角 $\varphi<5^\circ$)时,小球的摆动可以看成是简谐振动,其摆动周期为

$$T=2\pi\sqrt{\frac{L}{g}} \tag{1}$$

式中,L 为摆长,是悬点到摆球中心的距离;g 为重力加速度.由式(1)得

$$g=\frac{4\pi^2 L}{T^2} \tag{2}$$

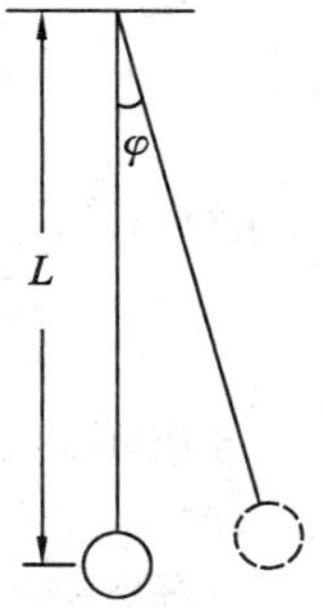

图 5-2　利用单摆测重力加速度示意图

利用上式,测出 L 与 T 后可得到 g 值.

为减少周期 T 的测量误差,实验中测定单摆连续摆动 50 次的时间 t,即取 $t=50T$,则

$$g=\frac{10^4\pi^2 L}{t^2} \tag{3}$$

【实验内容及步骤】

(1) 用米尺测定单摆的摆长 L.

(2) 调节弧尺,使小球静止时处于弧尺“零”点位置.

(3) 用手将小球拉至偏离弧尺“零”点一个小角度($\varphi<5^\circ$),先稳定小球,然后放手让小球自由摆动.当小球摆到最低位置时开始计时,测出小球摆动 50 次的时间 t,如此反复,共测 6 次.

【数据记录与处理】

摆长 $L=$________ cm,$\Delta_{L_仪}=$________ cm,$\sigma_{t_仪}=$________ s

单摆摆动 50 次的时间 t

测量次数 i	1	2	3	4	5	6	$\bar{t}$/s
t_i/s							
$(t_i-\bar{t})^2$/s^2							—

$$\Delta_{\bar{t}} = \sqrt{\frac{\sum (t_i - \bar{t})^2}{n(n-1)}} = \underline{\qquad\qquad}$$

$$\Delta_{仪} = \frac{\sigma_{仪}}{\sqrt{3}} = \underline{\qquad\qquad}$$

$$\Delta_t = \sqrt{\Delta_{\bar{t}}^2 + \Delta_{仪}^2} = \underline{\qquad\qquad}$$

$$t = \bar{t} \pm \Delta_t = \underline{\qquad\qquad}$$

$$\Delta_L = \Delta_{L_{仪}} = \underline{\qquad\qquad}$$

$$\bar{g} = \frac{10^4 \pi^2 L}{\bar{t}^2} = \underline{\qquad\qquad}$$

$$E = \frac{\Delta_g}{g} = \sqrt{\left(\frac{\Delta_L}{L}\right)^2 + \left(\frac{2\Delta_t}{\bar{t}}\right)^2} = \underline{\qquad\qquad}\%$$

$$\Delta_g = \bar{g} \cdot E = \underline{\qquad\qquad}$$

最后结果为 $$g = \bar{g} \pm \Delta_g = \underline{\qquad\qquad}$$

预备实验三　伏安特性研究

【实验目的】

(1) 掌握伏安法的两种接线方法及其使用条件.

(2) 用伏安法测晶体二极管的伏安特性曲线.

(3) 掌握电表和分压器的正确使用方法.

【实验器材】

C_{31} - A 型电流表、C_{31} - V 型电压表、直流稳压电源、C_{31} - μA 型电流表、滑线电阻器、待测电阻 $R_{X高}$ 和 $R_{X低}$ 各一只.

【实验原理】

(1) 伏安特性曲线.

服从欧姆定律的导体元件的伏安特性曲线是通过坐标原点的直线,其斜率的倒数是导体元件的电阻.这种导体元件称为线性元件,其电阻称为线性电阻或欧姆电阻,它是一个与电流和电压无关的常量.

不服从欧姆定律的元件的伏安特性曲线不是直线,而是各种形式的曲线.这种元件称为非线性元件,非线性元件虽然不服从欧姆定律,但仍可用公式 $R=U/I$ 来定义其电阻,只不过它不是一个常量,而是与电流和电压有关的变量.

由不同元件伏安特性所遵从的规律不同可知元件的导电特性,从而了解它们在电路中的作用.

(2) 伏安法的两种接线方法及其使用条件.

凡是用电流表和电压表直接或间接测量某些电学参量的方法,统称为伏安法.伏安法也可测量电学元件的伏安特性.这里讨论伏安法测量导体元件的电阻,先测某导体元件两端的电压和通过它的电流,再根据欧姆定律来计算电阻,即

$$R=\frac{U}{I} \tag{1}$$

伏安法通常有两种接线方法，如图 5-3 所示.

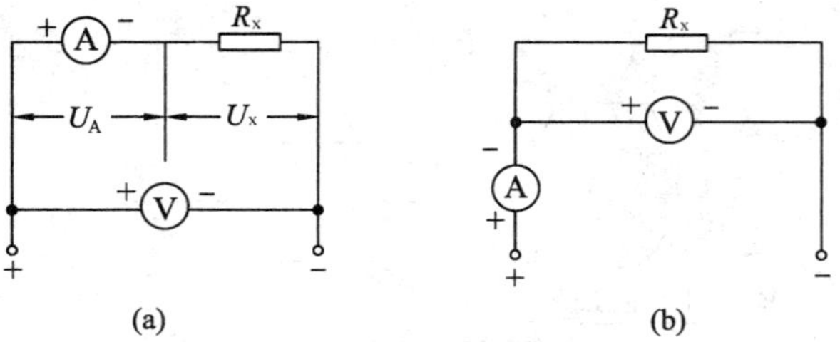

图 5-3　伏安法的两种接线方法

图 5-3a 所示电路中的接法是电流表接在电压表内侧，称为电流表内接法. 电流表测出的电流 I 确实是通过 R_X 的电流，但电压表测出的电压 U 却是 R_X 两端电压 U_X 和电流表内阻 R_A 两端的电压 U_A 的总和，即 $U=U_X+U_A=I(R_X+R_A)$，根据式(1)得

$$R=\frac{U}{I}=R_X+R_A=R_X\left(1+\frac{R_A}{R_X}\right)$$

其中 $E_A=\frac{R_A}{R_X}$项是由电流表内阻带来的相对系统误差. 可见，采用图 5-3a 测出的电阻 R 比实际电阻 R_X 偏大. 如果知道 R_A 的数值，待测电阻 R_X 的较精确数值应用下式计算：

$$R_X=\frac{U-U_A}{I}=\frac{U}{I}-R_A \tag{2}$$

图 5-3b 所示的电路中的接线方法是电流表接在电压表的外侧，称为电流表外接法. 电压表测出的电压 U 确实是电阻 R_X 两端的电压，即 $U=U_X$，但从电流表测出的电流 I 却是电阻 R_X 中电流 I_X 和电压表中电流 I_V 的总和，即 $I=I_X+I_V$. 利用式(1)，得

$$R=\frac{U}{I}=\frac{U_X}{I_X+I_V}=\frac{U_X}{I_X\left(1+\frac{I_V}{I_X}\right)}$$

用近似计算将$\left(1+\frac{I_V}{I_X}\right)^{-1}$用二项式展开，可写为

$$R=\frac{U_X}{I_X}\left(1-\frac{I_V}{I_X}\right)=R_X\left(1-\frac{R_X}{R_V}\right)$$

其中 R_V 为电压表内阻，而 $E_V=\frac{R_X}{R_V}$是由电压表内阻带来的相对系统误差. 可见，采用图 5-3b 的接法时，所测出的 R 比实际值 R_X 偏小. 如果知道电压表内阻 R_V，待测电阻 R_X 的较精确数值应用下式计算：

$$R_X=\frac{U_X}{I-I_V}=\frac{U_X}{I\left(1-\frac{I_V}{I}\right)}=\frac{U_X}{I}\left(1+\frac{I_V}{I}\right)=R\left(1+\frac{R}{R_V}\right) \tag{3}$$

概括地说，由于线路方面的原因，待测电阻值总是偏大或偏小，即存在一定的系统误差。为减少其系统误差，首先要根据 R_A，R_V，R_X 三者的相对大小进行粗略估计，确定采用一种合适的接线方法.

直接用式(1)计算 R_X 的数值(近似值)，显然，当 $R_X\gg R_A$(大于两个数量级以上)而

R_V 未必比 R_X 大时，$E_A \ll 1$，就可忽略 R_A 的影响，此时可采用图 5-3a 的接法，这是电流表内接法使用的条件. 如果 R_A 已知（由实验室给出），为减小其引起的系统误差，求得待测电阻 R_X 的较精确数值，必须采用式(2)计算加以修正. 当 $R_V \gg R_X$ 而 R_X 又不远大于 R_A 时，$E_V \ll 1$，就可忽略 R_V 的影响，此时可采用图 5-3b 的接法，这是电流表外接法使用的条件. 如果已知 R_V（由电压表上查出），为减小其引起的系统误差，求得待测电阻 R_X 的较精确数值，必须采用式(3)计算加以修正.

实验室备有 $R_{X高}$ 为 2 kΩ 左右，$R_{X低}$ 为 50 Ω 左右，可根据 R_A 和 R_V 决定采用哪种接线方法.

(3) 晶体二极管的伏安特性.

晶体二极管的主要特性是单向导电性，2AP 型晶体二极管是 P 型锗和 N 型锗组成的半导体二极管，它的 P-N 结和表示符号如图 5-4a 所示. 在晶体二极管上加上正向电压时，如图 5-4b 所示，其正向电流随电压增大而增大，当正向电压较小时，正向电流也很小；当正向电压超过一定数值后，正向电流随正向电压增大而急剧上升，所以 P-N 结正向导电时电阻较小，由正向电压和电流所得的曲线称正向伏安特性曲线，如图 5-5 中 Ob 段曲线所示. 由于不能超过晶体二极管所限定的最大正向电流，实验要求小于 25 mA. 若超过此值，则晶体二极管会烧坏.

当晶体二极管加上反向电压时，如图 5-4c 所示，反向时电流随电压变化很小，所以 P-N 结反向导电电阻很大，电流在一定范围随电压变化而逐渐变化. 由反向电压和电流所得的曲线称反向伏安特性曲线，如图 5-5 中 Oce 曲线所示.

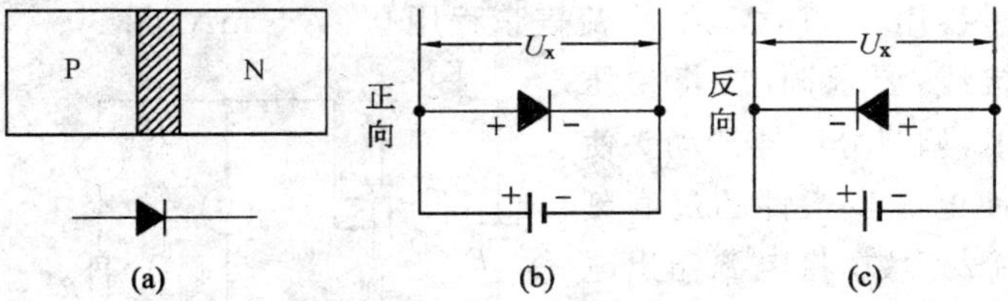

图 5-4 二极管

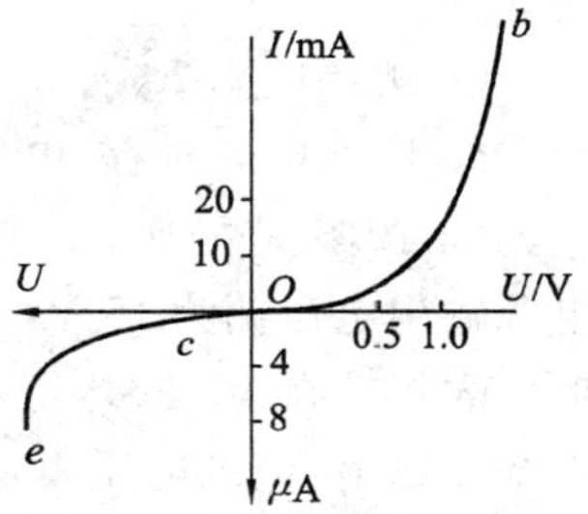

图 5-5 二极管伏安特性曲线

从晶体二极管伏安特性曲线图可知，电流和电压不是线性关系. 凡具有这种性质的元件，称非线性元件.

用伏安法测晶体二极管的电流和电压时，可将它看作一个电阻，因它正向电阻较小，基本满足电流表外接法条件，采用如图 5-6a 所示电路；反向电阻较大，基本满足电流表内接法条件，采用如图 5-6b 所示电路，分别测出其正向和反向伏安特性曲线，以减少系统误差.

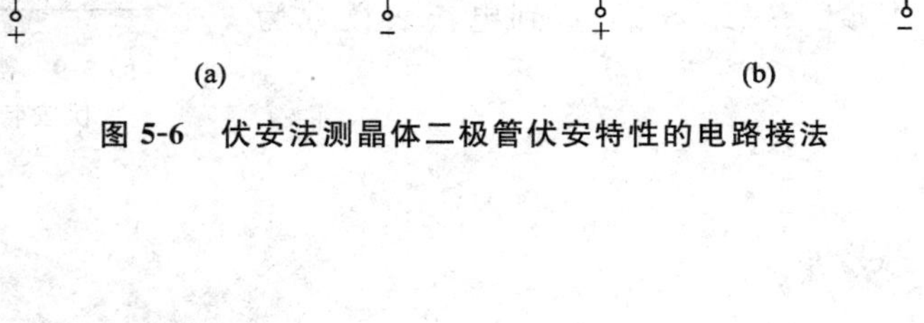

图 5-6 伏安法测晶体二极管伏安特性的电路接法

【实验内容及步骤】

(1) 用伏安法测电阻.

① 接电路以前的准备工作.

a. 将稳压电源 E 的输出电压旋转到电压输出为零的位置.

b. 分清高电阻 $R_{X高}$ 和低电阻 $R_{X低}$.

c. 熟悉多量程电表改变量程的方法,不同量程每小格代表的电流和电压数值以及读数记录方法.

d. 从电表中记录电表的准确度等级,记录电压表量程 0～3 V 的内阻 R_V,记录由实验室给出的 R_A.

② 测低电阻 $R_{X低}$.

a. 将电压表量程插头插入 0～3 V 量程挡的孔中,将电流表量程插头插入 0～75 mA 量程挡的孔中.

b. 按图 5-7 所示的电路接线,依照回路法的要求由左向右一个回路一个回路地连接,将分压器滑动头放在电压输出最小端,经教师检查无误后,打开稳压电源调至输出电压为 3 V,合上开关 K,调节分压器滑动头,使电压表指针在 2.50 V 左右,并且使电流表指针超过满刻度 2/3 以上,否则适当增大电压表电压.记录电压表和电流表读数.将稳压电源输出电压调至零.分别按式(1)和式(3)计算待测电阻 $R_{X低}$,最后写出实验结果表达式.

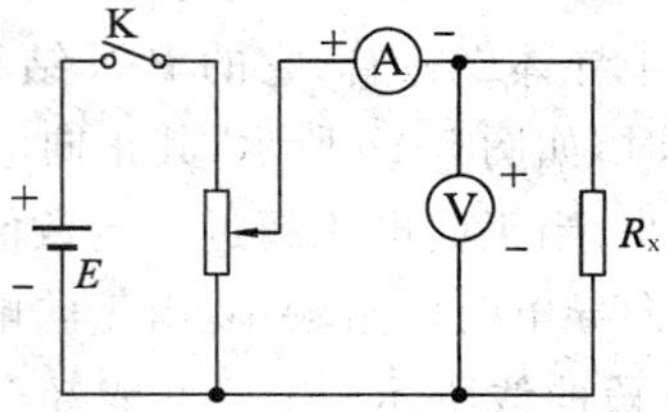

图 5-7　测低电阻电路图

③ 测高电阻 $R_{X高}$.

a. 改变电表量程,电压表量程用 0～15 V 挡,电流表量程用 0～7.5 mA 挡.

b. 按图 5-8 所示的电路接线,要求同上.将稳压电源输出电压调为 15 V,合上 K,调节分压器滑动头使电压表指针在 14.50 V 左右,使电流表指针超过满刻度 2/3 以上,记录电压表及电流表读数.将电源输出电压调至零.分别按式(1)和式(2)算出待测电阻 $R_{X高}$,并写出实验结果表达式.

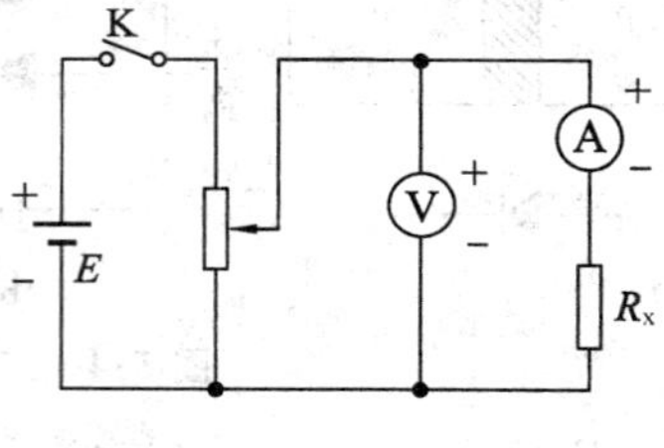

图 5-8　测高电阻电路图

(2) 测晶体二极管伏安特性曲线.

二极管 2AP 型(锗管)的最大正向电流不得超过 25 mA,最大反向电压不得超过 14 V.

① 测二极管正向伏安特性.

a. 电压表量程用 0～3 V 挡,电流表量程用 0～30 mA 挡.

b. 按图 5-9 所示的电路接线,要求同上.调节电源 E 使输出电压为 2 V,经教师检查后合上 K.实验从 0 V 开始,每隔 0.05 V 记录一组数据,直到电流表读数为 25 mA为止.

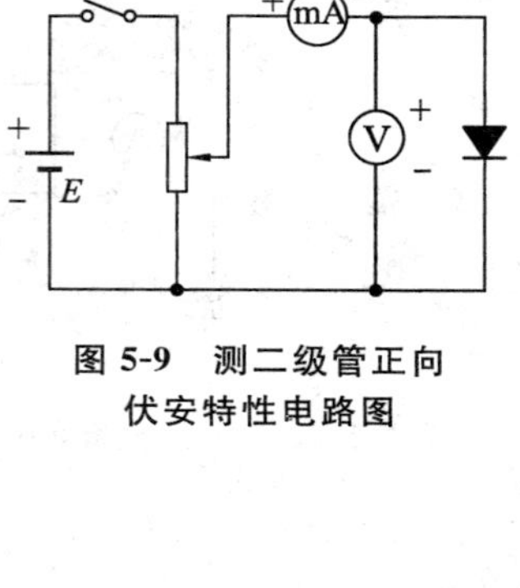

图 5-9　测二级管正向伏安特性电路图

② 测二极管反向伏安特性.

将电流表换成量程为 0～100 μA 的微安表，电压表量程用 0～15 V 挡，按图 5-10 所示的电路接线，电源 E 调至输出电压为 15 V，合上开关 K，调节分压器使电压表读数分别为 0.50 V，1.00 V，1.50 V，2.00 V，记录 4 组数据后，每隔 2 V 记录一次，直到 14 V 为止.

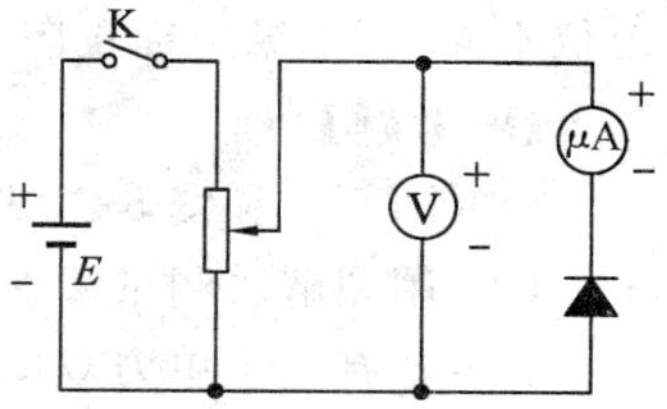

图 5-10　测二级管反向伏安特性电路图

【数据记录与处理】

(1) 用伏安法测电阻.

① 测量低电阻 $R_{X低}$.

电压表量程 V_m＝________ V

电压表内阻 R_V＝________ Ω

电流表量程 I_m＝________ A

电压表准确度等级 K＝________

电流表准确度等级 K＝________

电流和电压的测量值：I＝________ mA，U＝________ V

计算电表的仪器误差限：Δ_U＝________ V，Δ_I＝________ mA

写出电压和电流结果表示式：

$$U'=U\pm\Delta_U=\_\_\_\_\_\_\_\_\pm\_\_\_\_\_\_\_\_\ \mathrm{V}$$

$$I'=I\pm\Delta_I=\_\_\_\_\_\_\_\_\pm\_\_\_\_\_\_\_\_\ \mathrm{mA}$$

分别根据式(1)和式(3)计算 $R_{X低}$

$$E=\frac{\Delta_R}{R}=\sqrt{\left(\frac{\Delta_U}{U}\right)^2+\left(\frac{\Delta_I}{I}\right)^2}=\_\_\_\_\_\_\_\_\%,\ \Delta_{R_X}=E\cdot R_{X低}=\_\_\_\_\_\_\_\_\ \Omega$$

写出实验结果表示式：$R_{X低}$＝________±________ Ω，E＝________%

② 测量高电阻 $R_{X高}$.

电流表内阻 R_A＝________ Ω

电流表准确度等级 K＝________

电压表准确度等级 K＝________

电压表和电流表的测量值：U＝________ V，I＝________ mA

数据处理同上.

(2) 测晶体二极管的伏安特性.

① 晶体二极管正向伏安特性数据记录表格.

U/V										
I/mA										

② 晶体二极管反向伏安特性数据记录表格.

U/V										
I/μA										

数据处理：用毫米坐标纸作图，以 U 为横坐标，以 I 为纵坐标，以测得的正向、反向

电压和电流的数据在同一坐标纸上绘出正向、反向伏安特性曲线. 由于正向、反向电流单位不同,所以纵坐标正向、反向每小格所代表电流可以不同.

【思考题】

(1) 图 5-9 和图 5-10 中的电流表分别是何种接法? 为什么要采用这种接法?

(2) 用图解法测量线性电阻时该如何进行?

(3) 若有一个单刀双掷开关,如何将测量高、低电阻的两种线路合二为一? 试画出线路图并说明测量方法.

(4) 若有量程为 2.5 V,内阻 $R_V=2\ \mathrm{k\Omega}$ 的电压表和量程为 10 mA,内阻 $R_A=40\ \Omega$ 的电流表,测电阻值约为 400 Ω 和 2 kΩ 的两只电阻. 若利用式(1)测出近似值,确定电表的线路方法,并分别画出电路图.

(5) 若用最小二乘法测电阻,应测量哪些数据? 根据这些数据,如何计算电阻?

预备实验四　测定薄透镜焦距

【实验目的】

(1) 学习和掌握光学元件共轴的调节方法.

(2) 掌握测量薄透镜焦距的方法.

(3) 观察凸透镜的成像规律并掌握其成像特点.

【实验器材】

光具座、光源、凸透镜、凹透镜、小平面镜、白屏、幻灯片、读数小灯.

【实验原理】

(1) 凸透镜焦距的测量.

① 由测物距和像距求透镜的焦距.

设薄凸透镜的第二主焦距为 f',若在透镜前置一物,物距为 s,物经透镜成一像,像距为 s',则根据透镜成像公式

$$\frac{1}{s'}-\frac{1}{s}=\frac{1}{f'} \tag{1}$$

有

$$f'=\frac{ss'}{s-s'} \tag{2}$$

根据式(2),测出物距 s 和像距 s',即可求得焦距 f'.

在应用式(2)时,必须选择统一的符号法则,这里采用以下符号法则:“光线与主轴交点的位置都从顶点(薄透镜光心)量起,顺入射光线方向,其间距离的数值为正;逆入射光线方向,其间距离的数值为负”. 已知量运算时须添加符号,未知量则根据其结果的符号判断其物理意义.

根据几何光学理论,当物体 PQ 置于凸透镜前焦点以内时,物体经透镜所成的像是正立放大的虚像,但这时的像距不易测量,因此,在实验时须把物体置于凸透镜前焦点以外,如图 5-11 所示. 这样,物体经透镜将成一倒立的实像,如果在像面上放一白屏,就可清楚地看到物体的像,并可测出物距和像距,从而计算出凸透镜的焦距 f'.

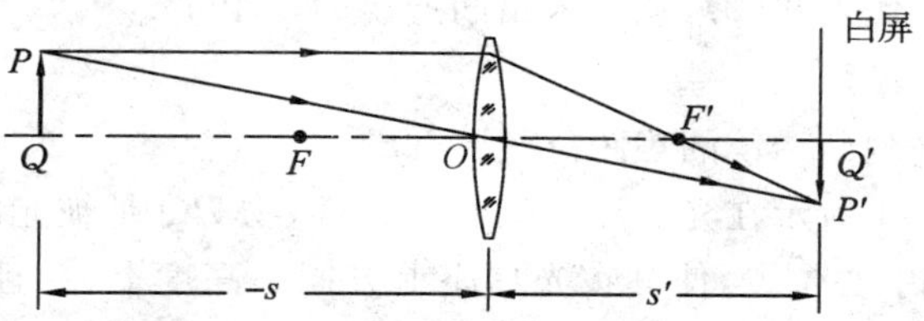

图 5-11　物距、像距法测凸透镜焦距光路图

② 共轭法测透镜的焦距.

根据几何光学理论,如果在物和屏之间放一凸透镜,且保持物和屏之间的距离不变并大于 4 倍焦距,改变透镜在物和屏之间的位置,总可以找到两个位置,使得透镜在这两个位置处,物都可以经过透镜成像于屏上. 如图 5-12 所示,PQ 为一物体,它到屏的距离为 $l(l>4f')$,当透镜在 O 和 O' 位置时,屏上的像分别为 $Q'P'$ 和 $Q''P''$.

设$\overline{OO'}=d$,则

$$f'=\frac{l^2-d^2}{4l} \tag{3}$$

测量出 l 和 d,就可以根据式(3)求得 f'.

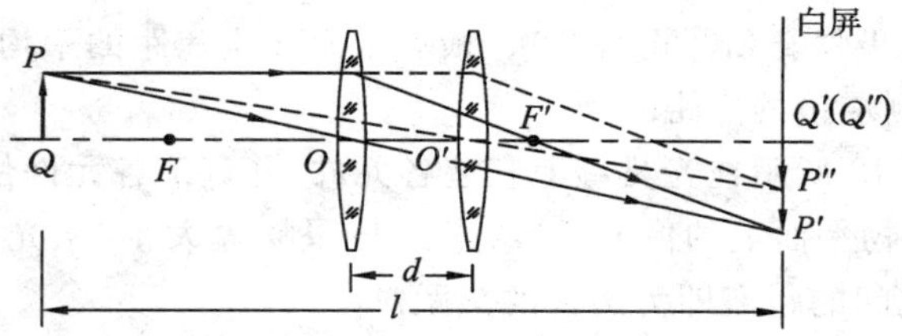

图 5-12　共轭法测凸透镜焦距光路图

③ 自准直法测透镜的焦距.

如图 5-13 所示,若物体 PQ 处在透镜的前焦面上,则物体上各点发出的光束经过透镜折射后成为不同方向的平行光束. 各平行光束经 M 反射后仍为平行光束,再经透镜折射后成一倒立的、与原物大小相同的实像 $Q'P'$,像仍位于原物平面上,即成像于该透镜的前焦平面上. 此时物与透镜之间的距离就是透镜的焦距 f',它的大小可直接测出.

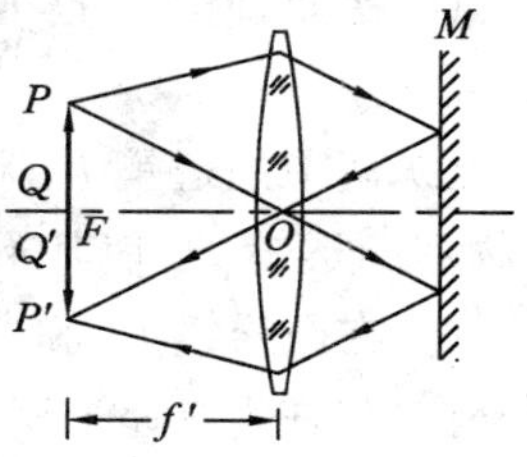

图 5-13　自准直法光路图

(2) 凹透镜焦距的测量.

凹透镜和凸透镜不同,物体不管放在凹透镜前什么位置,都得不到实像,而只能得到一虚像,这样像距就不易测量,因此,须借助一凸透镜作为辅助成像透镜. 如图 5-14 所示,物体 PQ 经凸透镜 L_1 成一实像 $Q''P''$,在 $Q''P''$ 和 L_1 之间放一凹透镜 L_2,这样 $Q''P''$ 就成了 L_2 的物($Q''P''$ 是凹透镜的虚物),$Q''P''$ 经 L_2 成像在 Q' 处,像为 $Q'P'$,

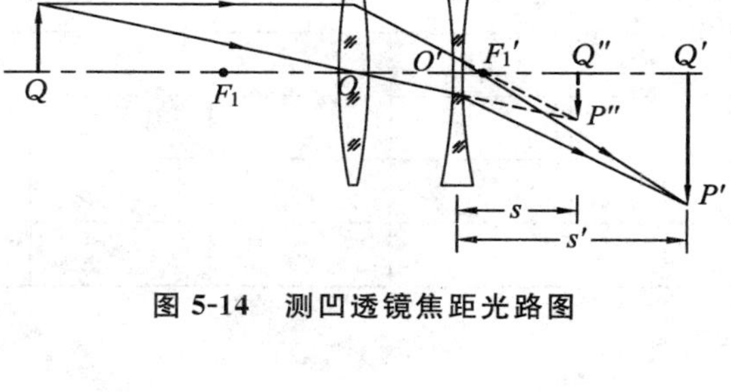

图 5-14　测凹透镜焦距光路图

测出物距 s 和像距 s' 代入式(2)，就可求出凹透镜的焦距 f'.

【实验内容及步骤】

(1) 物距像距法测凸透镜的焦距.

① 按原理图 5-11 所示在光具座上安装各元件，物 PQ 是被光源照亮的幻灯片，调整物、透镜及白屏的中心位置，使其在光具座上方同一高度上，并且在平行于光具座的一条直线上.

② 使物与透镜保持适当的距离，然后移动白屏，同时观察白屏上的像，直至像最清晰. 从光具座的标尺上读取点 Q,O,Q' 的坐标(读数时视线要垂直于标尺)，计算出物距和像距，并代入式(2)求出透镜的焦距.

③ 改变物与透镜间的距离，重复步骤②并再测 2 次，最后求出 3 次焦距的平均值.

(2) 共轭法测透镜的焦距.

① 按原理图 5-12 所示在光具座上安装各元件，进行共轴调节，然后使物与屏间的距离大于 4 倍焦距，并固定物和屏.

② 调节透镜的位置，使得屏上得到一个清晰、放大的像，读取透镜位置 O 的坐标，然后移动透镜，使屏上得到一个清晰、缩小的像，再次读取此时透镜位置 O' 的坐标.

③ 读取物的位置 Q 和屏的位置 Q' 的坐标，计算出 d 和 l 代入式(3)，求出焦距.

④ 改变 l，重复步骤②和③再测 2 次，最后求出 3 次焦距的平均值.

(3) 自准直法测透镜的焦距.

① 按原理图 5-13 所示在光具座上安装各元件，并调节各元件使其共轴.

② 移动透镜使物平面上的像 $Q'P'$ 清晰并与原物等大小，从光具座上读取物和透镜的坐标，则它们之间的距离即为透镜的焦距.

(4) 凹透镜焦距的测量.

① 按原理图 5-14 所示在光具座上安装物 PQ、凸透镜 L_1 和白屏，调节它们使其共轴.

② 调节凸透镜 L_1 和白屏的位置，使屏上得到一清晰的像(像不要太大)，然后固定好物和凸透镜 L_1 使其不能移动，同时读取白屏所在位置 Q'' 的坐标.

③ 在凸透镜 L_1 和白屏 Q'' 之间放上凹透镜 L_2，调节 L_2 使其中心在原光路的光轴上，移动白屏(在光具座上稍稍远离凹透镜 L_2)，使得屏上得到一个清晰的像，再读取此时白屏位置 Q' 和凹透镜位置 O' 的坐标，求出物距和像距代入式(2)计算出凹透镜的焦距.

④ 重复上述步骤再测 2 次，求出 3 次焦距的平均值.

【数据记录与处理】

物距像距法测凸透镜焦距 mm

次数	坐标			物距 s	像距 s'	焦距 f'	$\overline{f'}$
	Q	O	Q'				
1							
2							
3							

共轭法测凸透镜焦距

mm

次　数	坐　标		l	坐　标		d	焦距 f'	$\overline{f'}$
	Q	Q'		O	O'			
1								
2								
3								

凹透镜焦距的测量

mm

次　数	坐　标			物距 s	像距 s'	焦距 f'	$\overline{f'}$
	O'	Q''	Q'				
1							
2							
3							

【思考题】

(1) 如何用“自准直法”测量凹透镜的焦距？画出测量原理光路图.

(2) 如果有一凸透镜，其焦距大于光具座的长度，试设计一个方案能在光具座上测量其焦距，并画出测量原理光路图.

6 基础性实验

实验一 气垫导轨系列实验

【实验目的】

(1) 熟悉气垫导轨的调整和数字计时计数测速仪的使用方法.

(2) 观察匀速直线运动,测量速度和加速度.

(3) 验证弹性碰撞和完全非弹性碰撞两种情况下的动量守恒定律.

【实验器材】

气垫导轨 1 套(包括光电门 2 只、滑块 2 只、垫块 1 片、尼龙搭扣等),计时计数测速仪 1 台,游标卡尺 1 把.

【实验原理】

气垫导轨是应用气垫进行力学实验的装置.它利用从气轨表面小孔喷出的压缩空气,使安放在导轨上的滑块与导轨之间形成很薄的空气层(称为"气垫"),从而避免了滑块与导轨之间的接触摩擦,仅有微小的空气层黏滞阻力和周围空气的阻力,因此滑块的运动可以近似看成无摩擦的运动.在气垫导轨上可以验证很多力学规律,如牛顿第一运动定律、牛顿第二运动定律、动量守恒定律等.

在水平的气垫导轨上放一滑块,当滑块在水平导轨上运动时,水平方向只有空气阻力和滑块气垫层的黏滞阻力,这些力都非常小,故合外力近似为零.滑块做匀速直线运动或静止,从而验证了牛顿第一运动定律.导轨上两个物体发生碰撞,两个物体组成的系统可近似看成受合外力为零,碰撞过程动量守恒,可以验证动量守恒定律.

如果在导轨的一端垫入一块垫片,气垫导轨将成为无摩擦的光滑斜面,滑块在重力作用下做匀加速度运动,可以验证牛顿第二运动定律.

(1) 速度的测量.

如果在滑块上安装单挡光片,使它在随滑块滑动时依次通过相距为 S 的两光电门,这时测时器将显示滑块从前一光电门到后一光电门所经过的时间 t,根据定义平均速度为

$$\bar{v}=\frac{S}{t} \tag{1}$$

如果在滑块上装有相隔为 δS 的双挡光片，当滑块通过某一个光电门时，测时器将显示滑块移动 δS 所经历的时间 δt，则平均速度为

$$\bar{v}=\frac{\delta S}{\delta t} \tag{2}$$

而即时速度为

$$v=\lim_{\delta t\to 0}\frac{\delta S}{\delta t} \tag{3}$$

当 $\delta S\to 0$ 时，$\delta t\to 0$. 当 δS 取值很小时(本实验 $\delta S\approx 1.00$ cm)，平均速度就近似为即时速度，即

$$v\approx\frac{\delta S}{\delta t} \tag{4}$$

(2) 匀加速度的测定.

将导轨的一端垫上一块垫片，导轨将成为无摩擦的斜面，滑块放在导轨斜面上端，在重力作用下沿导轨斜面做匀加速直线运动，此时可测得滑块通过前一个光电门的即时速度为 v_1，通过后一个光电门的即时速度为 v_2，测出两个光电门间的距离为 S，根据

$$a=\frac{v_2^2-v_1^2}{2S} \tag{5}$$

可计算加速度.

(3) 验证动量守恒.

当一个系统不受外力或所受合外力为零时，系统的总动量保持不变，这就是动量守恒定律. 在系统只包含两个物体，且该两物体沿一条直线发生碰撞的情况下，只需使系统所受合力在此直线方向上的分量的代数和为零，则系统在该方向上的动量守恒. 滑块在气轨上做近似无摩擦运动即为这种情形.

质量为 m_1 和 m_2 的两个滑块在水平气轨上相碰，设碰前速度分别为 v_{10} 和 v_{20}，碰后速度分别为 v_1 和 v_2，根据动量守恒定律有

$$m_1v_{10}+m_2v_{20}=m_1v_1+m_2v_2 \tag{6}$$

① 完全弹性碰撞. 如果两个物体做完全弹性碰撞，那么除了动量守恒以外，碰撞前后的总动能也不变，即

$$\frac{1}{2}m_1v_{10}^2+\frac{1}{2}m_2v_{20}^2=\frac{1}{2}m_1v_1^2+\frac{1}{2}m_2v_2^2 \tag{7}$$

实验中在两个滑块的一端都加装了缓冲弹簧，碰撞时，利用缓冲弹簧片的弹性形变后恢复原状，保证系统的机械能近似没有损失.

由式(6)和式(7)可解得

$$\begin{aligned}v_1&=\frac{(m_1-m_2)v_{10}+2m_2v_{20}}{m_1+m_2}\\ v_2&=\frac{(m_2-m_1)v_{20}+2m_1v_{10}}{m_1+m_2}\end{aligned} \tag{8}$$

当 $v_{20}=0$ 且 $m_1=m_2=m$ 时，由式(8)得到

$$\begin{aligned}v_1&=0\\ v_2&=v_{10}\end{aligned} \tag{9}$$

② 完全非弹性碰撞.如果在滑块的另一端分别粘上尼龙搭扣或橡皮泥,则碰撞后两个物体将粘在一起以同一速度运动,这样的碰撞称为完全非弹性碰撞.这时由于在碰撞过程中有非保守内力做功,故系统的机械能将不守恒.但由于没有外力作用,因而动量依然守恒,此时可利用式(6)计算碰撞后的速度,此时 $v_1=v_2=v$.

由式(6)可得

$$v=\frac{m_1 v_{10}+m_2 v_{20}}{m_1+m_2} \tag{10}$$

当 $v_{20}=0$ 且 $m_1=m_2$ 时

$$v=\frac{1}{2}v_{10} \tag{11}$$

【实验内容及步骤】

有关气垫导轨的结构、计时计数测速仪的应用等可参阅本实验"知识拓展".游标卡尺的原理参阅本书"常用物理实验仪器及使用"中长度测量仪器的相关内容.

(1) 仪器调整.

调整导轨处于水平:打开气源阀门,导轨气孔中喷出气体后,将滑块轻轻放置在导轨中间、两端等不同位置.若滑块均能静止不动,说明导轨已处于水平,否则应调节导轨下面的3个螺钉.

(2) 观察匀速直线运动.

在公式 $v=\frac{\delta S}{\delta t}$中,$\delta S$ 为双挡光片通过光电门时第一次挡光到第二次挡光所经历的距离.将装有双挡光片的滑块放在导轨上,测量双挡光片分别通过两个光电门各自的时间间隔(如果轨道水平,两个时间应当近似相等),观察匀速直线运动.

(3) 测量平均速度.

① 调整两光电门之间的距离 $S=60.00$ cm.

② 计时计数测速仪选择"S_2"状态.

③ 用游标卡尺测量垫片厚度,将垫片垫在导轨一端,使导轨倾斜.

④ 将装有单挡光片的滑块放在导轨斜面上端靠弹簧处,由静止开始下滑,测量并记录挡光片从第一光电门至第二光电门的时间间隔 t.

⑤ 重复步骤④共测6次.注意每次滑块应从同一位置由静止开始下滑.

(4) 测量匀加速度.

① 用游标卡尺测双挡光片第一次挡光到第二次挡光之间的距离 δS,测垫片厚度 d.(注意:δS=缝宽+一个挡光片的宽度.)

② 将导轨一端垫上厚度约 5.00 mm(用游标卡尺测量精确数值)的垫片,使导轨倾斜.

③ 计时计数测速仪选择"S_2"状态,将两光电门置于适当位置.

④ 将装有双挡光片的滑块放置在导轨斜面上端,由静止或以一定的初速度滑下.测量并记录双挡光片分别通过两光电门的时间间隔.重复测量6次.

(5) 在弹性碰撞下验证动量守恒定律.

将气垫导轨重新调成水平状态,打开计时计数测速仪电源开关,计时计数测速仪选择"S_2"状态.

在质量近似相等的两个滑块上分别装好双挡光片，将滑块 m_2 置于两个光电门之间，并保持其静止(即 $v_{20}=0$). 将另一滑块 m_1 放在气轨一端，注意两滑块放置应保证碰撞时装有缓冲弹簧片端相碰撞. 用手推动一下使滑块 m_1 运动，记下 m_1 通过第一个光电门的时间 δt_1，再记下碰撞后 m_2 通过第二个光电门的时间 δt_2，共做 3 次. 注意 m_1 在碰撞后应为基本静止.

(6) 在完全非弹性碰撞情况下验证动量守恒定律.

① 用装有尼龙搭扣端相碰.

② 按实验步骤(5)的方法重复 3 次，验证动量守恒定律.

【数据记录与处理】

(1) 测量平均速度.

$S=$______ mm，$\sigma_{S_{仪}}=$______ mm，d(垫片厚度)$=$______ mm，$\sigma_{t_{仪}}=$______ ms

次数	1	2	3	4	5	6	$\bar{t}/s$
t_i/s							
$(t_i-\bar{t})^2/\mathrm{s}^2$							—

$\Delta_{t_{仪}}=\dfrac{\sigma_{t_{仪}}}{\sqrt{3}}=$____________，　$\Delta_{\bar{t}}=\sqrt{\dfrac{\sum(t_i-\bar{t})^2}{n(n-1)}}=$____________

$\Delta_t=\sqrt{\Delta_{\bar{t}}^2+\Delta_{t_{仪}}^2}=$____________，　$t=\bar{t}\pm\Delta_t=$____________

$\bar{v}=\dfrac{S}{\bar{t}}=$____________

$E=\sqrt{\left(\dfrac{\Delta_{s_{仪}}}{S}\right)^2+\left(\dfrac{\Delta_t}{t}\right)^2}=$________%，$\Delta_v=\bar{v}\cdot E=$________

结果表示为　　$v=\bar{v}\pm\Delta_v=$________

(2) 匀加速度的测定.

双挡光片 $\delta S=$_____ mm，d(垫片厚度)$=$_____ mm，L(斜面有效长度)$=860.0$ mm

次数	$\delta t_1/\mathrm{s}$	$v_1/(\mathrm{cm\cdot s^{-1}})$	$\delta t_2/\mathrm{s}$	$v_2/(\mathrm{cm\cdot s^{-1}})$	$a/(\mathrm{cm\cdot s^{-2}})$
1					
2					
3					
4					
5					
6					
平均值					

上述表格中　$a=\dfrac{v_2^2-v_1^2}{2S}=$____________

根据理论公式得　　$a=g\cdot\sin\alpha=g\cdot\dfrac{d}{L}=$________

(3) 完全弹性碰撞.

$m_1=$______ g，$m_2=$______ g，$\delta S_1=$______ mm，$\delta S_2=$______ mm

次数	δt_1/s	v_{10}/(cm · s^{-1})	δt_2/s	v_2/(cm · s^{-1})	m_1v_{10}/(g · cm · s^{-1})	m_2v_2/(g · cm · s^{-1})
1						
2						
3						

(4) 完全非弹性碰撞.

次数	δt_1/s	v_{10}/(cm · s^{-1})	δt_2/s	v_2/(cm · s^{-1})	m_1v_{10}/(g · cm · s^{-1})	$(m_1+m_2)v$/(g · cm · s^{-1})
1						
2						
3						

【思考题】

(1) 如何调节与判断导轨水平？

(2) 测量加速度时，δS 为何不是挡光片宽度，也不是双挡光片的缝宽？

(3) 将实验中测出的加速度 a 与理论值 $a=g\sin\alpha=gd/L$ 比较时，一般情况下发现实验值偏小，这属于哪一类误差？产生的原因是什么？用什么方法可以消除或减少？

(4)在弹性碰撞情况下，当 $m_1=m_2$，$v_{20}=0$ 时，用测得的数据计算碰撞前、后的总能量是否相等？如不完全相等，分析产生差别的原因.

【知识拓展】

1. **气垫导轨**

(1) 结构.

气垫导轨的外形如图 6-1 所示. 导轨用直角等边铝合金制成，并且用环氧树脂黏合在钢管上. 在导轨面上钻有 4 排直径为 0.4 mm 的气孔. 角铝两头端盖加皮垫密封，压缩空气从进气管通入角铝空腔，从 0.4 mm 小孔喷出将滑块托起，同时从另一端通入气垫滑轮，形成气垫轴承，减少滑轮摩擦. 导轨两端装有弹射器，可使滑块获得初始速度. 在支座上有 3 个调节螺钉，分居导轨两端，用来调整导轨水平. 光电门可固定在钢管的任一位置上. 滑块上部有凹槽，用滚花螺母可把单挡光片、双挡光片、加重块、尼龙搭扣(或橡皮泥)及缓冲弹簧等附件固定在滑块上.

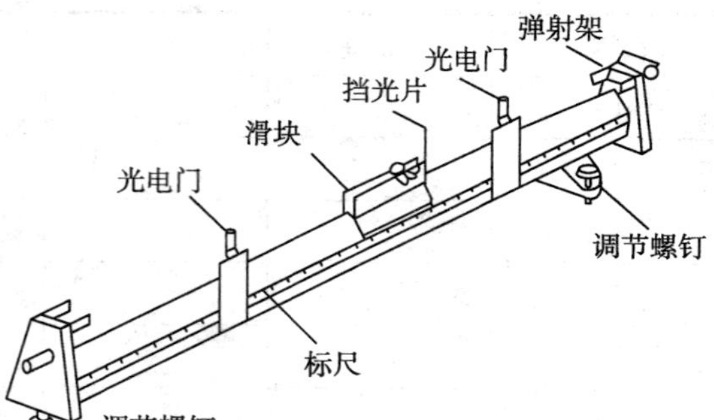

图 6-1　气垫导轨外形

(2) 使用方法.

① 把导轨放在实验桌上，并将3块10 mm厚的垫块分别垫在3个调节螺钉下，使螺钉圆头座入垫块坑内.

② 进气管接上气源(在做实验前必须用电力纺蘸酒精轻擦导轨表面，用0.3 mm的钢丝疏通每个小孔).

③ 调节3个底座螺钉，使滑块在导轨上的任意部位基本上均能保持静止状态，即导轨处于水平位置.

④ 把光电门架用螺钉固定在直尺上，并在滑块上部装上挡光片，调整挡光片高低位置，使挡光片能在光电门之间顺利通过.

⑤ 根据不同的实验要求装上所需附件，即可进行一系列力学实验.

(3) 注意事项.

① 导轨应放在清洁、干燥、无振动的场所. 搬运时应轻搬轻放，绝对防止其他物件和导轨面碰撞，并避免阳光直接照射.

② 导轨未通气前，滑块不要放在导轨上滑动，以防降低滑块与导轨面之间的接触精度.

2. MUJ-5B **计时计数测速仪**

(1) 结构.

该测速仪是采用单片微处理器、程序化控制的智能化仪器，可广泛应用于各种计时、计数、测频、测速实验. 在与气垫导轨配套使用时，该机除具有一般数字计时器的功能外，还具有将所测时间直接转换为速度、加速度值的特殊功能. 该机具有记忆存储功能，可记忆多组实验数据. MUJ-5B 计时计数测速仪面板示意见图 6-2，它主要由显示屏、操作键和指示灯组成.

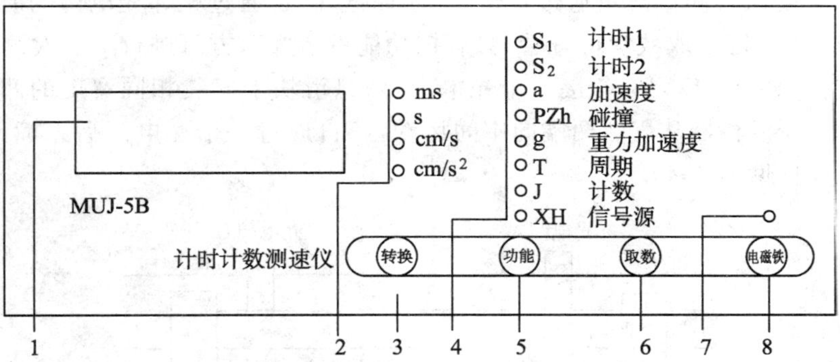

1—显示屏；2—测量单位指示灯；3—转换键；4—功能转换指示灯；
5—功能键；6—取数键；7—电磁铁通断指示灯；8—电磁铁键

图 6-2 MUJ-5B 计时计数测速仪面板示意

该机的计时范围为0.00 ms～35.50 min. 结果由6位LED数码管显示，时标基准根据测量结果自动定位.

(2) 使用方法(以配合使用气垫导轨为例).

① 准备工作.

i. 调整好气垫导轨，将两套光电门架固定于导轨上.

ii. 在导轨滑块上安装好挡光片，并使挡光片正好从光电门支架中穿过. 计时计数测速仪将测出移动的挡光片两次挡光的时间间隔 δt（见图 6-3）.

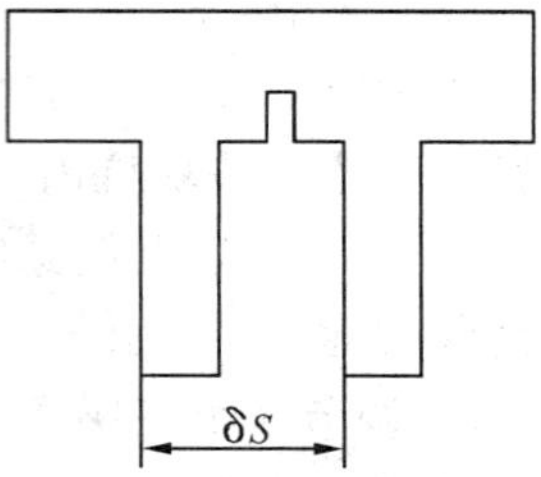

图 6-3　双挡光片

注：δt 为滑块通过 δS 的距离所需的时间.

iii. 必须将光电门同时插上，否则无法工作.

② 4 个操作键的功能.

i. 功能键：用于 8 种功能的选择或清除显示数据. 若按下功能键前，光电门遮过光，则清"0"，功能复位. 光电门没有遮过光时，按功能键将选择新的功能，所需的功能指示灯亮时，放开此键即可.

ii. 转换键：用于测量单位的转换、挡光片宽度的设定及简谐运动周期值的设定. 在计时、加速度、碰撞功能时，按转换键小于 1 s，测量值在时间或速度之间转换.

iii. 取数键：在使用计时 1(S_1)、计时 2(S_2)、加速度(a)、碰撞(PZh)、周期(T)和重力加速度(g)功能时，仪器可自动保留前 20 个测量值. 按下取数键，可显示存入值. 当显示"Ex"时，提示将显示存入的第 x 次实验值. 在显示存入值过程中，按下功能键将消除已存入的数值.

iv. 电磁铁键：按此键可改变电磁铁的吸合或放开.

③ 仪器的 8 项功能.

i. 计时 1(S_1)：测量任一光电门的一个挡光时间间隔（开口挡光片通过一次，不开口挡光片通过两次），可连续测量该值，自动存入前 20 个数据，按下取数键可进行查看.

ii. 计时 2(S_2)：测量 P_1 光电门两次挡光或 P_2 光电门两次挡光的时间间隔及滑块通过 P_1 或 P_2 光电门的速度，可连续测量该值，按下取数键可查看测量值.

iii. 加速度(a)：测量滑块通过每个光电门的速度及通过相邻光电门的时间或这段路程的加速度 a，按下取数键可查看. 只有按功能键清"0"，方可进行下一次测量.

iv. 碰撞(PZh)：P_1，P_2 各接一个光电门，两只滑块上安装相同宽度的凹形挡光片和碰撞弹簧，让滑行器从气轨两端向中间运动，各自通过一个光电门后相撞，相撞后分别通过光电门（见图 6-4）.

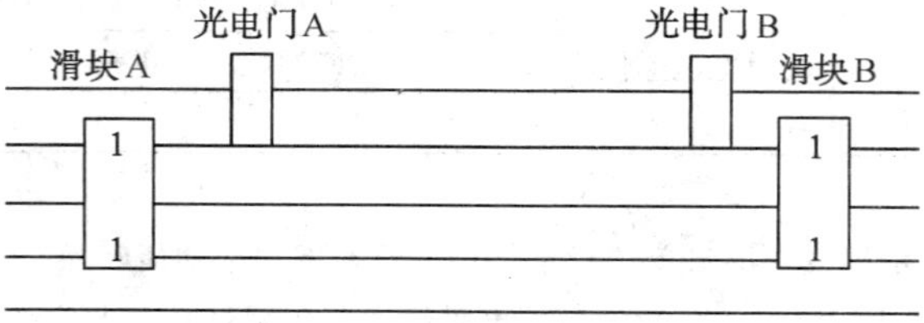

图 6-4　碰撞过程

仪器循环显示 P1.1，P1.2，P2.1，P2.2 或 P1.1，P1.2，P1.3，P2.1 或 P1.1，P2.1，P2.2，P2.3 各次测量值，按下取数键可进行查看. 只有按功能键清"0"，方可进行下一次测量.

v. 重力加速度(g)：将电磁铁插头接入电磁插口，两个光电门接入 P_2 光电门插口，按动电磁铁键，电磁指示灯亮，吸引钢球；再按动电磁铁键，电磁指示灯灭，钢球下落计时开始，钢球下部遮住光电门，计时器计时.

vi. 周期(T)：接入一个光电门，测量简谐振动 1～10 000 周期的时间，可选用以下两种方法.

a. 不设定周期数. 仪器启动后会自动设定周期数为 0，完成一个周期，显示周期数加 1. 按转换键即停止测量. 显示最后一个周期数约 1 s 后，显示累计时间值. 按下取数键，可提取每个周期的时间值.

b. 设定周期数. 按住转换键，确认所设定周期数时放开此键(只能设定 100 以内的周期数). 每完成一个周期，显示周期数会自动减 1，当完成最后一次周期测量，会显示累计时间值.

vii. 计数(J)：测量光电门的遮光次数.

viii. 信号源(XH)：将信号源输出插头插入信号源输出插口，可在插头上测量本机输出时间间隔为 0.1 ms，1 ms，10 ms，100 ms，1 000 ms 的电信号，按下转换键可改变电信号的频率.

实验二　杨氏弹性模量的测定

【实验目的】

(1) 观察金属丝的弹性形变规律，学习静力拉伸法测定杨氏模量.

(2) 掌握光杠杆测量微小长度变化的原理和方法.

(3) 学会用逐差法处理数据.

【实验器材】

杨氏模量拉伸仪、光杠杆、镜尺组、1 kg 砝码组、钢卷尺、螺旋测微计.

杨氏模量拉伸仪：如图 6-5a 所示，A 为钢丝，被夹子 B 夹紧，使上端固定，C 为钢丝下端的螺丝夹子，测量时改变砝码 I 的质量，夹子 C 将随着钢丝的伸长和缩短在平台 D 的圆孔中移动. 调节仪器底座螺丝 F，可使平台保持水平，即钢丝与平台垂直. 这样，夹

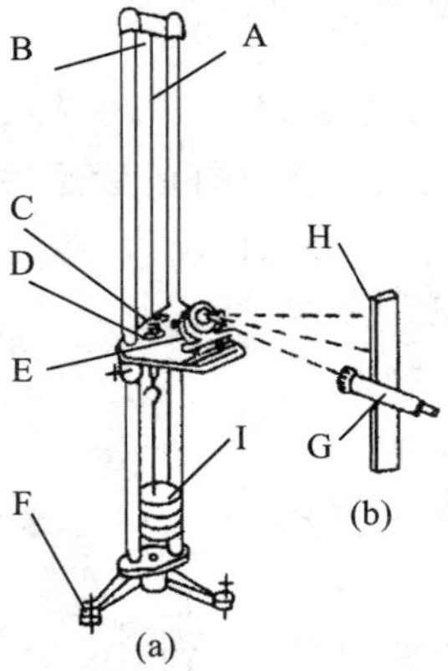

A—钢丝；B—钢丝上端固定夹子；C—钢丝下端螺丝夹子；D—平台；
E—光杠杆；F—底座螺丝；G—望远镜；H—竖尺；I—砝码

图 6-5　杠杆式加力杨氏模量拉伸仪结构

子 C 刚好悬在平台的圆孔中央，可上下自由移动.

光杠杆和镜尺组：测量微小长度变化量 δL 的主要部件.

镜尺组包括一个竖尺 H 和尺旁的一个望远镜 G，如图 6-5b 所示，它们都安放在一个支架上（图 6-5b 中未全部画出）.

光杠杆的结构如图 6-6 所示，是一个有 3 个足尖的架子，足尖 f_1，f_2 和 f_3 构成一个等腰三角形，在 f_2f_3 连线上方装置一个平面镜，平面镜可在架子上转动，后足尖 f_1 至前足尖 f_2f_3 连线的垂直距离为 l.

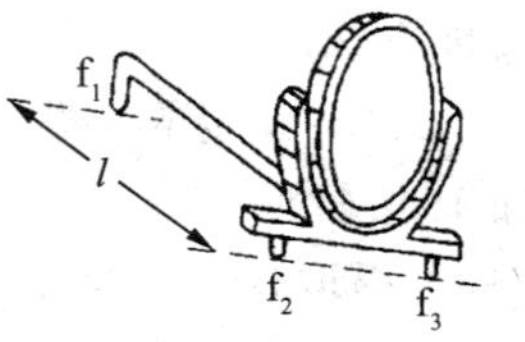

图 6-6 光杠杆结构示意

【实验原理】

任一物体均有弹性，例如，弹簧在弹性限度内所受外力大小与其伸长量成正比，其倔强系数不仅与弹簧的材料有关，还与弹簧的形状和结构有关. 而用杨氏弹性模量表示物体的弹性性质只与物体材料本身有关，与物体的形状和结构无关. 本实验是通过测量钢丝的伸长量测定钢丝的杨氏弹性模量. 长度微小变化量用光杠杆放大法进行测量，此法是物理实验中测微小线量和角量的常用方法.

金属丝在外力作用下发生形变，如图 6-7 所示. 一根长为 L、截面积为 S 的均匀金属丝，将其上端固定，在受到沿长度方向的外力 F 后，伸长量为 δL. F/S 是金属丝单位截面积上所受的力，称为应力，$\delta L/L$ 是应力作用下金属丝相对伸长量，称为应变. 根据胡克定律，在弹性限度内，金属丝的应变与应力成正比，即

$$\frac{\delta L}{L}=\frac{1}{E}\cdot\frac{F}{S} \tag{1}$$

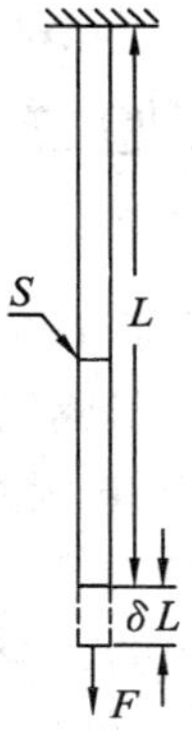

图 6-7 金属丝发生形变

式中，E 称为金属的杨氏模量。

上式写为 $E=\dfrac{F\cdot L}{S\cdot\delta L}$.

实验证明，杨氏模量与外力 F、金属丝长度 L 和截面积 S 的大小无关，而仅决定于金属丝本身的性质.

现介绍光杠杆产生光放大的基本原理.

图 6-8 为光杠杆放大原理示意图. 光杠杆的后足尖放在固定钢丝的夹子上，前两足尖 f_2，f_3 放在平台的尖底槽里（防止滑动），f_1，f_2，f_3 维持在同一个水平面里，转平面镜面与前两足尖 f_1，f_2 连线平行. 望远镜水平对准平面镜，从望远镜中可以看到竖尺由平面镜反射回来的像. 在望远镜中十字叉丝横线读到的标尺读数为 Y_0，当光杠杆反射镜的后足尖下降时，产生一个微小偏转角，在望远镜上读到的标尺读数 Y_1，(Y_1-Y_0) 即为放大后的钢丝伸长量 b，常称作视伸长.

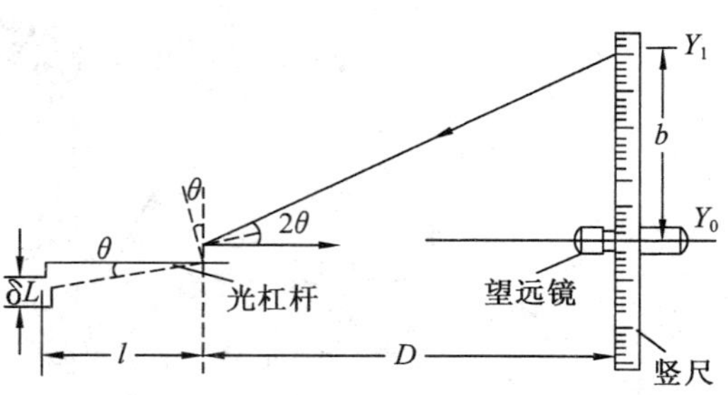

图 6-8 光杠杆放大原理示意

由图 6-8 可知

$$\theta \approx \tan\theta = \frac{\delta L}{l} \tag{2}$$

$$2\theta \approx \frac{b}{D} \tag{3}$$

将式(3)代入式(2)可得

$$\delta L = \frac{l}{2D} \cdot b \tag{4}$$

将式(4)代入式(1)得

$$E = \frac{8FLD}{\pi d^2 lb} \tag{5}$$

只要通过实验测出 b,d,l,D,L,F,由式(5)即可计算出钢丝的杨氏模量 E.

【实验内容及步骤】

(1) 调节仪器.

① 调节杨氏模量仪.

调节三角底架上的螺丝 F,使平台 D 水平,则两支柱与铅直线平行. 用手拉砝码托盘,看夹钢丝的圆柱夹子 C 是否在平台圆孔中自由滑动,否则要继续调节.

② 调节光杠杆和镜尺组.

a. 将光杠杆的前两足尖放在平台尖底槽里,后足尖放在圆柱夹子 C 上,但不得与钢丝接触,调节镜面使之与光杠杆基本垂直.

b. 调节望远镜水平并与光杠杆镜面位于相同高度,调节竖尺使之垂直于望远镜.

c. 先用眼睛在望远镜旁边沿着轴线方向看平面镜,看能否在平面镜中同时看到望远镜和竖尺的像,否则需调节竖尺和望远镜的位置.

d. 将望远镜对准竖尺在光杠杆镜面中的像,然后调节望远镜. 望远镜主要由目镜和物镜组成,在物镜与目镜之间装有十字叉丝. 先调目镜焦距,能清楚地看到十字叉丝;再调物镜焦距,能清楚地看到从镜面反射回来竖尺刻度线的像.

(2) 测量钢丝微小长度变化量 δL.

① 将十字叉丝横线对准竖尺像的零刻度线左右,否则上下移动竖尺,然后在砝码托盘上加一个 1 kg 砝码,此时荷重为 1 kg,记录第一次竖尺刻度线的读数 Y_1,依次增加 1 kg 砝码,荷重分别增加为 2 kg,3 kg,4 kg,…,8 kg,分别记录标尺刻度线读数 Y_i,共计 8 个读数.

② 将砝码数量由 $i=8$ 减到 $i=1$,记录减少荷重时竖尺刻度线读数. 依次轻轻取下砝码,分别记录竖尺刻度线读数 Y_i,共计 8 个读数. 不论增加或减少钢丝下端的荷重,只要荷重相等,从望远镜中观察读数就应该相等. 若读数相差较大,应找出原因,重新实验.

(3) 对其他长度进行测量.

① 用毫米刻度钢卷尺测量镜面到标尺面之间的距离 D,测出上下两夹子之间钢丝的长度 L.

② 用螺旋测微计测量钢丝直径 d,上、中、下部位各测 2 次,测 6 次后求出 d 的平均值.

③ 测量光杠杆后足尖 f_1 到前两足尖 f_2，f_3 连线之间的垂直距离 l，将光杠杆放在白纸上轻轻压下三足尖痕迹，然后作图并用米尺进行测量.

【数据记录与处理】

测 δL 记录，仪器误差限 $\sigma_{仪}=$________ mm

次数 i	荷重 F_i/kg	增重读数 Y_i/mm	减重读数 Y_i/mm	平均值 Y_i/mm	逐差 $b_i=Y_{i+4}-Y_i$/mm	$(b_i-\bar{b})^2$/mm^2
1	1.00					
2	2.00					
3	3.00					
4	4.00					
5	5.00				$\bar{b}=$	$\Delta_{\bar{b}}=$
6	6.00				$\Delta_{仪}=\frac{\sigma_{仪}}{\sqrt{3}}=$	
7	7.00					
8	8.00				$\Delta_b=\sqrt{\Delta_{\bar{b}}^2+\Delta_{仪}^2}=$	

$b=\bar{b}\pm\Delta_b=$______$\pm$______ mm，$L=L\pm\Delta_{L仪}=$______$\pm$______ mm

$l=l\pm\Delta_{l仪}=$______$\pm$______ mm，$D=D\pm\Delta_{D仪}=$______$\pm$______ mm

记录钢丝直径 d，仪器零点 $d_0=$______ mm，仪器误差限 $\sigma_{d仪}=$______ mm

次数 i	1	2	3	4	5	6	平均值
d_i/mm							
$(d_i-\bar{d})^2$/mm^2							

$$\Delta_{\bar{d}}=\sqrt{\frac{\sum(d_i-\bar{d})^2}{n(n-1)}}=\_\_\_\_\_,\ \Delta_d=\sqrt{\Delta_{\bar{d}}^2+\frac{\sigma_{d仪}^2}{3}}=\_\_\_\_\_,\ d=\bar{d}-d_0=\_\_\_\_\_\ \text{mm}$$

$$\bar{E}=\frac{8DFL}{\pi d^2 lb}=\_\_\_\_\_\_\ \text{N/m}^2\quad (F=4\times 9.8\ \text{N})$$

$$E_{相}=\sqrt{\left(\frac{\Delta_D}{D}\right)^2+\left(\frac{\Delta_L}{L}\right)^2+\left(\frac{\Delta_b}{b}\right)^2+\left(\frac{2\Delta_d}{d}\right)^2+\left(\frac{\Delta_l}{l}\right)^2}=\_\_\_\_\_\_\_\_\_\_\_\_\_\_\_\_$$

$\Delta_E=\bar{E}\cdot E_{相}=$__________ N/m^2

实验结果表示式为 $E_{相}=$________%

$E=\bar{E}\pm\Delta_E=$______$\pm$______ N/m^2

【注意事项】

(1) 光杠杆和镜尺组构成的光路，调好后整个测量过程中决不能再动.

(2) 在测量前应将金属丝拉直并施加适当的预拉力. 加砝码时应轻放，以防冲击.

(3) 本实验 δL 的变化为等差数列，为充分利用数据和减小相对不确定度，采用逐差法处理数据.

【思考题】

(1) 什么是光杠杆？光杠杆起什么作用？使用时应注意哪些问题？

(2) 镜尺组由什么组成？怎样调节望远镜才能看清十字叉丝？怎样调节望远镜才能看清从镜面反射到望远镜中竖尺刻度线的像？

(3) 测量钢丝的杨氏模量公式在什么条件下才能成立？

(4) 实验室调节仪器分为哪些步骤？应注意什么问题？

(5) 为什么用毫米刻度测量 D,L,l 时只测一次，而 d 要多次测量？b 为何要用逐差法处理？

(6) 是否可以用作图法来求 E？如果能用，怎样求 E？

(7) 怎样利用光杠杆来提高测量 δL 的精确度？

实验三　用三线摆测量转动惯量

【实验目的】

(1) 学习用三线摆测量物体的转动惯量.

(2) 验证转动惯量的平行轴定理.

【实验器材】

FB210 型(双支架)三线摆转动惯量实验仪、FB213 型数显计时计数毫秒仪、游标卡尺、米尺、电子天平等.

【实验原理】

转动惯量是反映刚体转动惯性的物理量. 由转动惯量公式可知转动惯量不仅和刚体的质量有关，而且与转轴及刚体的质量分布有关，研究这些规律对理解刚体的性质很有帮助. 测定刚体转动惯量的方法有很多，本实验利用三线摆测定刚体转动惯量.

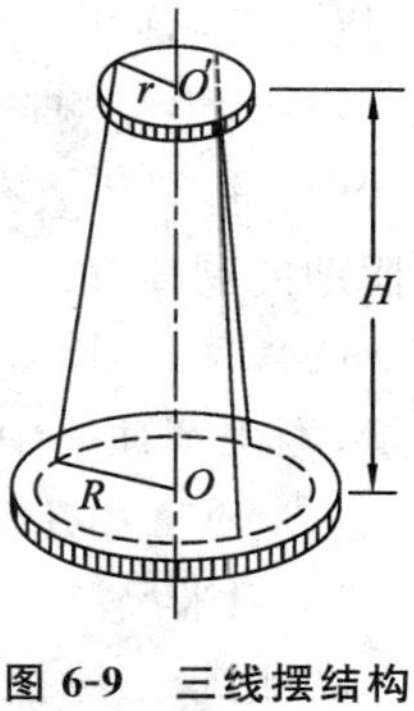

图 6-9　三线摆结构

一个匀质圆盘用等长的三根线对称地悬挂在一个水平的小圆盘下面就组成了一个三线摆(见图 6-9). 当下圆盘绕三线摆的中心轴以不大的角度 α 摆动时，可看作简谐振动. 如果不考虑运动过程中的阻力，根据机械能守恒定律和简谐振动规律，可得下圆盘绕轴 OO' 的转动惯量为

$$J_0=\frac{m_0 gRr}{4\pi^2 H}T_0^{\ 2} \tag{1}$$

式中，m_0 为下圆盘的质量；g 为当地的重力加速度；r,R 分别为上、下圆盘的悬点到盘圆心的距离；H 为上悬点到静止时下圆盘间的垂直距离；T_0 为下圆盘绕中心轴的摆动周期.

实验时，测出 m_0,R,r,H 及 T_0，就可由式(1)求出圆盘的转动惯量 J_0.

把质量为 m_1 的圆环放在下圆盘上，使两者中心轴重合，测得该系统绕中心轴的摆动周期为 T_1，则该系统的转动惯量为

$$J=\frac{(m_0+m_1)gRr}{4\pi^2 H}T_1{}^2 \tag{2}$$

则圆环绕中心轴的转动惯量为

$$J_1=J-J_0 \tag{3}$$

把两个质量都为 m_2，形状相同的圆柱体对称地放在下圆盘上，柱体中心离圆盘中心距离都为 d（见图 6-10），同样测得两圆柱体绕圆盘中心轴的转动惯量为

$$J_2=\frac{(m_0+2m_2)gRr}{4\pi^2 H}T_2{}^2-J_0 \tag{4}$$

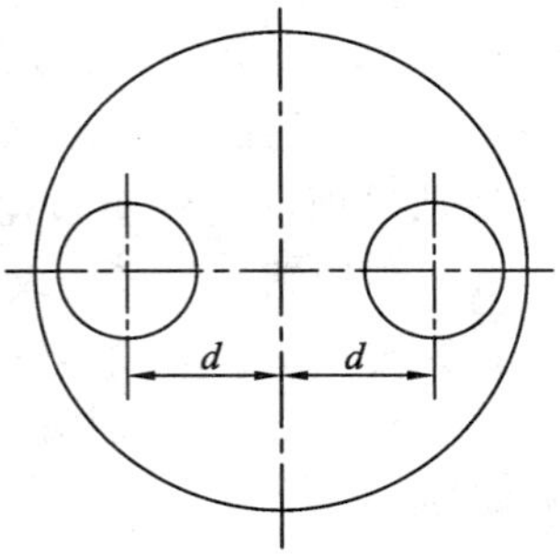

图 6-10　圆柱体放置示意图

将此式所得的 J_2 与理论上按平行轴定理求得的

$$J_2'=2\times\left[\frac{1}{2}m_2\left(\frac{D_2}{2}\right)^2+m_2d^2\right] \tag{5}$$

进行比较（式中 D_2 为圆柱体直径）可验证平行轴定理.

【实验内容及步骤】

(1) 观察上圆盘上的水准仪，调节底座上三个调节螺钉，使上圆盘处于水平状态. 利用上圆盘上的三个调节螺钉调节悬线长度，观察下圆盘中心的水准仪，使下圆盘处于水平状态，此时锁紧调节螺钉. 适当调整光电传感器安装位置，使下圆盘边上的挡光杆能自由往返通过光电门槽口.

(2) 将光电接收装置与毫秒仪连接，接通电源，通过“置数”键的十位或个位调节，预置测量次数为 50 次，设置完成后自动保持设置值.

(3) 在下圆盘处于静止状态下，拨动上圆盘的“转动手柄”，将上圆盘转过一个小角度（摆角 $\alpha<5°$），带动下圆盘绕中心轴 OO' 做微小扭转摆动. 摆动若干次后，按毫秒仪上的“执行”键，此时，毫秒仪会自动测量预设 50 个扭转摆动周期的时间 t，可求得周期 $T_0=t/50$，重复测量 3 次取平均值 $\overline{T}_0$. 重复测量时，要先按毫秒仪的“返回”键.

(4) 将圆环放在下圆盘上，使其重心通过下圆盘的中心，重复步骤(3)，测出两者一起摆动的周期 $\overline{T}_1$.

(5) 取下圆环，把两圆柱体对称地放在下圆盘上，重复步骤(3)，至少取 5 组不同的位置，测出圆柱体中心距离 $2d$ 和它们共同摆动的周期 $\overline{T}_2$.

(6) 质量和几何参量的测量.

① 用米尺测出上、下两圆盘之间的垂直距离 H.

② 记录三线摆下圆盘的质量，用电子天平称出圆环和两圆柱体的质量.

③ 测出圆环的内、外直径 $D_内$ 和 $D_外$，测量圆柱体中心与悬盘中心的距离 d 和圆柱体的直径 D_2.

④ 测量下圆盘的直径 D_1. 测出下圆盘三个悬点之间的距离 a_1，a_2 和 a_3，取其平均值 $\bar{a}$，根据 $R=\frac{\bar{a}}{\sqrt{3}}$ 算出 R（见图 6-11）.

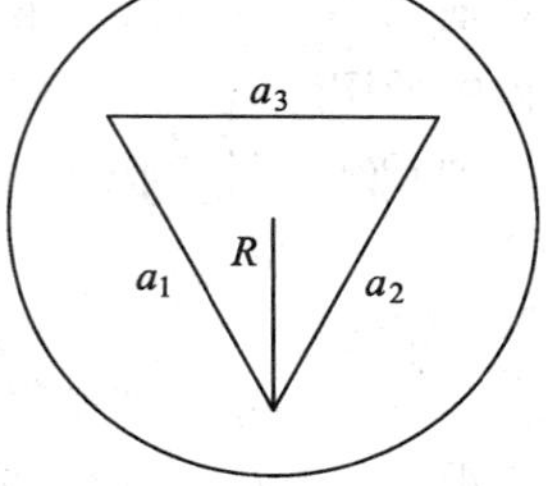

图 6-11　由下圆盘悬点求 R 示意图

测出上圆盘三个悬点之间的距离 b_1，b_2 和 b_3，取其平均值 $\bar{b}$，根据 $r=\frac{\bar{b}}{\sqrt{3}}$ 算出 r.

【数据记录与处理】

(1) 测摆动周期.

① 圆盘和加圆环.

测量次数	1	2	3	平均($\bar{t}$)	周期 $T=\bar{t}/50$
圆盘 50 个周期 t/s					
加圆环 50 个周期 t/s					

② 对称加圆柱体.

圆柱体中心距离 $2d$/mm							
50 个周期 t/s	1						
	2						
	3						
50 个周期平均 $\bar{t}$/s							
周期($T=\bar{t}/50$)/s							

(2) 几何参量和质量的记录和测量.

上下两圆盘之间的垂直距离 $H=$________ mm

圆环内径 $D_内=$________ mm,外径 $D_外=$________ mm

下圆盘直径 $D_1=$________ mm,圆柱体直径 $D_2=$________ mm

下圆盘三悬点间距 $a_1=$________ mm, $a_2=$________ mm, a_3________ mm

上圆盘三悬点间距 $b_1=$________ mm, $b_2=$________ mm, b_3________ mm

$\bar{a}=(a_1+a_2+a_3)/3=$________ mm; $\bar{b}=(b_1+b_2+b_3)/3=$________ mm

$R=\bar{a}/\sqrt{3}=$________ mm, $\bar{r}=\bar{b}/\sqrt{3}=$________ mm

下圆盘质量 $m_0=$________ g,圆环质量 $m_1=$________ g

两圆柱体质量 $m_{21}=$________ g, $m_{22}=$________ g

(3) 计算转动惯量.

① 按照式(1)、式(3)、式(4)求出测量值 J_0,J_1,J_2.

② 按照公式 $J_0'=\frac{1}{2}m_0\left(\frac{D_1}{2}\right)^2$, $J_1'=\frac{1}{2}m_1\left[\left(\frac{D_内}{2}\right)^2+\left(\frac{D_外}{2}\right)^2\right]$和式(5)分别计算出理论值.

③ 对各组实验值和理论值进行比较,求出百分误差.

④ 根据步骤①中求出的测量值 J_2 作图验证平行轴定理.

【注意事项】

三线摆的悬线容易磨损拉断,实验时不要使悬线受力过大.

【思考题】

(1) 用三线摆测刚体转动惯量时,为什么必须保持下圆盘水平?

(2) 在测量过程中,如下圆盘出现晃动,对周期的测量有影响吗?如有影响,应如何避免?

(3) 本实验能否用图解法验证平行轴定理?如何验证?

(4) 如何利用三线摆测定任意形状的物体绕特定轴的转动惯量?

(5) 加上待测物体后三线摆的扭动周期是否一定比空盘的大?为什么?

(6) 三线摆在摆中受空气阻尼，振幅越来越小，它的周期是否会变化？对测量结果影响大吗？为什么？

【知识拓展】

公式(1)的推导过程如下：

设下圆盘质量为 m_0，摆动时沿轴线上升的高度为 h，则增加的势能为

$$E_p = m_0 gh$$

当圆盘转回平衡位置时，$E_p=0$，它所具有的动能为

$$E_k = \frac{1}{2}J_0\omega_0^2$$

式中，J_0 是下圆盘对于其中心轴的转动惯量；ω_0 是圆盘回到平衡位置时的角速度. 如果不考虑运动过程中的阻力，根据机械能守恒定律得

$$\frac{1}{2}J_0\omega_0^2 = m_0 gh$$

下圆盘做简谐运动时，圆盘的角位移与时间的关系为

$$\alpha = \alpha_0 \sin\frac{2\pi}{T}t$$

式中，α 是圆盘在时间 t 的角位移；α_0 是角振幅；T 为振动周期，于是角速度为

$$\omega = \frac{d\alpha}{dt} = \frac{2\pi\alpha_0}{T}\cos\frac{2\pi}{T}t$$

通过平衡位置时的最大角速度为

$$\omega_0 = \frac{2\pi}{T}\alpha_0$$

于是有

$$m_0 gh = \frac{1}{2}J_0\left(\frac{2\pi\alpha_0}{T}\right)^2 \tag{6}$$

如图 6-12 所示的三线摆中，悬线长度为 l，摆动前

$$l^2 = H^2 + (R-r)^2 \tag{7}$$

当摆角振幅为 α_0 时，悬点 A 移动到 A'位置，这时上悬点到下圆盘间的距离为 H'，由图 6-12 可知

$$H'^2 = BC^2 = l^2 - (R^2 + r^2 - 2Rr\cos\alpha_0) \tag{8}$$

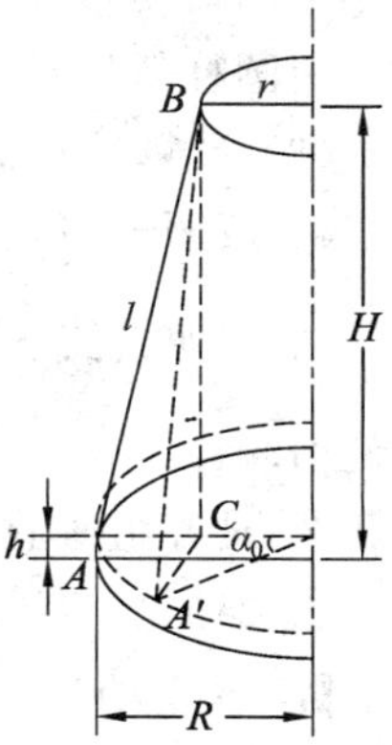

图 6-12　三线摆

由式(7)和式(8)得下圆盘上升的高度 h 为

$$h = H - H' = \frac{H^2 - H'^2}{H + H'} = \frac{2Rr(1-\cos\alpha_0)}{2H - h}$$

由于摆长 $H \gg h$，所以 $2H - h \approx 2H$. 当摆角 α_0 很小时，

$$1 - \cos\alpha_0 = 2\sin^2\frac{\alpha_0}{2} \approx \frac{\alpha_0^2}{2}$$

这时

$$h = \frac{Rr\alpha_0^2}{2H}$$

代入式(6)可得

$$m_0 g \cdot \frac{Rr\alpha_0^2}{2H} = \frac{1}{2}J_0\left(\frac{2\pi\alpha_0}{T}\right)^2$$

$$J_0 = \frac{m_0 gRr}{4\pi^2 H}T^2$$

实验四　液体表面张力系数测定

【实验目的】

(1) 了解液体表面张力系数测定仪的基本结构，掌握用标准砝码对测量仪进行定标的方法，计算该传感器的灵敏度.

(2) 观察拉脱法测液体表面张力的物理过程和物理现象，并用物理学基本概念和定律进行分析和研究，加深对物理规律的认识.

(3) 掌握用拉脱法测定纯水的表面张力系数及用逐差法处理数据.

【实验器材】

FB326A 型液体表面张力系数测定仪的主要组成：底座、可微调高度立柱、传感器固定支架、压阻力敏传感器、数字式毫伏表、标准砝码(砝码盘)、圆筒形吊环等.

【实验原理】

液体表层厚度约10^{-10} m 内的分子所处的条件与液体内部不同，液体内部每一分子被周围其他分子所包围，分子所受的作用力合力为零. 由于液体表面上方接触的气体分子的密度远小于液体分子密度，因而液面每一分子受到向外的引力比向内的引力要小得多，也就是说所受的合力不为零，力的方向是垂直于液面并指向液体内部，该力使液体表面收缩，直至达到动态平衡. 因此，在宏观上，液体具有尽量缩小其表面积的趋势，液体表面好像一张拉紧了的橡皮膜. 这种沿着液体表面的、收缩表面的力称为表面张力. 表面张力能说明液体的许多现象，例如，润湿现象、毛细管现象及泡沫的形成等. 在工业生产和科学研究中常常要涉及液体特有的性质和现象. 比如化工生产中液体的传输过程、药物制备过程及生物工程研究领域中关于动、植物体内液体的运动与平衡等问题. 因此，了解液体表面性质和现象，掌握测定液体表面张力系数的方法是具有重要实际意义的. 测定液体表面张力系数的方法通常有拉脱法、毛细管升高法和液滴测重法等. 本实验利用拉脱法进行直接测定.

如果将一洁净的圆筒形吊环浸入液体中，然后缓慢地提起吊环，圆筒形吊环将带起一层液膜. 如图 6-13 所示，使液面收缩的表面张力 f 沿液面的切线方向，角 φ 称为湿润角(或接触角). 当继续提起圆筒形吊环时，φ 角逐渐变小而接近为零，这时所拉出的液膜的里、外两个表面的张力 f 均垂直向下，设拉起液膜破裂时的拉力为 F，则有

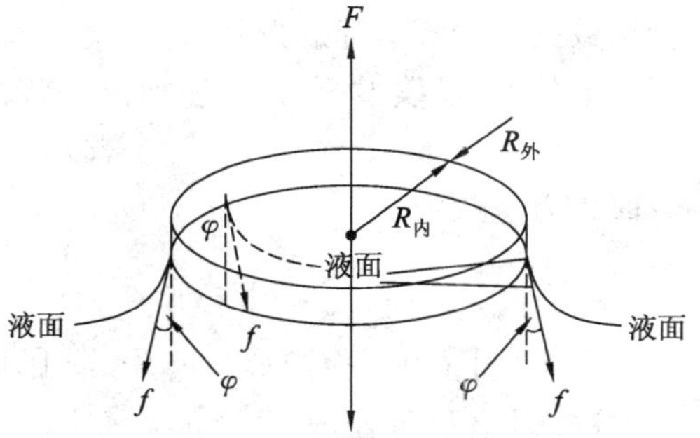

图 6-13　圆形吊环从液面缓慢拉起受力示意图

$$F=(m+m_0)g+2f \tag{1}$$

式中，m 为黏附在吊环上的液体的质量；m_0 为吊环质量，因表面张力的大小与接触面周边界长度成正比，则有

$$2f=\pi(D_{内}+D_{外})\alpha \tag{2}$$

比例系数 α 称为表面张力系数，单位是 N/m. α 在数值上等于单位长度上的表面张力. 由式(1)和式(2)可得

$$\alpha=\frac{F-(m+m_0)g}{\pi(D_{内}+D_{外})} \tag{3}$$

由于金属膜很薄，被拉起的液膜也很薄，m 很小可以忽略，因而公式简化为

$$\alpha=\frac{F-m_0 g}{\pi(D_{内}+D_{外})} \tag{4}$$

表面张力系数 α 与液体的种类、纯度、温度和它上方的气体成分有关. 实验表明，液体的温度越高，α 值越小；所含杂质越多，α 值也越小. 只要上述这些条件保持一定，α 值就是一个常数. 本实验的核心部分是准确测定 $F-m_0 g$，即圆筒形吊环所受到向下的表面张力，用 FB326A 型液体表面张力系数测定仪测定这个力.

【实验内容及步骤】

(1) 开机预热 15 min.

(2) 清洗有机玻璃器皿和吊环、门形金属片. 将玻璃器皿放到可微调高度立柱圆台上，并在有机玻璃器皿内放入被测液体.

(3) 将砝码盘的挂钩挂在力敏传感器的小孔中. 若整机已预热 15 min 以上，可对力敏传感器定标，在加砝码前应首先读取电子秤的初读数 V_0(该读数包括砝码盘的质量)，然后每加一个 500.00 mg 砝码，读取一个对应数据(mV)，记录到表格中，注意安放砝码时动作要尽量轻巧. 用逐差法求力敏传感器的转换系数 K.

(4) 换吊环前应先测定吊环的内、外直径，然后挂上吊环，读取一个对应数据(mV)，在测定液体表面张力系数过程中，可观察到液体产生的浮力与张力的情况与现象，转动可微调高度立柱的调节套筒旋钮，使玻璃器皿上升，当环下沿接近液面时，仔细调节吊环的悬挂线，使吊环水平，然后把吊环部分浸入液体中，这时候，按下面板上的按钮开关，仪器功能转为峰值测量，接着缓慢地转动可微调高度立柱的调节套筒旋钮，这时液面逐渐往下降(相对而言即吊环往上提拉)，观察环浸入液体中及从液体中拉起时的物理过程和现象. 当吊环拉断液柱的一瞬间数字电压表显示拉力峰值 V_1 并自动保持该数据. 拉断后，释放按钮开关，电压表恢复随机测量功能，静止后其读数值为 V_2，记下这个数值. 连续做 5 次，求平均值. 那么表面张力为

$$2f=(\overline{V}_1-\overline{V}_2)\overline{K}$$

表面张力系数为

$$\alpha=\frac{2f}{L}=\frac{(\overline{V}_1-\overline{V}_2)K}{\pi(D_{内}+D_{外})}$$

(5) 取下吊环，换门形金属片，按上步骤，连续做 5 次，求平均值、表面张力.

【数据记录与处理】

(1) 用逐差法求仪器的转换系数 K(N/mV).

先记录砝码盘等作为初读数 $V_0=$ ________ mV，然后每次增加一个砝码 $m=$ 500.00 mg(该标准砝码符合国家标准，相对误差为 0.005%).

砝码质量/(10^{-6} kg)	增重读数 V'_i/mV	减重读数 V''_i/mV	$V_i=\frac{V'_i+V''_i}{2}$/mV	等间距逐差 $\delta V_i=V_{i+4}-V_i$/mV
0.00				
500.00				
1 000.00				
1 500.00				
2 000.00				
2 500.00				
3 000.00				
3 500.00				

$\overline{\delta V}=\frac{1}{4}(\delta V_1+\delta V_2+\delta V_3+\delta V_4)$，$\overline{\delta V}$ 为每 2 000.00 mg 对应的电子秤的 mV 读数，则 $K=\frac{gm}{\overline{\delta V}}=$ ____________ N/mV

(2) 用拉脱法求拉力对应的电子秤读数.

水温(室温)= ____________ ℃，电子秤初读数 $V_0=$ ________ mV

测量次数	拉脱时最大读数 V_1/mV	吊环读数 V_2/mV	表面张力对应读数 $V=V_1-V_2$/mV
1			
2			
3			
4			
5			
平均值	________	________	$\overline{V}=$ ____________

(3) 测量吊环的内、外直径.

测量次数	1	2	3	4	5	平均值
内径 $D_内$/mm						
外径 $D_外$/mm						

(4) 计算 α.

$$\bar{\alpha}=\frac{K\overline{V}}{\overline{L}}$$

(5) 从附录中查出室温下水的表面张力系数 α 的理论值，把实验结果与此值比较求百分误差，并对实验结果进行分析.

【注意事项】

(1) 吊环、门形金属片水平须调节好,注意偏差 1°,测量结果引入误差为 0.5%;偏差 2°,则误差为 1.6%.

(2) 在调节液面升降可微调高度立柱的调节套筒旋钮时,速度要缓慢,尽量减小液体的波动.

(3) 工作环境应避免风吹,以免吊环摆动致使零点波动,造成所测系数不准确.

(4) 若液体为纯净水,在使用过程中应防止灰尘和油污及其他杂质污染.特别注意手指不要接触被测液体.

(5) 力敏传感器使用时用力不宜大于 0.098 N.过大的拉力会损坏传感器.

(6) 实验结束须将吊环、门形金属片用清洁纸擦干,再用清洁纸包好,放入干燥缸内.

【思考题】

(1) 什么叫表面张力?表面张力系数与哪些因素有关?

(2) 在推导测量公式(3)时,做了哪些近似?式中各量的物理意义是什么?

(3) 拉脱法的物理本质是什么?

(4) 若考虑拉起液膜的质量,实验结果应如何修正?

实验五 液体黏度的测定

【实验目的】

掌握应用奥氏黏度计和沉降法测定液体黏度的原理和方法.

【实验器材】

奥氏黏度计、量筒、烧杯、停表、移液管、洗耳球、小钢球、游标卡尺、温度计(公用)、蓖麻油、稀释甘油、水.

奥氏黏度计测稀释甘油的黏度

【实验原理】

由泊肃叶公式可知,当液体在一段水平圆形管道中做稳定流动时,t s 内流出圆管的液体体积为

$$V=\frac{\pi R^4\Delta p}{8\eta L}t \tag{1}$$

式中,R 为管道的截面半径;L 为管道的长度;η 为流动液体的黏度;Δp 为管道两端液体的压强差.如果测出 $V,R,\Delta p,L$ 各量,则可求得液体的黏滞系数为

$$\eta=\frac{\pi R^4\Delta p}{8VL}t \tag{2}$$

为了避免测量量过多而产生误差,奥斯瓦尔德设计出一种黏度计(见图 6-14),采用比较法进行测量.取一种已知黏度的液体和一种待测黏度的液体,设它们的黏度分别为 η_0 和 η_x.令同体积 V 的两种液体在同样条件下,于重力的作用下通过奥氏黏度计的毛细管 DB,分别测出它们所需的时间 t_1 和 t_2.两种液体的密度分别为 ρ_1 和

ρ_2，则

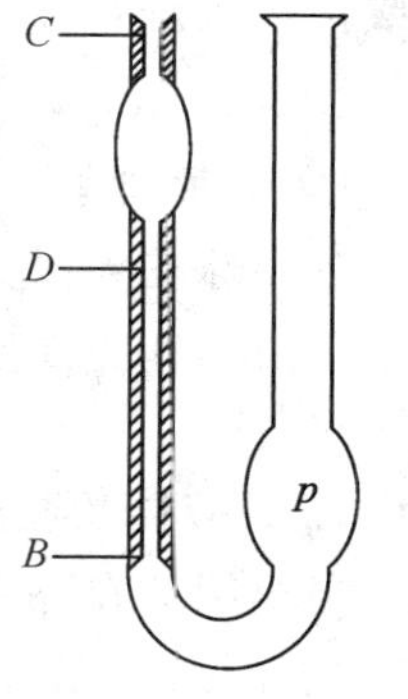

图 6-14　黏度计示意

$$\eta_0=\frac{\pi R^4 t_1}{8VL}\rho_1 g\Delta h \quad (3)$$

$$\eta_x=\frac{\pi R^4 t_2}{8VL}\rho_2 g\Delta h \quad (4)$$

式中，Δh 为黏度计两管液面的高度差，它随时间连续变化. 由于两种液体流过毛细管有同样的过程，所以由式(3)和式(4)可得

$$\frac{\eta_0}{\eta_x}=\frac{t_1\rho_1}{t_2\rho_2}$$

即

$$\eta_x=\frac{t_2\rho_2}{t_1\rho_1}\cdot\eta_0 \quad (5)$$

如测出等量液体流经 DB 的时间 t_1 和 t_2，根据已知数 ρ_1，ρ_2，η_0，即可求出待测液体的黏度. 式中水的黏度 η_0、实验温度下水的密度 ρ_1 可在附录中查找.

【实验内容及步骤】

(1) 将清水注入玻璃烧杯并置于桌上待用，使其温度与室温相同，洗涤黏度计后竖直地夹在试管架上.

(2) 用移液管经黏度计粗管端注入 6 mL 水. 用洗耳球将水压入细管刻度 C 以上，用手指压住细管口，以免液面下降.

(3) 松开手指，液面下降. 当液面下降至刻度 C 时，启动秒表，在液面经过刻度 D 时停止秒表，记下时间 t_1.

(4) 重复步骤(2)，(3)并测量 3 次，取 t_1 平均值 $\bar{t}_1$.

(5) 用稀释甘油清洗黏度计 2 次.

(6) 取 6 mL 的稀释甘油做同样实验，求出时间 t_2 的平均值 $\bar{t}_2$.

【数据记录与处理】

室温 $T=$________℃

液　体	流出液体的时间/s		平均值/s
水	t_1		$\overline{t_1}=$
稀释甘油	t_2		$\overline{t_2}=$

根据式(5)求出稀释甘油溶液的黏度.

【注意事项】

(1) 用黏度计时不要同时握住两管，以免折断.

(2) 当黏度计注入水(或稀释甘油)时，不要让气泡进入管内，应竖直放置黏度计.

(3) 在实验进行过程中，用洗耳球将待测液体压入细管时，应防止液体被压出黏度计或被吸入洗耳球内.

沉降法测定蓖麻油黏度

【实验原理】

当小球在无限大的黏滞液体中以不快的速度直线下降时，作用于小球的黏滞阻力大小可由斯托克斯定律求出，即

$$F=6\pi\eta rv \tag{6}$$

式中，η 为液体的黏度；r 为圆球的半径；v 为圆球下降的速度.

当小圆球在黏滞液体中垂直下降时，它除受到黏滞阻力以外，还受到重力 mg 和浮力 f 的作用. 如果以 m 和 ρ 分别表示圆球的质量和密度，ρ' 表示液体密度，那么这 3 个力的大小可用下述各式计算：

$$mg=\frac{4}{3}\pi r^3\rho g$$

$$f=\frac{4}{3}\pi r^3\rho' g$$

$$F=6\pi\eta rv$$

由此可列出小球运动的动力学方程为

$$mg-F-f=ma \tag{7}$$

式中 mg 和 f 为恒量，F 随小球运动速度 v 的增加而增加，而小球运动的加速度将逐渐减小. 当 F 增大到 $F=mg-f$ 时，小球开始匀速下降，速度 v 可由下式求出：

$$6\pi\eta rv=\frac{4}{3}\pi r^3(\rho-\rho')g \tag{8}$$

如果用实验的方法测出小球匀速下降的速度，那么通过式(8)就可以求出该液体的黏度为

$$\eta=\frac{2}{9}\cdot\frac{(\rho-\rho')}{v}r^2 g \tag{9}$$

式(9)是小球在无界均匀流体中运动条件下导出的. 如果小球在半径为 R 的流体中运动，考虑界面的影响，式(9)应修正为

$$\eta=\frac{2}{9}\cdot\frac{(\rho-\rho')r^2}{\left(1+\frac{2.4r}{R}\right)v}g \tag{10}$$

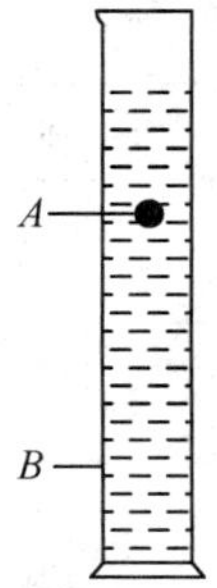

图 6-15　沉降法测液体黏度

【实验内容及步骤】

(1) 将小球放在盛有待测液体的量筒管口中央，使其由液面垂直下降. 当降至量筒上刻线 A 时，启动停表；降到下刻线 B 时，止动停表. 测出小球通过 A，B 刻线所需时间 t（注意眼应平视刻线 A，B），如图 6-15 所示.

(2) 重复步骤(1)，共测 5 次，计算 t 的平均值.

(3) 用米尺量出 A 与 B 的间距 L，用游标卡尺量出量筒半径 R.

【数据记录与处理】

<table>
<tr><td colspan="5">下落时间 t/s</td><td>A,B 间距</td><td>量筒半径</td><td>小球下落速度</td></tr>
<tr><td>1</td><td>2</td><td>3</td><td>4</td><td>5</td><td rowspan="3">$L=$</td><td rowspan="3">$R=$</td><td rowspan="3">$v=$</td></tr>
<tr><td></td><td></td><td></td><td></td><td></td></tr>
<tr><td colspan="5">$\bar{t}=$</td></tr>
</table>

由修正公式(10)即可求出液体黏度.

【注意事项】

(1) 在测量过程中应注意减少蓖麻油的温度变化及蓖麻油中的气泡，为此需尽早将蓖麻油倒入量筒内.

(2) 尽量使小球沿筒的轴线下降.

(3) 流体黏度计算公式必须在小球达到临界速度的条件下才成立，即小球匀速运动. 判断方法是：向下改变 A 的位置，若测得小球速度与 A 的位置无关，则表明已达到临界速度值.

【思考题】

(1) 在毛细管法中，为什么要求两种不同液体的体积相等？

(2) 在沉降法中，为什么要求小球沿轴线下降？为什么 A 点位置必须距离液面有一定距离？

实验六　稳态法测量不良导体的导热系数

【实验目的】

(1) 理解热传导过程的物理规律.

(2) 掌握热电偶测温技术.

(3) 学会用稳态法测量不良导体的导热系数.

【实验器材】

导热系数测定仪 1 套(包括调压器、发热盘、待测橡胶样品、样品支架、热电偶、散热电扇、杜瓦瓶、数字电压表等)，游标卡尺，天平.

导热系数测定仪结构如图 6-16 所示. 发热盘为发热源，热量经发热盘传入待测样品，再由样品传入散热盘，散热盘借助于电扇稳定地散热. 当传入样品的热量等于散热盘散发的热量时，样品处于稳定导热状态(即稳态). 待测橡胶样品上、下表面温度由热电偶测出.

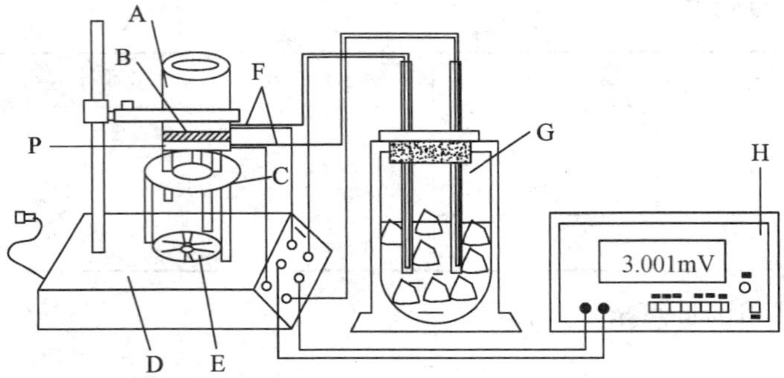

A—带电热板的发热盘；B—样品；C—螺旋头；D—样品支架；E—风扇；

F—热电偶；G—杜瓦瓶；H—数字电压表；P—散热盘

图 6-16　导热系数测定仪示意

【实验原理】

(1) 热传导过程.

当物体内部各处温度不均匀时，热量将通过热传导过程自动从温度较高处传递到温度较低处. 热传导的物理规律首先由物理学家傅里叶于 1882 年阐述如下：若在垂直于热传导方向上取一截面 S，实验证明，在单位时间内从温度较高一侧通过该截面传递给温度较低一侧的热量 $\delta Q/\delta t$（又称导热速率）与这一平面所在处温度梯度 $\mathrm{d}T/\mathrm{d}x$、截面面积 S 成正比，即

$$\delta Q/\delta t=-\kappa(\mathrm{d}T/\mathrm{d}x)S \tag{1}$$

式(1)称为傅里叶热传导方程. 其中比例系数 κ 称为热传导系数或导热系数，单位为 $W/(\mathrm{m}\cdot\mathrm{K})$. 式中负号代表热量传递的方向与温度梯度方向相反，即从温度较高处向温度较低处传递热量，而温度梯度的方向是由温度较低处指向温度较高处.

(2) 稳态法测导热速率.

在图 6-16 所示的稳态法测物体导热系数实验装置中，用不良导体做成的圆柱形待测样品 B 如图 6-17 所示. 由圆筒状发热盘 A 发出的热量通过样品 B 的上表面传入样品，样品下表面与散热用的黄铜盘 P 相接进行散热. 经过一段时间加热后系统达到平衡，圆柱形样品内部及表面的温度稳定不变（但并不处处相等），上、下表面的温度 T_1 与 T_2 不随时间变化. 在样品厚度 h 很小时，可忽视样品侧面散热的影响，此时式(1)可写为

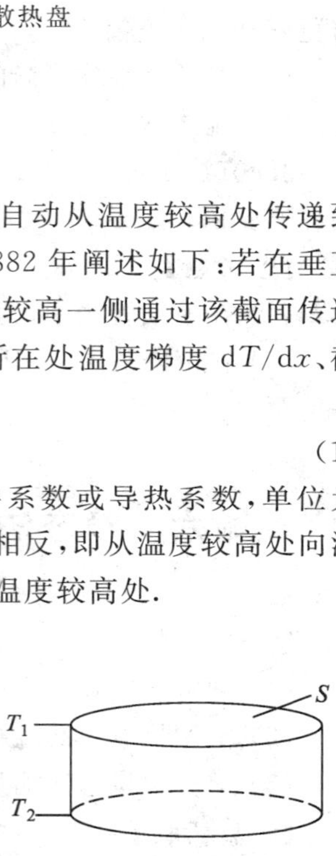

图 6-17　圆柱形待测样品

$$\delta Q/\delta t=\kappa(T_1-T_2)/h\cdot S \tag{2}$$

式中，S 为圆柱体上、下表面的面积；h 为样品的厚度.

在稳态时传热达到稳定，热量经样品下表面的导热速率（即单位时间内传出的热量）等于单位时间散热铜盘散失的热量（也可称散热速率），而该散热速率可由同样外界条件下、同样温度的铜盘的温度冷却速率 $\delta T/\delta t$ 测出.

由热量公式 $\delta Q=cm\delta T$（c 为铜的比热容，m 为铜盘质量，δT 为 δt 时间内铜盘的温度变化，δQ 为 δt 时间内铜盘的散热量），可得在温度 T_2 时铜盘的散热速率与温度的冷却速率的关系为

$$(\delta Q/\delta t)|_{T=T_2}=cm(\delta T/\delta t)|_{T=T_2} \tag{3}$$

实验中在测出稳态时样品上、下表面的温度 T_1 与 T_2 后，抽出样品，使散热盘和传热盘直接接触，对散热盘加热至高于 T_2 约 10 ℃，然后移开传热盘，覆盖上原样品，让铜盘自然冷却，每隔一定时间测量铜盘温度，可测出铜盘的温度随时间的变化规律，求出铜盘在 T_2 温度时的冷却速率$(\delta T/\delta t)|_{T=T_2}$.

样品圆盘底面积 $S=\pi R^2=\pi D^2/4$，将式(3)代入式(2)，整理得

$$\kappa=4mch(\delta T/\delta t)|_{T=T_2}/[\pi D^2(T_1-T_2)] \tag{4}$$

由此可测出不良导体的导热系数.

(3) 热电偶测温原理.

由金属的经典电子理论可知，不同金属有其不同的电子逸出功. 把两种具有不同逸出功的金属相互接触时，在两金属间会产生接触电势差. 此接触电势差的大小与两金属所处温度有关. 将两块同样的接触端分别处于不同的温度处，并用导线连接起来. 由于温度的不同，两接触处接触电势差也不同，此时在导线中会形成电流，闭合回路中总电动势称为温差电动势. 由温差电动势可测出两接触端处的温度差，从而可测定温度. 该元件称为热电偶，常用铜-康铜或铅-康铜等材料制成，本实验采用铜-康铜材料热电偶. 一般来讲，热电偶的一个接触端温度固定，作为参考. 本实验中以冰水混合物作为温度参考点 T_0(0 ℃).

由于温差热电偶的温差电动势 ε 和温差成正比，即 $\delta\varepsilon=\alpha\delta T$，代入式(4)可得

$$\kappa=4mch(\delta\varepsilon/\delta t)|_{\varepsilon=\varepsilon_2}/[\pi D^2(\varepsilon_1-\varepsilon_2)] \tag{5}$$

【实验内容及步骤】

(1) 数字电压表置于 20 mV 挡. 先对数字电压表调零，方法是按下 20 mV 量程开关后，输入线路短接，按下调零开关，调节调零旋钮使数字表显示“000”，调零完成.

(2) 按图 6-16 所示线路连接、布置仪器. 杜瓦瓶中放入冰水混合物. 温差热电偶已由教师连接好，不要自行取下重新连接，以免损坏温差热电偶.

(3) 在做稳态法测量时，要使温度稳定大约需 1 h. 为缩短时间，可先将输出电压调节到 220 V，几分钟后样品上表面的温差热电偶显示值为 $\varepsilon_1=4.00$ mV 时将开关拨至 110 V 挡；待 ε_1 降至 3.50 mV 左右时交替调节 220 V 挡、110 V 挡、0 V 挡，使 ε_1 在 (3.50±0.03) mV 范围内变化. 同时每隔 2 min 检查样品的上、下表面处的 ε_1 和 ε_2；待 ε_2 在 10 min 内不变即可认为已达到稳定状态，记录此时的 ε_1 和 ε_2 值.

(4) 抽出样品盘，使发热盘紧靠散热盘继续加热，且只对散热盘测温. 当散热盘的温度上升 10 ℃左右(温差电动势比 ε_2 值增加大约 1 mV)时，移去发热盘，覆盖上样品盘，让散热盘自然冷却，每隔 30 s 测一次散热盘温度. 当数字电压表值比 ε_2 稳态值小 0.5 mV(即散热盘温度降至比 T_2 低 10 ℃左右)时停止读数.

(5) 用游标卡尺测出样品盘的直径 D 和厚度 h，用天平测出散热盘的质量 m.

(6) 运用作图法处理数据，以时间 t 为横坐标、温差电动势为纵坐标绘制 ε-t 曲线，在曲线上求出 T_2 时(即温差电动势为 ε_2)的 $\mathrm{d}\varepsilon/\mathrm{d}t|_{\varepsilon=\varepsilon_2}$ 值.

【数据记录与处理】

(1) 数据记录表格.

样品盘的直径 D= ________ mm，厚度 h= ________ mm

散热盘的质量 $m=$ ________ g，铜的比热容 $c=380$ J/(kg·K)

稳态时温差热电偶显示值：$\varepsilon_1=$ ________ mV，$\varepsilon_2=$ ________ mV

散热盘自然冷却时 ε_2 读数表格：

时间 t/s	0	30	60	90	120	150	180	210	240	270	300	330	360	…
ε_2/mV														

(2) 用作图法绘出散热盘的 $\varepsilon-t$ 曲线，求出 $\mathrm{d}\varepsilon/\mathrm{d}t|_{\varepsilon=\varepsilon_2}$.

(3) 由式(5)求出导热系数 κ 值.

【注意事项】

(1) 实验中应注意安全，抽出样品盘前需先断开电源. 移动发热盘时手应抓住固定轴转动，防止高温烫伤.

(2) 热电偶金属丝较细，如需自行连接应特别小心以免折断.

(3) 实验中不要使样品盘两端面划伤，影响实验的精度.

【思考题】

(1) 试述此实验中所用的稳态法的含义.

(2) 测冷却速率时为什么要在稳定温度 T_2(电动势显示值 ε_2)附近选值?

(3) 如何由所作 $\varepsilon-t$ 曲线求 $\mathrm{d}\varepsilon/\mathrm{d}t|_{\varepsilon=\varepsilon_2}$ 值?

(4) 分析本实验误差因素并说明测量出的导热系数可能偏小的原因.

(5) 用本实验的方法可否测空气的导热系数? 试简要说明测量过程.

实验七　PN 结的物理特性研究及玻尔兹曼常数的测定

【实验目的】

(1) 学习利用运算放大器组成电流-电压变换器测量弱电流.

(2) 熟悉 PN 结的物理特性.

(3) 掌握通过数据处理求经验公式的方法.

【实验器材】

(1) 电源、数字电压表组合装置：±15 V 直流电源，1.5 V 直流电源，三位半数字电压表，四位半数字电压表.

(2) 实验板一块：由电路图、LF356 运算放大器、印刷电路引线、多圈电位器、接线柱等组成.

(3) TIP31 型三极管(带三根引线)1 个.

(4) 保温组合装置：保温杯，内盛少量变压器油的玻璃试管，搅拌器和温度计.

【实验原理】

(1) 弱电流测量.

过去物理实验中 $10^{-11}\sim10^{-6}$ A 量级弱电流采用光点反射式检流计测量. 该仪器灵敏度较高，但有许多不足之处，使用和维修极不方便. 近年来，集成电路与数字化显示技术应用越来越普及.高输入阻抗运算放大器性能优良、价格低廉,用它组成电流-电压变换器测量弱电流信号,具有电流灵敏度高、温漂小、线性好等优点,因而被广泛应用于物理测量中.

LF356是一个高输入阻抗集成运算放大器,用它组成电流-电压变换器(弱电流放大器),如图6-18所示,其中虚线框内电阻 Z_r 为电流-电压变换器的等效输入阻抗.由图6-18可知,运算放大器的输出电压为

$$U_o = -K_0 U_i \tag{1}$$

式中,U_i 为输入电压;K_0 为运算放大器的开环电压增益($K_0 \gg 1$),即图6-18中反馈电阻 $R_f \to \infty$ 时的电压增益.因为理想运算放大器的输入阻抗 $R_i \to \infty$,所以信号源输入电流只流经反馈网络构成的通路,则

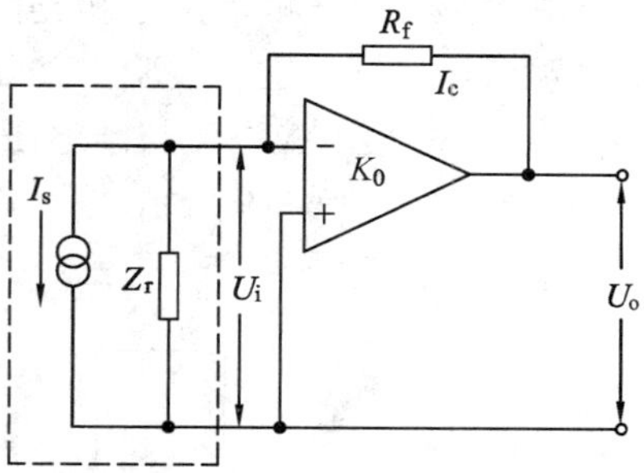

图 6-18　电流-电压变换器线路图

$$I_s = (U_i - U_o)/R_f = U_i(1+K_0)/R_f \tag{2}$$

由式(2)可得电流-电压变换器等效输入阻抗 Z_r 为

$$Z_r = U_i/I_s = R_f/(1+K_0) \approx R_f/K_0 \tag{3}$$

根据式(1)~式(3)即可得电流-电压变换器的输入电流 I_s 和输出电压 U_o 之间的关系式为

$$I_s = -\frac{U_o}{K_0}(1+K_0)/R_f \approx -\frac{U_o}{R_f} \tag{4}$$

由式(4)可知,在已知 R_f 的情况下,只要测量输出电压 U_o 即可求得输入电流 I_s.

(2) PN结物理特性测量.

由半导体物理学可知,PN结的正向电流与电压满足关系

$$I = I_0\left[e^{eU/(kT)} - 1\right] \tag{5}$$

式中,I 是通过PN结的正向电流;I_0 是不随电压变化的常数;k 是玻尔兹曼常数;T 是热力学温度;e 是基本电荷;U 为PN结正向压降.由于常温(300 K左右)下,$kT/e \approx 0.026$ V,而PN结正向压降约为十分之几伏,则 $e^{eU/(kT)} \gg 1$,式(5)括号内的-1完全可以忽略,于是有

$$I = I_0 e^{eU/(kT)} \tag{6}$$

即PN结正向电流随正向电压按指数规律变化.若测得PN结 I-U 关系式,则利用式(6)可以求出 $e/(kT)$.在测得温度 T 后,就可以得到 e/k 常数,把基本电荷作为已知值代入,即可求得玻尔兹曼常数 k.

在实际测量中,二极管的正向 I-U 关系虽然能较好满足指数关系,但求得的常数 k 往往偏小.这是因为通过二极管的电流不只是扩散电流,还有其他电流.它一般包括三种成分:

① 扩散电流,它严格遵循公式(6).

② 耗尽层复合电流,它正比于 $e^{eU/(2kT)}$.

③ 表面电流,它是由Si和SiO_2界面中杂质引起的,其值正比于 $e^{eU/(mkT)}$,一

般$m>2$.

因此,为了验证式(6)及求出准确的常数 e/k,不宜采用硅二极管,而采用硅三极管接成共基极线路,因为此时集电极与基极短接,集电极电流中仅仅是扩散电流.复合电流主要在基极出现,测量集电极电流时不包括它.实验中选取性能良好的硅三极管TIP31型(NPN管),它在实验中又处于较低的正向偏置,这样表面电流影响完全可以忽略,所以此时集电极电流与结电压将满足式(6).

实验线路如图6-19所示.

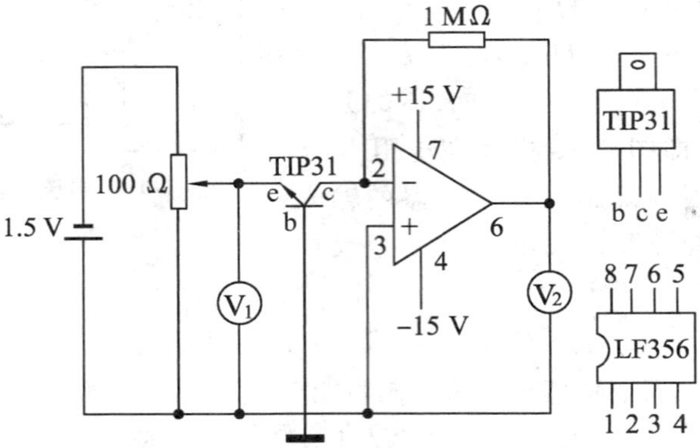

图6-19 实验线路图

【实验内容及步骤】

(1) 实验线路如图6-19所示.图中 V_1 为三位半数字电压表,V_2 为四位半数字电压表,TIP31为带散热板的功率三极管,调节电压的分压器为多圈电位器,为保持PN结温度与周围环境一致,将TIP31型三极管浸没在盛有变压器油的试管中,试管下端插在保温杯中,保温杯内放有室温水.变压器油温度用温度计测量.

(2) 首先按线路图检查实验板上的运算放大器的各引脚和三极管引线是否连接好,然后将电源、数字电压表组合装置和实验板上的9个接线柱一一对应连接.

(3) 在室温情况下,测量三极管发射极与基极之间电压 U_1 和相应输出电压 U_2.在常温下 U_1 的值约从0.300 V开始每隔0.01 V测一组数据,测10多组数据点,直至 U_2 值达到饱和时(U_2 值变化较小或基本不变)结束测量.在数据记录开始和结束时都应同时记录变压器油的温度,并取温度平均值 T.

(4) 改变保温杯内水温,用搅拌器搅拌到水温与管内油温一致时,重复测量 U_1 和 U_2 关系数据,并与室温测得的结果进行比较(可以在保温杯内放热水做实验).

【数据记录与处理】

(1) 数据记录表格.

① 室温下测量.

开始时油的温度 $T_1=$________ K

结束时油的温度 $T_2=$________ K

平均值 $T=(T_1+T_2)/2=$________ K

U_1/V													
U_2/V													

② 变温后测量.

开始时油的温度 $T_1=$________ K

结束时油的温度 $T_2=$________ K

平均值 $T=(T_1+T_2)/2=$________ K

U_1/V													
U_2/V													

(2) 曲线拟合求经验公式.

运用最小二乘法，将实验数据分别代入线性回归、乘幂回归、指数回归三种常用的基本函数(它们是物理学中最常用的基本函数)，然后求出衡量各回归程序好坏的标准差 σ. 对已测得的 U_1 和 U_2 各对数据，以 U_1 为自变量、U_2 为因变量，分别代入：① 线性函数 $U_2=aU_1+b$；② 乘幂函数 $U_2=aU_1^b$；③ 指数函数 $U_2=ae^{bU_1}$. 求出各函数相应的 a 和 b 值，得到三种函数式. 由于实验是通过 U_1，U_2 测量值来寻找经验公式的，究竟哪一种函数符合物理规律必须用标准差来检验. 其方法是：将实验测得的各个自变量 U_1 分别代入 3 个基本函数，得到相应因变量的预期值 U^*，并由此求出各函数拟合的标准差为

$$\sigma=\sqrt{\left[\sum_{i=1}^{n}(U_{2i}-U^*)^2\right]/n}$$

式中，n 为测量次数. 最后比较哪一种基本函数标准差最小，即说明该函数拟合得最好.

(3) 计算玻尔兹曼常数 k.

将电子的电荷量作为标准值代入，求出玻尔兹曼常数 k，并说明玻尔兹曼常数的物理含义.

【注意事项】

(1) 运算放大器 7 脚和 4 脚分别接 +15 V 和 −15 V，不能反接，地线必须与电源 0 V(地)相接(接触要良好)，否则有可能损坏运算放大器，并引起电源短路. 一旦发现电源短路(电压明显下降)，立即切断电源.

(2) 必须经教师检查线路连接正确，才能开启电源；实验结束应先关电源，才能拆除接线.

(3) 数据处理时，应删去扩散电流太小(起始状态)及扩散电流接近或达到饱和时的数据，因为这些数据可能偏离式(6).

【思考题】

(1) 本实验在测量 PN 结温度时，应该注意哪些问题？

(2) 将 TIP31 型三极管接成共基极电路，分析 PN 结扩散电流与电压之间关系，求玻尔兹曼常数，主要是为了消除哪些误差？

实验八　示波器的原理和使用

【实验目的】

(1) 了解通用示波器的基本结构和工作原理.

(2) 初步掌握通用示波器各个旋钮的作用和使用方法.

(3) 学习使用示波器观察电信号的波形,测量电压、频率.

(4) 学习利用示波器观察李萨如图形,测量电信号频率和相位差.

【实验器材】

数字示波器、函数发生器、移相器等.

【实验原理】

示波器是一种用途十分广泛的电子测量仪器.它能把肉眼看不见的电信号变换成看得见的图像,便于人们研究各种电现象的变化过程.目前大量使用的示波器有两种:模拟示波器和数字示波器.模拟示波器发展较早,技术也非常成熟,其优点主要是带宽宽、成本低.但是随着数字技术的飞速发展,数字示波器拥有了许多模拟示波器不具备的优点:不仅具有可存储波形、体积小、功耗低、使用方便等优点,而且还具有强大的信号实时处理分析功能;具有输入输出功能,可以与计算机或其他外设相连实现更复杂的数据运算或分析.随着相关技术的进一步发展,数字示波器的频率范围越来越宽,其使用范围将更为广泛.因此,学习数字示波器的使用具有重要的意义.

(1) 双踪示波器的原理.

模拟示波器的种类很多,但基本结构和原理相同,主要由示波管、控制电路和电源等组成.

示波管是示波器的核心部件,由抽成高度真空的玻璃壳、电子枪、偏转系统及荧光屏等组成.

双踪模拟示波器控制电路主要包括电子开关、垂直放大电路、水平放大电路、扫描发生器、同步电路等(见图 6-20).

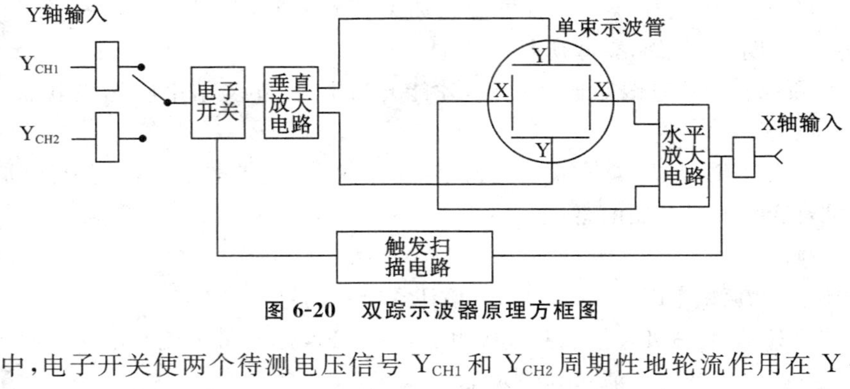

图 6-20　双踪示波器原理方框图

其中,电子开关使两个待测电压信号 Y_{CH1} 和 Y_{CH2} 周期性地轮流作用在 Y 偏转板,这样在荧光屏上忽而显示 Y_{CH1} 信号波形,忽而显示 Y_{CH2} 信号波形.由于荧光屏荧光物质的余辉及人眼视觉滞留效应,荧光屏上看到的是两个波形.

如果正弦波与水平扫描锯齿波电压的周期稍不同，屏上出现的是移动的不稳定图形，这是因为扫描信号的周期与被测信号的周期不一致或不呈整数倍，以致每次扫描开始时，波形曲线上的起点均不一样所造成的. 为了获得一定数量的完整周期波形，示波器上设有“time/div”时基调节旋钮，用来调节锯齿波电压的周期合适，使之与被测信号的周期呈合适的关系，从而显示出完整且周期数合适的正弦波形.

当扫描信号的周期与被测信号的周期一致或呈整数倍时，屏上一般会显示出一个或多个完整周期的正弦波形，但由于环境或其他因素的影响，波形会移动，为此示波器内装有扫描同步电路. 同步电路可设置“同步电平”值，并从垂直放大电路中检测出待测信号达到同步电平值的时间点，同时触发锯齿波发生器同步工作，迫使扫描锯齿波与待测信号同步，达到显示波形稳定的目的，此称为“内同步”. 如果同步电路信号从仪器外部输入，则称为“外同步”. 所以，只有 V_y 与 V_x 的周期严格地相同，或后者是前者的整数倍，图形才会清晰而稳定，因此，形成稳定图形的条件是 V_y 与 V_x 的频率必须呈整数倍关系，即

$$\frac{f_y}{f_x}=n \quad n=1,2,3,\cdots$$

实际上，由于 V_y 与 V_x 的信号来自不同的振荡器，它们之间的频率比不会自动满足简单的整数倍，因而示波器中的扫描电压的频率必须可调. 细心调节扫描电压频率，可以大体满足 $f_y/f_x=n$ 的关系，但要准确地满足此关系仅靠人工调节是不易实现的. 为解决这一问题，在示波器内部设有自动频率跟踪装置，称为“整步”. 在人工调节的基础上，再加入“整步”的作用，从而获得稳定的波形.

(2)示波器显示波形原理.

如果在示波器的 Y_{CH1} 或 Y_{CH2} 端口加上正弦波，在示波器的 X 偏转板加上示波器内部的锯齿波，当锯齿波电压的变化周期与正弦电压的变化周期相等时，则荧光屏上将显示出一个完整周期的正弦波形，如图 6-21 所示. 如果在示波器的 Y_{CH1} 和 Y_{CH2} 端口同时加上正弦波，在示波器的 X 偏转板加上示波器内部的锯齿波，则在荧光屏上将“同时”显示出两路正弦波.

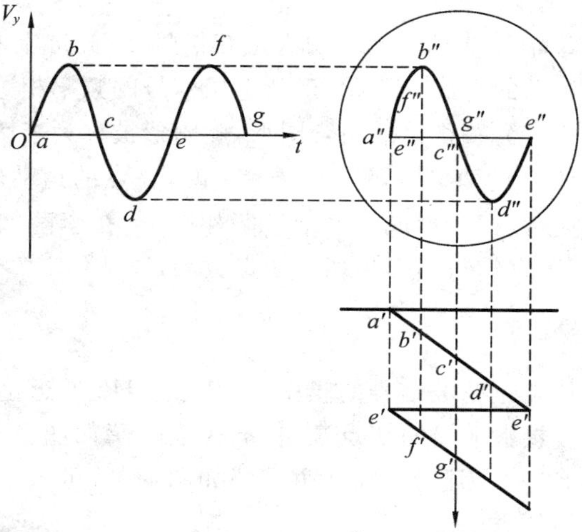

图 6-21　示波器显示正弦波形的原理

(3)数字示波器的基本原理.

数字示波器是按照采样原理,利用 A/D 变换,将连续的模拟信号转变成离散的数字序列,然后进行恢复重建波形,从而达到测量波形的目的.数字示波器的基本原理框图如图 6-22 所示.

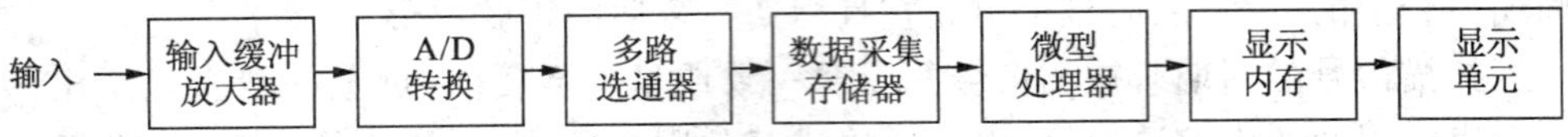

图 6-22　数字存储示波器的基本原理框图

输入缓冲放大器(AMP)将输入的信号做缓冲变换,起到将被测体与示波器隔离的作用,示波器工作状态的变换不会影响输入信号,同时将信号的幅值切换至适当的电平范围(示波器可以处理的范围),也就是说不同幅值的信号在通过输入缓冲放大器后都会转变成相同电压范围内的信号.

A/D 单元的作用是将连续的模拟信号转变为离散的数字序列,然后按照数字序列的先后顺序重建波形.所以 A/D 单元起到一个采样的作用,它在采样时钟的作用下,将采样脉冲到来时刻的信号幅值的大小转化为数字表示的数值.这些时间点称为采样点.A/D 转换器是波形采集的关键部件.

多路选通器(DEMUX)将数据按照顺序排列,即将 A/D 转换的数据按照其在模拟波形上的先后顺序存入存储器,也就是给数据安排地址,其地址的顺序就是采样点在波形上的顺序,采样点相邻数据之间的时间间隔就是采样间隔.

数据采集存储器(Acquisition Memory)是将采样点存储下来的存储单元,它将采样数据按照安排好的地址存储下来,当采集存储器内的数据足够复原波形的时候,再送入后级处理,用于复原波形并显示.

微型处理器(μP)及显示内存(Display Memory).处理器用于控制和处理所有的控制信息,并把采样点复原为波形点,存入显示内存区,并用于显示.显示单元(Display)将显示内存中的波形点显示出来,显示内存中的数据与 LCD 显示面板上的点是一一对应的关系.

(4)李萨如图形的基本原理.

如果在示波器的 x 轴和 y 轴上同时输入正弦信号,荧光屏上看到的亮点运动轨迹是两个相互垂直简谐运动的合成,当两个正弦电压信号的频率相等或成简单整数比时,荧光屏上亮点的合成轨迹为一稳定的闭合图形,此图形被称为李萨如图形.例如,当 V_y 的频率 f_y 是 V_x 的频率 f_x 的两倍时,即 $f_y/f_x=2$ 时,亮点的运动轨迹如图 6-23 所示.图 6-24 是频率成简单整数比时形成的若干李萨如图形.在李萨如图形上,分别作一条水平切线和垂直切线,则它们与图形相切的切点数满足

$$\frac{f_y}{f_x}=\frac{n_x}{n_y}$$

其中,f_x代表 CH1 通道上正弦波信号的频率,f_y代表 CH2 通道上正弦波信号的频率,n_x代表李萨如图形与假想水平线的切点数目;n_y代表李萨如图形与假想垂直线的切点数目.如果 f_y或 f_x中有一个为已知,那么由李萨如图形,就可求出另一未知频率.这是一种测量信号频率的简便方法.

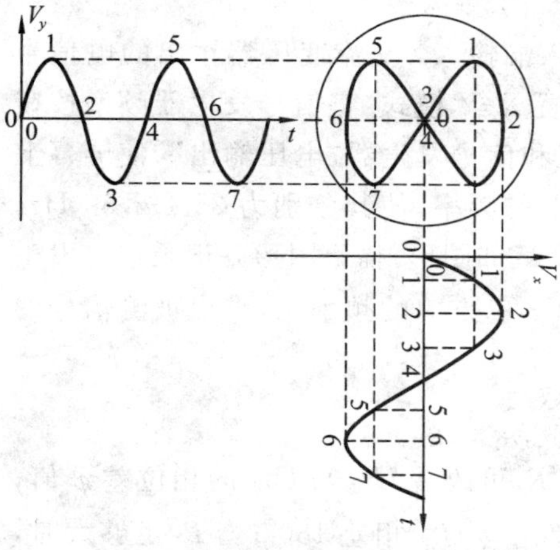

图 6-23　李萨如图形

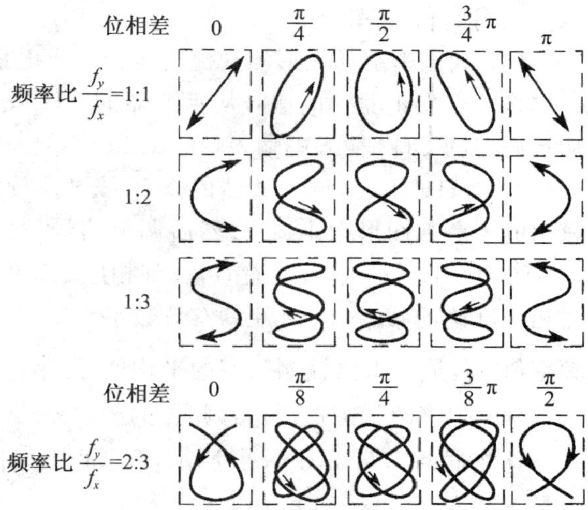

图 6-24　频率成简单整数比时的若干李萨如图形

同样，对两个同频率，但有一定相位差的正弦信号，可测量它们的相位差，如图 6-25 所示. 设 y 方向和 x 方向所加正弦信号分别为

$$\begin{cases} y=a\sin\omega t \\ x=b\sin(\omega t+\varphi) \end{cases} \tag{1}$$

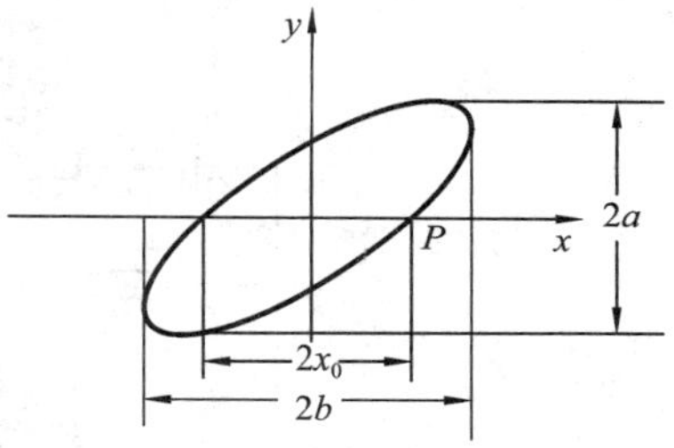

图 6-25　相位差的计算

式中，φ 是 y 方向正弦信号与 x 方向正弦信号的相位差. 假定波形在 x 轴上的截距为 $2x_0$，则对 x 轴上的 P 点

$$y=a\sin\omega t=0$$

因而 $\omega t=0$，所以

$$x_0=b\sin(\omega t+\varphi)=b\sin\varphi$$

解得

$$\varphi_1=\arcsin\frac{x_0}{b}\quad 或\quad \varphi_2=\pi-\arcsin\frac{x_0}{b} \tag{2}$$

(5)示波器的使用.

示波器的种类较多，性能差异也较大. 虽然所用示波器型号不同，但要求内容相同，操作也基本类似，可参照相应说明书进行实验.

【实验内容及步骤】

(1) 观察各种波形并测量三个正弦波形的电压、周期和频率.

将信号发生器的电信号从示波器的 CH1 输入端输入，调节信号发生器，分别观察三角波、方波、正弦波三种波形，熟悉信号发生器和示波器的使用. 选择三个频率段正弦波形，分别测量对应波形电压(峰-峰值)、周期和频率. 将数据填入表格，并计算相对不确定度.

(2) 测量交流变压器电信号正弦波形的电压、周期和频率.

将交流变压器输出电信号从示波器的 CH2 输入端输入，测量其正弦波形电压(峰-

峰值)、周期和频率.

(3) 利用李萨如图形测交流变压器输出电信号的频率.

将信号发生器的电信号从示波器的 CH1 输入端输入，交流变压器输出的电信号从示波器的 CH2 输入端输入，在 menu 菜单中设置 X-Y 模式. 将信号发生器频率按钮置于"100 Hz"上，微调示波器的 Y 系统微调旋钮和信号发生器"电压输出"，使屏幕上显示的李萨如图形大小适中. 然后调节信号发生器的频率，使其分别为 25 Hz，50 Hz，75 Hz，100 Hz，200 Hz 左右时，找到相应稳定的李萨如图形. 描下图形并记录信号发生器相应准确的频率值 f_x(注意有效数字). 根据 X，Y 二方向的频率比，求出被测信号的频率值 f_y，最后求出被测频率的平均值 $\bar{f}_y$.

*(4) 用李萨如图形测量移相器的相位差.

移相器的构造如图 6-26 所示，调节可变电阻 R_2 可改变 U_{OA} 与 U_{OD} 的相位差 φ 值，但是不改变 U_{OA} 与 U_{OD} 的幅度大小. 当 $R_2=0$ 时，U_{OA} 与 U_{OD} 相差 180°；当 R_2 足够大时，$U_{OA}=U_{OD}$，即 D 点顺时针转到 A 点，U_{OA} 与 U_{OD} 相位相同. 因此，φ 值可取自 0 到近 180° 范围.

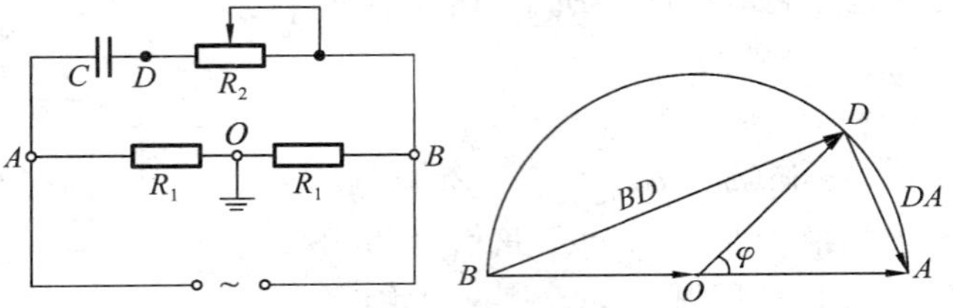

图 6-26　移相器的线路和矢量图

将示波器接地端钮与移相器 0 点相连；Y 和 X 输入端分别与 A 和 D 点相连，适当调节 Y 和 X 的衰减旋钮，就可看到稳定的李萨如图形. 根据式(2)计算三种不同的相位差.

【数据记录与处理】

(1) 观察各种波形(正弦波、方波和三角波)，测量三种正弦波形的电压、频率和周期，计算百分误差(注：标准值即信号发生器显示的值).

	V_{P-P}/V		f/Hz		T/s	
	测量值	标准值	测量值	标准值	测量值	标准值
信号 1						
百分误差						
信号 2						
百分误差						
信号 3						
百分误差						

（2）测量交流变压器的电信号正弦波形的电压、周期和频率.

交流变压器的电信号	V_{P-P}/V	f/Hz	T/s

（3）利用李萨如图形测频率.

调 x 方向输入频率	25 Hz 左右	50 Hz 左右	75 Hz 左右	100 Hz 左右	200 Hz 左右
记录 x 方向的实际频率值					
李萨如图形					
n_x/n_y					
f_y/Hz					

交流电信号频率平均值：$\bar{f}_y=$________ Hz

（4）两正弦信号的相位差测量.

次　数	a	b	x_0	φ_1	φ_2
1					
2					
3					

【思考题】

（1）若在示波器上看到的波形幅度太小，应调节示波器哪个旋钮，使波形的大小适中？

（2）怎样用示波器定量地测量交流信号的电压有效值和频率？

（3）观察两个信号合成的李萨如图形时，应如何操作示波器？

（4）为了使李萨如图形稳定下来，能否使用模拟示波器上的同步旋钮？为什么？

【知识拓展】示波器和信号发生器使用简介

1. 模拟示波器

主要以 YB4320 型示波器为例，介绍双踪示波器的使用和各旋钮的作用.

（1）YB4320 型示波器.

YB4320 型示波器是一种通用型双踪示波器，具有 0～20 MHz 的频带宽度和 1 mV/div（毫伏/格）的垂直灵敏度. 仪器内附有 0.5 V 方波信号可供垂直灵敏度和水平扫描速度校准用. YB4320 型示波器前面板如图 6-27 所示.

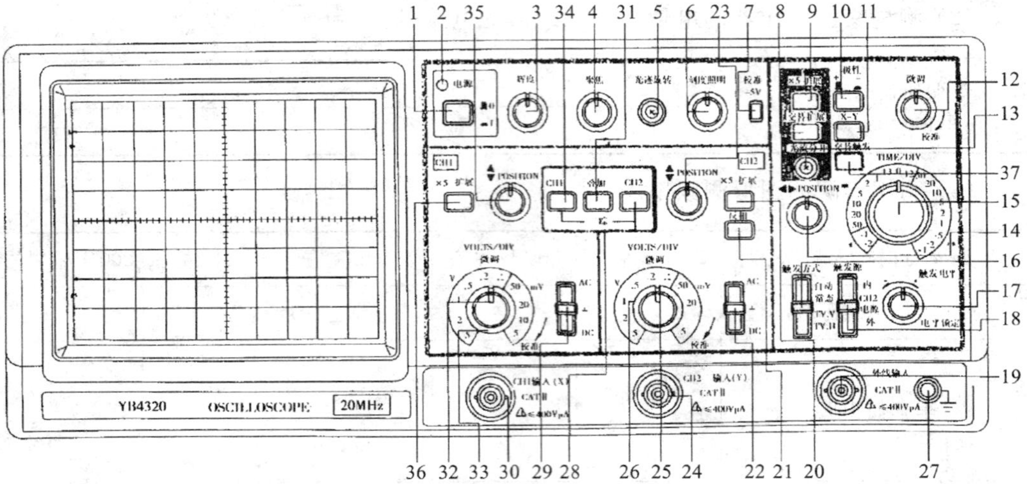

图 6-27　YB4320 型示波器面板

YB4320 型示波器各旋钮功能表

序号	控制件名称	功　　能
1	电源开关(POWER)	电源接通或关闭
2	电源指示(POWER INDICATION)	电源接通时,灯亮
3	辉度(INTENSITY)	调节光点的亮度
4	聚焦(FOCUS)	调节光点的清晰度
5	光迹旋转(TRACE ROTATION)	调节光点与水平刻度线平行
6	刻度照明(SCAIE ILLUM)	调节屏幕刻度亮度
7	校准信号(CAL)	提供幅度为 0.5 V,频率为 1 kHz 的方波信号
8	交替扩展(ALT-MAG)	扫描因数×1,×5 同时显示
9	扫描因数×5 扩展(×5MAG)	扫描时间是 TIME/DIV 指示数值的 1/5
10	极性(SLOPE)	触发极性选择,用于选择信号的上升沿和下降沿触发
11	X-Y	按下此旋钮后,垂直偏转信号接入 CH2 输入端,水平偏转信号接入 CH1 输入端
12	微调(VARIABLE)	用于连续调节扫描速率,此旋钮正常情况下应位于顺时针方向旋足位置,即校准位置
13	光迹分离	分离×1 和×5 的信号光迹
14	水平移位(POSITION)	调节迹线在屏幕上的水平位置
15	扫描速率(SEC/DIV)	用于调节扫描速率
16	触发方式(TRIG MODE)	自动(AUTO):扫描电路自动进行扫描 常态(NORMAL):有触发信号才能进行扫描,当输入信号频率低于 20 Hz 时,用常态触发方式 TV-H:用于观察电视信号中行信号波形 TV-V:用于观察电视信号中场信号波形

续表

序号	控制件名称	功　能
17	触发电平(LEVEL)	用于调节被测信号在某一电平触发扫描
18	触发源(TRIG SOURCE)	用于选择内触发(INT)、CH2 触发(CH2)、电源触发(LINE)和外触发(EXT)
19	外触发输入(EXT INPUT)	外触发输入插座
20	CH2×5 扩展(×5MAG)	按下 CH2×5 扩展，垂直方向的信号扩大 5 倍
21	反相(INVERT)	CH2 极性开关，按下后 CH2 显示反向电压值
22	耦合方式(AC_GND_DC)	用于选择 CH2 的被测信号馈入垂直通道的耦合方式
23	CH2 移位(POSITION)	调节 CH2 光点在屏幕上的垂直位置
24	CH2 或 Y 输入端	通道 2 被测信号的输入插座
25	微调(VARIABLE)	用于连续调节 CH2 的垂直偏转的灵敏度，此旋钮正常情况下应位于顺时针方向旋足位置，即校准位置
26	电压衰减器(VOLTS/DIV)	调节 CH2 的垂直偏转的灵敏度
27	接地柱⊥	与机壳线连的接地端
28	CH2 选择	选择通道 2，屏幕上仅显示 CH2 的信号
29	耦合方式(AC_GND_DC)	用于选择 CH1 的被测信号馈入垂直通道的耦合方式
30	CH1 或 X 输入端	通道 1 被测信号的输入插座
31	叠加(ADD)	显示 CH1 和 CH2 输入信号的代数和
32	微调(VARIABLE)	用于连续调节 CH1 的垂直偏转的灵敏度，此旋钮正常情况下应位于顺时针方向旋到底的位置，即校准位置
33	电压衰减器(VOLTA/DIV)	调节 CH1 的垂直偏转的灵敏度
34	CH1 选择	选择通道 1，屏幕上仅显示 CH1 的信号
28,34	双踪(DUAL)	同时按下 CH1，CH2，交替显示 CH1 和 CH2 的信号
35	CH1 移位(POSITION)	调节 CH1 光点在屏幕上的垂直位置
36	CH1×5 扩展(×5MAG)	按下 CH1×5 扩展，垂直方向的信号扩大 5 倍
37	交替触发(ALT TRIG)	在双踪交替显示时，触发信号交替来自于两个 Y 通道

(2) YB4320 型示波器的使用方法.

① 使用前，面板上旋钮亮度(intensity)、聚焦(focus)、X 轴移位(position↔)和 Y 轴移位(position↕)、触发电平均旋至居中位置，“volts/div”旋钮旋至“5 volts/div”，“sec/div”旋钮旋至“2 ms/div”，X、Y 微调顺时针旋转至校准位，输入耦合开关处于交流(AC)耦合，“X-Y”键处于弹出状态.

② 垂直方向的选择. 当只需要观察一路信号时，按下“CH1”或“CH2”键，此时被选中的通道单独工作，作为单踪示波器使用；当同时按下“CH1”和“CH2”键时，可同时显示两路信号.

③ X-Y 方式的应用. 在李萨如图形的观测、动态磁滞回线的观测中，在 X 轴偏转上需加上外来信号，此时应将“X-Y”键按下，由“ CH1 OR X ”端口输入 X 信号，由“CH2 OR Y”端口输入 Y 信号，分别调节两个通道“volts/div”旋钮至适当位置，即可在荧光屏上显示一个大小适中的波形.

④ 触发方式的选择(Trig Mode). YB4320 型示波器触发方式有四种：自动(Auto)、常态(Normal)、电视行信号(TV-H)、电视场信号(TV-V). 除了观测电视信号外，常态和自动方式须与电平(Level)配合才能显示稳定的波形.

⑤ 输入耦合选择.

交流耦合(AC)：信号中的直流分量被耦合电容隔断，用于观测信号的交流分量，这是一种常用的耦合方式.

直流耦合(DC)：未隔断信号中直流分量，当被测信号频率很低时，必须使用这种方式.

接地(GND)：通道输入端接地，输入信号断开.

2. **数字示波器**

数字示波器不仅具有多重波形显示、分析和数学运算功能，波形设置、CSV 和位图文件存储功能，自动光标跟踪测量功能，波形录制和回放功能等，还支持即插即用 USB 存储设备和打印机，并可通过 USB 存储设备进行软件升级等. 数字示波器前面板各通道标志、旋钮和按键的位置及操作方法与传统示波器类似. 现以 DS1000 系列数字示波器为例予以说明.

(1) DS1000 系列数字示波器前操作面板简介.

DS1000 系列数字示波器前操作面板如图 6-28 所示. 按功能前面板可分为八大区，即液晶显示区、功能菜单操作区、常用菜单区、执行按键区、垂直控制区、水平控制区、触发控制区、信号输入/输出区等.

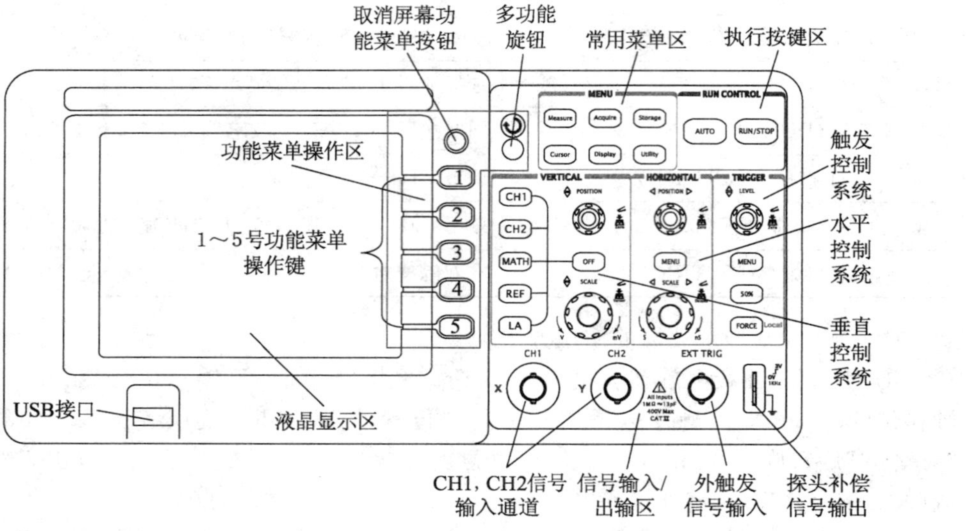

图 6-28　DS1000 系列数字示波器前操作面板

功能菜单操作区有 5 个按键、1 个多功能旋钮和 1 个菜单按钮. 5 个按键用于操作屏幕右侧的功能菜单及子菜单；多功能旋钮用于选择和确认功能菜单中下拉菜单的选项等;菜单按钮用于取消屏幕上显示的功能菜单.

常用菜单区如图 6-29 所示.按下任一按键,屏幕右侧会出现相应的功能菜单.通过功能菜单操作区的 5 个按键可选定功能菜单的选项.功能菜单选项中有"◁"符号的,表明该选项有下拉菜单.下拉菜单打开后,可转动多功能旋钮(↺)选择相应的项目并按下予以确认.功能菜单上、下有"⬆""⬇"符号,表明功能菜单一页未显示完,可操作按键上、下翻页.功能菜单中有"↺"符号,表明该项参数可转动多功能旋钮进行设置调整.按下取消功能菜单按钮,显示屏上的功能菜单立即消失.

执行按键区有 AUTO (自动设置)和 RUN/STOP (运行/停止)2 个按键.按下 AUTO 按键,示波器将根据输入的信号,自动设置和调整垂直、水平及触发方式等各项控制值,使波形显示达到最佳适宜观察状态,如需要,还可进行手动调整.按 AUTO 键后,菜单显示及功能如图 6-30 所示. RUN/STOP 键为运行/停止波形采样按键.运行(波形采样)状态时,按键为黄色;按一下按键,停止波形采样且按键变为红色,有利于绘制波形并可在一定范围内调整波形的垂直衰减和水平时基;再按一下,恢复波形采样状态.注意:应用自动设置功能时,要求被测信号的频率大于或等于 50 Hz,占空比大于 1%.

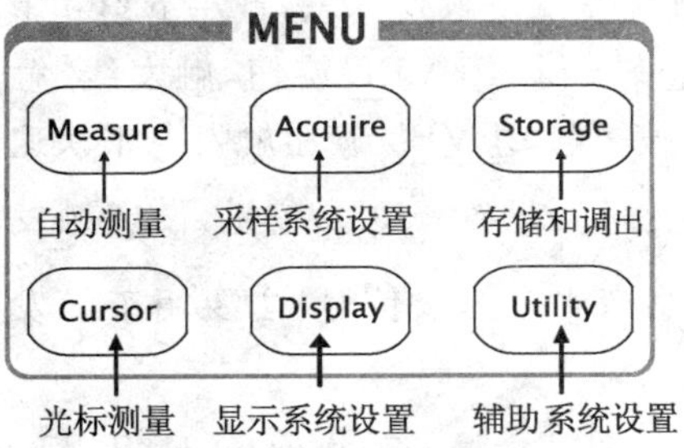

图 6-29 前面板常用菜单区

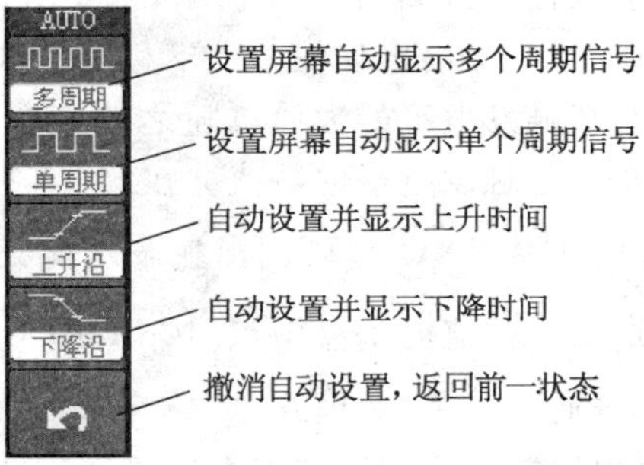

图 6-30 AUTO 按键功能菜单及操作

垂直控制区如图 6-31 所示.垂直位置◎ POSITION 旋钮可设置所选通道波形的垂直显示位置.转动该旋钮不但显示的波形会上下移动,且所选通道的"地"(GND)标识也会随波形上下移动并显示于屏幕左状态栏,移动值则显示于屏幕左下方;按下垂直位置◎ POSITION旋钮,垂直显示位置快速恢复到零点(即显示屏水平中心位置)处.垂直衰减◎ SCALE 旋钮调整所选通道波形的显示幅度.转动该旋钮改变"volt/div(伏/格)"垂直挡位,同时下状态栏对应通道显示的幅值也会发生变化. CH1 、 CH2 、 MATH 、 REF 为通道或方式按键,按下某按键屏幕将显示其功能菜单、标志、波形和挡位状态等信息. OFF 键用于关闭当前选择的通道.

水平控制区如图 6-32 所示,主要用于设置水平时基.水平位置◎ POSITION 旋钮调整信号波形在显示屏上的水平位置,转动该旋钮不但波形随旋钮水平移动,而且触发位移标志"T"也在显示屏上部随之移动,移动值则显示在屏幕左下角;按下此旋钮触发位移恢复到水平零点(即显示屏垂直中心位置)处.水平衰减◎ SCALE 旋钮改变水平时基挡位设置，转动该旋钮改变"s/div(秒/格)"水平挡位，下状态栏 Time 后显示的主时基值也会发生相应的变化. 水平扫描速度从 20 ns～50 s，以 1—2—5 的形式步进. 按动水平◎ SCALE 旋钮可快速打开或关闭延迟扫描功能. 按水平功能菜单 MENU 键，显示 TIME 功能菜单，在此菜单下，可开启/关闭延迟扫描，切换 Y(电压)-T(时间)、X(电压)-Y(电压)和 ROLL(滚动)模式，设置水平触发位移复位等.

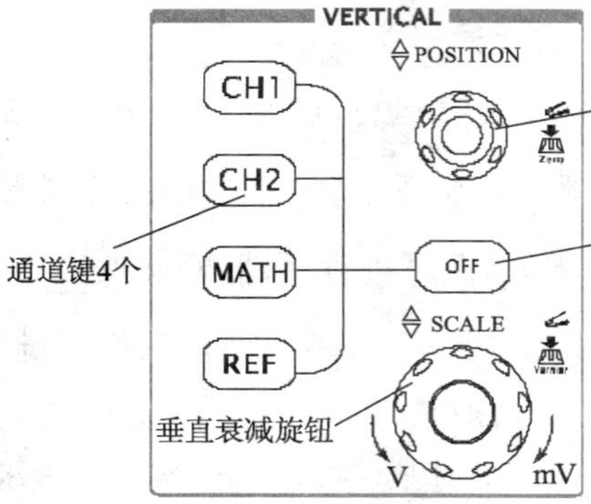

图 6-31　垂直系统操作区

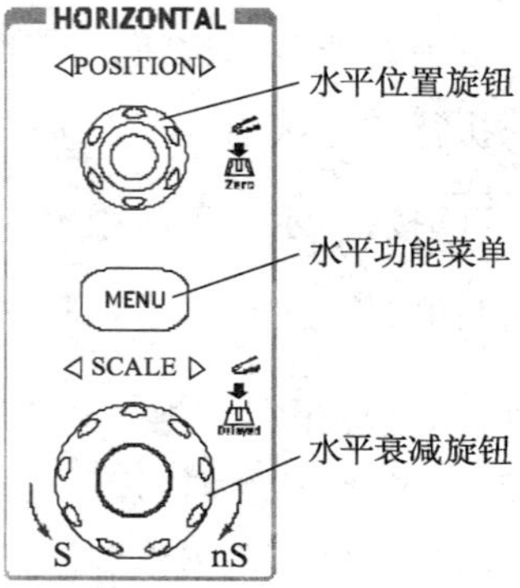

图 6-32　水平系统操作区

触发控制区如图 6-33 所示，主要用于触发系统的设置. 转动◎ LEVEL 触发电平设置旋钮，屏幕上会出现一条上下移动的水平黑色触发线及触发标志，且左下角和上状态栏最右端触发电平的数值也随之发生变化. 停止转动◎ LEVEL 旋钮，触发线、触发标志及左下角触发电平的数值会在约 5 s 后消失. 按下◎ LEVEL 旋钮触发电平快速恢复到零点. 按 MENU 键可调出触发功能菜单，改变触发设置. 50% 按钮，设定触发电平在触发信号幅值的垂直中点. 按 FORCE 键，强制产生一触发信号，主要用于触发方式中的"普通"和"单次"模式.

信号输入/输出区如图 6-34 所示，"CH1"和"CH2"为信号输入通道，EXT TRIG 为外触发信号输入端，最右侧为示波器校正信号输出端(输出频率为 1 kHz、幅值为 3 V 的方波信号).

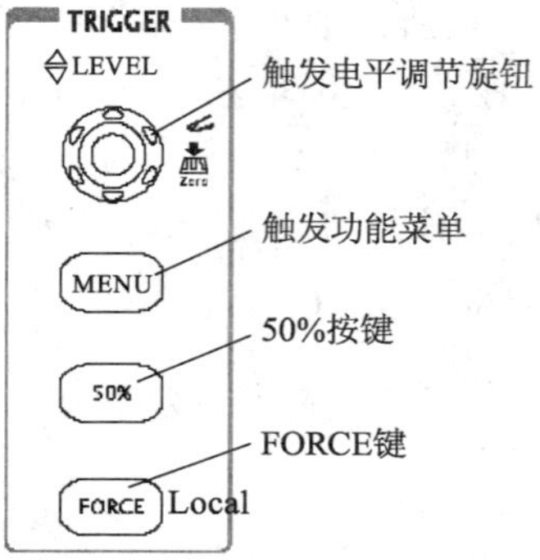

图 6-33　触发系统操作区

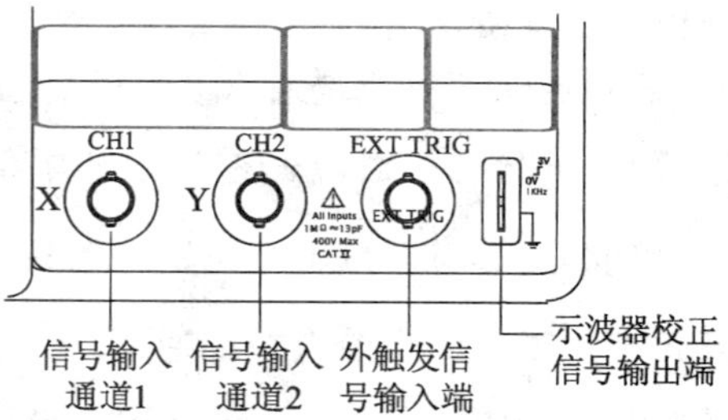

图 6-34　信号输入/输出区

(2) DS1000 系列数字示波器显示界面说明.

DS1000 系列数字示波器显示界面如图 6-35 所示，它主要包括波形显示区和状态显示区.液晶屏边框线以内为波形显示区,用于显示信号波形、测量数据、水平位移、垂直位移和触发电平值等.位移值和触发电平值在转动旋钮时显示,停止转动 5 s 后则消失.显示屏边框线以外为上、下、左 3 个状态显示区(栏).下状态栏通道标志为黑底的是当前选定通道,操作示波器面板上的按键或旋钮只对当前选定通道有效,按下通道按键则可选定被按通道.状态显示区显示的标志位置及数值随面板相应按键或旋钮的操作而变化.

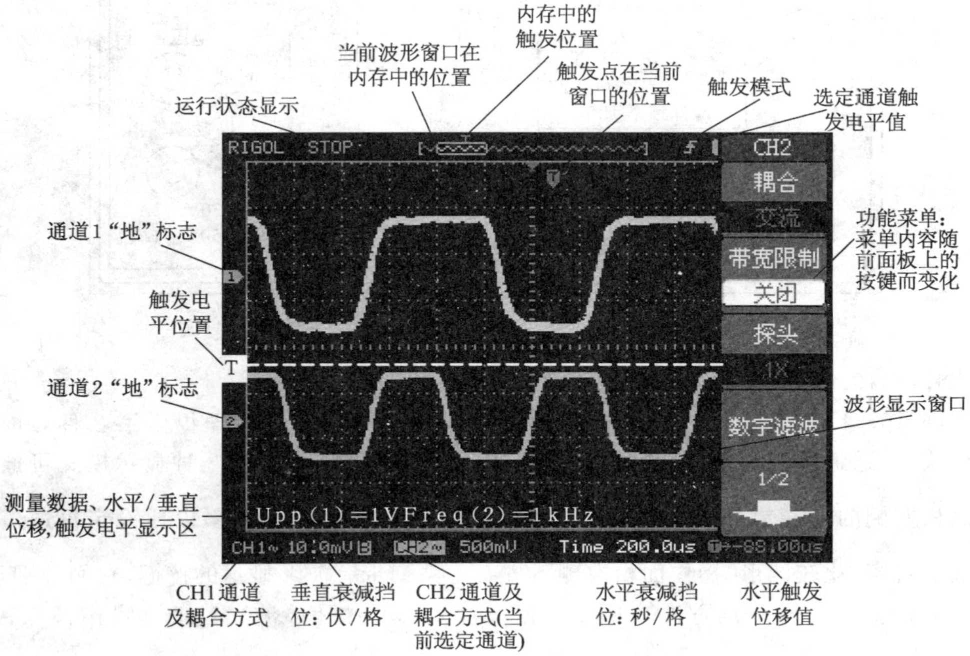

图 6-35 DS1000 系列数字示波器显示界面

3. YB1631 **型功率函数信号发生器**

图 6-36 为 YB1631 型功率函数信号发生器面板图.使用方法及注意事项如下:

① 开机前面板上的按钮位置:测频选择按钮按下处于"内"测频状态,波形选择(Waveform)为"正弦~",输出衰减(Atte)为 0 dB.

② 根据需要输出的频率范围,选择合适的信号频率档级后,接通电源.例如:需要输出频率为 40 kHz 左右的信号,则应选择 100 k 档次.

③ LED 窗口显示的是输出信号的频率,单位为"kHz".调节频率微调旋钮(Frequency)可改变输出信号的频率,调节幅度调节旋钮(Amplitude)可改变输出信号的幅度.

④ 使用中还应注意电压信号由电压输出端口(Voltage out)和接地端口输出,切勿将线接错.

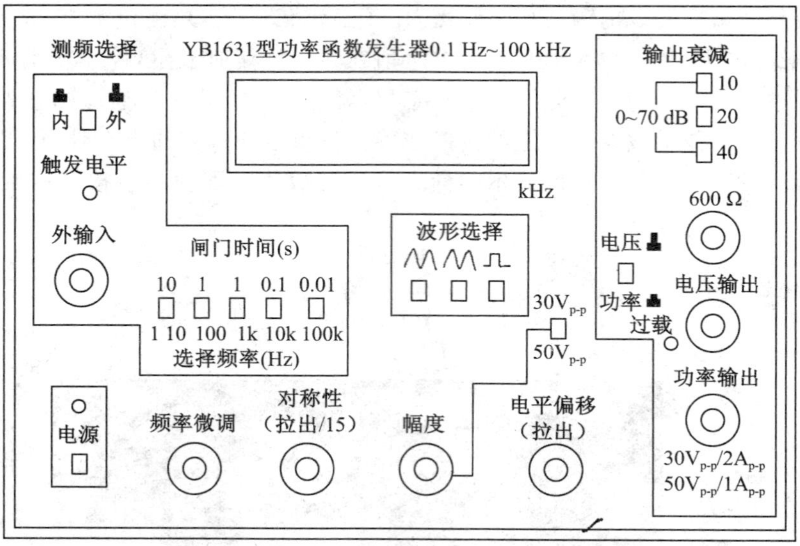

图 6-36　YB1631 型功率函数信号发生器前面板

4. DG1022U 数字信号发生器

DG1022U 数字信号发生器前面板如图 6-37 所示. 信号发生器提供了 3 种界面显示模式:单通道常规模式、单通道图形模式及双通道常规模式. 这 3 种显示模式可通过前面板左侧的"View"按键切换. 用户可通过$\frac{\text{CH1}}{\text{CH2}}$来切换活动通道,以便设定每通道的参数及观察、比较波形. 操作面板左侧下方有一系列带有波形显示的按键,它们分别是:Sinee(正弦波)、Square(方波)、Ramp(锯齿波)、Pulse(脉冲波)、Noise(噪声波)、Arb(任意波).

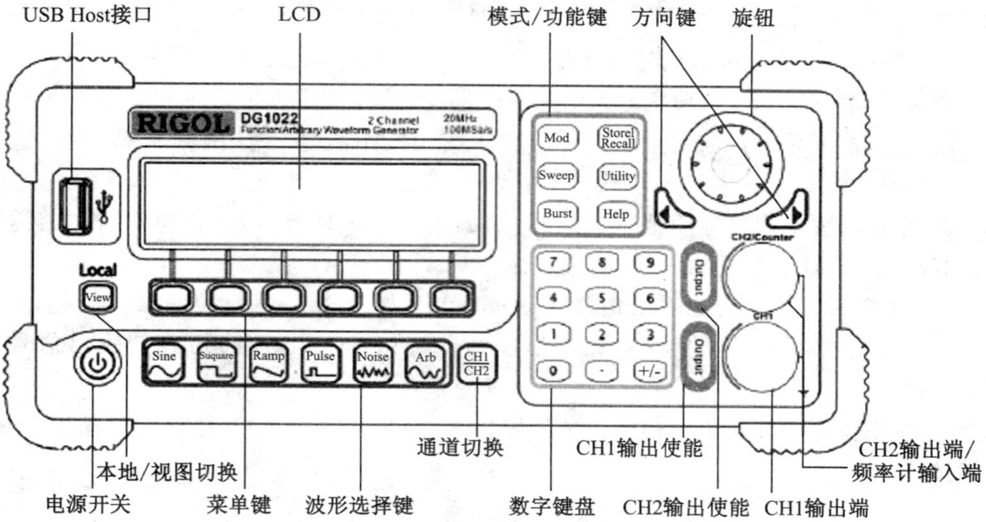

图 6-37　DG1022U 数字信号发生器前面板

(1) 输出设置(Output).

在本信号发生器中,这 3 个功能只适用于通道 1.

① 使用“Mod”键，可输出经过调制的波形，并可以通过改变类型、内调制/外调制、深度、频率、调制波等参数，来改变输出波形. DG1022 可用 AM，FM，FSK 或 PM 调制波形.

② 使用“Sweep”按键扫描，可调制或扫描正弦波、方波、锯齿波或任意波形（不能调制或扫描脉冲、噪声）. 在扫描模式中，可在指定的扫描时间内从开始频率到终止频率而变化输出.

③ 使用“Burst”按键，可以产生正弦波、方波、锯齿波、脉冲波或任意波的脉冲串波形输出，噪声只能用于门控脉冲串.

(2) 存储和调出/辅助系统功能/帮助功能.

① 使用“Store/Recall”按键，存储或调出波形数据和配置信息.

② 使用“Utility”按键，可以进行设置同步输出开/关、输出参数、通道耦合、通道复制、频率计测量；查看接口设置、系统设置信息；执行仪器自检和校准等操作.

③ 使用“Help”按键，查看帮助信息列表.

获得任意键帮助：要获得任何面板按键或菜单按键的上下文帮助信息，按下并按住该键 2～3 s，显示相关帮助信息.

其他功能使用参见仪器说明书.

实验九　用模拟法测绘静电场

【实验目的】

(1) 学习用模拟法测绘二维静电场.

(2) 描绘静电场中的等位线和电力线.

【实验器材】

静电场描绘仪、专用电源、导线等.

静电场描绘仪（包括导电玻璃、双层固定支架、同步探针等）结构如图 6-38 所示. 支架采用双层式结构，上层放记录纸，下层放导电玻璃. 电极已直接制作在导电玻璃上，并将电极引线接至外接线柱上，因此，在电极之间就有电导率远小于电极且各向均匀的电介质导电玻璃，此时接通电源就可进行实验. 在导电玻璃和记录纸上各有一探针，通过金属探针臂把两探针固定在同一手柄座上，两探针始终保持在同一铅直线上. 移动手柄座时，可保证两探针的运动轨迹是一样的. 由导电玻璃上方的探针找到待测点后，按下记录纸上的探针，将在记录纸上留下对应的标记，移动同步探针在导电玻璃上找出若干电位相同的点，由此即可描绘出等位线.

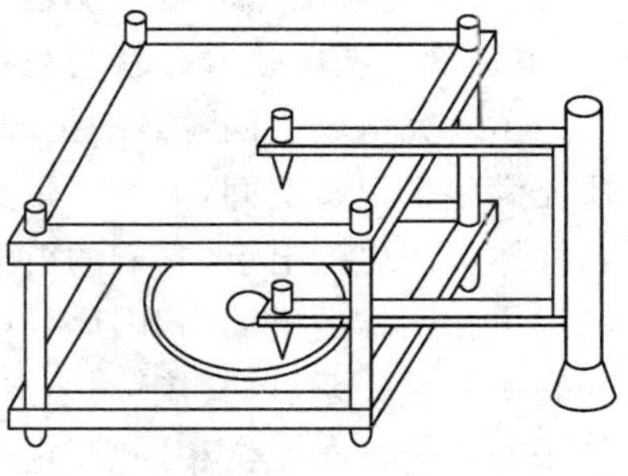

图 6-38　静电场描绘仪结构

【实验原理】

相对于观察者静止的电荷所激发的电场，称为静电场．带电体在它周围产生静电场，除极简单的情况外，大都不能求出它们的数学表达式；而用实验方法直接测量静电场又会遇到很大困难，因为将探针或试探电极伸入静电场时，探针上会产生感应电荷，这些感应电荷又产生电场与原电场叠加，使原来的电场发生畸变．因此，用稳定的电流场来代替静电场的测量，这种方法称为模拟法．

静电场可以用电场强度 $\boldsymbol{E}$ 和电位 U 的空间分布来描述．电场强度的定义为

$$\boldsymbol{E}=\frac{\boldsymbol{F}}{q}$$

它表示电场中某点的电场强度在量值和方向上等于单位正电荷在该点处所受的力．电位的定义是

$$U=\frac{W}{q}$$

电场中某一点的电位在数值上等于将单位正电荷从该点移至无穷远处时电场力所做的功，U 是一个标量．如果引进电力线和等位面两个辅助概念，它们有以下对应关系：电力线上每一点的切线方向代表该点处场强 $\boldsymbol{E}$ 的方向，在垂直于 $\boldsymbol{E}$（亦即垂直于电力线）的单位面积上穿过的电力线根数，与该点处的场强的量值相等．也就是说，场强强的地方电力线密集，场强弱的地方电力线稀疏，而等位面则是由电场中电位相等的各点所构成的曲面．电荷在等位面上移动，电场力对它不做功，因此电力线必定垂直于等位面．

在测绘静电场时，通常是测出等位面，这是因为电场强度 $\boldsymbol{E}$ 是矢量，而电位 U 是标量，直接测定电位要比测定场强容易得多，可根据电力线与等位面处处正交的特点作出电力线．

模拟法要求两个类似的物理现象遵从的物理规律具有相似的数学形式．本实验采用导电玻璃进行模拟测量，电极由良导体制成．由于导电玻璃具有一定的导电率，因此在两极间加上稳定的直流电压时，会有电流沿导电玻璃流过，在导电玻璃上形成稳恒电流场．只要导电玻璃的导电率比电极的导电率小得多，电极的表面就可认为是一个等位面，导电玻璃上的电位分布就与被模拟的静电场完全类似．

为了研究电场空间各点的情况，一般用于模拟的电流场应是三维的，这就要求导电介质充满整个模拟空间，但对于带异号电荷的两根无限长圆柱形平行导线和无限长同轴圆柱体所产生的电场，它们的电力线在垂直于电极轴线的平面内，模拟用的电流场的电流线也在同样的平面内，因此导电介质只需要充满所研究的平面就可以了．

利用互易关系可"直接"测绘电力线．电流场模拟静电场时，在相同的边界条件下，两种场的电位分布完全相同．测定电流场的电位分布就可得到静电场的电位分布，然后根据等位线和电力线正交的关系即可画出电力线．在电流场中，由于电荷沿电力线的方向流动，即电流线在电力线的方向，而电流线不能穿过导电玻璃的边缘或切口，因而电流线必定平行于导电玻璃的边缘或切口，又垂直于电极表面．故电力线平行于导电玻璃的边缘或切口，垂直于电极表面，而等位线与电力线垂直．导电玻璃可以根据需要加工成任意形状，因而可以人为地制造边缘或切口，使其在电力线方向．如果在导电玻璃的边缘（或电力线）处用一个电极表面代替它，而在电极表面（或等位线）处用一个边缘代

替它，那么所得到的新等位线的形状将是原电极时电力线的形状，而新的电力线即为原等位线. 这个关系称为互易关系. 实际上，这是通过电极的变换，使电力线和等位线这两个相互正交的曲线族得到互换，将原来不能直接测定的电力线改变成可以直接测量的等位线. 从理论上也可以证明此关系. 应用互易关系就可以直接测绘电力线. 在导电玻璃上切割出半径为 r_1 和 r_2 的两个同心圆切口，再沿同心圆的任意半径方向制作出两个扇形电极，加上电压 V_1，就得到了同轴电缆模型的互易装置. 利用此装置描绘出的等位线即为原模拟模型的辐射状的电力线.

【实验内容及步骤】

(1) 按图 6-39 所示的原理电路，将导电玻璃上两电极分别与静电场描绘仪专用电源的正负极相连接，专用电源的电压表的正极与同步探针相连接(电压表的负极专用电源中已接好，不需再接).

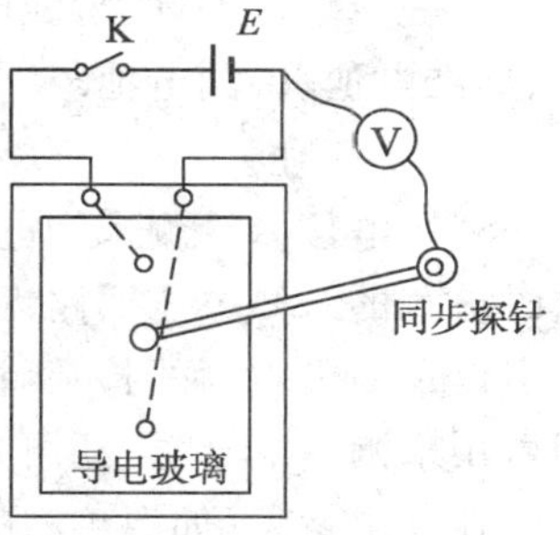

图 6-39　原理电路

(2) 将白纸放在静电场描绘仪上层，用磁性条压住，移动同步探针测绘同轴电缆的等位线簇. 电源电压设为 12 V，要求在电极间径向每一个等分位置测一条等位线(等分数自定).

(3) 根据电力线和等位线的正交关系画出电力线，并指出电场强度的方向，得到一张完整的电场分布图.

(4) 利用同样方法测绘出两个无限长平行带电直导线之间的电场及平行电极板间的电场.

【注意事项】

(1) 由于导电玻璃易碎，实验中要轻拿轻放.

(2) 为了避免因上下探针不在同一铅直线上而引起的误差，在移动手柄座时应保持平移.

(3) 为确保光滑连线，一条等位线上相邻两个记录点的距离建议为 1 cm 左右，曲线弯曲处或两条曲线靠近时，记录点应取得密一点，否则连接曲线时将遇到困难.

(4) 自备 16 开白纸 3 张.

【思考题】

(1) 用电流场模拟静电场的理论依据是什么？用电流场模拟静电场的理论条件是什么？

(2) 紧靠电极处的等位线应该呈现什么形状？其附近的电力线的分布有什么特点？

(3) 实验所得的等位线、电力线形状与事先估计的情形是否相同？若不同，试分析原因.

实验十　线式直流电位差计测电源电动势

【实验目的】

(1) 了解电位差计的工作原理.

(2) 掌握线式电位差计测量电源电动势和电位差的方法.

【实验器材】

十一线电位差计、滑线电阻器、检流计、直流稳压电源、单刀单向开关、双刀双向开关、标准电池、待测电池.

【实验原理】

利用电位差计测未知电压,就是将一个未知电压与电位差计上的已知电压相补偿,这时被测的未知电压回路无电流,测量的结果仅仅依赖于准确度极高的标准电池、标准电阻以及高灵敏度的检流计,所以它的测量精度很高. 它不但可用来测量电学量,还可用来校准电表与直流电桥等. 电测法在非电参量(如温度、压力、速度等)的测量中也占有重要地位.

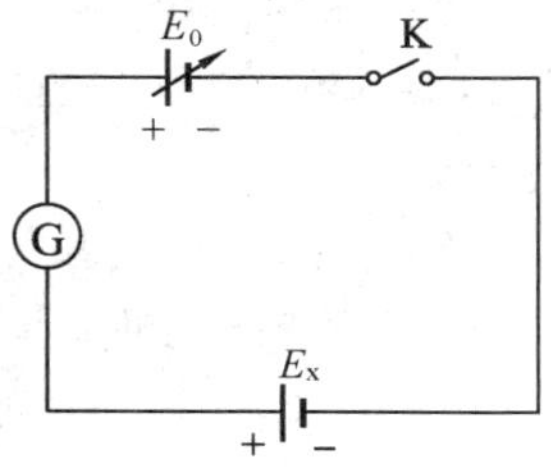

图 6-40　电压补偿原理电路

如图 6-40 所示,E_0 为可调节数值的已知补偿电源,E_X 为待测电压,G 为检流计. 当开关 K 接通时,调节补偿电源电压 E_0,使检流计指零,则电路达到平衡,即

$$E_x = E_0$$

这种相互抵消电位差的方法称为补偿法. 电位差计是一种利用补偿原理构成的仪器,用电位差计可测量电位差或电源电动势.

电位差计的线路如图 6-41 所示,它由两个回路组成:由电源 E、开关 K_1、滑线电阻器 R_p、电阻丝 R_{AB} 组成工作回路;由电阻丝 CD、检流计 G、标准电池 E_n(或待测电池 E_x)、双刀双向开关 K_2 组成补偿回路,也称测量回路.

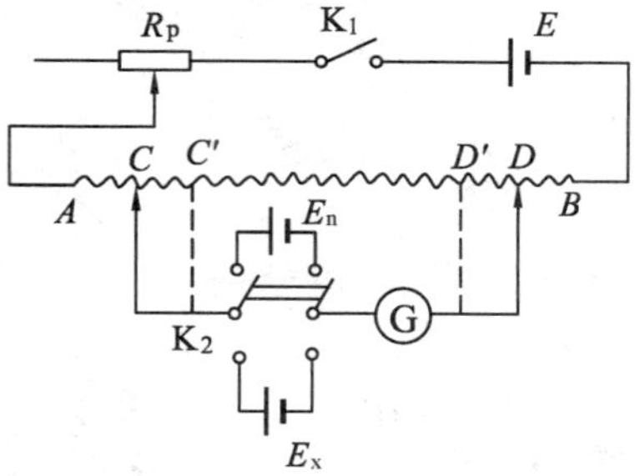

图 6-41　电位差计线路图

测量时,首先应使工作回路有一恒定的工作电流,这一过程称为工作电流标准化(也称电位差计标准化). 它可借助于标准电池来实现,即先将 K_2 合向标准电池 E_n,适当选取电阻丝长度 CD,其电阻为 R_{CD},调节 R_p 使 $I_g=0$,这时 CD 间电阻丝上的电位差 U_{CD} 等于标准电池电动势,即

$$E_n = U_{CD} = IR_{CD} \tag{1}$$

将 K_2 合向被测电动势 E_x,保持 R_p 不动,分别调节滑动头 C,D 位置到 C',D' 位置,再次使 $I_g=0$. 此时 C',D' 间电位差等于待测电动势 E_x,即

$$E_x = U_{C'D'} = IR_{C'D'} \tag{2}$$

因 $I_g=0$,式(1)和式(2)中电流 I 是相同的,两式相除得

$$\frac{E_x}{E_n}=\frac{R_{C'D'}}{R_{CD}}=\frac{L_x}{L_n}$$

即

$$E_x=\frac{E_n}{L_n}L_x$$

令$\frac{E_n}{L_n}=V_0$，得

$$E_x=V_0L_x \tag{3}$$

式中，L_n，L_x 分别为电阻 R_{CD}，$R_{C'D'}$ 对应的电阻丝长度；V_0 为电阻丝单位长度上的电位差，单位为 V/m. 为了方便计算，并考虑到电位差计的量程与 V_0 有关，本书实验取 $V_0=0.300\ 00$ V/m，则可确定标准化时的电阻丝长度 $L_n=E_n/0.300\ 00$ m. 所以被测电源电动势为

$$E_x=V_0L_x=0.300\ 00L_x \tag{4}$$

由上述原理可知，电位差计通过先后二次补偿、比较相应的电阻丝长度来获得测量结果，这种方法又称为比较法.

【知识拓展】

1. 十一线电位差计

十一线电位差计结构如图 6-42 所示，电阻丝总长度为 11 m，往复绕在有机玻璃板的 11 个接线孔上，每两个插孔间电阻丝长 1 m，插头 C 可插入插孔 0，1，…，10 中的任一位置. 电阻丝 OB 下附有带毫米刻度的米尺，米尺上放置带有两个按键的滑块 D，实验时只需按下一个即可. CD 间电阻丝的长度可在 0～11 m 之间连续变化. R_p 为滑线变阻器，用来调节工作电流 I. 双刀双向开关 K_2 用来选择接通标准电池 E_n 或待测电池 E_x. R 为保护电阻，它装在 K_3 底板的反面，在电位差计接近补偿状态时合上 K_3，使 R 短路，以提高检流计的测量灵敏度.

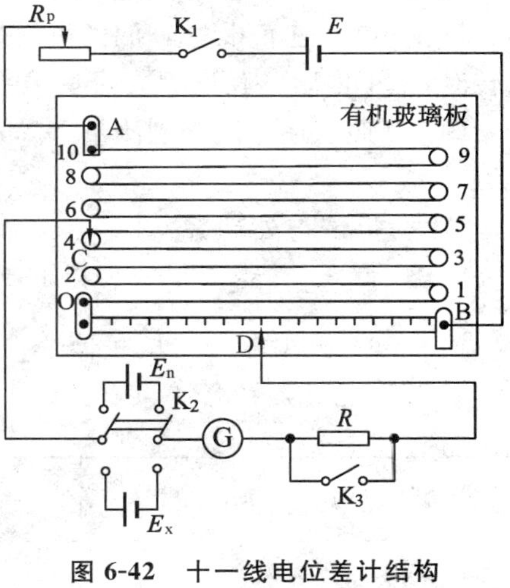

图 6-42　十一线电位差计结构

2. 标准电池

标准电池 E_n 的内阻高、容量小，因而不能用来供电，其电动势很稳定，在室温20 ℃时为

$$E_n=1.018\ 65\ \text{V}$$

在室温 t ℃时，其电动势可按下式计算

$$E_n(t)=E_n-39.94\times10^{-6}(t-20)-0.929\times10^{-6}(t-20)^2+0.009\ 0\times10^{-6}(t-20)^3\ \text{V}$$

使用标准电池时应注意：

(1) 标准电池不能作为电源使用，通过电流应小于 1 μA，严禁用电压表或万用表

直接测量其电动势，也不可用手同时接触标准电池的正负极，以免短路.

(2) 标准电池内有装有化学溶液的玻璃容器，不可倾斜与振动，更不能倒置. 在携带和拿取时尽量避免摇晃和振动.

【实验内容及步骤】

(1) 按图 6-42 连接线路，接线时需断开所有的开关，并注意电池的正负极不能接错.

(2) 电位差计标准化：使电阻丝上单位长度的电压降 V_0 为 0.300 00 V/m. 记录室温 t，查得标准电池的电动势 $E_n(t)$（由实验室给出），计算 L_n；调节 C 与 D 两个活动接头，使 CD 间长度为 L_n. 将直流电源电压 E 调为 4～5 V，接通 K_1 并将 K_2 合向 E_n 一侧，调节滑线变阻器 R_p 的阻值，断续按下滑块 D 上的一个按键，直到检流计指零. 为提高检流计的灵敏度，合上 K_3，使 R 短路，继续细调 R_p，使检流计指零. 此时回路已标准化，电阻丝上每米的电压降为 0.300 00 V.

(3) 断开 K_3，固定 R_p 保持工作电流不变，将 K_2 合向 E_x 一侧，将滑块 D 移至米尺长度为零的一侧，按下滑块 D 的一个按键，同时改变插头 C，找出使检流计指针偏转方向改变的两个相邻插孔，将插头 C 插在数字较小的插孔上，然后向右移动滑块 D，当 G 的指针偏转很小时，再合上 K_3，采用左右逼近法进行微调：先由左向右移动 D，当 G 的指针不偏转时，记下 C 与 D 间的电阻丝的长度 L_{x1}；再由右向左移动 D，当 G 的指针不偏转时，记下电阻丝长度 L_{x2}. 最后求平均值 $L_x=(L_{x1}+L_{x2})/2$.

(4) 依照上述方法分别测量 E_{x1}，E_{x2} 单个电池的电动势，以及 E_{x1} 与 E_{x2} 串联后的电动势.

【数据记录与处理】

室温 t=________℃，查表得 E_n=________V

$V_0=0.300\ 00$ V/m，$L_n=\dfrac{E_n}{V_0}$=________m

$\Delta_{L仪}=\sigma_{L仪}=0.5$ mm

类型	L_{x1}/mm	L_{x2}/mm	$\dfrac{L_{x1}+L_{x2}}{2}$/mm	电动势 E_x/V
电池 1				
电池 2				
串联				

在电位差计标准化时，检流计的灵敏度总是有限的. 当检流计指针偏转小于 0.1 格时，便很难觉察出来，这就使得电阻丝上每米的电压降 V_0 存在误差，而且 $\Delta_{V_0}/V_0\approx\Delta_{L_x}/L_x$，因此用公式

$$\frac{\Delta_{E_x}}{E_x}=\sqrt{\left(\frac{\Delta_{V_0}}{V_0}\right)^2+\left(\frac{\Delta_{L_x}}{L_x}\right)^2}=\sqrt{2}\ \frac{\Delta_{L_x}}{L_x}\ (\Delta_{L_x}\text{ 取 }\Delta_{L仪})$$

$$\Delta_{E_x}=\sqrt{2}\ \frac{\Delta_{L_x}}{L_x}\cdot E_x$$

计算测量结果的不确定度，表示最后结果.

【思考题】

(1) 如果实验中发现检流计总偏向一侧,无法调至平衡,试分析可能有哪些原因.

(2) 当取 $V_0=0.300\ 00\ \mathrm{V/m}$ 时,本实验用的线式电位差计的量程应是多少?

(3) 简述电位差计中的补偿原理,并根据伏安法运用这一原理测量电阻,并画出线路图.

实验十一　直流电桥测电阻

【实验目的】

(1) 掌握惠斯通电桥测电阻的原理.

(2) 学会正确使用箱式电桥测量电阻的方法.

(3) 了解提高电桥灵敏度的途径.

(4) 学习一种消除系统误差的方法.

(5) 了解双电桥测量低电阻的原理和方法.

【实验器材】

QJ23 型箱式电桥、QJ44 型开尔文电桥、电桥接线板(装有示值相等的 R_1 和 R_2 及 4 个接线柱)、电阻箱、检流计、稳压电源、待测电阻和铜棒、开关和导线.

【实验原理】

电桥是一种利用电位比较的方法进行测量的仪器,因为它具有很高的灵敏度和准确性,所以在现代测控领域的应用极为广泛. 电桥可分为直流电桥与交流电桥. 直流电桥又分单电桥和双电桥. 直流单电桥(惠斯通电桥)适用于测量 $10\sim10^6\ \Omega$ 中阻值电阻;直流双电桥(开尔文电桥)适用于测量 $10^{-5}\sim10\ \Omega$ 低阻值电阻.

(1) 惠斯通电桥的电路及其原理.

惠斯通电桥的原理如图 6-43 所示,4 个支路 AD,DC,AB 和 BC 分别由电阻 R_1,R_2,R_x 和 R_0 组成,每一支路称为电桥的一个臂. 在对角 B 和 D 之间连接检流计 G、开关 K_2 和限流电阻 R,在对角 A 和 C 之间连接直流电源、开关 K_1 和限流电阻 R_E. 当接通开关 K_1 后,各支路中均有电流通过,检流计支路起了沟通 ABC 和 ADC 两条支路的作用,可直接比较 B,D 两点的电势,电桥的名词由此而来. 适当调节各臂的电阻值,可以使流过检流计的电流为零,这时称电桥达到了平衡. 电桥平衡时,B,D 两点的电势相等,根据分压原理有

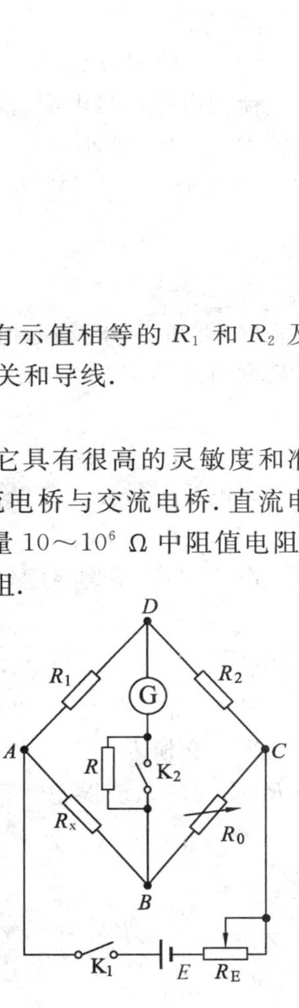

图 6-43　惠斯通电桥原理

$$U_{DC}=U_{AC}\frac{R_2}{R_1+R_2} \tag{1}$$

$$U_{BC}=U_{AC}\frac{R_0}{R_x+R_0} \tag{2}$$

电桥平衡时,有 $U_{DC}=U_{BC}$,即

$$\frac{R_2}{R_1+R_2}=\frac{R_0}{R_x+R_0}$$

整理化简后得

$$R_x=\frac{R_1}{R_2}\cdot R_0 \tag{3}$$

因此，待测电阻 R_x 等于 R_1/R_2 与 R_0 的乘积. 通常称 R_1 与 R_2 为比例臂，R_0 为比较臂，所以电桥由 4 个臂（测量臂、比较臂和比例臂）、检流计和电源三部分组成.

利用电桥测量电阻的过程，就是调节 R_1，R_2 和 R_0，使电桥满足平衡条件的过程，而平衡条件是由检流计来指示的，所以调节 R_1，R_2，R_0 的值使检流计指零时，就可由式(3)求出被测电阻. 与检流计串联的限流电阻 R 是为调节电桥平衡时保护检流计而设置的.

（2）电桥的灵敏度.

使用电桥测量电阻时的精密程度主要取决于电桥的灵敏度. 当电桥平衡时，若使比较臂 R_0 改变一微小量 δR_0，电桥将偏离平衡，检流计指针偏转 n 格，则电桥的相对灵敏度 S 定义为

$$S=\frac{n}{\frac{\delta R_0}{R_0}} \tag{4}$$

由式(4)可知，如果检流计的分辨率阈（灵敏阈）为 δn（一般取 0.2～0.5 格），则由电桥灵敏度引入的相对不确定度为

$$\frac{\Delta_{R_x}}{R_x}=\frac{\delta n}{S} \tag{5}$$

这说明电桥灵敏度越高（S 越大），由灵敏度引入的误差越小.

（3）系统误差的修正.

由式(3)和不确定度传递公式得

$$\frac{\Delta_{R_x}}{R_x}=\sqrt{\left(\frac{\Delta_{R_1}}{R_1}\right)^2+\left(\frac{\Delta_{R_2}}{R_2}\right)^2+\left(\frac{\Delta_{R_0}}{R_0}\right)^2} \tag{6}$$

显然，待测电阻 R_x 的相对不确定度由 R_1，R_2 和 R_0 的相对不确定度合成决定. 实验上采用交换 R_1 与 R_2 两臂的位置，前、后两次调整电桥平衡的方法，用以消除由 R_1 与 R_2 引起的系统误差，两次测量分别得：

$$R_x=\frac{R_1}{R_2}R_0 \quad (R_0\text{ 为换臂前电桥平衡时的读数}) \tag{7}$$

$$R_x=\frac{R_2}{R_1}R'_0 \quad (R'_0\text{ 为换臂后电桥平衡时的读数}) \tag{8}$$

两式相乘得

$$R_x=\sqrt{R_0\cdot R'_0} \tag{9}$$

显然，电桥的误差仅取决于 R_0，与 R_1 及 R_2 无关.

（4）开尔文电桥的电路及其原理.

利用惠斯通电桥测量中阻值电阻时，可以忽略导线本身的电阻和接触点上接触电阻的影响（一般约为 0.001 Ω）. 当待测电阻较小时，如 0.01 Ω 左右，就无法得出准确测量结果. 因此，惠斯通电桥一般不能测量小于 1 Ω 的低电阻. 欲精确测量低电阻，则必须

对惠斯通电桥的电路进行改进.

由图 6-43 可知,电桥电路有 12 根导线(K_2 合上)和 A,B,C,D 四个接点,由 A,C 点到电源的导线电阻和由 B,D 点到检流计的导线电阻,可以并入电源和检流计的内阻,它对测量结果无影响,但桥臂的 8 根导线和 4 个接点的电阻会影响测量结果. 由于比例臂 R_1,R_2 一般选用较大的电阻,与此相连的 4 根导线电阻对测量结果的影响可忽略;对于待测电阻 R_x 很小的低电阻,比较臂 R_0 也肯定是很小的低电阻,这样与它们相连的导线和接触电阻对测量结果产生的影响肯定不能忽略.

为消除导线电阻和两接触点的接触电阻,测量低电阻时采用如图 6-44 所示的开尔文电桥电路. 为避免图 6-43 中由 A 到 R_x 的导线电阻的影响,现将导线长度缩短;为消除 A 点的接触电阻,将图 6-43 中 A 点分成图 6-44 中的 C_1,P_1 两点,这样 C_1 的接触电阻就可归入电源的内阻,P_1 的接触电阻就可归入 R_1 电阻. 由于电路中 R_3,R_4 的引入,图 6-43 中B 点与R_x 相连的点可分成 C_2,P_2. 其中 P_2 的接触电阻归入 R_3 电阻,C_2 的接触电阻归入附加电阻 r 中. R_x 的这种连接方法称为四端接法,如图 6-45 所示. C_1 与 C_2 称为电流端,通常接电源回路;P_1 与 P_2 称为电压端,通常接测量用的高电阻或电流为零的补偿回路.

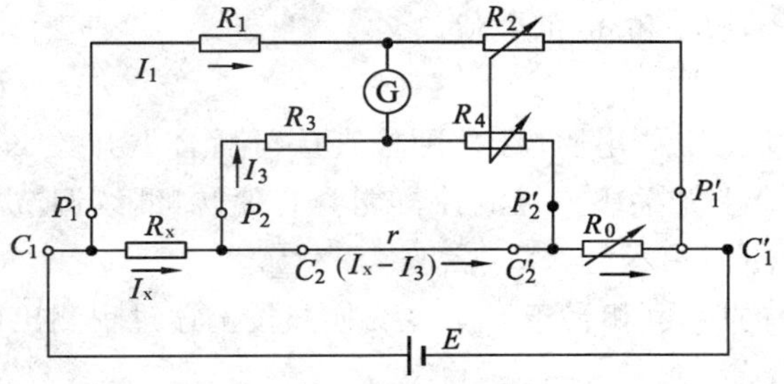

图 6-44 开尔文电桥原理

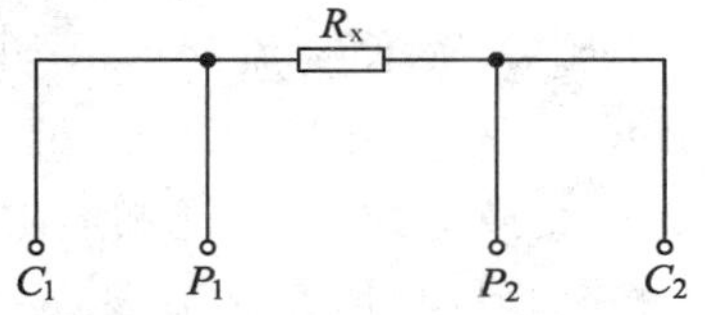

图 6-45 四端接法

开尔文电桥电路与一般惠斯通电桥电路的差别在于:① 检流计 G 的下端增加了由 R_3,R_4 和 r 组成的附加电路. 由于 R_3,R_4 分别与 R_1,R_2 并列,故称为双臂电桥. ② R_x,R_0 均为低值电阻,连接时均采用四端接法.

当电桥平衡时,通过检流计的电流为零,此时有

$$I_xR_x+I_3R_3=I_1R_1 \tag{10}$$

$$I_xR_0+I_3R_4=I_1R_2 \tag{11}$$

$$I_3(R_3+R_4)=(I_x-I_3)r \tag{12}$$

解联立方程组,得

$$R_x=\frac{R_1}{R_2}R_0+\frac{R_4r}{R_3+R_4+r}\left(\frac{R_1}{R_2}-\frac{R_3}{R_4}\right) \tag{13}$$

式中第一项 R_1R_0/R_2 与惠斯通电桥计算公式相同,第二项称为修正项. 为测量方便,应设法使修正项等于零,即设计一个双轴同步电位器(见图 6-44),使在任何位置都满足

$$\frac{R_1}{R_2}=\frac{R_3}{R_4} \tag{14}$$

则式(13)可简化为

$$R_x=\frac{R_1}{R_2}R_0 \tag{15}$$

【实验内容与步骤】

（1）用箱式电桥测电阻.

用箱式电桥测量 R_{x1}，R_{x2} 单个电阻的阻值，以及串联和并联的阻值.

① 将待测电阻接在 R_x 两个接线柱上，将短路片接在“外接”一侧的接线柱上.

② 若检流计指针不在零线上，可以轻轻旋动零点调节旋钮.

③ 估计被测电阻的阻值，比例臂选取适当的比值，使 R_0 能有 4 位读数.

④ 先按下电源开关 B，再间断按下检流计开关 G，调节变阻箱，直至检流计指针指向零线，此时先断开 G，再断开 B，则

$$\text{待测电阻 } R_x = \text{比例臂示值} \times \text{变阻箱示值}$$

（2）测电桥灵敏度.

测电桥灵敏度时，由于 R_x 不能改变，故用改变 R_0 的办法来代替. 可以证明，改变任意一臂得出的电桥灵敏度都相同，所以

$$S = \frac{\delta n}{\delta R_0 / R_0}$$

测量时，首先将电桥调至平衡状态，然后改变比较臂 R_0 有效数字末位的读数，使检流计指针偏转 2 格左右，记下此时 R_0，δR_0 和 δn 的数值.

（3）用组合电桥测电阻.

① 按图 6-43 接好线路，其中 R_x 用高阻值电阻. 经教师检查认可后合上开关 K_1，调节电阻箱 R_0 使检流计指示为零. 再合上开关 K_2，检流计可能会有偏转，继续调节电阻箱 R_0，使检流计指示为零，记录此时电阻箱示值 R_0.

② 交换待测电阻 R_x 和电阻箱 R_0 的接线（相当于 R_1，R_2 交换），按上述过程测出此时电桥平衡时电阻箱示值 R_0'.

（4）用开尔文电桥测铜棒电阻.

① 接通检流计工作电源开关，约 5 min 后调整检流计零点；转动灵敏度调节旋钮至灵敏度最低.

② 按规定连接好待测铜棒，接线时要分清铜棒上的 4 个接线头，C_1 与 C_2 为电流接头，P_1 与 P_2 为电压接头.

③ 估计待测电阻的大小，选取适当的倍率.

④ 先按下按钮 B，再按下按钮 G 后调节步进旋钮与滑线盘，使电桥达到平衡.

⑤ 逐渐提高灵敏度，在适当的灵敏度下再使电桥达到平衡；此后先松开按钮 G，再松开按钮 B，读取测量电阻阻值.

【数据记录与处理】

（1）用箱式电桥测电阻.

电阻箱等级 $a=$ ______________

待测电阻	R_{x1}	R_{x2}	串联	并联
比例臂				
电阻箱示值				
测量结果				

(2) 电桥灵敏度.

$$\delta n=\underline{\qquad\qquad},\ R_0=\underline{\qquad\qquad}\ \Omega,\ \delta R_0=\underline{\qquad\qquad}\ \Omega$$

$$S=\frac{\delta n}{\delta R_0/R_0}=\underline{\qquad\qquad}$$

(3) 组合电桥测电阻.

换臂前 $R_0=$________ Ω，换臂后 $R'_0=$________ Ω

$R_x=\sqrt{R_0\cdot R'_0}=$________ Ω

$E=\frac{\Delta_{R_x}}{R_x}=\frac{\Delta_{R_0}}{\sqrt{2}R_0}=\frac{1}{\sqrt{2}}\times a\%=$________，$\Delta_{R_x}=R_x\cdot E=$________ Ω

$R_x=R_x\pm\Delta_{R_x}=$________ ± ________ Ω

(4) 用开尔文电桥测量铜棒的电阻.

倍率：__________，电桥示值电阻 $R_0=$________ Ω，铜棒电阻 $R=$________ Ω

【注意事项】

(1) 用开尔文电桥测量电阻时，由于低值电阻电流大，因而接通电源的时间要尽量短.

(2) 实验结束时，应关闭惠斯通电桥和开尔文电桥的电源开关，否则内装的干电池很容易消耗掉.

【思考题】

(1) 利用箱式电桥测电阻时，为何要使变阻箱 R_0 指示有 4 位数？

(2) 用组合电桥测电阻时，调节电阻箱 R_0 时检流计 G 始终朝一边偏，无法调至零点，可能的原因是什么？

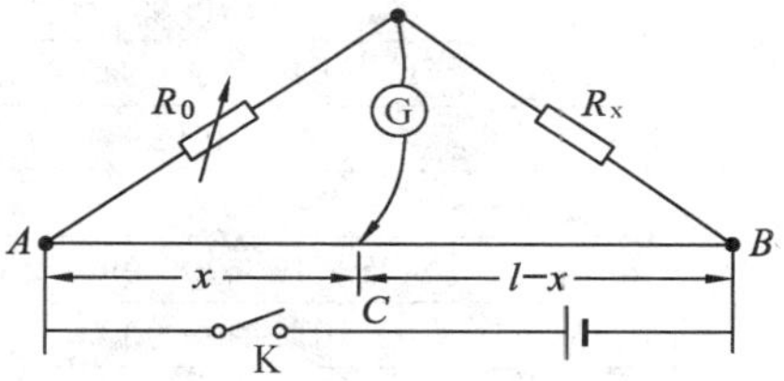

图 6-46　线式电桥原理

(3) 线式电桥的构造如图 6-46 所示，AB 为长 l 的均匀电阻丝，C 为活动触头，测量时将变阻箱 R_0 调至适当阻值，移动 C 处于如图所示位置时，电桥处于平衡状态，此时 $\frac{R_x}{R_0}=\frac{l-x}{x}$. 试推导接触头 C 选择在何处，测量值的相对误差最小.

【知识拓展】

1. QJ23 型携带式单臂电桥

QJ23 型携带式单臂电桥及其电路分别如图 6-47、图 6-48 所示.

(1) 刻度盘示值 $C=\frac{R_2}{R_1}$，分为 0.001，0.01，0.1，1，10，100，1 000 共 7 挡.

(2) 比较臂 R：由 4 个十进位电阻盘组成×1 000，×100，×10，×1.

(3) 端钮 X_1 和 X_2 接被测电阻.

(4) 电流计 G 用作平衡指示器.

(5) 电源 B 使用内带电池，接通 B，G 按钮时应跃按.

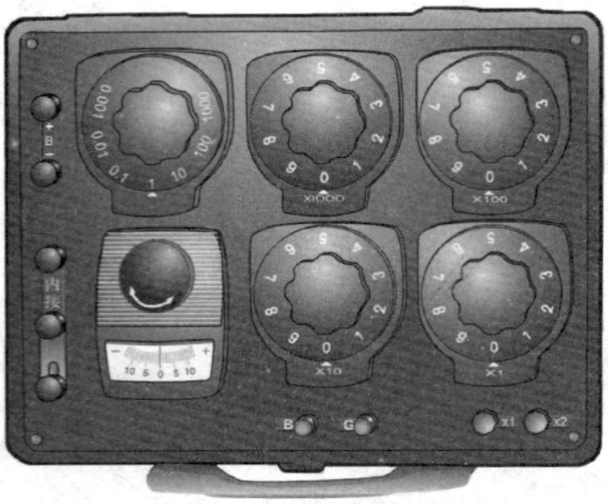

图 6-47　QJ23 型携带式单电桥

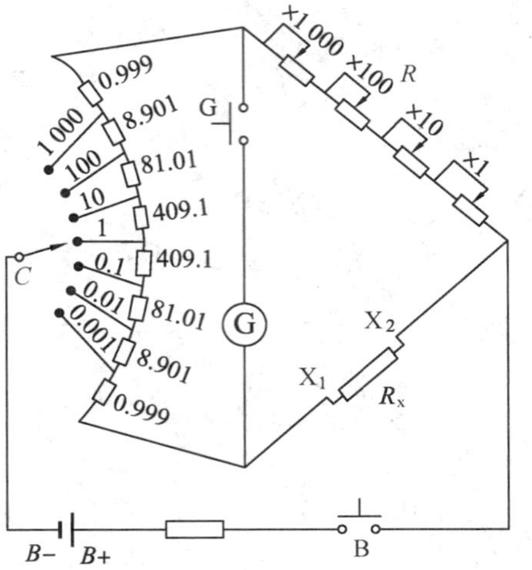

图 6-48　单电桥电路图

QJ23 电桥准确度见下表.

QJ23 电桥准确度

<table>
<tr><th>倍率</th><th>测量范围/Ω</th><th>检流计设置</th><th>准确度/%</th><th>电源电压/V</th></tr>
<tr><td>$\times10^{-3}$</td><td>1～9.999</td><td rowspan="5">内附</td><td>±1</td><td rowspan="3">4.5</td></tr>
<tr><td>$\times10^{-2}$</td><td>10～99.99</td><td>±0.5</td></tr>
<tr><td>$\times10^{-1}$</td><td>10^2～999.9</td><td rowspan="4">±0.2</td></tr>
<tr><td>×1</td><td>10^3～9 999</td><td>6</td></tr>
<tr><td rowspan="2">×10</td><td>10^4～4×10^4</td><td rowspan="4">15</td></tr>
<tr><td>5×10^4～99 990</td><td rowspan="3">外接</td></tr>
<tr><td>$\times10^2$</td><td>10^5～999 900</td><td>±0.5</td></tr>
<tr><td>$\times10^3$</td><td>10^6～9 999 000</td><td>±1</td></tr>
</table>

2. QJ44 **型携带式双电桥**

QJ 44 型携带式双电桥及其电路分别如图 6-49、图 6-50 所示.

图 6-49　QJ44 型携带式双电桥

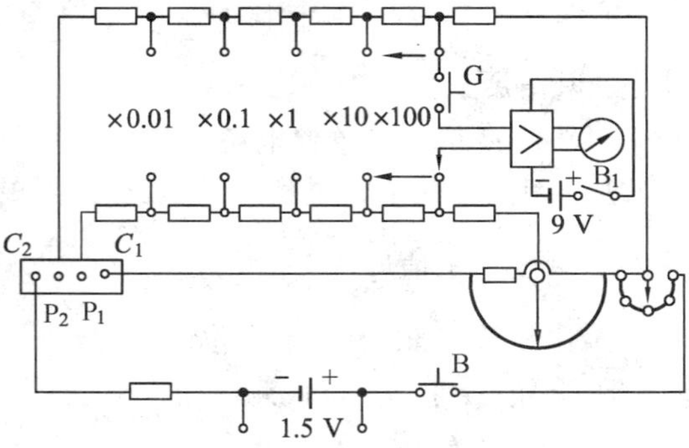

图 6-50　双电桥电路图

(1) 比率 $C=R_2/R_1$，分为×0.01，×0.1，×1，×10，×100 共 5 挡.

(2) 测量盘由粗调盘和细调盘组成. 粗调盘有 0.01～0.1 十挡，细调盘从 0.000 0～0.001 连续可调，应再估读一位.

(3) 高灵敏度电流计由放大器和电流表组成.灵敏度旋钮逆时针转到底为迟钝位置，顺时针转到底为最灵敏位置，内接放大器电源由开关 B_1 接通，不用时务必断开 B_1，以免耗电.调零旋钮每改变灵敏度时应调整零点.

(4) 电源 B 可采用外接市电供电，B 与 G 按钮宜跃按.

(5) 待测低电阻必须用四端接法.

实验十二　电表的改装和校准

【实验目的】

(1) 用半偏法测定表头内阻.

(2) 掌握将表头改装成电流表和电压表的原理与校准方法.

【实验器材】

直流稳压电源、滑线电阻器、50 μA 或 100 μA 的表头、直流电流表、直流电压表、直流微安表、电阻箱、开关等.

【实验原理】

电流计表头只允许通过很小的电流，直接使用时，其测量电流或电压的量程很小.通过并联或串联一个电阻，可将其改装成大量程的电流表或电压表.多量程的电流表和电压表也是据此原理制成的.

(1) 将表头改装成电流表.

设表头 G 的量程为 I_g，内阻为 R_g，为了测量较大的电流，在表头 G 两端并联一个电阻 R_s，使超过表头所能承受的那部分电流从 R_s 流过.由表头 G 和 R_s 组成的整体就是较大量程的电流表.R_s 称为分流电阻.选用不同大小的 R_s，可改成不同量程的电流表，如图 6-51 所示.

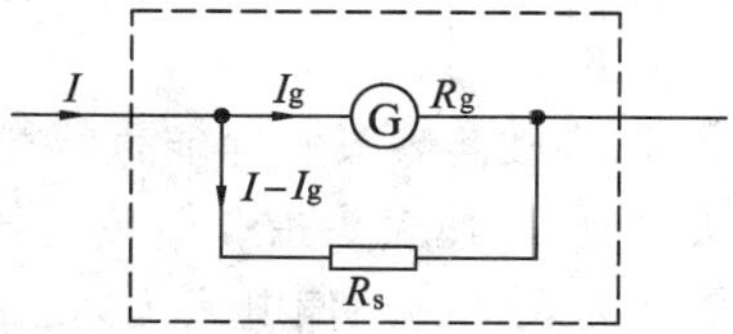

图 6-51　表头改装成电流表

当表头满偏时，通过电流表的总电流为 I(即电流表的量程)，则

$$R_s=\frac{I_g}{I-I_g}R_g \tag{1}$$

若已知 I_g 和 R_g，由式(1)就可计算分流电阻 R_s.将 R_s 与表头 G 并联，便将表头改装成量程为 I 的电流表.

(2) 将表头改装成电压表.

表头满偏时，其两端的电压 $U_g(I_gR_g)$ 较小.为了测量较大的电压，要在表头 G 上串联一电阻 R_p，使超过表头所能承受的那部分电压降落在电阻 R_p 上.表头 G 和串联电阻 R_p 组成的整体就是较大量程的电压表.R_p 称为分压电阻.选用不同的 R_p，可改成不同量程的电压表，如图 6-52 所示.

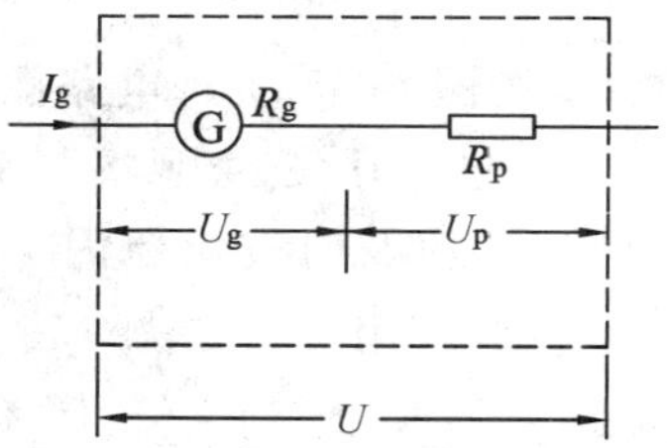

图 6-52　表头改装成电压表

对量程为 U 的电压表，分压电阻为

$$R_p = \frac{U}{I_g} - R_g \tag{2}$$

(3) 电表的误差和校准.

电表在正常条件下使用时,其读数所包含的最大可能误差为

$$\sigma_m = A_m \times K\%$$

式中,σ_m 为最大仪器误差限;K 是电表的准确度等级;A_m 为电表的量程.

为了减少电表的误差,可以不将电表的等级作为确定误差的最后依据,方法是通过校准读出电表各个指示值 I_x 和标准电表对应的指示值 I_s,得到该刻度的修正值 δI_x($\delta I_x = I_s - I_x$),从而将电表的校正曲线(以 I_x 为横坐标,δI_x 为纵坐标的曲线),两个校准点之间用直线连结.整个图形是折线状,见图 6-53.在以后使用该电表时,根据校准曲线可以修正电表的读数,得到较为准确的结果.

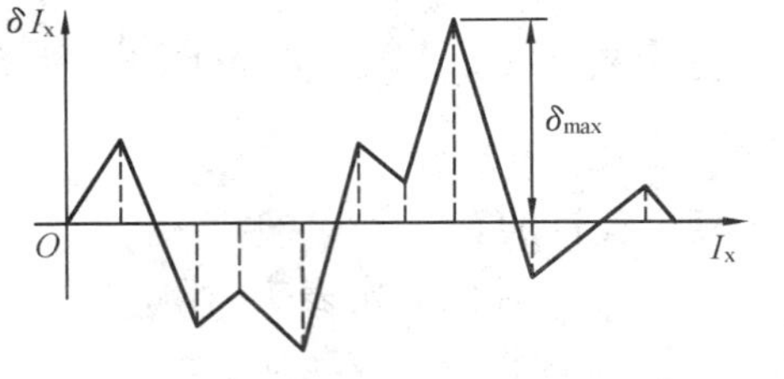

图 6-53　电表的校准曲线

不难看出,根据校准曲线可以确定改装后电表的准确等级.

【实验内容及步骤】

(1) 测定表头满偏电流 I_g.

① 按图 6-54 所示电路连接线路,电键 K_2 断开,滑线电阻器的滑动触头置于安全位置,经教师检查后再合上 K_1.

② 将被测表头和标准直流微安表串联,改变通过表头的电流,使表头指针偏转到满刻度,标准微安表的示值即为表头的满偏电流 I_g,记录测定结果.

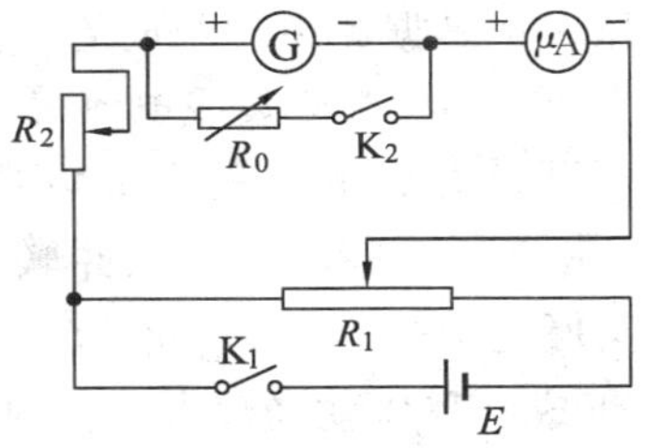

图 6-54　测定表头满偏电流、内阻的电路

(2) 测定表头的内阻 R_g.

利用图 6-54 所示的电路图,将滑线电阻器的滑动触头置于安全位置,合上开关 K_2,调节滑线电阻器和电阻箱 R_0 的阻值,使被测表头指针偏转正好为满刻度的一半,而同时标准微安表示值仍为原满偏值 I_g.此时电阻箱示值即为 R_g,记录内阻值 R_g.

(3) 将表头改装成 5 mA 的电流表.

① 计算分流电阻 R_s.

② 按图 6-55 所示电路图连接线路.经教师检查后再合上电源开关 K.观察电流表量程,若与设计值有明显差异,应及时查出原因.若该现象是由分流电阻 R_s 引起的,应用实验方法对其进行修正.

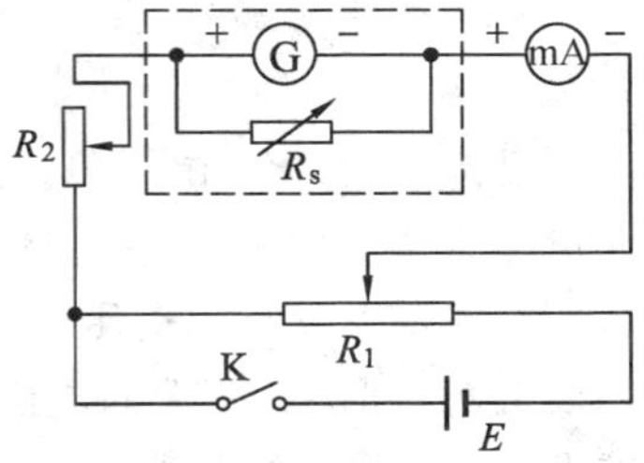

图 6-55　电流表校准电路

③ 校准 11 个刻度值:使表头读数 I_x 分别为 0.00,0.50,1.00,…,5.00 mA,记下标准毫安表上相应的读数 I_1,然后将电流由大到小重复一遍,记下读数 I_2.取标准毫安表两次读数的平均值 $I_s = (I_1 + I_2)/2$.

(4) 将表头改装成 5 V 的电压表.

按图 6-56 所示电路图连接线路. 要求和步骤与改装电流表类似，得出 11 组校正数据.

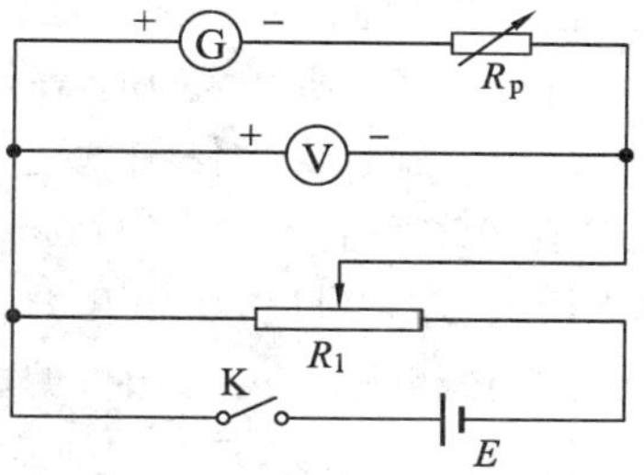

图 6-56　电压表校准电路

【数据记录与处理】

(1) 数据表格.

表头的满偏电流 I_g = ________ μA

表头的内阻 R_g = ________ Ω

① 改装成 5 mA 的电流计.

由式(1)计算分流电阻 R_s = ________ Ω，修正值 R'_s = ________ Ω

表头读数 I_x/mA	0.00	0.50	1.00	1.50	2.00	2.50	3.00	3.50	4.00	4.50	5.00
标准毫安表 I_1/mA											
标准毫安表 I_2/mA											
平 均 I_s/mA											
修正值 δI_x/mA											

② 改装成 5 V 的电压表.

由式(2)计算分压电阻 R_p = ________ Ω，修正值 R'_p = ________ Ω

表头读数 U_x/V	0.00	0.50	1.00	1.50	2.00	2.50	3.00	3.50	4.00	4.50	5.00
标准电压表 U_1/V											
标准电压表 U_2/V											
平 均 U_s/V											
修正值 δU_x/V											

(2) 分别绘制 I_x-δI_x 和 U_x-δU_x 校准曲线.

(3) 确定改装后电流表和电压表的准确度等级.

【思考题】

(1) 画出将表头改装成有两个量程的电流表的电路图(该电流表共有 3 个接线柱).

(2) 画出将表头改装成有两个量程的电压表的电路图(该电压表共有 3 个接线柱).

(3) 画出将表头改装成既可作电流表，又可作电压表的两用表的电路图(该两用表共有 3 个接线柱).

实验十三　分光计的调节和使用

【实验目的】

(1) 了解分光计的构造，学会调整和使用分光计.

(2) 掌握测量棱镜角的方法.

(3) 用分光计测定三棱镜对某一波长光的折射率.

【实验器材】

分光计、三棱镜、双面反射镜、水银灯、读数小灯.

【实验原理】

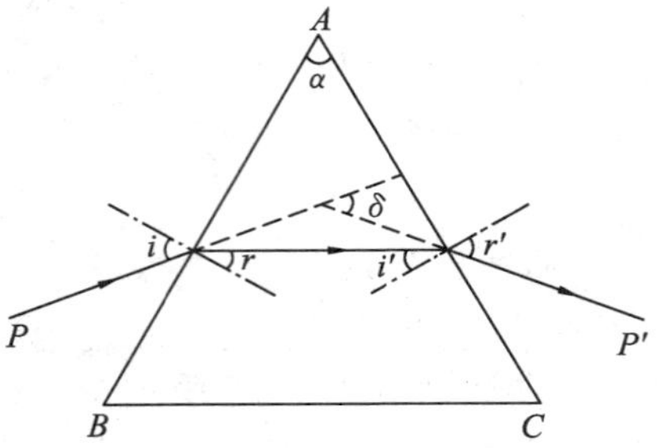

图 6-57　棱镜折射光路图

如图 6-57 所示，ABC 表示三棱镜主截面，AB 和 AC 面是经过仔细抛光的光学面，光线沿着 P 在 AB 面上入射，经过棱镜两次折射，在 AC 面上沿 P' 方向射出，P 和 P' 之间的夹角 δ 称为偏向角. 当棱镜顶角 α 一定时，偏向角的大小随入射角 i 的变化而改变，可以证明，当 $i=r'$ 时，$i'=r$，偏向角 δ 最小，这时的偏向角称为最小偏向角，用 $\delta_{\min}$ 表示. 由几何关系可知：

$$i=\frac{1}{2}(\delta_{\min}+\alpha) \tag{1}$$

设棱镜材料的折射率为 n，根据折射定律可求出最小偏向角 $\delta_{\min}$ 与 n 的关系为

$$n=\frac{\sin\frac{\alpha+\delta_{\min}}{2}}{\sin\frac{\alpha}{2}} \tag{2}$$

测出棱镜角 α 和最小偏向角 $\delta_{\min}$，就可以求出棱镜材料的折射率.

分光计是一种用来观察和测量光谱的精密光学仪器，实验中常用它来精确测量各种角度，如棱镜角、偏向角、衍射角等. 因此，它实质上是一种精密的测角仪器. 由于应用的目的和实验要求的不同，分光计在构造和精度上可以相差很大. 实验室中常用的一种学生分光计，其外形如图 6-58 所示.

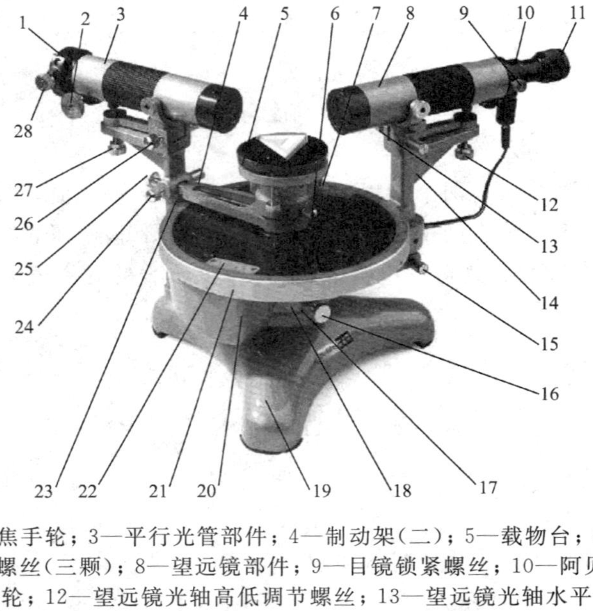

1—狭缝装置；2—调焦手轮；3—平行光管部件；4—制动架(二)；5—载物台；6—载物台锁紧螺丝；7—载物台调平螺丝(三颗)；8—望远镜部件；9—目镜锁紧螺丝；10—阿贝式自准直目镜；11—目镜视度调节手轮；12—望远镜光轴高低调节螺丝；13—望远镜光轴水平调节螺丝；14—支臂；15—望远镜微调螺丝；16—转座与度盘止动螺丝；17—望远镜止动螺丝；18—制动架(一)；19—底座；20—转座；21—度盘；22—游标盘；23—立柱；24—游标盘微调螺丝；25—游标盘止动螺丝；26—平行光管光轴水平调节螺丝；27—平行光管光轴高低调节螺丝；28—狭缝宽度调节手轮

图 6-58　分光计的结构

它主要由望远镜、载物台、刻度盘和平行光管组成.

(1) 望远镜.

望远镜用于观察光线行进方向，由消色差物镜 f 和目镜 e 组成. 物镜装在镜筒的一端，而目镜装在镜筒的另一端，目镜前的套筒可在镜筒中移动，如图 6-59 所示. 在目镜焦平面附近有一分划板 Q，上有十字叉丝，它是和套筒连在一起的. 在目镜和叉丝之间装有小反射棱镜 d，照明光源经 d 反射后，照亮分划板 Q 的一小部分. 由于小棱镜 d 在视场中挡掉一部分光线，故呈现出它的阴影. 改变目镜 e 和分划板 Q 的相对位置，就能使目镜对叉丝聚焦清楚. 刻度盘下方转座与度盘止动螺丝 16 另一侧的望远镜止动螺丝 17 是用来固定望远镜托架的. 当望远镜止动螺丝 17 旋松后，可使望远镜在水平面内绕转轴转动，从而可以使望远镜调至所需要的方向. 当螺丝 17 固定后，还可调节望远镜微调螺丝 15 使望远镜在小范围内转动.

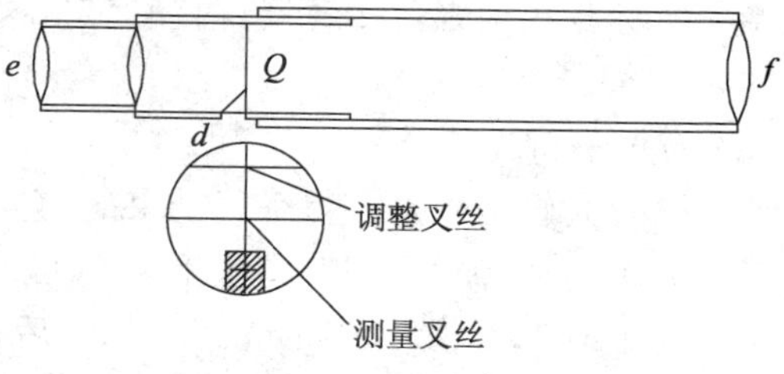

图 6-59

(2) 载物台.

载物台是用来放置棱镜、光栅等光学元件的装置. 它能绕通过平台中心的铅直轴转动，并可沿铅直轴升降，通过载物台锁紧螺丝 6 固定在任一高度上. 载物台下装有三个载物台调平螺丝 Z_1，Z_2，Z_3，用以改变载物台对铅直轴的倾斜度.

(3) 刻度盘.

望远镜和载物台的方位可由刻度盘确定. 外盘可通过底座与螺丝 16 的作用和望远镜连在一起. 外盘上表面有 0°～360°刻度，最小刻度是 0.5°(即 30′). 内盘和载物台通过螺丝 6 相连，内盘上相隔 180°有两个位置对称的小游标 V_1 和 V_2，各有 30 个分格，它和外盘上 29 个分格相当. 因此，分光计的最小读数可达 1′. 读数方法和游标卡尺的读数方法一样，只不过这里读取的是角度而已. 图 6-60 所示的读数为 152°48′，为消除刻度盘中心与转轴之间的偏心差，测量时应分别记下两个角游标的读数，然后算出每个角游标两次读数之差再取平均值.

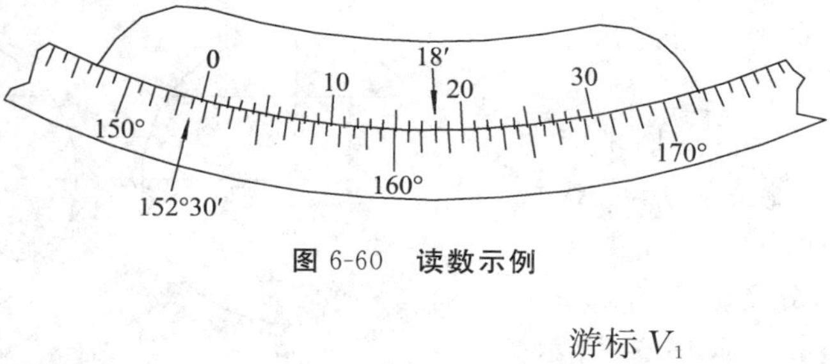

图 6-60 读数示例

例如：

	游标 V_1	游标 V_2
望远镜初始位置读数	θ_1：285°6′	θ_2：105°3′
望远镜转过 θ 角度后的读数	θ_1'：15°3′	θ_2'：195°4′

读数之差：游标 V_1 为(360°+15°3′)−285°6′=89°57′

游标 V_2 为 195°4′−105°3′=90°1′

望远镜转过的角度 $\theta=\frac{(|\theta'_1-\theta_1|+|\theta'_2-\theta_2|)}{2}=89°59'$

旋紧游标盘止动螺丝 25 可将内盘固定，这时仍可旋动游标盘微调螺丝 24 使之做微小的转动.

(4) 平行光管.

平行光管是用来获得平行光束的. 它的一端装有可调狭缝 1，缝宽可以通过狭缝宽度调节手轮 28 调节. 调节调焦手轮 2，可调节狭缝和物镜间的距离. 当狭缝位于物镜的焦平面上时，从狭缝入射的光经过物镜后将成为平行光束. 平行光管下方的平行光管光轴高低调节螺丝 27 用来改变平行光管倾斜度，整个平行光管和分光计的底座连在一起.

【实验内容及步骤】

(1) 分光计的调整.

为了精确测量，必须将分光计调整好. 现介绍分光计调节的要求和方法.

① 应用自准直原理使望远镜对无穷远聚焦.

调节望远镜光轴高低调节螺丝 12 使望远镜的光轴大致水平，点亮小棱镜 d 旁的小灯，旋转目镜，使得用眼能清晰地看到分划板 Q 上的叉丝. 调节载物台的调平螺丝 Z_1，Z_2，Z_3，使其大致水平. 将双面反射镜置于载物台上，载物台下三个调平螺丝和镜面位置如图 6-61 放置，使镜面大致垂直于望远镜的光轴. 左右转动载物台(或望远镜)，在望远镜中仔细寻找小十字叉丝的像. 起初，此像可能未落在分划板上，因而只见到模糊的绿色光斑. 若找不到光斑，则可调节望远镜光轴高低调节螺丝 12 以改变望远镜的倾斜度寻找. 直到找到光斑或像后，旋松目镜锁紧螺丝 9，前后整个移动目镜筒，使看到的小十字叉丝的像清晰为止. 这时望远镜已对无穷远聚焦，再旋紧螺丝 9. 在下面的调节中，除改变望远镜的倾角外，目镜筒前后不再移动.

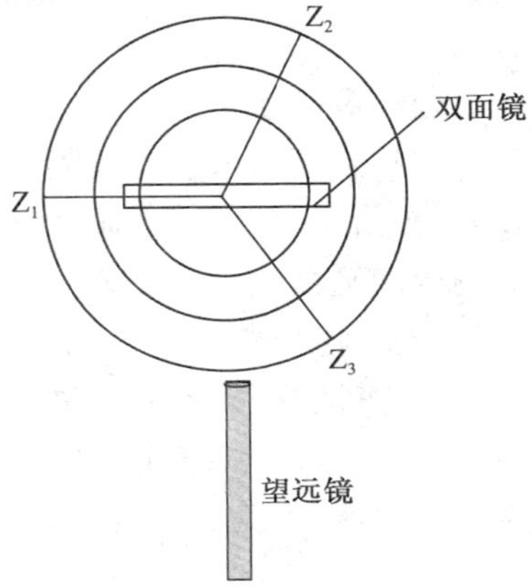

图 6-61　双面反射镜的放置

② 使望远镜的光轴与分光计的中心轴垂直.

当看清楚由镜面反射回来的亮十字像后，将载物台转动 180°，找到从双面镜的另一面反射回来的十字像，这时十字像与分划板上的调整叉丝一般并不重合，如图 6-62a 所示. 假如望远镜光轴与分光计的中心轴垂直，双面镜镜面又与分光计的中心轴平行时，载物台转动 180°前后，由双面镜两个镜面反射回来的十字像都与调整叉丝完全重合，如图 6-62b 所示. 但是一般情况下，望远镜光轴与分光计的转轴不垂直，双面

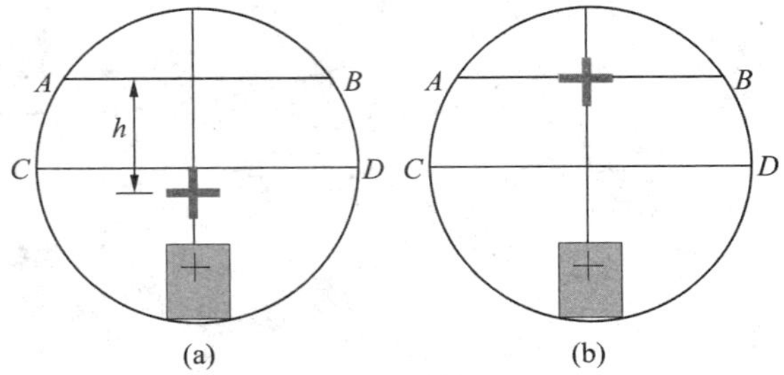

图 6-62　小叉丝像的调整

镜镜面也不与中心轴平行，那么转动载物台时，由两个反射面上反射回来的十字像必然不会都与调整叉丝重合，这时需调节载物台和望远镜的水平度. 调节时采用望远镜和载物台各调一半的逼近方法，使十字像与调整叉丝重合. 如果十字像与 AB 的距离为 h，可先调节载物台下螺丝 Z_3，使十字像与 AB 的距离大致趋近一半，如图 6-63 所示；再调节望远镜倾角螺丝 12 使十字像与调整叉丝重合，如图 6-62b 所示. 将载物台转动 180°，如图 6-64 所示. 用同样方法进行调节，调节载物台下螺丝 Z_2 和望远镜倾角螺丝 12. 如此重复数次，直至双面镜两个反射面反射回来的十字像都与调整叉丝重合. 这时望远镜光轴垂直于分光计的中心轴，望远镜不可再调了.

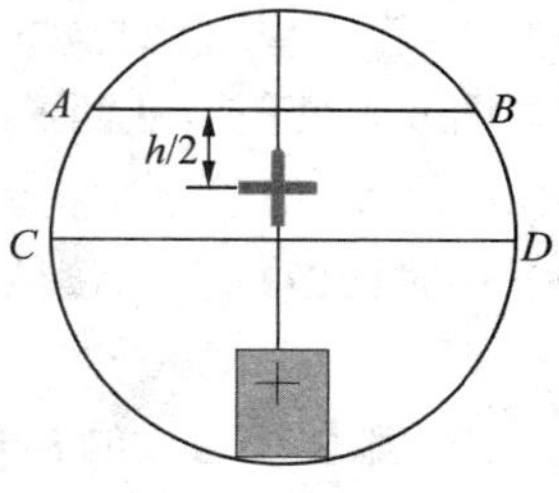

图 6-63　各半调节法示例

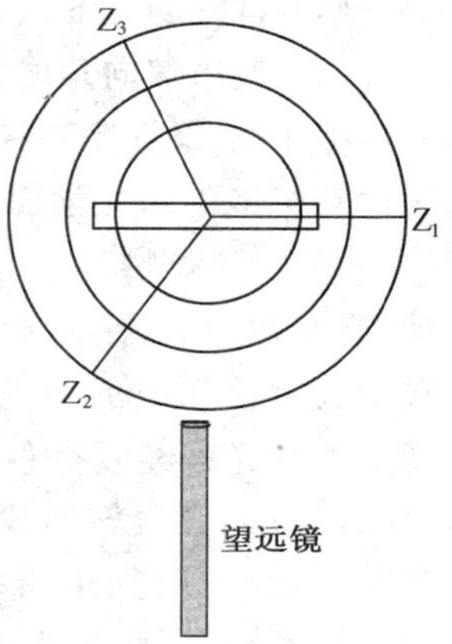

图 6-64　载物台下三螺丝位置

(3) 使平行光管的狭缝位于物镜的焦平面上，并使平行光管的光轴水平.

取下双面镜，将已调好的望远镜对准平行光管；用水银灯照明狭缝，调节调焦手轮 2，并调节狭缝宽度，从望远镜中能看到清楚的狭缝像；此时狭缝位于物镜的焦平面上，平行光管已发出平行光. 将狭缝头旋转 90°到水平位置，在望远镜中观察狭缝像，调节平行光管倾角螺丝 27(此时不得调节望远镜!)，使狭缝的像与测量叉丝水平线重合，此时平行光管光轴也垂直于分光计的中心轴. 将狭缝再转到垂直方向，并锁紧狭缝位置.

(2) 棱镜顶角的测量.

① 把三棱镜置于载物台上，为了便于调节，将棱镜三边与载物台上三条线平行，如图 6-65 所示. 使三棱镜的毛面对着平行光管，旋紧螺丝 6 和螺丝 25 固定载物台和内盘，点亮目镜中的小灯. 旋紧转座与度盘止动螺丝 16，转动望远镜，将望远镜对准光学面 AB，调节 Z_3，使 AB 面与望远镜光轴垂直(注意望远镜已调好，不可再动!). 再转动望远镜，将望远镜对准另一光学面 AC 对准望远镜，调节 Z_2，使 AC 面垂直于望远镜的光轴. 反复调节几次，直到由两个光学面上反射回来的十字像都能与分划板上的调整叉丝重合，这时两个光学面的法线都垂直于分光计的转轴，调好后就不要再移动三棱镜的位置.

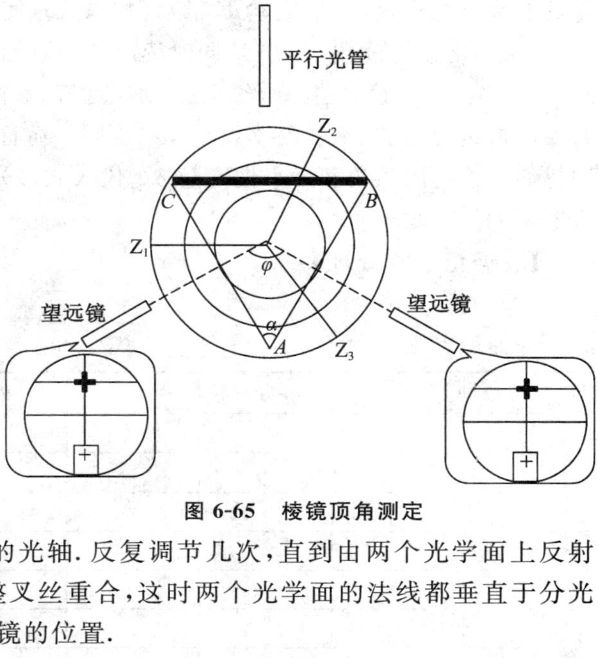

图 6-65　棱镜顶角测定

② 转动望远镜，对准棱镜的一光学面，用自准直法使小十字叉丝的像与调整叉丝

重合，旋紧望远镜止动螺丝 17，微调螺丝 15，使小十字叉丝的像与调整叉丝严格重合，如图 6-65 所示，从两游标上读取并记录刻度盘的读数 θ_1，θ_2.

③ 旋松望远镜止动螺丝 17，转动望远镜，参照步骤(2)使其与另一光学面垂直，记下这时两游标上的读数 θ_1'，θ_2'，

$$\varphi_1=|\theta_1-\theta_1'|,\varphi_2=|\theta_2-\theta_2'|$$

φ_1，φ_2 都是顶角 α 的补角，

$$\alpha=180^\circ-\frac{1}{2}(\varphi_1+\varphi_2)$$

(4) 重复测量 6 次，求出顶角 α 的平均值.

(3) 最小偏向角的测量.

① 用水银灯照亮狭缝，使平行光管射出的平行光束照射到棱镜的一光学面上.

② 松开载物台下锁紧螺丝 6，使载物台能自由转动，旋紧螺丝 25 使内盘固定，旋松望远镜止动螺丝 17，转动载物台和望远镜至图 6-66 所示位置. 从望远镜中观察平行光束经棱镜色散后的光谱线(如绿色谱线 $\lambda=546.1$ nm)，缓慢转动载物台，使光谱线往偏向角减小的方向移动. 这时如果谱线移出望远镜视场，则必须转动望远镜跟踪该谱线，将载物台沿原方向继续慢慢转动. 当棱镜转到某一位置后，发现谱线反而向相反方向移动，即偏向角不再减小反而增加，则在这个转折点上，棱镜对该出射光线而言，就处于最小偏向角位置.

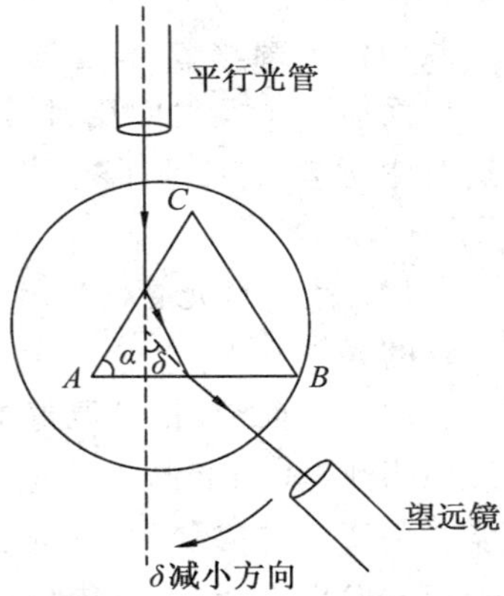

图 6-66　最小偏向角的测量

③ 反复调整，找出该谱线最小偏向角的确切位置，转动望远镜，使谱线的中心与分化板上竖直线重合，旋紧螺丝 17，微调螺丝 15，使谱线中心与分划板的竖直线严格重合，记录刻度盘的读数 θ_3，θ_4(须同时读出两个游标的读数).

④ 移去三棱镜，旋松螺丝 17，转动望远镜，参照步骤(3)，使狭缝的像与分划板的竖直线严格重合，记录刻度盘读数 θ_3'，θ_4'。同一游标两次读数差即为最小偏向角 $\delta_{\min}$，将测得的三棱镜的顶角和最小偏向角 $\delta_{\min}$ 代入式(2)计算出三棱镜对 $\lambda=546.1$ nm 光的折射率 n.

【数据记录与处理】

(1) 测量三棱镜的顶角 α.

仪器误差限 $\sigma_{仪}$ =____________

	θ_1	θ_2	θ_1'	θ_2'	φ_i	α_i	$(\alpha_i-\bar{\alpha}_i)^2$
1							
2							
3							
4							
5							
6							
平均值	—	—	—	—	—		

$$\sigma_{\bar{\alpha}} = \sqrt{\frac{\sum(\alpha_i - \bar{\alpha})^2}{n(n-1)}} = \_\_\_\_\_\_\_\_,\ \Delta_{仪} = \frac{\sigma_{仪}}{\sqrt{3}} = \_\_\_\_\_\_\_\_$$

$$\Delta_\alpha = \sqrt{\Delta_{\bar{\alpha}}^2 + \Delta_{仪}^2} = \_\_\_\_\_\_\_\_,\ \alpha = \bar{\alpha} \pm \Delta_\alpha = \_\_\_\_\_\_\_\_$$

(2) 测量最小偏向角.

θ_3	θ_4	θ_3'	θ_4'	$\lvert\theta_3-\theta_3'\rvert$	$\lvert\theta_4-\theta_4'\rvert$	$\delta_{\min}$

推导并计算出 n 的不确定度 Δ_n=________

测量结果：$n=\bar{n}\pm\Delta_n$=________，$E=\frac{\Delta_n}{n}$=________%

【思考题】

(1) 在望远镜分划板的中心有一点光源，试作图证明：

① 如果望远镜垂直于仪器公共轴，但双面镜平面与仪器公共轴成一不大的角度 α，那么在载物台转动 180°前后，由两个镜面反射回来的像必有一个在中心线的上方，另一个在中心线的下方，且和中心线等距.

② 如果双面镜平面与分光计中心轴平行，望远镜倾斜不大的角度 α，那么在载物台转动 180°前后，由两镜面反射回来的像位置不变.

(2) 若双面镜两面反射的十字像，两者均偏离调整叉丝的水平线，一个偏上距离为 a，另一个偏下距离为 $5a$，此时应如何调节？

(3) 除实验中所述方法外，有无其他用分光计测量三棱镜顶角的方法？如果有，画出原理光路图，写出测量公式.

实验十四　牛顿环和劈尖干涉实验

【实验目的】

(1) 观察等厚干涉现象，了解其特点，加深对光的波动性的认识.

(2) 学会用干涉法测量透镜的曲率半径，微小厚度或直径.

(3) 掌握读数显微镜的原理和使用方法.

【实验器材】

读数显微镜、钠光灯、牛顿环仪、劈尖仪.

【实验原理】

(1) 牛顿环.

如图 6-67 所示，在平玻璃板 B 上放一曲率半径较大的平凸透镜 A，这一装置称为牛顿环仪. 透镜凸面和平玻璃板互相接触，A 与 B 之间就形成一个空气薄膜层，其厚度从中心接触点向边缘逐渐增加，离接触点距离相等的地方，空气膜的厚度相同. 当单色光束从上面投射到牛顿环仪上时，由平凸透镜下

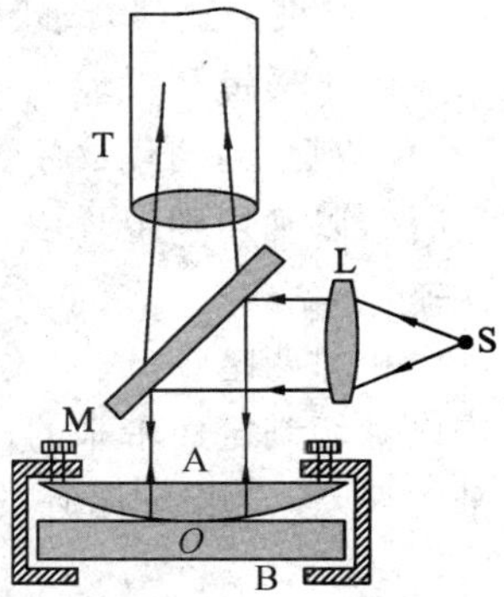

图 6-67　牛顿环仪结构

表面反射的光和平玻璃板上表面反射的光发生干涉，空气膜厚度相等的地方干涉的结果相同，因此，干涉条纹为空气膜等厚点的轨迹，这种干涉称为等厚干涉. 在牛顿环仪中，空气膜等厚点的轨迹是以接触点为中心的同心圆，因此，干涉条纹也是以接触点为中心的明暗相间的同心圆环，这样一簇圆环形的干涉条纹叫作牛顿环.

设入射光的波长为 λ，当光线垂直入射时，距接触点 O 距离为 r 处的空气膜的厚度为 d，则上、下表面反射光的光程差为

$$\delta=2d+\frac{\lambda}{2} \qquad (1)$$

式中，$\frac{\lambda}{2}$ 为附加光程差，这是由光从光疏媒质到光密媒质的分界面反射时发生半波损失所引起的.

由图 6-68 所示的几何关系可知

$$R^2=r^2+(R-d)^2=R^2-2Rd+d^2+r^2$$

式中，R 为平凸透镜的曲率半径，一般为几十厘米至数米，而 d 最大也超不过几毫米，因此有 $R\gg d$. 所以，可略去 d^2 项得到

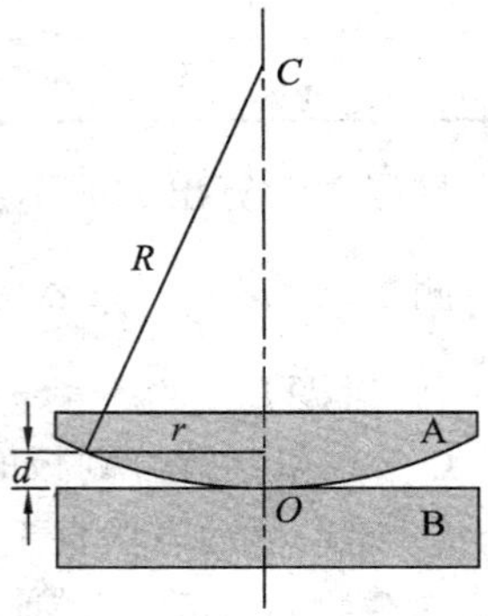

图 6-68　牛顿环仪的几何关系

$$d=\frac{r^2}{2R} \qquad (2)$$

由干涉条件可知，当光程差为半波长的奇数倍时，将发生相消干涉，也就是产生暗条纹(即暗环). 设 k 级暗条纹处的空气膜的厚度为 d_k，环纹的半径为 r_k，由式(1)有

$$2d_k+\frac{\lambda}{2}=(2k+1)\frac{\lambda}{2} \qquad (3)$$

式中，$k=0,1,2,3,\cdots$，k 为环纹的干涉级次，环心为 0 级，向外依次为 1 级，2 级，3 级，……

将式(2)代入式(3)得

$$r_k=\sqrt{kR\lambda} \qquad (4)$$

同理，k 级明环半径为

$$r'_k=\sqrt{(2k-1)R\frac{\lambda}{2}} \quad (k=1,2,3,\cdots) \qquad (5)$$

由上述讨论可知，如果已知波长 λ，只要测出 k 级暗环的半径 r_k(或 k 级明环半径 r'_k)，即可根据式(4)或式(5)计算出平凸透镜的曲率半径 R.

由于透镜和平玻璃接触时会发生弹性形变，同时接触处表面可能有微小灰尘存在，因而所观察到的环纹序数与环纹级次不一致. 同时，圆心位置不易测准，从而导致在测量时难以确切判定环纹的干涉级数和精确测量其半径，这会给测量带来较大的系统误差.

相邻两暗纹(或明纹)总相差一级，因此，可以通过两暗环之差，消除上述干涉级数难以确切判定而带来的误差，并通过测量环纹的直径消除上述圆心位置不易测准而带来的误差. 设第 m 暗环的半径为 r_m，第 n 暗环的半径为 r_n，根据式(4)有

$$r_m^2=mR\lambda$$

$$r_n^2=nR\lambda$$

两式相减得 $r_m^2-r_n^2=(m-n)R\lambda$

即
$$R=\frac{r_m^2-r_n^2}{(m-n)\lambda}=\frac{D_m^2-D_n^2}{4(m-n)\lambda} \quad (6)$$

测出第 m 环的直径 D_m 和第 n 环的直径 D_n(见图 6-69),将 m,n,D_m,D_n 代入式(6),就可求出平凸透镜的曲率半径 R.

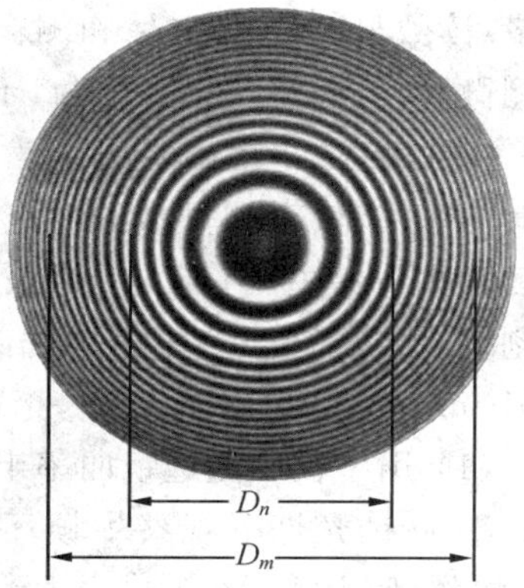

图 6-69 牛顿环

(2) 劈尖.

如图 6-70 所示,将两块光学玻璃板一端叠在一起,另一端夹一根直径为 D 的细丝(或一薄片),则在两玻璃板间形成一空气劈尖,该装置称劈尖仪(通常简称劈尖).当用单色光垂直照射时,与牛顿环一样,上玻璃板的下表面和下玻璃板的上表面反射的两束光产生干涉.

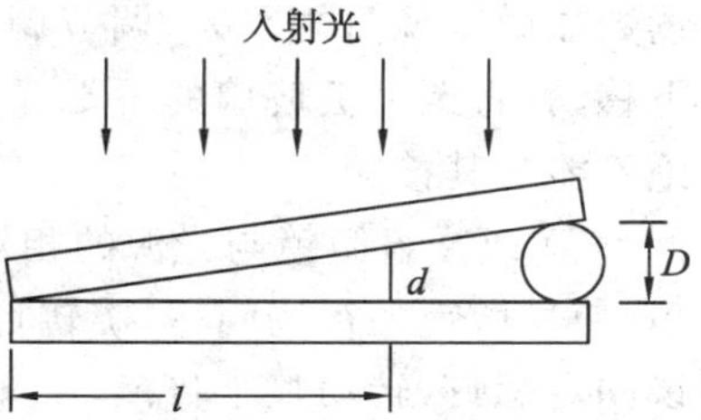

图 6-70 劈尖仪

设距离两玻璃板交接线(棱边)l 处的玻璃板间空气的厚度为 d,则上下两表面所反射的两束光的光程差为

$$\delta=2d+\frac{\lambda}{2}$$

根据干涉条件,当光程差等于 $\lambda/2$ 的奇数倍时发生相消干涉,也就是产生暗条纹.由上式可得

$$2d_k+\frac{\lambda}{2}=(2k+1)\frac{\lambda}{2} \quad (k=0,1,2,3,\cdots)$$

$$d_k=k\frac{\lambda}{2} \quad (7)$$

式中,d_k 为 k 级暗条纹对应的两玻璃板间空气薄膜的厚度.

空气劈尖所产生的干涉条纹,是一簇与两玻璃板棱边平行且间隔相等的平行条纹(见图 6-71).

图 6-71 劈尖仪的干涉条纹

从式(7)可知,如果知道波长 λ,测出从棱边到所夹细丝(或薄片)处暗条纹的条纹数,即可算出细丝的直径 D(或薄片的厚度).实验中,因 k 值较大,不易读出,为避免误读条纹数,可测量 x 条干涉条纹间的长度 L_x,如 $x=30$,得出单位长度干涉条纹数 $n=\frac{x}{L_x}=\frac{30}{L_x}$.若棱边到金属丝直径间距离为 L,将干涉条纹数 $k=n\cdot L$ 代入式(7)即得到金属丝直径为

$$D=n\cdot L\cdot\frac{\lambda}{2}=\frac{30}{L_x}\cdot L\cdot\frac{\lambda}{2}=15\lambda\frac{L}{L_x} \quad (8)$$

【实验内容及步骤】

实验装置如图 6-72 所示,读数显微镜由测微螺旋装置和显微镜两部分组成,具有放大微小物体和测量微小长度的作用.由于干涉条纹的宽度较小,应采用读数显微镜来

测量.读数显微镜的主尺和测微鼓轮的结构原理与螺旋测微计相同,主尺每一格为1 mm,测微鼓轮圆周等分100小格,装在可旋转的测微螺旋丝杆上,丝杆装在螺母套筒中.当转动测微鼓轮时,丝杆推动显微镜和主尺的读数刻线沿主尺移动,测微鼓轮转动一周,主尺的读数刻线沿主尺移动1 mm,因此测微鼓轮上一小格代表0.01 mm,可估计到千分之一毫米.

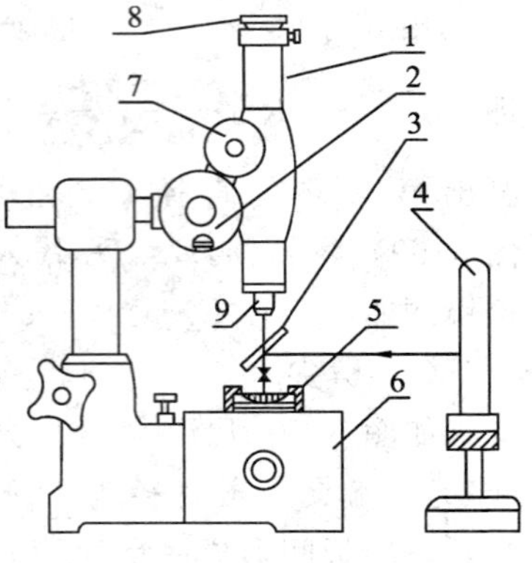

1—镜筒;2—测微鼓轮;
3—平板玻璃;4—钠光灯;
5—牛顿环仪;6—载物台;
7—调焦手轮;8—目镜;
9—物镜

图 6-72 读数显微镜结构及实验装置

(1) 用牛顿环测透镜曲率半径.

① 在钠光灯下观察牛顿环仪,调节牛顿环仪上的3个螺丝,使干涉环纹的中心大致处在牛顿环仪的中央.

② 将牛顿环仪置于载物台上,并使牛顿环仪处在读数显微镜镜筒的下方,调节调焦手轮,使镜筒缓慢向下移动,直至平板玻璃的下端靠近牛顿环仪上表面,但绝不能与其接触.

③ 改变显微镜与光源的相对位置和平板玻璃的倾角,使显微镜的视场明亮,旋转目镜,直至能够清晰地看到分划板上的十字叉丝.松开目镜固定螺钉,转动整个目镜,使叉丝的竖线垂直于显微镜的主尺(即垂直于镜筒移动的方向),然后固定好螺钉.

④ 旋转调焦手轮,显微镜镜筒缓慢上升,使显微镜对干涉环纹调焦,直至看到清晰的牛顿环纹.此时缓慢平移牛顿环仪,使干涉环纹中心与十字叉丝交点大致重合.

⑤ 由于暗环容易对准,因而测量时对准暗环较好.转动测微鼓轮使十字叉丝交点从环中心向一侧(如向左)移动,为消除丝杆与螺母之间的间隙所造成的系统误差,使十字叉丝交点先超过第30圈暗环,然后反向转动测微鼓轮后退到第30圈暗环并使十字叉丝的竖线与该暗环中间相切,记下读数.继续旋转测微鼓轮,使十字叉丝的竖线依次与第29,28,27,26,…,11等暗环中间相切,并记录读数.再继续转动测微鼓轮,使十字叉丝交点越过牛顿环中心,向另一侧(如向右)移动,依次记录第11,12,13,14,…,30等暗环读数.

⑥ 分别取左右两侧同一暗环读数之差,求出各暗环的直径,算出各直径的平方值.为了充分利用所测得的全部数据和提高测量的精确度,采用逐差法来处理数据.将每相隔10级的两暗环直径平方进行组合(第30与20环、第29与19环、第28与18环,……,第21与11环),共10组,每组中 $m-n=10$.求出10组 $D_m^2-D_n^2$,再求出 $D_m^2-D_n^2$ 的平均值.

⑦ 利用 $R=\dfrac{D_m^2-D_n^2}{4(m-n)\lambda}$ 计算出透镜的曲率半径.

(2) 用劈尖干涉条纹测金属丝直径.

① 将劈尖仪(金属细丝已夹在两玻璃一端)放在载物台上,从目镜中观察干涉条纹.若条纹不清晰,可调节调焦手轮,上下移动显微镜镜筒,直至从目镜中观察到清晰的干涉条纹.

② 分别测出3个不同地方的30个条纹的长度 L_x,然后求平均值代入公式计算.

【数据记录与处理】

透镜曲率半径的测量

$\lambda=589.3$ nm

环纹序数 / 方向	30	29	28	27	26	25	24	23	22	21
左/mm										
右/mm										
环纹序数 / 方向	20	19	18	17	16	15	14	13	12	11
左/mm										
右/mm										
$D_m^2-D_n^2/\text{mm}^2$										

用逐差法处理实验数据，根据公式求出透镜的曲率半径 R.

金属丝直径的测量

$\lambda=589.3$ nm，$L=$________ mm

S_1/mm			
S_2/mm			
L_x/mm			

根据式(8)计算出金属细丝的直径 D.

【注意事项】

(1) 使用读数显微镜时，为避免空程差，测量时必须向同一方向旋转，中途不可倒退.

(2) 读数显微镜镜筒应自下向上移动，切莫使镜筒与牛顿环仪装置触碰.

(3) 牛顿环仪的3个调节螺丝不可旋得过紧，以免接触点处压力过大引起较大形变，同时也不可过松，使接触点不稳定.

【思考题】

(1) 如果被测透镜是平凹透镜，能否应用本实验的方法测量其曲率半径？如果能，画出测量原理图，并推导出相应的测量公式.

(2) 在牛顿环实验中，若测出的是弦长而不是直径，如图6-73所示，对实验结果是否有影响？

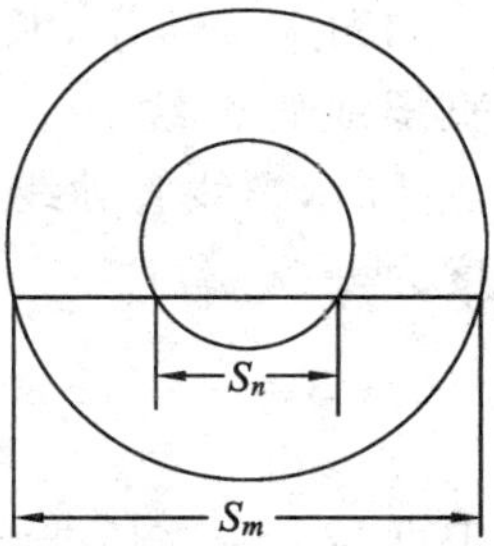

图 6-73 牛顿环实验测量弦长示意

(3) 为什么不利用公式 $r_k^2=kR\lambda$ 计算 R？

(4) 能否用液体劈尖仪产生的干涉条纹来测量液体的折射率？

(5) 牛顿环的实验结果能否用图解法处理？若能，应如何进行？

(6) 若将牛顿环仪倒过来放置，干涉条纹是否变化？为什么？

7 综合提高性实验

实验十五　用霍尔传感器测量螺线管磁场

【实验目的】

(1) 测量螺线管激励电流与集成霍尔传感器输出关系，了解和熟悉霍尔效应的物理规律.

(2) 熟悉集成霍尔传感器的特性和应用.

(3) 利用集成霍尔传感器测量螺线管内磁感应强度与位置间关系，并绘制磁感应强度与位置关系图，从而学会用霍尔元件测量磁感应强度的方法.

【实验器材】

螺线管磁场测定仪包含带有集成霍尔传感器探测棒的螺线管、直流稳流电源(0～500 mA)、直流稳压电源(包括 4.8～5.2 V 和 2.4～2.6 V 两路)、数字电压表(包括测量范围 0～20 V 和 0～20 mV 两挡)、单刀双向开关 K_1、双刀双向开关 K_2 及若干导线. 螺线管主要参数为：长度 $L=260.0$ mm，平均直径 $\overline{D}=35.0$ mm，匝数 $N=3\,000$.

【实验原理】

(1) 长直载流螺线管的磁感应强度.

如图 7-1 所示，长为 L、半径为 R 的长直螺线管密绕有 N 匝线圈，当它通有电流 I 时，螺线管轴线上点 P 处的磁感应强度为

$$B=\frac{\mu_0 NI}{2L}(\cos\beta_2-\cos\beta_1) \tag{1}$$

在中点 O 处

$$B_O=\frac{\mu_0 NI}{(L^2+4R^2)^{\frac{1}{2}}} \tag{2}$$

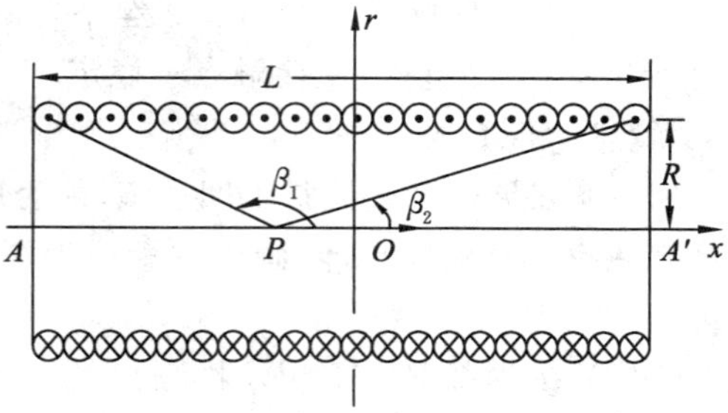

图 7-1　长直载流螺线管剖面图

在两端点处

$$B_A=B_{A'}=\frac{\mu_0 NI}{2(L^2+R^2)^{\frac{1}{2}}} \tag{3}$$

在中点 O 处磁感应强度最强，靠近两端时感应强度逐渐减弱. 当 $L\gg R$ 时，$B_A=B_{A'}=B_O/2$，B 沿 x 轴的分布如图 7-2 所示.

本实验利用霍尔传感器来测量螺线管中轴线各点的磁感应强度，从而得出其分布规律.

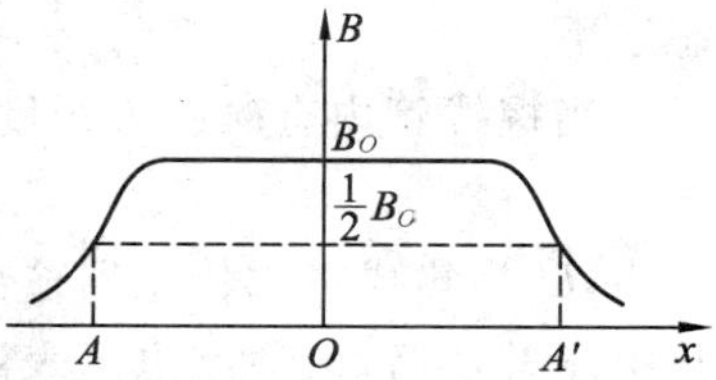

图 7-2　螺线管中 B-x 分布图

(2) 霍尔效应.

在磁场中置入一个如图 7-3 所示的半导体(设载流子是电子)长方形薄片，并使半导体片与磁感应强度 B 的方向垂直. 如在半导体 E，E' 两端通以控制电流 I_C(或称工作电流)，那么在另外两端 D，D' 间就会出现电势差，这种现象叫作霍尔效应，其电势差 $U_D - U_{D'} = U_H$ 称为霍尔电压. 此类半导体片叫作霍尔元件.

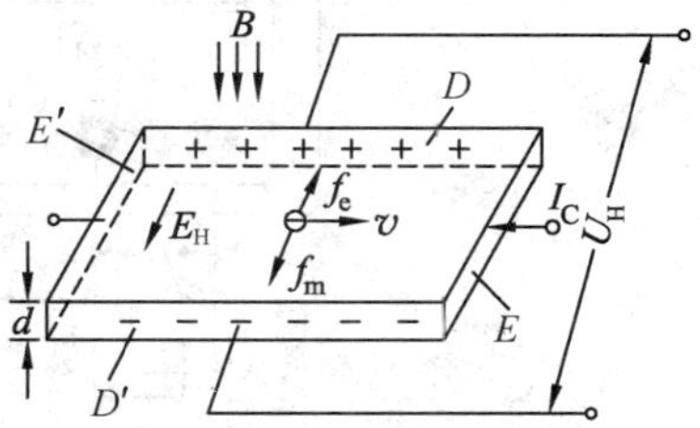

图 7-3　霍尔元件

霍尔效应的出现，是运动的电子在磁场中受到洛伦兹力的作用而导致的. 当在霍尔元件两端通上电流 I_C 时，其中的电子就产生定向运动，由于受到洛伦兹力 f_m 作用而偏转，不断地向 D' 端聚集，而在 D 端则带上等量的正电荷，这样就在 D 与 D' 之间建立了附加电场 E_H，它被称作霍尔电场. E_H 作用在电子上的电场力 f_e 和洛伦兹力 f_m 方向相反，开始时，$f_e < f_m$，但随着电子不断聚积到 D' 端，E_H 不断增大，f_e 也随之增大，直到 $f_e = f_m$ 时，D 与 D' 端面上的电荷不再增加，形成一个稳定电场. 这时 D 与 D' 两端的霍尔电压 U_H 就达到稳定值. 根据实验可证明，霍尔电压 U_H 与磁感应强度 B 及控制电流 I_C 成正比.

当 B，E_H，I 两两相互垂直时，有以下数量关系：

$$U_H = (R_H/d) I_C B = K_H I_C B \tag{4}$$

式中，R_H 是由半导体本身电子迁移率决定的物理常数，称为霍尔系数；K_H 称为霍尔元件的霍尔灵敏度，其大小与霍尔元件所选用的材料性质及薄片的大小、几何形状等因素有关，对于一定的霍尔元件而言，K_H 是一个常数；B 为磁感应强度；I_C 为流过霍尔元件的电流强度.

虽然理论上霍尔元件在无磁场作用($B=0$)时，U_H 应当为零，但实际情况中用数字电压表测量 U_H 并不为零. 这是由于半导体材料结晶不均匀、热负效应及各电极不对称等引起的电势差，该电势差 U_0 称为剩余电压.

随着科技的发展，新的集成化霍尔元件不断被研制出来. 本实验采用 SS95A 型集成霍尔传感器，它由霍尔元件、放大器和薄膜电阻剩余电压补偿器组成. 测量时输出信号大，并且剩余电压的影响已被消除.

一般的霍尔元件有 4 根引线：2 根为输入霍尔元件工作电流的“电流输入端”，接在可调的电源回路内；另两根为霍尔元件的“霍尔电压输出端”，接在数字电压表上. 而 SS95A 型集成霍尔传感器只有 3 根引线，分别是“V_+”“V_-”“OUT”，其中“V_+”和“V_-”构成“电流输入端”，“OUT”和“V_-”构成“电压输出端”.

本实验所用装置 SS95A 型集成霍尔传感器的工作电流已设定为标准工作电流，使用时必须使传感器处于该标准状态. 在实验时，只要在磁感应强度为零(零磁场)时，调节“V_+”“V_-”所接的电源电压，使输出电压为 2.500 V，则该传感器就处于标准工作状态之下.

当螺线管内有磁感应强度且集成传感器在标准工作电流时,由式(4)可得

$$B=(U-2.500)/K=U'/K \tag{5}$$

式中,U 为集成霍尔传感器输出电压;K 为该传感器的输出灵敏度;U'为用 2.500 V 外接电压补偿后,由数字电压表测出的传感器输出的电压值.

【实验内容及步骤】

(1) 按图 7-4 连接实验线路.两开关 K_1,K_2 均置于断开状态.

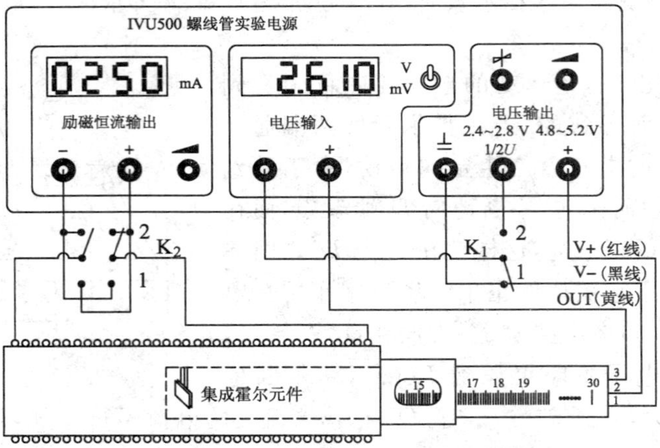

图 7-4 通电螺线管磁场测定实验装置

(2) 集成霍尔传感器工作状态标准化.

在集成霍尔传感器处于零磁场条件下,把开关 K_1 指向 1,调节 4.8~5.2 V 电源的电压输出,使数字电压表上显示的 OUT 与 V_- 之间的电压指示值为 2.500 V,这时集成霍尔元件便达到了标准化工作状态,即集成霍尔传感器中通过的电流达到规定的数值,且剩余电压恰好被补偿.

(3) 集成霍尔传感器剩余电压的补偿.

开关 K_2 仍悬空,在保持 V_+ 和 V_- 电压不变的情况下,把开关 K_1 指向 2,将数字电压表量程开关指向 mV 挡,调节 2.4~2.6 V 电源输出电压,使数字电压表指示为 0.也就是用一个外接 2.500 V 的电位差与集成霍尔传感器输出的 2.500 V 电位差进行补偿,这样可直接用数字电压表读出集成霍尔传感器输出的电压 U'.

(4) 集成霍尔传感器的定标.

将集成霍尔传感器置于螺线管的中间位置(即 $x=15.00$ cm),合上开关 K_2,调节螺线管励磁电流 I_m,在 0~500 mA 电流输出范围内每隔 50 mA 测出集成霍尔传感器的输出电压,改变 K_2 方向再测一次,记录测量数据.

(5) 测量螺线管中的磁场分布.

调节励磁电流 I_m 为 250 mA,移动集成霍尔传感器在螺线管轴线上的位置 x,每隔 1.00 cm 测出集成霍尔传感器电压输出值 U_1.将开关 K_2 反向,测出反向励磁电流时的集成霍尔传感器电压输出值 U_2.x 范围为 0~30.00 cm,两端的测量数据点应比中心位置附近的测量数据点密一些.

【数据记录与处理】

(1) 数据记录与处理表格自拟.

(2) 求出集成霍尔传感器的输出灵敏度 K.

① 根据实验中记录的励磁电流 I_m 和霍尔电压 U',利用最小二乘法通过计算器或计算机编程求出斜率 $\delta U/\delta I_m$ 和相关系数 γ.

② 利用无限长直螺线管磁场的理论计算公式 $B=\mu_0 n I_m$,求出集成霍尔传感器的输出灵敏度.

$$K'=\delta U/(\mu_0 n \delta I_m)$$

式中,n 为螺线管单位长度内线圈的匝数,$n=N/L$.

由于通电螺线管长度有限,因此,需以通电螺线管中心点磁感应强度计算值为标准值,来校准实验装置上 SS95A 型集成霍尔传感器的输出灵敏度,校准公式为

$$K=\delta U/(\mu_0 n \delta I_m L/\sqrt{L^2+\bar{D}^2})$$

(3) 验证螺线管磁场分布的规律.

利用校准后的集成霍尔传感器的输出灵敏度 K 计算出螺线管内不同位置处的磁感应强度,作出 B-x 分布图.

设磁场变化小于 1% 的范围为均匀区,计算并在图上标出均匀区的磁感应强度平均值 $\bar{B}_0$ 及均匀区范围(包括位置与长度);计算并在图上标出端点 A 与 A' 处的位置坐标,量出点 A 与 A' 间的距离,与螺线管的长度 L 做比较.

【注意事项】

(1) 集成霍尔元件的 V_+ 和 V_- 极不能接反,否则会损坏霍尔元件.

(2) 仪器应预热 10 min 后再开始测量数据.

【思考题】

(1) 什么是霍尔效应?霍尔传感器在科研中有何用途?

(2) 如果螺线管在绕制中两边单位长度的匝数不相同或绕制不均匀,这时将出现什么情况?在绘制 B-x 分布图时,如果出现此情况,怎样求端点 A 和 A'?

(3) SS95A 型集成霍尔传感器的工作电流为何必须标准化?如果该传感器工作电流大些,对其灵敏度有何影响?

实验十六　动态磁滞回线和磁化曲线的测量

【实验目的】

(1) 了解磁性材料的磁滞回线和磁化曲线的概念,加深对铁磁材料的矫顽力、剩磁和磁导率等重要物理量的理解.

(2) 用示波器测量软磁材料的磁滞回线和基本磁化曲线,求该材料的饱和磁感应强度、剩磁、矫顽力和磁滞损耗.

(3) 用示波器显示硬铁磁材料的交流磁滞回线,并与软磁材料进行比较.

【实验器材】

交流电源、调压变压器、螺绕环（$N_1=50$ 匝，$N_2=150$ 匝，$L=60$ mm，$S=80$ mm^2）、电容器（$C=20$ μF）、双踪示波器、变阻器、固定电阻若干、连接导线若干.

【实验原理】

磁性材料在通信、计算机信息存储、电力、电子仪器、交通工具等领域有着十分广泛的应用.磁滞回线和磁化曲线反映磁性材料在外磁场作用下的磁化特性，根据材料的不同磁特性，可以用于电动机、变压器、电感、电磁铁、永久磁铁、磁记忆元件等.铁磁材料分为硬磁和软磁两类.硬磁材料（如模具钢）的磁滞回线宽，剩磁和矫顽力较大（120～20 000 A/m，甚至更高），因而磁化后其磁感应强度能保持，适宜制作永久磁铁.软磁材料（如铁氧体）的磁滞回线窄，矫顽力小（一般小于 120 A/m），但它的磁导率和饱和磁感应强度大，容易磁化和去磁，故常用于制造电机、变压器和电磁铁.可见，铁磁材料的磁滞回线和磁化曲线是该材料的重要特性，也是设计电磁机构或仪表的依据之一.

交流电动机、变压器的铁芯都是在交流状态下使用的，所以动态磁滞回线的测量在工业中有极其重要的应用.

(1) 铁磁物质的磁滞现象.

铁磁性物质的磁化过程很复杂，主要原因是它具有磁性.人们一般都是通过测量磁化场的磁场强度 H 和磁感应强度 B 之间的关系来研究其磁化规律的.

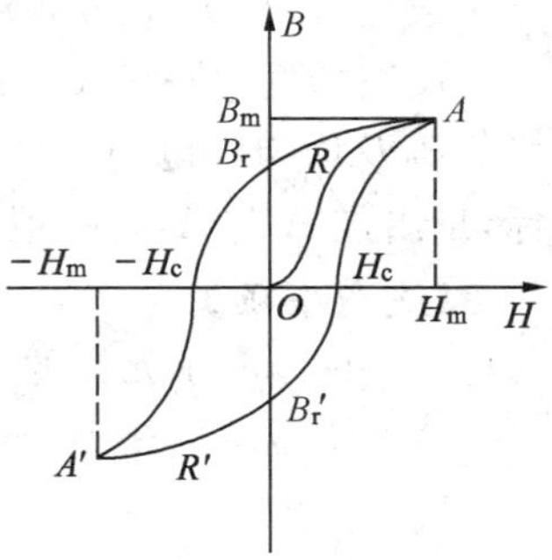

图 7-5　磁滞回线和磁化曲线

如图 7-5 所示，当铁磁物质中不存在磁化场时，H 和 B 均为零，在 H-B 图中则相当于坐标原点 O.随着磁场强度 H 的增加，磁感应强度 B 也随之增加，但两者之间并不满足线性关系.当 H 增加到一定值时，B 不再增加或增加得十分缓慢，这说明该物质的磁化已达到饱和状态.H_m 和 B_m 分别为饱和时的磁场强度和磁感应强度（对应于图中点 A）.如果再使 H 逐步减小到零，与此同时 B 也逐渐减小，但其轨迹并不沿原曲线 AO，而是沿另一曲线 AR 下降到 B_r，这说明当 H 下降为零时，铁磁物质中仍保留一定的磁性.将磁化场反向，再逐渐增加其强度，直至 $H=-H_m$，这时曲线达到点 A'（即反向饱和点），然后使磁场强度退至 $H=0$，再使正向磁场强度逐渐增大，直到饱和值 H_m 为止.如此就得到一条与 ARA' 对称的曲线 $A'R'A$，而自点 A 出发又回到点 A 的轨迹为闭合曲线，称为铁磁物质的磁滞回线，此属于饱和磁滞回线.其中，回线和 H 轴的交点值 H_C 称为矫顽力；回线与 B 轴的交点值 B_r 称为剩磁.

(2) 利用示波器观测铁磁材料动态磁滞回线.

用示波器测量动态磁滞回线的电路原理如图 7-6 所示.将样品制成闭合环状，其上均匀地绕以磁化线圈 N_1 及副线圈 N_2.交流电压加在磁化线圈 N_1 上，线路中串联了一个取样电阻 R_1，将两端的电压 U 加到示波

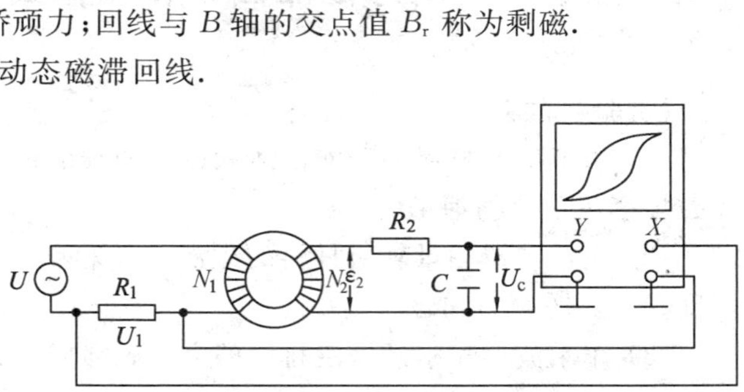

图 7-6　用示波器测量动态磁滞回线的电路图

器的 X 轴输入端上. 副线圈 N_2、电阻 R_2 和电容 C 串联成一个回路,将电容两端的电压 U_c 加到示波器的 Y 轴输入端,因此在示波器上可以显示、测量铁磁材料的磁滞回线.

① 磁场强度 H 的测量.

设环状样品的平均周长为 L,磁化线圈的匝数为 N_1,磁化电流为交流正弦电流 i_1,由安培回路定律得 $HL=N_1 i_1$,而 $U_1=R_1 i_1$,所以可得

$$H=\frac{N_1}{LR_1}U_1 \tag{1}$$

式中,U_1 为取样电阻 R_1 上的电压.

由式(1)可知,在已知 R_1,L 和 N_1 的情况下,测得 U_1 的值后即可用式(1)计算磁场强度 H.

② 磁感应强度 B 的测量.

设样品的截面积为 S,根据电磁感应定律,在匝数为 N_2 的副线圈中感生电动势为

$$\varepsilon_2=-N_2 S\frac{\mathrm{d}B}{\mathrm{d}t} \tag{2}$$

若副线圈所接回路中的电流为 i_2,且电容 C 上的电荷量为 Q,则有

$$\varepsilon_2=R_2 i_2+\frac{Q}{C} \tag{3}$$

式(3)中,由于副线圈匝数不太多,因而自感电动势可忽略不计. 在选定线路参数时,将 R_2 和 C 都取较大值,使电容 C 上电压 $U_c=\frac{Q}{C}\ll R_2 i_2$,可忽略不计,于是式(3)可写为

$$\varepsilon_2=R_2 i_2 \tag{4}$$

将电流 $i_2=\frac{\mathrm{d}Q}{\mathrm{d}t}=C\frac{\mathrm{d}U_c}{\mathrm{d}t}$代入式(4)得

$$\varepsilon_2=R_2 C\frac{\mathrm{d}U_c}{\mathrm{d}t} \tag{5}$$

把式(2)代入式(5)得

$$-N_2 S\frac{\mathrm{d}B}{\mathrm{d}t}=R_2 C\frac{\mathrm{d}U_c}{\mathrm{d}t} \tag{6}$$

在将式(6)两边积分时,由于 B 和 U_c 都是交变的,积分常数项为零,于是在不考虑负号(在这里仅仅指相位差 $\pm\pi$)的情况下,磁感应强度为

$$B=\frac{R_2 C}{N_2 S}U_c \tag{7}$$

式中,R_2,N_2,S 和 C 皆为常数,通过测量电容两端电压幅值代入式(7),即可求得材料磁感应强度 B 的值.

当磁化电流变化一个周期时,示波器的光点将描绘出一条完整的磁滞回线,以后每个周期都重复此过程,形成一个稳定的磁滞回线.

③ 磁滞损耗的测量.

由上述分析可知,铁磁材料的磁性状态变化时,磁化强度滞后于磁场强度,其磁感应强度 B 与磁场强度 H 之间呈现磁滞回线关系. 磁滞损耗就是指铁磁材料在磁化过程中由磁滞现象引起的能量损耗. 经一次循环,每单位体积铁芯中的磁滞损耗等于磁滞回线的面积. 这部分能量转化为热能,使设备升温,效率降低,这在交流电机一类设备中是

不希望出现的.因此,电机、变压器、继电器等设备制造中往往选择磁滞回线狭窄、磁滞损耗相对较小的软磁材料,如硅钢片等.

【实验内容及步骤】

(1) 观察和测量软磁铁氧体材料的动态磁滞回线和基本磁化曲线.

① 按图 7-6 要求接好电路图.

② 将示波器光点调至荧光屏中心.从零开始逐渐缓慢增大磁化电流,直至磁滞回线上的磁感应强度 B 达到饱和(即 H 值达到足够高时,曲线有变平坦的趋势,这一状态为饱和状态).示波器的 X 轴和 Y 轴分度值调整至适当位置,使磁滞回线的 H_m 和 B_m 尽可能充满整个荧光屏,且图形为不失真的磁滞回线图形.

③ 记录饱和磁滞回线的顶点(H_m 和 B_m)、剩磁和矫顽力读数(以长度为单位),并在两两之间的适当位置加测一点坐标值.

④ 测量软磁铁氧体材料的基本磁化曲线.现将磁化电流慢慢从大至小进行调节,退磁至零.再从零开始,由小到大测量不同磁滞回线顶点的读数值 H_i 和 B_i,直至饱和磁滞回线.

(2) 观察和测量硬磁材料的动态磁滞回线和基本磁化曲线.

① 将样品换为硬磁材料,经退磁后,从零开始由小到大增加磁化电流,直至磁滞回线达到磁感应强度饱和状态.调节 X 轴和 Y 轴分度值,使磁滞回线为不失真图形.注意硬磁材料交流磁滞回线与软磁材料有明显区别,硬磁材料在磁场强度较小时,交流磁滞回线为椭圆形回线,而达到饱和状态时为近似矩形图形.硬磁材料的直流磁滞回线和交流磁滞回线也有很大区别.

② 重复步骤(1),观察和测量硬磁材料的动态磁滞回线和基本磁化曲线.

【数据记录与处理】

自拟数据记录和处理表格,用坐标纸绘制铁磁材料两种样品的饱和磁滞回线和基本磁化曲线,测定两种样品的饱和磁感应强度 B_m、剩磁 B_r、矫顽力 H_c,并计算各自的磁滞损耗.

【思考题】

(1) 根据显示磁滞回线所用的 R_2 和 C,核算是否满足 $R_2 \gg \frac{1}{\omega C}$.

(2) 在改变励磁电流 i_1 时,可观察到 i_1 变小时磁滞回线变陡;反之变平.为什么?

实验十七　声速测量

【实验目的】

(1) 学会用相位比较法和共振干涉法测量空气中的声速.

(2) 加深对驻波及振动合成等理论知识的理解.

(3) 培养综合使用仪器的能力.

【实验器材】

声速测定仪、双踪示波器、同轴连接线.

【实验原理】

声波是最常见的机械波，可以在空气或其他弹性介质中传播．频率在 20 Hz～20 kHz 范围内的声波称为可闻声波；低于 20 Hz 的声波称为次声波；高于 20 kHz 的声波称为超声波．次声波和超声波虽然人耳不能听见，但在工程上同样有重要用途，如超声波有很强的穿透固体和液体的本领，而次声波能在空气中传播很长的距离．

由于超声波波长短、易于定向发射，因此易于测量声速．

声速 v 与其频率 f、波长 λ 的关系为

$$v=f\cdot\lambda \tag{1}$$

实验中可通过测定声波的波长和频率求得声速 v．常见的方法有相位比较法（行波法）和共振干涉法（驻波法）．

（1）超声波的获得——压电换能器．

压电陶瓷超声波换能器是由压电陶瓷和轻、重两块金属组成的．压电陶瓷管（如钛酸钡、锆钛酸铅）由一种多晶结构的压电材料组成，在一定温度下经极化处理后具有压电效应．将它黏接在合金铝制成的阶梯形变幅杆上，再将它们与信号发生器连接可组成声波发射器．当压电陶瓷处于一交变电场时，会发生周期性的伸长与缩短．当交变电场频率与压电陶瓷管的固有频率相同时振动最大．这个振动又传递给变幅杆，使它产生沿轴向的振动，于是变幅杆的端面在空气中激发出声波．由于它的波长短，定向发射性能强，而变幅杆的端面直径比波长大很多，故发射的波平面性好．

（2）相位比较法．

设有一从声波发射器发出的一定频率的平面声波，经过空气传播到达表面与发射器平行的接收器，所以在同一时刻，发射处的声波与接收处的声波的相位不同，相位变化为

$$\delta\varphi=\varphi_2-\varphi_1=\omega t \tag{2}$$

设 l 为发射器和接收器之间的距离，同时 $\omega=2\pi f$，$t=l/v$，$v=\lambda f$，将其代入式(2)得

$$\delta\varphi=2\pi l/\lambda \tag{3}$$

通过测量 $\delta\varphi$ 和 l，即可根据式(3)求得声波波长 λ．

$\delta\varphi$ 的测定可通过相互垂直振动合成的李萨如图形来进行．输入超声波发射器的信号同时接入示波器 X 轴，而接收器接收的信号则接入示波器 Y 轴．

设输入示波器 X 轴的入射波的振动方程为

$$x=A_1\cos(\omega t+\varphi_1)$$

由接收器接收且输入示波器 Y 轴的振动方程为

$$y=A_2\cos(\omega t+\varphi_2)$$

则合振动轨迹方程为

$$\frac{x^2}{A_1^2}+\frac{y^2}{A_2^2}-\frac{2xy}{A_1A_2}\cos(\varphi_2-\varphi_1)=\sin^2(\varphi_2-\varphi_1) \tag{4}$$

此方程为椭圆轨迹方程，轨迹形状由两振动位相差 $\delta\varphi=\varphi_2-\varphi_1$ 决定．若 $\delta\varphi=2n\pi$（$n=0,1,2,\cdots$），则轨迹为图 7-7a 所示的直线；若 $\delta\varphi=(2n+1)\pi/2$，则轨迹为以坐标轴为主轴的椭圆，如图 7-7b 所示；若 $\delta\varphi=(2n+1)\pi$，则轨迹为如图 7-7c 所示的直线．

实验时，通过改变发射器与接收器之间的距离，可观察到李萨如图形相位的变化．

当相位差改变 π 时，由式(3)可得相应的距离改变量即为半波长 $\lambda/2$.

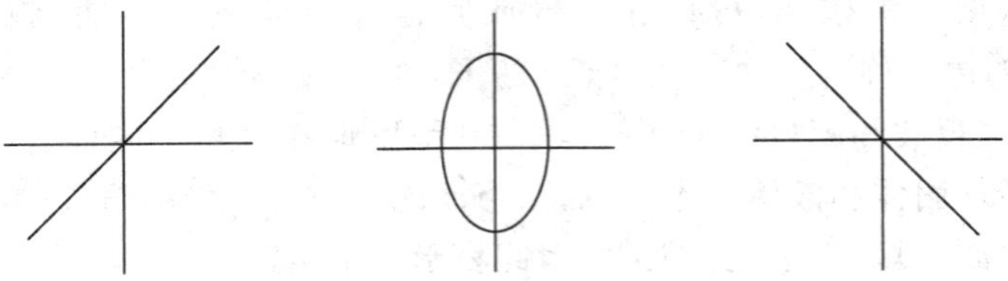

(a) $\delta\varphi=2n\pi$　　(b) $\delta\varphi=(2n+1)\pi/2$　　(c) $\delta\varphi=(2n+1)\pi$

图 7-7　不同 $\delta\varphi$ 时的振动轨迹

(3) 共振干涉法.

超声波发射器发射一平面超声波，如果接收面与发射面严格平行，声波传至接收面上时垂直反射，入射波与反射波相干涉形成驻波，发射面处为位移的波节.

设沿 x 方向入射波方程为

$$y_1=A\cos(\omega t-2\pi x/\lambda)$$

反射波方程为

$$y_2=A\cos(\omega t+2\pi x/\lambda)$$

入射波与反射波干涉时，在空间某点的合振动方程为

$$y=y_1+y_2=2A\cos(2\pi x/\lambda)\cos\omega t \tag{5}$$

式(5)即为驻波方程. 改变接收器与发射面之间的距离，在一系列特殊的位置上，空气介质中会出现稳定的驻波共振现象. 此时，在 $x=n\cdot\lambda/2(n=0,1,2,\cdots)$ 的位置上，驻波干涉加强，合振动振幅最大，同时在接收面上的声压也相应地达到极大值.

由上述讨论可知，在接收器移动的过程中，相邻两次达到共振所对应的接受面之间的距离 l 即为半波长 $\lambda/2$. 因此，若保证频率不变，通过测量相邻两次接收信号达到极大值时之间的距离 $\lambda/2$，就可以求出声速. 实验中由于衍射和其他损耗，不同极大值的峰值随两端面之间距离的增大而逐渐减小.

【实验内容及步骤】

(1) 仪器调节和电路连接.

① 将示波器 X 轴扫描 t/div 选 20 μs 挡附近，以便观察信号和调节共振频率；CH1，CH2 的 Y 轴衰减 V/div 均先置于 5 V 挡. 打开电源预热几分钟.

② 了解声速测量仪压电陶瓷换能器谐振频率 f(36 kHz 左右)，移动接收器，使接收器向发射器靠拢但留有一定的空隙.

③ 按图 7-8 连接线路，选择 CH1 通道观察发射器信号，调节 t/div 和 V/div 水平、垂直移位旋钮，使信号波形大小合适；再选择 CH2 通道观察接收器信号，调节 V/div 和水平、垂直移位旋钮，同时向远离发射器的方向缓慢移动接收器，可在示波器上观察到正弦波幅度的变化. 在第一次振幅较大时，接收器不动，仔细调节信号发生器的输出频率，使示波器上的信号振幅最大，此时频率 f 就是压电陶瓷换能器的谐振频率 f. 记下谐振频率 f，并保证测量过程中频率不变.

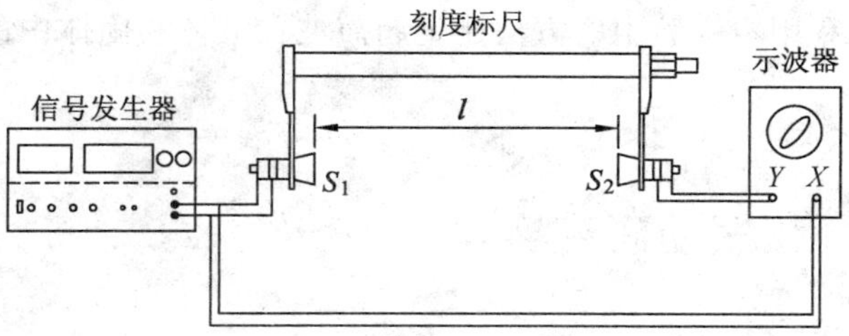

图 7-8　实验线路

（2）相位比较法测声速.

① 按下示波器的"X-Y"按钮，此时 CH1 通道相当于 X 通道，可以观察到示波器上出现李萨如图形. 适当调节 CH1 和 CH2 通道的 Y 轴衰减 V/div，使李萨如图形状大小合适.

② 在共振频率 f 下，使接收器先靠近发射器然后慢慢离开发射器，当示波器上出现如图 7-7a 所示斜线时，记下表示接收器位置的读数 x_1.

③ 继续移动接收器，记下示波器上的图形变为图 7-7c 时标尺的读数 x_2，由图 7-7c 再变为图 7-7a 时标尺的读数 x_3，……，如此共测 12 个数据.

④ 在测量过程中，随着接收器远离发射器，李萨如图形大小会发生变化，应适当调节 Y 轴衰减 V/div，方便观察信号和精确测量.

（3）共振干涉法测声速.

将测试方法设置到连续波方式. 选择合适的发射强度. 在实验步骤(1)完成后，在共振频率 f 下，使接收器先靠近发射器后，再慢慢离开发射器，这时波形的幅度会发生变化. 依次记录示波器上电压幅度为极大值时的接收器位置 x_i，共测 12 组数据. 实验时可参考相位比较法测量的数据，同时根据电压变化情况调整电压测量的灵敏度.

（4）记下实验时的室温 t.

【数据记录与处理】

数据记录与处理表格自拟. 用逐差法分别计算出两种实验方法所测得的声速 v，同时用下列校正公式算出室温 t ℃时的 v_t 值，即

$$v_t = v_0 \sqrt{1 + \frac{t}{T_0}}$$

式中，$T_0 = 273.15$ K，$v_0 = 331.45$ m/s. 比较所得结果，计算测量的百分误差 E_0.

【注意事项】

（1）实验中，若接收到的正弦信号图形发生变形，应适当调节信号发生器的"强度"和"增益".

（2）测量时应缓慢向同一方向转动读数鼓轮，否则会有空程差.

（3）在实验过程中监视信号发生器的频率变化情况，并随时校核.

【思考题】

（1）如何调节与判断测量系统是否处于共振状态？

（2）为什么在实验过程中要保持发射器与接收器的端面平行？

（3）结合实验结果分析产生误差的原因.

(4) 是否可以利用本实验中的方法测定超声波在液体和固体中的传播速度？若可以，应如何测量？

实验十八　弦振动研究实验

【实验目的】

(1) 了解波在弦线上的传播及驻波形成的条件.

(2) 测量弦线的共振频率与波腹数、弦长的关系.

(3) 测量弦线的共振频率、波速与张力、线密度的关系.

【实验器材】

弦振动研究实验仪、示波器.

弦振动研究实验仪包括三部分：

(1) 信号源：通用信号源，能产生频率、幅度连续可调的不同波形信号.

(2) 数字拉力计：配合拉力传感器使用，显示范围为 0～±19.99 kg，显示分辨力为 0.01 kg.

(3) 实验装置：包含导轨组件、劈尖、电磁线圈感应器、弦线和拉力传感器等，如图 7-9 所示.

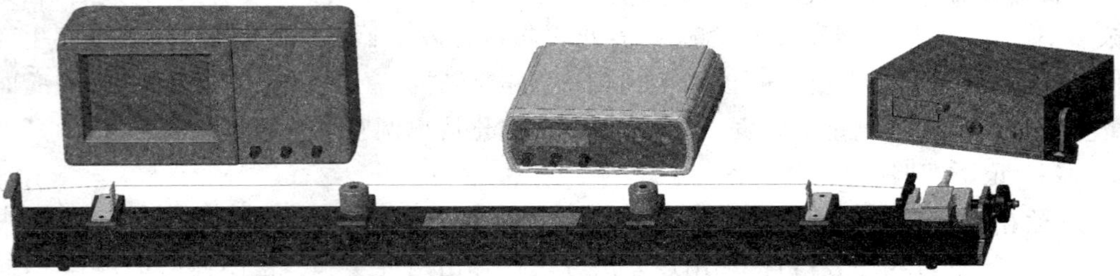

图 7-9　实验装置

【实验原理】

自然界中到处存在着振动. 广义地说，任何一个物理量随时间的周期性变化都可以叫作振动. 一定的振动的传播称为波动，简称波，如机械波、电磁波等. 各种形式的波有许多共同的特征和规律，如都具有一定的传播速度，都伴随着能量的传播，都能产生反射、折射、干涉和衍射等现象. 当波的强度较小时，波的传播具有独立性. 几列波叠加可以产生许多独特的现象，驻波就是一例.

目前弦振动实验常用的实验方法主要有两种：电动音叉法、磁电激励法. 前者的振动频率相对固定，而后者振动频率一般连续可调，可研究频率对驻波的影响，实验内容更加丰富. 本实验采用磁电激励法通过弦线振动来研究驻波及其特性.

(1) 驻波的形成和特点.

在同一介质中的两列频率相同、振动方向相同，而且振幅也相同的简谐波，在同一直线上沿相反方向传播时就叠加形成驻波.

设有两个振幅相同、频率相同的简谐波在同一直线上沿相反方向传播，它们的表达式分别为

$$y_1=A\cos\left[2\pi\left(ft-\frac{x}{\lambda}\right)\right] \tag{1}$$

$$y_2=A\cos\left[2\pi\left(ft+\frac{x}{\lambda}\right)\right] \tag{2}$$

式中，A，f，λ 分别为简谐波的振幅、频率、波长；x 为质点的坐标位置；t 为时间.

两列波合成得

$$y=y_1+y_2=2A\cos\left(\frac{2\pi}{\lambda}x\right)\cdot\cos(2\pi ft) \tag{3}$$

此式即驻波的表达式. 式中，$\cos(2\pi ft)$ 表示简谐运动，而 $\left|2A\cos\left(\frac{2\pi}{\lambda}x\right)\right|$ 便是简谐运动的振幅. 该式不满足 $y(t+\Delta t,\ x+u\Delta t)=y(t,x)$，所以它不表示行波，只表示各点都在做简谐运动. 各点的振动频率相同，就是原来的波的频率. 但各点的振幅随位置的不同而不同.

振幅最大的各点称为波腹，对应于使 $\left|\cos\left(\frac{2\pi}{\lambda}x\right)\right|=1$，即 $\frac{2\pi}{\lambda}x=n\pi$ 的各点. 故波腹的位置为

$$x=n\frac{\lambda}{2},n=0,\ \pm1,\ \pm2,\cdots \tag{4}$$

振幅为零的各点称为波节，对应于使 $\left|\cos\left(\frac{2\pi}{\lambda}x\right)\right|=0$，即 $\frac{2\pi}{\lambda}x=(2n+1)\frac{\pi}{2}$ 的各点. 故波腹的位置为

$$x=(2n+1)\frac{\lambda}{4},n=0,\ \pm1,\ \pm2,\cdots \tag{5}$$

由式(4)和式(5)可算出相邻两个波节和相邻两个波腹之间的距离都是 $\lambda/2$. 这一点为我们提供了一种测定行波波长的方法，即只要测出相邻两波节或波腹之间的距离就可以确定原来两列行波的波长 λ.

式(3)中的振动因子为 $\cos(2\pi ft)$，但不能认为驻波中各点的振动的相位都是相同的. 因为当位置 x 的值不同时，系数 $2A\cos(2\pi x/\lambda)$ 是有正有负的. 把相邻两个波节之间的各点叫作一段，则 $2A\cos(2\pi x/\lambda)$ 的值对于同一段内的各点有相同的符号，对于分别在相邻两段内的两点则符号相反，这种符号的相同或相反就表明，在驻波中，同一段上的各点的振动同相，而相邻两段中的各点的振动反相. 因此，驻波实际上就是分段振动现象. 在驻波中，没有振动状态或相位的传播，也没有能量的传播，所以才称之为驻波.（实际上，在一段有限长的弦线中，沿长度方向传播的入射波和反射波的振幅是很难完全相等的，在弦线的端点，入射波的能量将有一部分变成透射波的能量，所以反射波的能量比入射波的小，反射波的振幅也比入射波的小，但这种相向进行的两个振幅不同的相干波的叠加，也称为驻波.）

图 7-10 表示驻波形成的物理过程，其中虚线表示向右传播的波，振幅较小的实线表示向左传播的波，振幅较大的实线表示合成振动. 图中可看出波腹(L)和波节(N)的位置，以及各时刻各质点的分位移和合位移.

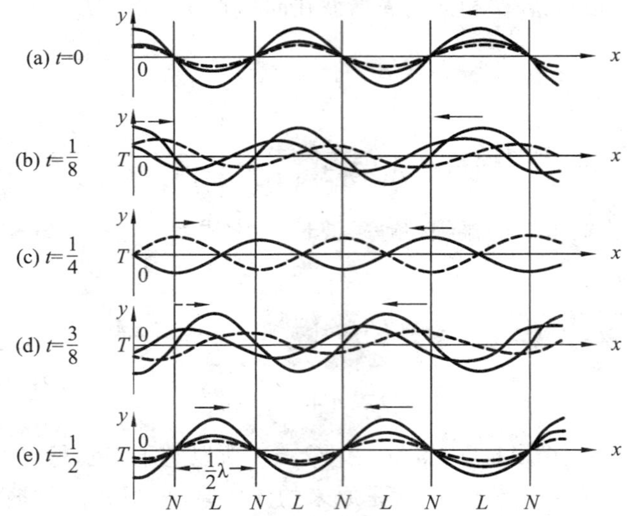

图 7-10　驻波的形成

(2)弦上的驻波.

将一根弦线的两端用一定的张力固定在相距 L 的两点间，当拨动弦线时，弦线中就产生来回的波，它们就合成而形成驻波. 但并非所有波长的波都能形成驻波. 由于弦线两个端点固定不动，所以这两点必须是波节，因此驻波的波长必须满足下列条件：

$$L=n\frac{\lambda}{2},n=1,2,3,\cdots \tag{6}$$

以 λ_n 表示与某一 n 值对应的波长（n 表示波腹的个数，称为波腹数），由式(6)可得容许的波长为

$$\lambda_n=\frac{2L}{n},n=1,2,3,\cdots \tag{7}$$

这就是说能在弦线上形成驻波的波长值是不连续的，或者说，波长是"量子化"的. 由关系式 $f=u/\lambda$ 可知，频率也是量子化的，相应的可能频率为

$$f_n=n\frac{u}{2L},n=1,2,3,\cdots \tag{8}$$

式中，$u=\sqrt{\frac{F}{\rho_l}}$ 为弦线上的波速；F 为弦线上的张力；ρ_l 为弦线的线密度. 式中的频率为弦振动的本征频率，每一频率对应于一种可能的振动方式. 频率由式(8)决定的振动方式，称为弦线振动的简正模式，其中最低频率 f_1 称为基频，其他较高频率 f_2，f_3，… 都是基频的整数倍，它们各以其对基频的倍数而称为二次谐频、三次谐频……n 次谐频.

简正模式的频率称为系统的固有频率. 如上所述，一个驻波系统有许多个固有频率，这和弹簧振子只有一个固有频率不同.

当外界驱动源以某一频率激起系统振动时，如果这一频率与系统的某个简正模式的频率相同（或相近），就会激起强驻波，这种现象称为共振，对应的频率称为共振频率. 利用弦振动演示驻波时，观察到的就是驻波共振现象. 系统究竟按哪种模式振动，取决

于初始条件. 一般情况下，一个驻波系统的振动，是它的各种简正模式的叠加.

【实验内容及步骤】

实验装置如图 7-11 所示.

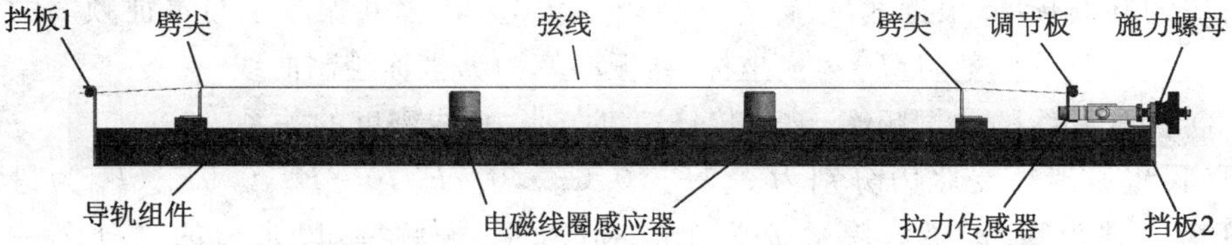

图 7-11　实验装置示意图

(1) 测试前准备.

将劈尖、电磁线圈感应器按图 7-11 所示相对位置置于导轨上，滑块含刻度线一侧应与标尺同侧. 拉力传感器连接数字拉力计，驱动传感器连接信号源，接收传感器连接示波器，均开机通电预热至少 10 min. 将信号源设置为输出正弦波形. 为节省弦线更换时间，前三个实验可以采用同一根弦线.

(2) 测量弦线的共振频率与波腹数、弦长的关系.

① 两劈尖之间的距离即弦长 L 取 50～70 cm 范围内的某值. 驱动传感器距离一劈尖约 10 cm，接收传感器置于两劈尖的中心位置附近. 在挡板 1 和调节板上装上一根弦线(线密度为 ρ_l)，并调定弦线张力 F，使该张力大小在 0.5～0.9 倍最大张力范围，既使弦线张紧，又不超出最大张力. 信号源的频率调至最小，适当调节信号幅度(推荐 0.5～5 $V_{p\text{-}p}$，细弦用大的峰峰值，粗弦用小的峰峰值)，同时调节示波器垂直增益为 5 mV/div，水平增益为 5 ms/div.

② 缓慢增大信号源的频率，观察示波器屏幕中的波形变化(注：频率调节过程不能太快，因为弦线形成驻波需要一定的能量积累和稳定时间，太快则来不及形成驻波. 如果不能观察到波形，则增大信号源的输出幅度；若弦线的振幅太大，造成弦线碰撞驱动传感器或接收传感器，则应减小信号源的输出幅度. 适当调节示波器的通道增益，以观察到合适的波形大小，直到示波器接收到的波形稳定同时振幅接近或达到最大值，这时示波器上显示的信号的频率就是共振频率，该频率与信号源输出的信号频率(即驱动频率)相同或相近，故可以驱动频率为共振频率.

③ 此时接收传感器从一个劈尖向另一劈尖缓慢移动并观察信号强度达到峰值的次数(或直接用人眼仔细观察两劈尖之间的弦线，应当有驻波波形形如“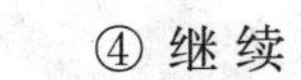”). 此时观察到的驻波频率即为基频 f_1，波腹数 $n=1$，记录此共振频率和波腹数.

④ 继续增大频率，重复步骤②，观察整根弦线，应当有驻波波形形如“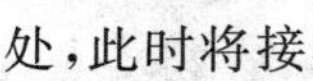”. 此时观察到的驻波频率即为二次谐频 f_2，波腹数 $n=2$，记录此共振频率和波腹数. 需要注意的是，若示波器上始终观察不到波形，则接收传感器可能处于波节处，此时将接收传感器沿导轨移动适当位置(约 5 cm 即可，下同). 类似地，测量并记录三次、四次、五次……谐频及对应的波腹数.

⑤ 根据式(8)计算本征频率 f_0，并计算共振频率与本征频率的百分误差 E_f. 以波腹数为横坐标、共振频率为纵坐标绘制曲线. 该曲线应为一过原点的直线，且斜率与 f_1

相等或相近. 这说明共振频率与波腹数成正比,且高次谐频为基频的整数倍.

⑥ 设置两劈尖之间的距离(即弦长 L)分别为 65,60,55,…,40 cm,重复步骤①②. 驱动传感器距离一劈尖约 10 cm,接收传感器置于两劈尖的中心位置. 记录波腹数 n 为 1 时对应的共振频率. 根据式(8)计算本振频率 f_0,并计算共振频率与本征频率的百分误差 E_0. 以弦长的倒数($1/L$)为横坐标、共振频率为纵坐标绘制曲线.

(3) 测量弦线的共振频率、波速传播速度与张力、线密度的关系.

① 设置弦线所受张力分别为 $0.5F_m$,$0.6F_m$,$0.7F_m$,$0.8F_m$,$0.9F_m$(F_m为最大张力),重复上述步骤. 记录波腹数 n 为 1 时对应的共振频率. 以张力的二分之一次方($F^{1/2}$)为横坐标、共振频率为纵坐标绘制曲线. 根据共振频率和波长得到波速计算值,由公式 $u_0=\sqrt{F/\rho_l}$求出波速理论值,并计算波速计算值与理论值的百分误差 E_u. 分析波速与张力的关系.

② 更换不同弦线,重复上述步骤. 记录波腹数 n 为 1 时对应的共振频率及给定的弦线的参考线密度. 以线密度的负二分之一次方($\rho_l^{-1/2}$)为横坐标、共振频率为纵坐标绘制曲线. 根据共振频率和波长得到波速计算值,由公式 $u_0=\sqrt{F/\rho_l}$求出波速理论值,并计算波速计算值与理论值的相对误差 E_u. 分析波速与线密度的关系.

【数据记录与处理】

数据记录表格自拟,分别绘制共振频率与波腹数、共振频率与弦长、共振频率与张力、共振频率与线密度四条曲线,并分析波速与张力、波速与线密度的关系.

【注意事项】

(1) 给弦线施加张力时,严禁超过给定的最大张力值.

(2) 实验时不要使接收传感器离驱动传感器太近,保持二者距离至少 10 cm,以避免受到干扰.

(3) 读取频率过程中,张力的波动不宜超过 1 个字.

(4) 给弦线施加张力时,弦线附近的环境温度短期内波动不宜超过 1 ℃,以免造成张力不稳定,导致不能形成稳定的驻波.

(5) 弦线振动幅度不宜过大,否则观察到的波形不是严格的正弦波,或者带有变形,或者带有不稳定性振动.

实验十九　玻尔共振实验

【实验目的】

(1) 研究玻尔共振仪中弹性摆轮受迫振动的幅频特性和相频特性.

(2) 研究不同阻尼力矩对受迫振动的影响,观察共振现象.

(3) 学习用频闪法测定运动物体的某些物理量.

(4) 学习系统误差的修正.

【实验器材】

ZKY-BG 型玻尔共振仪由振动仪与电器控制箱两部分组成. 振动仪结构如图 7-12

所示.

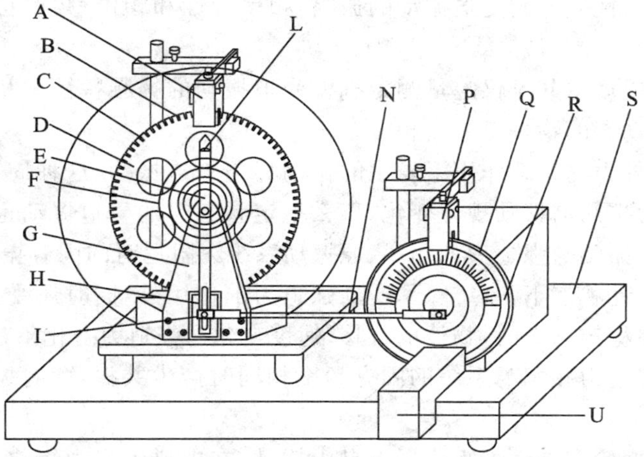

A—光电门;B—长凹槽;C—短凹槽;D—铜质摆轮;E—摇杆;F—蜗卷弹簧;G—支承架;
H—阻尼线圈;I—摇杆调节螺丝;L—弹簧夹持螺钉;N—连杆;P—光电门;Q—角度盘;
R—有机玻璃转盘;S—底座;U—闪光灯

图 7-12　玻尔振动仪

铜质圆形摆轮 D 安装在机架上,蜗卷弹簧 F 的一端与摆轮 D 的轴相连,另一端可固定在机架支柱上,在蜗卷弹簧弹性力的作用下,摆轮可绕轴自由往复摆动. 在摆轮的外围有一卷槽型缺口,其中一个长形凹槽 B 比其他凹槽长许多. 机架上对准长形缺口处有一个光电门 A,它与电器控制箱相连接,用于测量摆轮的振幅角度和摆轮的振动周期. 在机架下方有一对带有铁芯的线圈 H,摆轮 D 恰巧嵌在铁芯的空隙,当线圈中通过直流电流后,摆轮受到一个电磁阻尼力的作用. 改变电流的大小即可使阻尼大小相应变化. 为使摆轮 D 做受迫振动,在电动机轴上装有偏心轮,通过连杆 N 带动摆轮,在电动机轴上装有带刻线的有机玻璃转盘 R,它随电机一起转动. 由它可以从角度读数盘 Q 读出相位差 φ. 调节控制箱上的十圈电机转速调节旋钮,可以精确改变加于电机上的电压,使电机的转速在实验范围内(30～45 r/min)连续可调. 由于电路中采用特殊稳速装置,电动机采用惯性很小的带有测速发电机的特种电机,所以转速极为稳定. 电机的有机玻璃转盘 R 上装有两个挡光片. 在角度读数盘 Q 中央上方 90°处也有光电门 P(强迫力矩信号),并与控制箱相连,以测量强迫力矩的周期.

受迫振动时摆轮与外力矩的相位差是利用小型闪光灯来测量的. 闪光灯受摆轮信号光电门控制,每当摆轮上长形凹槽 B 通过平衡位置时,光电门 A 接收光,引起闪光,这一现象称为频闪现象. 在稳定情形时,由闪光灯照射下可以看到有机玻璃指针好像一直"停在"某一刻度处,所以此数值可直接读出,误差不大于 2°. 闪光灯放置在仪器的底座上,切勿拿在手中直接照射刻度盘.

摆轮振幅是利用光电门 A 测出摆轮读数 D 处圈上凹槽个数,并在控制箱液晶显示器上直接显示出此值,精度为 1°.

【实验原理】

在机械制造和建筑工程等科技领域中,受迫振动导致的共振现象既有破坏作用,也有许多实用价值. 众多电声器件是运用共振原理设计制作的. 此外,利用核磁共振和顺磁共振研究物质结构是在微观科学研究中研究“共振”的重要手段.

表征受迫振动性质的是受迫振动的振幅-频率特性和相位-频率特性(简称幅频和相频特性).

本实验中采用玻尔共振仪定量测定机械受迫振动的幅频特性和相频特性,并利用频闪方法来测定动态的物理量——相位差.

物体在周期外力的持续作用下发生的振动称为受迫振动,这种周期性的外力称为强迫力.如果外力按简谐振动规律变化,那么稳定状态时的受迫振动也是简谐振动,此时振幅保持恒定,振幅与强迫力的频率、原振动系统无阻尼时的固有振动频率及阻尼系数有关.在受迫振动状态下,系统除了受到强迫力的作用外,同时还受到回复力和阻尼力的作用.所以在稳定状态时,物体的位移、速度变化与强迫力变化不是同相位的,存在一个相位差.当强迫力频率与系统的固有频率相同时产生共振,此时振幅最大,相位差为 $\pi/2$.

本实验采用摆轮在弹性力矩作用下自由摆动,在电磁阻尼力矩作用下做受迫振动来研究受迫振动特性,可直观地显示机械振动中的一些物理现象.

当摆轮受到周期性强迫外力矩 $M=M_0\cos\omega t$ 的作用,并在有空气阻尼和电磁阻尼的介质中运动时(阻尼力矩为 $-b\dfrac{\mathrm{d}\theta}{\mathrm{d}t}$),其运动方程为

$$J\frac{\mathrm{d}^2\theta}{\mathrm{d}t^2}=-k\theta-b\frac{\mathrm{d}\theta}{\mathrm{d}t}+M_0\cos\omega t \tag{1}$$

式中,J 为摆轮的转动惯量;$-k\theta$ 为弹性力矩;M_0 为强迫力矩的幅值;ω 为强迫力的圆频率.

令 $$\omega_0^2=\frac{k}{J},\ 2\beta=\frac{b}{J},\ m=\frac{M_0}{J}$$

则式(1)变为

$$\frac{\mathrm{d}^2\theta}{\mathrm{d}t^2}+2\beta\frac{\mathrm{d}\theta}{\mathrm{d}t}+\omega_0^2\theta=m\cos\omega t \tag{2}$$

① 当 $\beta=0$,$M_0=0$,即在无阻尼情况时,式(2)变为简谐振动方程,ω_0 为系统的固有频率.

② 当 $\beta\neq0$,$M_0=0$,即无强迫力矩作用时,式(2)变为自由阻尼振动方程,此时方程(2)的通解为

$$\theta=\theta_1\mathrm{e}^{-\beta t}\cos(\omega_0 t+\alpha)$$

可见其振幅随时间 t 的推延而减少,阻尼振动经过一段时间后衰减消失,β 值越大,衰减越快,故称 β 为振动系统的阻尼系数.

在实验中可让摆轮做自由阻尼振动,读出摆轮做阻尼振动时的振幅值 θ_1,θ_2,θ_3,…,θ_n,利用公式

$$\ln\frac{\theta_0\mathrm{e}^{-\beta t}}{\theta_0\mathrm{e}^{-\beta(t+nT)}}=n\beta\overline{T}=\ln\frac{\theta_0}{\theta_n} \tag{3}$$

求出 β 值.式中,n 为阻尼振动的周期次数;θ_n 为第 n 次振动时的振幅;$\overline{T}$ 为阻尼振动周期的平均值,此值可以测出 10 个摆轮振动周期,然后取其平均值.

③ 一般情况下,在周期性的强迫力矩作用下的阻尼振动方程(2)的通解为

$$\theta=\theta_1 e^{-\beta t}\cos(\omega_f t+\alpha)+\theta_2\cos(\omega t+\varphi_0) \tag{4}$$

式中，$\omega_f=\sqrt{\omega_0^2-\beta^2}$.

由式(4)可知，受迫振动可分成两部分：

第一部分 $\theta_1 e^{-\beta t}\cos(\omega_f t+\alpha)$ 和初始条件有关，经过一定时间后衰减消失.

第二部分说明强迫力矩对摆轮做功，向振动体传送能量，最后达到一个稳定的振动状态. 振幅为

$$\theta_2=\frac{m}{\sqrt{(\omega_0^2-\omega^2)^2+4\beta^2\omega^2}} \tag{5}$$

它与强迫力矩之间的相位差为

$$\varphi=\arctan\frac{2\beta\omega}{\omega_0^2-\omega^2}=\arctan\frac{\beta T_0^2 T}{\pi(T^2-T_0^2)} \tag{6}$$

由式(5)和式(6)可知，振幅 θ_2 与相位差 φ 的数值取决于强迫力矩 M、频率 ω、系统的固有频率 ω_0 和阻尼系数 β 这 4 个因素，而与振动初始状态无关.

由 $\frac{\partial}{\partial\omega}[(\omega_0^2-\omega^2)^2+4\beta^2\omega^2]=0$ 极值条件可得出，当强迫力的圆频率 $\omega=\sqrt{\omega_0^2-2\beta^2}$ 时，产生共振，θ 有极大值. 若共振时圆频率和振幅分别用 ω_r，θ_r 表示，则

$$\omega_r=\sqrt{\omega_0^2-2\beta^2} \tag{7}$$

$$\theta_r=\frac{m}{2\beta\sqrt{\omega_0^2-2\beta^2}} \tag{8}$$

式(7)和式(8)表明，阻尼系数 β 越小，共振时圆频率越接近于系统固有频率，振幅 θ_r 也越大.

图 7-13 和图 7-14 分别表示在不同 β 时受迫振动的幅频特性和相频特性.

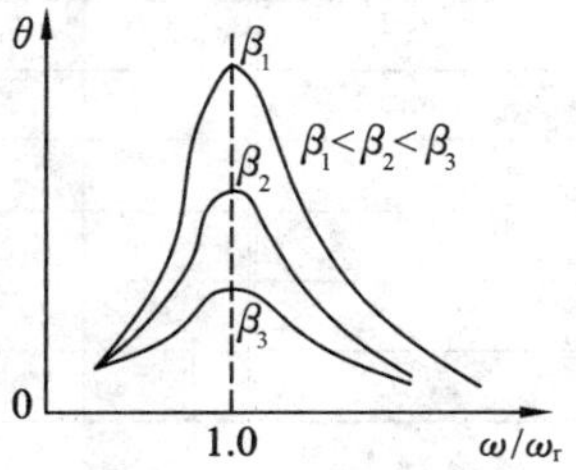

图 7-13　幅频特性

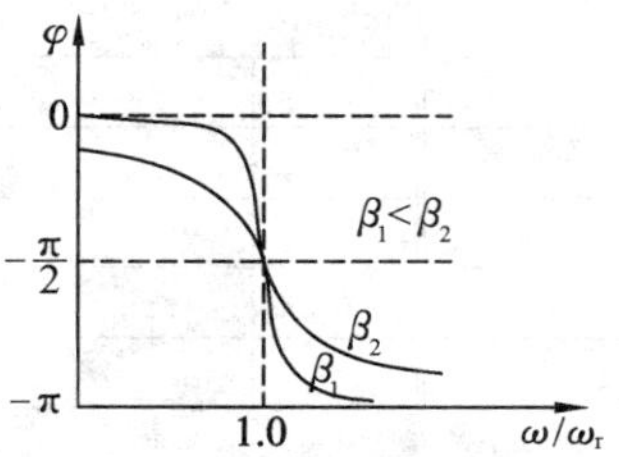

图 7-14　相频特性

【实验内容及步骤】

(1) 测定摆轮固有周期与振幅的关系.

一般认为一个弹簧的弹性系数 K 为常数，与弹簧的扭转角度无关. 实际上，由于制造工艺及材料性能的影响，K 值随弹簧转角的改变而略有微小的变化，因而造成在不同振幅时系统的固有频率发生变化. 一般可测出摆轮不同振幅时相应的固有周期，在计算相位差 φ 时，频率应根据不同振幅代入相应的值，这样可使系统误差明显减少.

测量方法为：角度盘 Q 指针放在 0°位置，选择自由振荡，有机玻璃转盘挡光杆置水平位置，用手转动摆轮 160°左右，然后放手让摆轮做自由振动，读出振幅值和相对应的振动周期.

(2) 测定阻尼系数 β.

角度盘 Q 指针仍放在 0°位置，选择阻尼振荡、阻尼系数，用手转动摆轮 160°左右，

让摆轮做阻尼振动，记下摆轮做阻尼振动时的振幅数值 $\theta_1, \theta_2, \theta_3, \cdots, \theta_n$，利用式(3)求出 β 值，摆动周期测 10 次，求出振动周期的平均值 $\overline{T}$. 一般阻尼系数需测量 2～3 次.

(3) 测定受迫振动的幅频特性和相频特性曲线.

选择强迫振动，改变强迫力矩频率，当受迫振动稳定后，读出摆轮的振幅值，并利用频闪现象测定受迫振动位移与强迫力之间的相位差.

调节强迫力矩周期电位器，改变电机的转速，即改变强迫外力矩频率 ω，从而改变电机转动周期. 电机转速的改变可按照 $\Delta\varphi$ 控制在 10°左右确定，并进行多次测量.

每次改变强迫力矩的周期都需要等待系统稳定(约 2 min)，等待摆轮和电机的周期相同时再进行测量. 在共振点附近由于曲线变化较大，因此测量数据相对密集，此时电机转速极小变化会引起 $\Delta\varphi$ 很大改变. 电机转速旋钮上的读数(如 5.50)是一个参考数值，建议在不同 ω 时都记下此值，以便在实验中快速寻找并在重新测量时作为参考.

【数据记录与处理】

(1) 摆轮振幅 θ 与系统固有周期 T_0 的关系.

振幅 θ 与 T_0 的关系

振幅 θ	固有周期 T_0/s	振幅 θ	固有周期 T_0/s	振幅 θ	固有周期 T_0/s	振幅 θ	固有周期 T_0/s

(2) 阻尼系数 β 的计算.

阻尼振动的振幅

阻尼挡位 ________

序号	振幅 θ/(°)	序号	振幅 θ/(°)	$\ln\frac{\theta_i}{\theta_{i+5}}$
θ_1		θ_6		
θ_2		θ_7		
θ_3		θ_8		
θ_4		θ_9		
θ_5		θ_{10}		
$\ln\frac{\theta_i}{\theta_{i+5}}$ 平均值				

$10T=$ ________ s，$\overline{T}=$ ________ s

对所测数据按逐差法进行处理，利用以下公式

$$5\beta\overline{T}=\ln\frac{\theta_i}{\theta_{i+5}} \tag{9}$$

求出 β 值. 式中，i 为阻尼振动的周期次数；θ_i 为第 i 次振动时的振幅.

(3) 幅频特性和相频特性测量.

① 将记录的实验数据填入下表，并查询振幅 θ 与固有周期 T_0 的对应表，获取对应的 T_0 值.

幅频和相频特性测量数据记录表

阻尼挡位________

电位器刻度盘读数	强迫力矩周期 T/s	振幅测量值 θ/(°)	相位差测量值 φ/(°)	查步骤(1)表中与振幅 θ 对应的固有周期 T_0/s
…				

强迫力矩周期 T/s					…
θ 测量值/(°)					
φ 读取值/(°)					
强迫力矩角频率 $\omega=\frac{2\pi}{T}$					
自由振荡角频率 $\omega_0=\frac{2\pi}{T_0}$					
由式(7)计算共振角频率 ω_r					
$\frac{\omega}{\omega_r}$					
由式(8)计算共振振幅 θ_r					
$\left(\frac{\theta}{\theta_r}\right)^2$					
相位差理论值 $\varphi_0=\arctan\frac{\beta T_0^2 T}{\pi(T^2-T_0^2)}$					

② 以 $\frac{\omega}{\omega_r}$ 为横轴，$\frac{\theta}{\theta_r}$ 为纵轴，作幅频特性曲线.

③ 比较相位差测量值 φ 和理论值 φ_0，并以 $\frac{\omega}{\omega_r}$ 为横轴，相位差 φ 为纵轴，作相频特性曲线.

【注意事项】

(1) 强迫振荡实验时，调节仪器面板“强迫力周期”旋钮，从而改变不同电机转动周期，该实验必须做 10 次以上，其中必须包括电机转动周期与自由振荡实验时的自由振

荡周期相同的数值.

(2) 在做强迫振荡实验时,须待电机与摆轮的周期相同(末位数差异不大于2)即系统稳定后,方可记录实验数据;每次改变强迫力矩的周期后,都需要重新等待系统稳定.

(3) 闪光灯的高压电路及强光会干扰光电门采集数据,因此须待一次测量完成,显示测量关闭后,才可使用闪光灯读取相位差.

(4) 做完实验并保存测量数据,才可在主机上查看特性曲线及振幅比值.

(5) 测定阻尼系数时,阻尼选择开关选定后,在实验过程中不能任意改变或将整机电源切断,否则电磁铁的磁滞效应将引起 β 值的变化.

【思考题】

(1) 实验中如何利用频闪原理来测量相位差 φ?

(2) 为什么实验时选定阻尼电流后,要求阻尼系数和幅频特性、相频特性的测定一起完成,而不能先测定不同电流时的 β 值,再测定相应阻尼电流时的幅频和相频特性?

实验二十 光栅衍射

【实验目的】

(1) 进一步熟悉分光计的调节和使用方法.

(2) 加深对光的干涉、衍射及光栅分光作用的基本原理的理解.

(3) 学习测定光栅常数、光波波长的方法.

【实验器材】

透射光栅、分光计、水银灯、双面反射镜、读数小灯.

【实验原理】

由大量平行、等宽、等间隔的多缝组成的光学系统称为光栅. 光栅分光是基于多缝衍射的原理,所以常称它为衍射光栅. 光栅有两种:一种是用于透射光衍射的透射光栅;另一种是用于反射光衍射的反射光栅,反射光栅又包括平面反射光栅和凹面反射光栅. 光栅在 1 mm 内有几十乃至成千条狭缝,能产生高强度的衍射图样,衍射条纹狭窄而细锐.

光栅衍射条纹是单缝衍射和多光束干涉的综合,形成暗条纹的机会远较形成明条纹的机会多. 这样就在明条纹之间充满了大量的暗条纹,实际上形成了一片黑暗的背景.

透射光栅是在光学玻璃片上刻画大量互相平行、宽度相等、间距相等的刻痕而制成的. 设透光狭缝的宽度为 a,不透光部分的宽度为 b,则称 $(a+b)=d$ 为透射光栅的光栅常数.

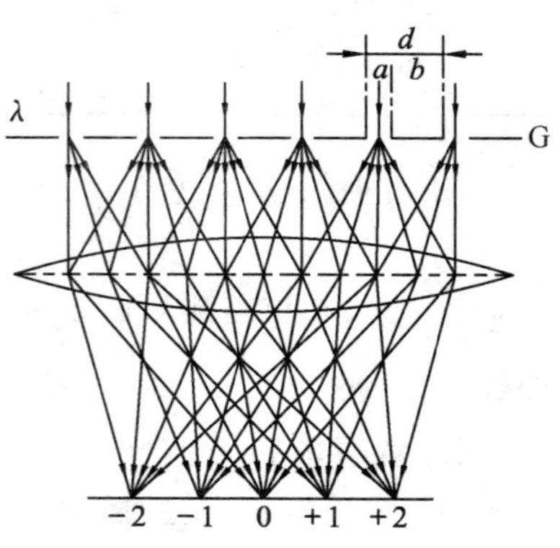

图 7-15 光栅衍射

如图 7-15 所示,设有一波长为 λ 的平行光垂直照射到透射光栅 G 上,则透过各狭缝的光线将向各个方向衍射,经透镜会聚后相互干涉,并在透镜焦平面上形成一系列被相当宽的暗区隔开的、间隔不同的亮条纹. 按照光栅衍射理论计算，衍射光谱中亮条纹的位置由下式决定：

$$d\sin\varphi_k = k\lambda, k=0, \pm1, \pm2, \cdots \tag{1}$$

式中，λ 为入射光的波长；k 为亮条纹(即光谱线)的级数；φ_k 为 k 级亮条纹的衍射角；d 为光栅常数. 式(1)称为光栅方程.

光栅方程(1)是在入射光垂直射到光栅面的条件下得到的. 如果入射光与光栅的法线的夹角为 i 时，则光栅方程为

$$d(\sin\varphi_k \pm \sin i) = k\lambda, k=0, \pm1, \pm2, \cdots \tag{2}$$

式中，“＋”表示入射光和衍射光在光栅法线的同侧；“－”表示入射光和衍射光在光栅法线的两侧，如图 7-16 所示.

如果垂直射到光栅上的不是单色光，而是由几种不同波长的光组成的复色光，如图 7-17 所示，则由式(1)可知，当 $k=0$ 时，任何波长的光的衍射角 φ_k 都为 0，即在中心处，各种波长的光谱线重叠在一起，出现明亮的复色光谱线；当 $k\neq0$ 时，由于光的波长不同，其同一级光谱的各个衍射角 φ_k 也不同，于是复色光分解为单色光，在中央亮条纹两侧对称地分布着 k 级光谱($k=\pm1, \pm2, \pm3, \cdots$)，每一级条纹都按照波长的大小顺序依次排列成一组彩色条纹.

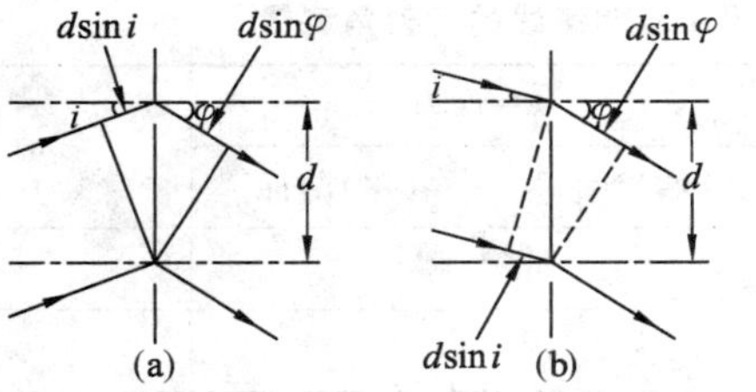

图 7-16　入射光倾斜入射于光栅

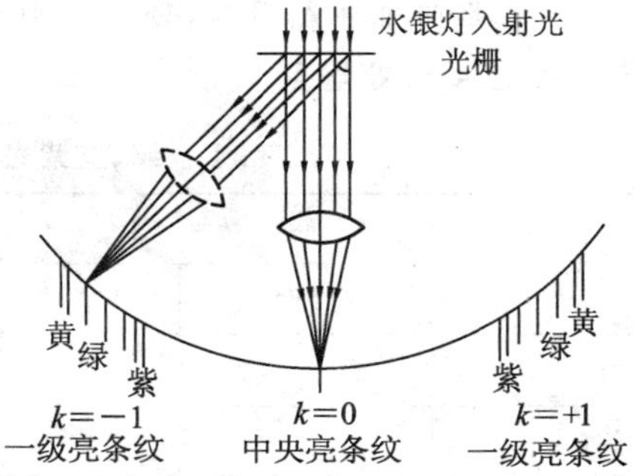

图 7-17　水银灯的光谱线

由式(1)可以看出：

① 测得已知波长的光谱线所对应的衍射角 φ_k 及级次 k，可求得光栅常数 d.

② 若已知 d，测得某种光谱线所对应的衍射角 φ_k 及级次 k，可算出光波的波长 λ.

【实验内容及步骤】

(1) 调整分光计.

① 根据分光计实验中分光计的调整方法，并利用双面反射镜的两个反射面用自准直法调整望远镜，使望远镜对平行光聚焦，同时使望远镜光轴垂直分光计的中心轴.

② 利用调好的望远镜调整平行光管，使其出射光为平行光并使平行光管的光轴垂直于分光计的中心轴.

(2) 安置光栅.

平行光应垂直入射光栅表面，否则式(1)不适用，并且平行光管狭缝应与光栅刻痕相平行.

调节方法是：

① 转动望远镜，使叉丝竖线对准平行光管狭缝的像，然后固定好望远镜.

② 将光栅按图 7-18 置于载物台上. 先目测使光栅平面和平行光管轴线大致垂直，以光栅面作为反射面，转动载物台，并用自准直法调节载物台下的螺丝 Z_1 或 Z_2，使光栅面与望远镜光轴相垂直（反射的十字像与调整叉丝重合），随后固定载物台.

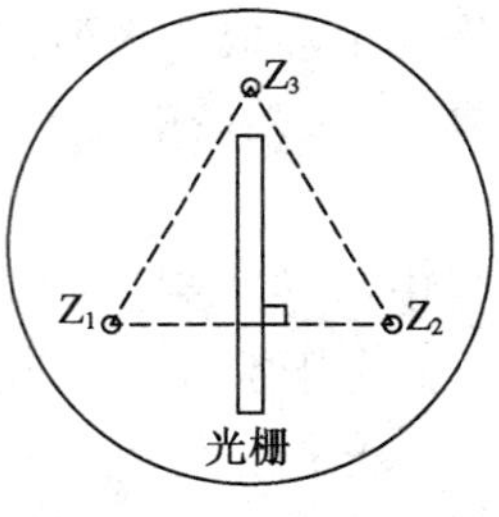

图 7-18　光栅的放置

③ 转动望远镜，观察衍射光谱. 如果观察到中央亮条纹两侧的同一级光谱线高低不同，说明平行光管狭缝与光栅刻痕不平行. 此时可调节载物台螺丝 Z_3（注意不可再调 Z_1 或 Z_2），直至中央亮条纹两侧的衍射光谱高度基本相同.

（3）测量光谱线的衍射角.

① 转动望远镜，使其对准待测量的谱线. 由于衍射光谱对于中央亮条纹来说是对称的，为了提高测量精度，可测出光谱线 +1 级和 −1 级的位置，两位置的差值之半即为 φ_k.

② 为消除分光计刻度盘偏心误差，测量每一条谱线时，在刻度盘上的两个游标都应读数，然后取平均值.

③ 为了准确对准光谱线，必须使用望远镜微动螺丝进行对准.

【数据记录与处理】

黄(Ⅱ)、黄(Ⅰ)、绿、蓝紫光的 $k=\pm1$ 级明谱线的衍射角测量

光谱线	$k=-1$		$k=+1$		φ 值
	(右)游标	(左)游标	(右)游标	(左)游标	
黄(Ⅱ)					
黄(Ⅰ)					
绿					
蓝紫(待测光)					

（1）将水银灯光的黄(Ⅱ)、黄(Ⅰ)、绿光的谱线波长作为已知波长代入式(1)，计算光栅常数 d，然后求出 $\overline{d}$.

（2）用求得的光栅常数 $\overline{d}$ 代入式(1)，计算蓝紫光(待测光)的波长，并计算测量的百分误差 E_0（$\lambda_{理}=435.8\ \text{nm}$）.

【思考题】

（1）当平行光管的狭缝太宽、太窄时分别将会出现什么现象？为什么？

（2）在图 7-16 中，光通过光栅时，衍射方向与入射方向之间的夹角称为偏向角，当 $i=\varphi$ 时，偏向角最小，记为 $\delta_{\min}$，且有

$$2d\sin\left(\frac{\delta_{\min}}{2}\right)=k\lambda$$

由上式可见，若测得 $\delta_{\min}$，且已知 d 或 λ 中的一个量，就可求得另一个量，试推导出该关系式.

实验二十一　迈克尔逊干涉仪的调节和使用

【实验目的】

(1) 掌握迈克尔逊干涉仪的调节和使用方法.

(2) 观察迈克尔逊干涉仪产生的等倾和等厚干涉图样,加深对各种干涉图样特点的理解.

(3) 掌握用迈克尔逊干涉仪测量激光波长的方法.

【实验器材】

迈克尔逊干涉仪、He-Ne 激光器等.

【实验原理】

迈克尔逊干涉仪是 1883 年美国物理学家迈克尔逊(A. A. Michelson)和莫雷(E. W. Morley)合作,为研究"以太"漂移实验而设计制造出来的精密光学仪器. 利用它可以高度准确地测定微小长度、光波的波长、透明体的折射率等. 后来人们利用该仪器的原理研制出了多种专用干涉仪,这些干涉仪在近代物理和近代计量技术中被广泛应用.

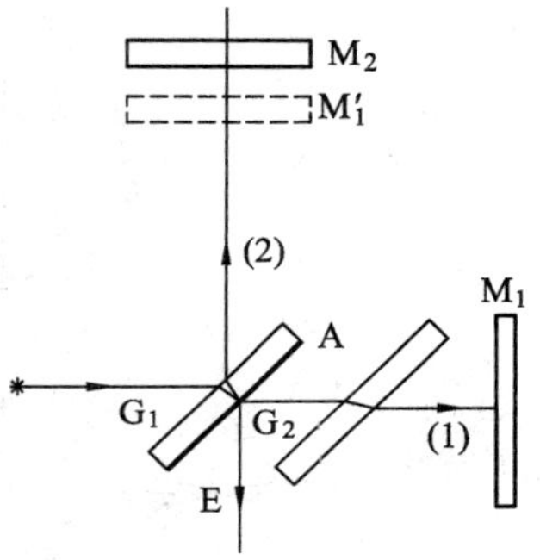

图 7-19　迈克尔逊干涉仪光路图

迈克尔逊干涉仪的光路结构如图 7-19 所示. M_1,M_2 是一对精密磨光的平面反射镜,M_1 的位置是固定的,M_2 可沿导轨前后移动. G_1,G_2 是厚度和折射率都完全相同的一对平行玻璃板,与 M_1,M_2 均成 45°. G_1 的后表面镀有半反射、半透射膜 A,使射到其上的光线分为光强度大致相等的反射光和透射光,因此 G_1 称为分光板. 当光照到 G_1 上时,在半透膜上分成相互垂直的两束光. 透射光(1)穿过 G_2 射到 M_1,经 M_1 反射后透过 G_2,在 G_1 的半透膜上反射后射向 E;反射光(2)射到 M_2,经 M_2 反射后再透过 G_1 射向 E. 由于光线(2)前后通过 G_1 共 3 次,而光线(1)只通过 G_1 一次,因此,增加补偿板 G_2 后,光线在玻璃中经过的路程便相等了,于是计算这两束光的光程差时,只需计算两束光在空气中的光程差即可.

由图 7-20 可知,激光通过短焦距透镜 L 汇聚成一个强度很高的点光源 S,它射向迈克尔逊干涉仪,点光源经平面镜 M_1,M_2 反射后,相当于由两个虚点光源 S_1' 和 S_2' 发出的相干光束. S' 是 S 的等效光源,是经半反射面 A 所成的虚像;S_1' 是 S' 经 M_1' 所成的虚像;S_2' 是 S' 经 M_2 所成的虚像. 因此,只要将观察屏放在两点光源发出光波的重叠区域内,就能看到干涉现象,这种干涉称为非定域干涉. 如果 M_2 与 M_1' 严格平行,且把观察屏放在垂直于 S_1' 和 S_2' 的连线上,就能看到一组明暗相间的同心圆干涉条纹,其圆心位于 $S_1'S_2'$ 轴线与屏的交点 P_0 处,从图 7-21 可以看出 P_0 处两相干光的光程差 $\delta = 2d$,屏上其他任意点 P' 或 P'' 的光程差近似为

$$\delta = 2d\cos\varphi \tag{1}$$

式中,φ 为 S_2' 射到点 P'' 的光线与 M_2 法线之间的夹角.

由干涉规律可知，

当

$$2d\cos\varphi = k\lambda \tag{2}$$

时，干涉相长，明纹.

当

$$2d\cos\varphi = (2k+1)\lambda/2 \tag{3}$$

时，干涉相消，暗纹.

式中，k 称为干涉级次. 从图 7-21 可以看出，以 P_0 为圆心的同一干涉圆环，是由虚光源发出的具有相同倾角的光线干涉形成的结果，即相同倾角的入射光线形成同一级干涉条纹，不同倾角的光线形成不同级干涉条纹，因此，它被称为"等倾干涉条纹".

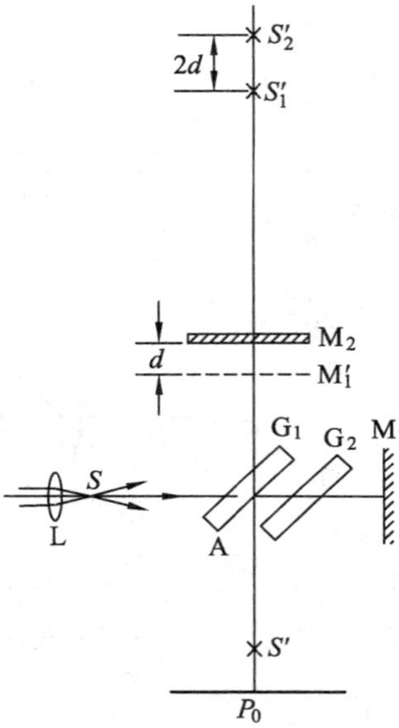

图 7-20　点光源干涉光路图

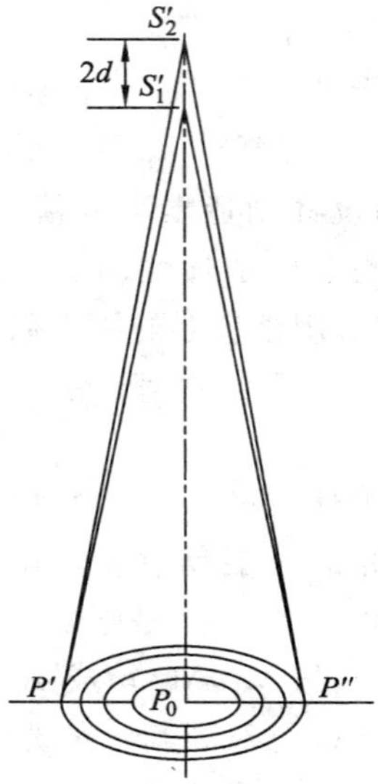

图 7-21　点光源产生的等倾干涉条纹

由式(1)可知 $\varphi=0$ 时，光程差最大，即圆心 P_0 处干涉环级次最高，越靠近边缘级次越低. 当 d 增加时，干涉环中心级次增高，条纹沿半径向外移动，反映在实验现象上即看到干涉环从中心"冒出"，并向四周扩散；反之当 d 减小时，干涉环向中心"收缩".

对明纹条件式(2)两边微分，得任意两相邻明纹的角距离

$$\mathrm{d}\varphi = -\frac{\lambda}{2d\sin\varphi} \approx -\frac{\lambda}{2d\varphi} \tag{4}$$

可见，$\mathrm{d}\varphi$ 随 d 的增大而减小，反映在实验现象上即条纹变细变密；当 d 减小时，$\mathrm{d}\varphi$ 增大，反映在实验现象上即条纹变粗变疏. 当 d 一定时，$\mathrm{d}\varphi$ 随 φ 的增大而减小，离环心近处条纹粗而疏，离环心远处条纹细而密.

由明纹条件可知，当干涉环中心为明纹时，$\delta=2d=k\lambda$. 此时若移动 M_2（即改变 d），环心处条纹的级次相应改变，当 d 每改变 $\lambda/2$ 距离，环心就冒出或缩进一个条纹. 若 M_2 移动距离为 δd，相应冒出或缩进的干涉条纹数为 N，则有

$$\delta d = N\frac{\lambda}{2},\ \lambda = \frac{2\delta d}{N} = \frac{2|d_1 - d_2|}{N} \tag{5}$$

式中，d_1，d_2 分别为 M_2 移动前后的位置读数. 实验中只要读出 d_1，d_2 和 N，即可由式(5)求出波长.

当 M_2 与 M_1' 不完全平行时，M_2 和 M_1' 之间形成楔形空气膜，一般情况下屏上将呈现弧形等厚干涉条纹. 若改变动镜位置，使 M_2 和 M_1' 的间距 $d=0$，此时由于 M_2 和 M_1' 反射到屏上的两束相干光光程差为零，屏上呈现直线形明暗条纹. 这时活动镜的位置称为等光程位置.

若改用白光照射，由于白光是复色光，而明暗纹位置又与波长有关，因而只有在 $d=0$ 的对应位置上，各种波长的光到达屏上时，光程差均为零，形成零级暗纹，在零级暗纹附近有几条彩色直条纹. 稍远处，不同波长、不同级次的明暗纹相互重叠，此处便看不清干涉条纹了.

【实验内容及步骤】

(1) 干涉仪的调节.

① 旋转粗调手轮，把活动反光镜 M_2 的滑动支承座调节到特定位置，对于 WSM-100 型干涉仪约旋转 30 mm.

② 用眼从正前方朝 G_1 观察，一般可以看到两排光点(光源的像)，仔细调节固定反光镜 M_1 后的 3 个螺钉(注意 M_2 后的 3 个螺钉不要旋动)使两排光点重合，此时说明 M_2 与 M_1' 基本平行，可以产生等倾干涉条纹，调节时应特别注意，切勿猛旋猛扭，压坏反光镜.

③ 装上毛玻璃观察屏，此时可以看到屏上出现干涉条纹. 如果条纹还不出现或者很不清楚，应慢慢旋转刻度轮调节反光镜 M_2 的位置，直到条纹变得清晰为止.

④ 细心调节反光镜 M_1 侧面和下端的两个微动螺钉，使 M_2，M_1' 更严格平行，这时应看到干涉条纹为圆条纹，条纹的圆心在视场的中心位置，此即等倾干涉图样.

(2) 观察干涉图样.

① 观察等倾干涉图样：调出等倾干涉图样后慢慢旋转刻度轮，使 M_2 和 M_1' 的间隔 d 从较大的值逐渐变小，直至为零. 按原方向继续移动 M_2，使 d 由零再变大，观察等倾干涉图样的变化并进行记录.

② 观察等厚干涉图样：调出等厚干涉图样后旋转刻度轮，使 M_2 和 M_1' 的间隔 d 由大逐渐变小而至零，再由零变大，观察等厚干涉图样的变化并进行记录.

(3) 测量激光波长.

① 测量前应校准手轮刻度的零位. 先以逆时针方向转动微调手轮，使读数准线对准零刻度线，再以逆时针方向转动粗调手轮，使读数准线对准某条刻度线. 当然也可以都以顺时针方向转动手轮来校准零位，但应注意测量过程中的手轮转向应与校准过程中的转向一致.

② 按原方向转动微调手轮(改变 d 值)，可以看到一个个干涉环从环心冒出(或缩进). 当干涉环中心最亮时，记下活动镜位置读数 d_1，然后继续缓慢转动微调手轮. 当冒出(或缩进)的条纹数 $N=50$ 时，再记下活动镜位置读数 d_2，反复测量多次. 由式(5)算出波长，并与标准值($\lambda_0=632.8$ nm)比较，计算百分误差.

【数据记录与处理】

（1）记录实验中观察到的等倾、等厚干涉现象.

① 等倾干涉.

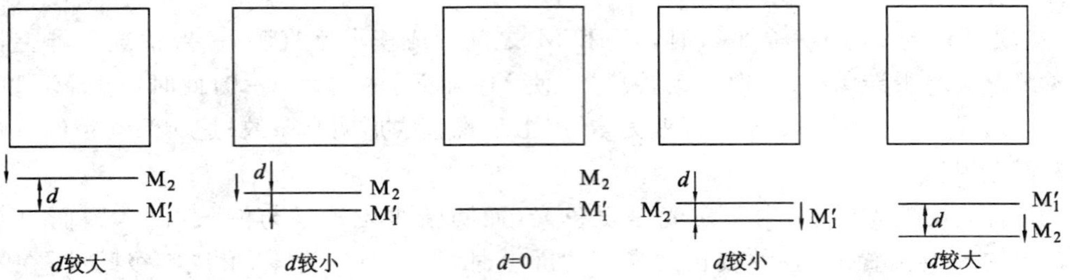

特征 ________ ________ ________ ________ ________

② 等厚干涉.

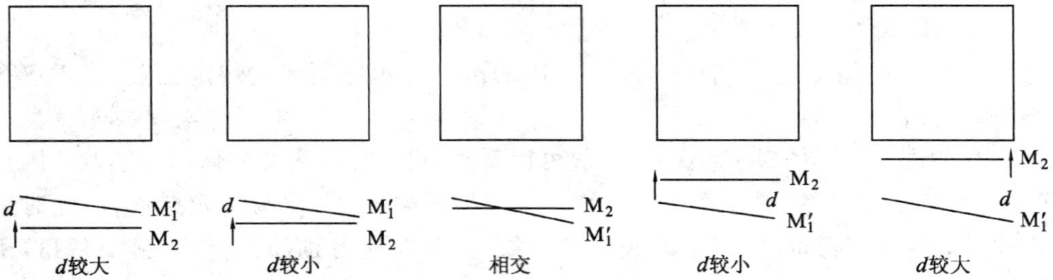

特征 ________ ________ ________ ________ ________

（2）激光波长的测量.

测量数据表（$\lambda_0=632.8$ nm，$N=50$） mm

测量次数 i	d_i	$\delta d_i=\lvert d_{5+i}-d_i\rvert$	$\overline{\delta d}=\dfrac{\sum_{i=1}^{5}\delta d_i}{5}$	$\lambda=\dfrac{2\,\overline{\delta d}}{250}$
1				
2				
3				
4				
5				
6				
7				
8				
9				
10				

$\lambda=\dfrac{2\,\overline{\delta d}}{5N}=$ ________nm，$E_0=\dfrac{|\lambda-\lambda_0|}{\lambda_0}=$ ________%.

【注意事项】

干涉仪是精密光学仪器，使用中一定要谨慎、爱护.

(1) 切勿用手触摸光学表面，防止唾液溅到光学表面.

(2) 调节螺钉和转动手轮时，一定要轻、慢，绝不允许强扭硬扳.

(3) 反射镜背后的粗调螺钉不可旋得太紧，以防止镜面变形.

(4) 调整反射镜背后粗调螺钉时，应先将微调螺钉调在中间位置，以便能在两个方向上微调.

(5) 测量中，转动手轮只能缓慢地沿一个方向前进(或后退)，否则会引起较大的空程误差.

【思考题】

(1) 在什么条件下产生等倾干涉条纹？什么条件下产生等厚干涉条纹？

(2) 迈克尔逊干涉仪产生的等倾干涉条纹与牛顿环有何不同？

(3) 如何用迈克尔逊干涉仪测钠光两谱线的波长差 $\delta\lambda$？试解释其原理和步骤.

【知识拓展】

迈克尔逊干涉仪的结构如图 7-22 所示.

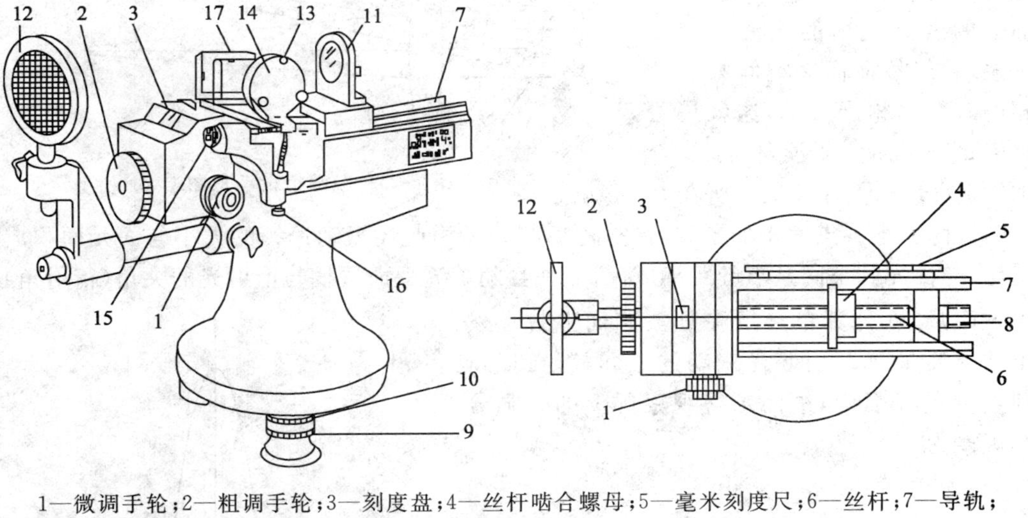

1—微调手轮；2—粗调手轮；3—刻度盘；4—丝杆啮合螺母；5—毫米刻度尺；6—丝杆；7—导轨；8—丝杆顶进螺帽；9—调平螺丝；10—锁紧螺丝；11—可动镜 M_2；12—观察屏；13—倾度粗调；14—固定镜 M_1；15—水平倾度微调；16—竖直倾度微调；17—分光板 G_1 和补偿板 G_2

图 7-22　迈克尔逊干涉仪结构图

可动镜 M_2 的移动采用蜗轮蜗杆传动系统，转动粗调手轮可以实现粗调. M_2 移动距离的毫米数可在机体侧面的毫米刻度尺上读得. 通过读数窗口，在刻度盘上可读到 0.01 mm；转动微调手轮可实现微调，微调手轮的分度值为 1×10^{-4} mm，可估读到 10^{-5} mm. 倾度的微调是通过调节水平微调和竖直微调螺丝来实现的. M_1，M_2 背面各有 3 个螺钉，它们可以用来粗调 M_1 和 M_2 的倾度.

实验二十二　单缝衍射光强分布的测量

【实验目的】

(1) 观察单缝夫琅禾费衍射现象.

(2) 掌握单缝夫琅禾费衍射相对光强的测量方法,学习用衍射方法测量单缝的宽度.

【实验器材】

He-Ne 激光器、可调单缝、光屏、光强分布测微器(硅光电池、狭缝光阑、螺旋测微装置)、WJF 数字检流计、光具座、钢卷尺等.

【实验原理】

衍射是光的重要特征之一.衍射通常分为两类:一类是满足衍射屏离光源或接收屏的距离为有限远的衍射,称为菲涅耳衍射;另一类是满足衍射屏与光源、接收屏的距离都是无限远的衍射,也就是照射到衍射屏上的入射光和离开衍射屏的衍射光都是平行光的衍射,称为夫琅禾费衍射.在实验室,夫琅禾费衍射常用会聚透镜实现.

物理学家菲涅耳假设:波在传播的过程中,从同一波阵面上的各点发出的次波是相干波,它经传播而在空间某点相遇时产生相干叠加,这就是著名的惠更斯-菲涅耳原理.如图 7-23 所示,单缝 AB 所在处的波阵面上各点发出的子波,在空间某点 P 所引起光振动振幅的大小与面元面积成正比,与面元到空间某点的距离成反比,并且随单缝平面法线与衍射光的夹角(衍射角)增大而减小.计算单缝所在处波阵面上各点发出的子波在点 P 引起光振动的总和,就可以得到点 P 的光强度,进而求得观察屏上的光强分布规律为

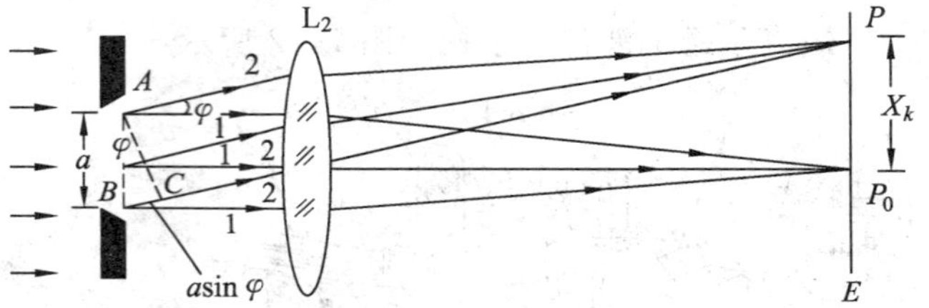

图 7-23　单缝衍射示意图

$$I = I_0 \frac{\sin^2 u}{u^2} \qquad (1)$$

式中,$u = \frac{\pi a \sin\varphi}{\lambda}$,其物理意义是“单缝上、下边缘所发次波在考察点的相位差之半”;λ 为入射光波长;a 是单缝宽度;φ 为衍射角;I_0 为中央明纹中心处的光强度.

图 7-24 是观察屏上沿 x 方向光强相对分布曲线.

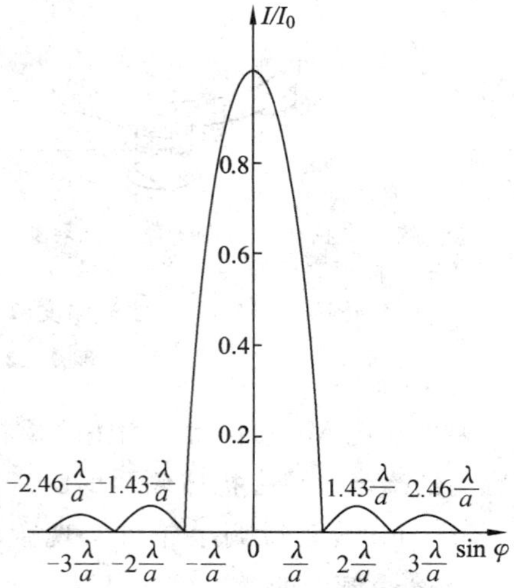

图 7-24　单缝衍射相对光强

由光强分布公式(1)可得单缝衍射的特征.

(1) 中央明纹.

在 $\varphi=0$ 时,由 $u=0$ 得

$$\frac{\sin^2 u}{u^2}=1,\ I=I_0 \tag{2}$$

对应最大光强,称中央明纹(主极大).中央明纹两侧第一个光强为零的点对单缝中心的张角,称中央明纹的角宽度,有

$$\delta\varphi=2\ \frac{\lambda}{a} \tag{3}$$

(2) 暗纹.

当 $u=\pm k\pi(k=1,2,3,\cdots)$ 即 $\frac{\pi a\sin\varphi}{\lambda}=\pm k\pi$ 或 $a\sin\varphi=\pm k\lambda$ 时,$I=0$,相应位置称暗纹.任何两相邻暗纹衍射角的差值为

$$\delta\varphi=\pm\frac{\lambda}{a} \tag{4}$$

暗纹以点 P_0 为中心等间隔左右对称分布.

(3) 次级明纹.

在两相邻暗纹间的明纹称为次级明纹,它们的宽度是中央亮纹宽度的一半,相应光强称次极大.这些亮纹角位置依次是

$$\varphi=\pm1.43\ \frac{\lambda}{a},\ \varphi=\pm2.46\ \frac{\lambda}{a},\ \varphi=\pm3.47\ \frac{\lambda}{a},\cdots \tag{5}$$

代入光强公式(1)中,可得各级次明纹中心的强度为

$$I=0.047I_0,\ 0.016I_0,\ 0.008I_0,\cdots \tag{6}$$

【实验内容及步骤】

(1) 调整光路.

实验装置如图 7-25 所示.调整各元件同轴等高;激光垂直照射在单缝平面上,接收屏与单缝之间的距离大于 1 m.

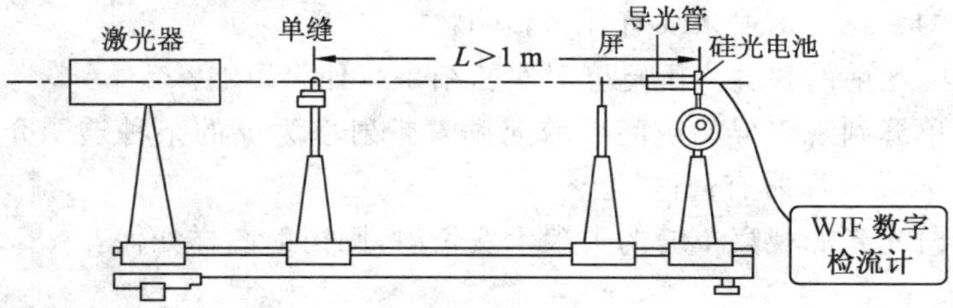

图 7-25　衍射光强测试系统

(2) 观察单缝衍射现象.

仔细调节单缝宽度,观察衍射条纹的变化,特别是各级明条纹的光强变化.

(3) 测量衍射条纹的相对光强.

① 用硅光电池作为光电探测器件,将光信号转变成电信号,用 WJF 数字检流计测量光电信号.

② 测量时,从一侧衍射条纹的第三个次极大中心开始,记下此时鼓轮读数,同方向

转动鼓轮，中途不要改变转动方向. 每移动 0.5 mm 读取一次 WJF 数字检流计的读数，一直测到另一侧的第三个次极大中心.

(4) 单缝宽度 a 的测量.

由于 $L>1$ m，因此衍射角很小，$\varphi_k \approx \sin\varphi_k \approx \frac{X_k}{L}$. 由暗纹条件 $a\sin\varphi=\pm k\lambda$，得

$$a\varphi_k = k\lambda$$

$$a=\frac{k\lambda}{\varphi_k}=\frac{Lk\lambda}{X_k} \tag{7}$$

式中，L 是单缝到硅光电池之间的距离；X_k 为不同级次暗条纹相对中央主极大之间的距离；a 是单缝的宽度，如图 7-26 所示.

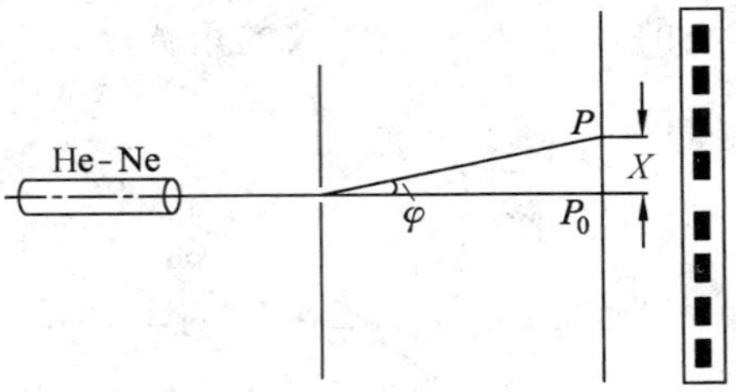

图 7-26　夫琅禾费单缝衍射的简化装置

【数据记录与处理】

(1) 自己设计表格，记录数据.

(2) 将所测得的 I 值进行归一化处理，即将所测的数据对中央主极大取相对比值 I/I_0(称为相对光强)，并在直角坐标纸上作 I/I_0-X 曲线.

(3) 由曲线图找出各次极大的相对光强，分别与理论值进行比较.

(4) 从所描出的光强分布曲线上，确定 $k=\pm1,\pm2,\pm3$ 时的暗纹位置 X_k，将 X_k 值与 L 值代入公式(7)中，计算单缝宽度 a，并与给定值进行比较.

【注意事项】

(1) 开机后待激光器输出稳定后再进行实验.

(2) WJF 数字检流计经预热后必须调零.

(3) 尽量缩短完成一次测量的时间.

(4) 测量衍射光强 I 时，接收屏必须一直挡住导光管，仅在每次读数前移去，读数后应立即挡住. 这样可避免硅光电池因疲劳而出现非线性光电转换，并能延长硅光电池的使用寿命.

【思考题】

(1) 缝宽的变化对衍射条纹有什么影响?

(2) 硅光电池前的狭缝光阑宽度对实验结果有什么影响?

(3) 若在单缝到观察屏的空间区域充满着折射率为 n 的某种透明介质，此时单缝衍射图样与不充满介质时有何区别?

(4) 如用白光光源观察单缝的夫琅禾费衍射，则衍射图样如何?

【知识拓展】

1. 硅光电池

硅光电池是一种把光能直接转换成电能的器件，其构造如图 7-27 所示.

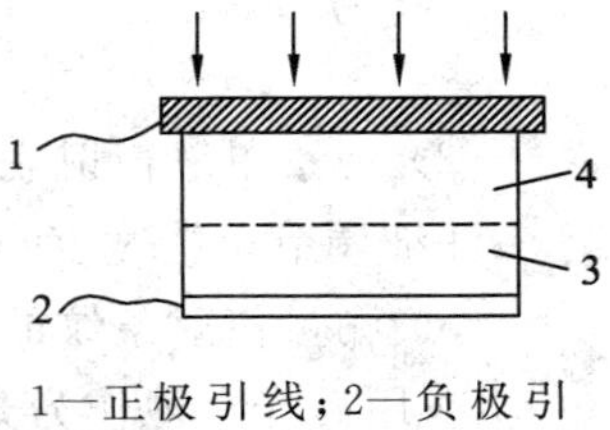

1—正极引线；2—负极引线；3—N 型层；4—P 型层

图 7-27　硅光电池构造

硅光电池通常利用硅片制成 PN 结，由于在结的分界面两侧多数载流子(空穴和电子)浓度不同，多数载流子将分别越过分界面各自扩散，在分界面附近形成由 N 指向 P 的内部电场，这个电场将阻止多数载流子的扩散，但能帮

助少数载流子通过. 当光照射到硅片上，半导体内产生电子-空穴对时，电子和空穴在PN结内部电场作用下分别向N区和P区移动，这样在P型电极和N型电极之间就产生了光生电动势，这就是光电池的作用原理——光生伏特效应.

硅光电池把光能转换为电能的效率可达12%，可作为电源使用. 由于它对光照的敏感性很强，故也可作为测光元件. 硅光电池内阻一般在低阻范围，其大小与受光面积及光强有关.

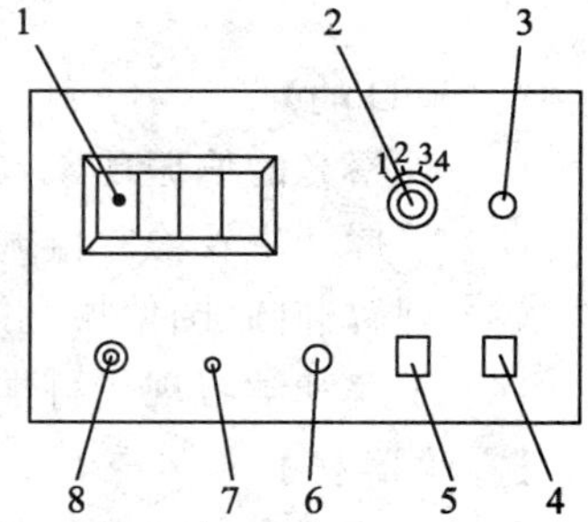

1—数字显示窗；2—量程选择；3—衰减旋钮；4—电源开关；5—保持开关；6—调零旋钮；7—模拟输出孔；8—被测信号输入孔

图 7-28　WJF 数字式检流计正面面板

2. **WJF 数字式检流计**

该仪器用于测量微弱电流，其正面面板如图7-28所示.

仪器测量范围为 $1\times10^{-10}\sim1.999\times10^{-4}$ A，分为四挡：

① 第1挡——$0.001\times10^{-7}\sim1.999\times10^{-7}$ A，内阻<10 Ω；

② 第2挡——$0.01\times10^{-7}\sim19.99\times10^{-7}$ A，内阻<1 Ω；

③ 第3挡——$0.1\times10^{-7}\sim199.9\times10^{-7}$ A，内阻<0.1 Ω；

④ 第4挡——$1\times10^{-7}\sim1\,999\times10^{-7}$ A，内阻<0.01 Ω.

该仪器的测量误差限为±1个字.

WJF数字式检流计的使用方法如下：

① 接上电源(～220 V)，开机预热15 min.

② 量程选择开关置于“1”挡，衰减旋钮置于校准位置(即顺时针转到头，置于灵敏度最高位置)，调节调零旋钮，使数据显示为“－.000”(负号闪烁).

③ 选择适当量程，接上测量线(芯线接负端，屏蔽层接正端；如接反，会显示负号“－”)，即可测量微电流.

④ 如果被测信号大于该挡量程，仪器有超量程指示，即数码管第一位显示“]”或“E”，后3位均显示“9”，此时可调高一挡量程(当信号大于最高量程，即 2×10^{-4} A时，应换用其他仪表测量).

⑤ 当数字显示小于190，且小数点不在第一位时，一般应将量程减小一挡，以充分利用仪器的分辨率.

⑥ 衰减旋钮用于测量相对值，只有在旋钮置校准位置(顺时针到底)时，数显窗才指示标准电流值.

⑦ 测量过程中，需要将某数值保留下来时，打开保持开关(指示灯亮)，此时无论被测信号如何变化，前一数值都保持不变.

实验二十三　偏振现象的观测与分析

【实验目的】

(1) 观察光的偏振现象，加深对偏振光的了解.

(2) 掌握产生及检验偏振光的基本原理和方法.

(3) 理解椭圆、圆偏振光的光矢量与光强之间的关系.

(4) 了解和学习现代科学技术在物理实验中的应用.

【实验器材】

ZPS-Ⅰ型智能式偏振光实验仪、计算机.

【实验原理】

能使自然光产生偏振光的装置或器件，称为起偏器；用来检验偏振光的装置或器件，称为检偏器. 实际上能产生偏振光的器件同样可用作检偏器.

(1) 平面偏振光的产生.

① 由反射和折射产生平面偏振光.

自然光在透明介质(如玻璃)上反射或折射时，其反射光和折射光为部分偏振光. 当入射角为布儒斯特角时，反射光接近于完全偏振光，其偏振面垂直于入射面.

② 由二向色性晶体的选择性吸收产生平面偏振光.

有些晶体(如电气石、人造偏振片)对两个相互垂直振动的光矢量具有不同的吸收能力，晶体材料的这种选择性吸收特性称为二向色性. 当自然光通过二向色性晶体时，其中某一方向的偏振成分几乎被完全吸收，而另一方向的偏振成分几乎没有损失. 因此，透射光就成为平面偏振光. 利用偏振片可以获得截面较宽的偏振光束，而且造价低廉，使用方便. 偏振片的缺点是其吸收性能与入射光波长有关，光透过率稍低.

③ 由晶体双折射产生平面偏振光.

当自然光入射到某些各向异性晶体时，经晶体折射后分解成两束平面偏振光，并以不同的速度和方向在晶体内传播，利用全反射原理除去其中一束，剩余的一束就是平面偏振光. 尼科耳(Nicol)棱镜就是这类元件之一(见图 7-29). 它由两块经特殊切割的方解石晶体用加拿大树胶黏合而成. 偏振面平行于晶体主截面的偏振光可以透过尼科耳棱镜，垂直于主截面的偏振光在胶层上发生全反射而被除去.

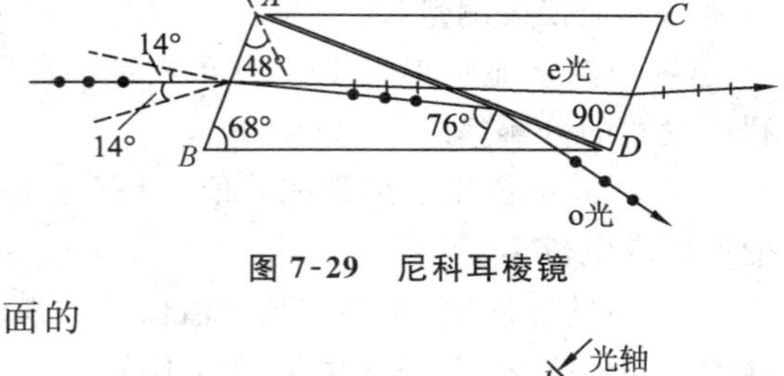

图 7-29　尼科耳棱镜

(2) 圆偏振光和椭圆偏振光的产生.

如图 7-30 所示，当振幅为 A 的平面偏振光垂直入射到表面平行于光轴的双折射晶片时，若振动方向与晶片光轴的夹角为 α，则在晶片表面上 o 光和 e 光的振幅分别为 $A\sin\alpha$ 和

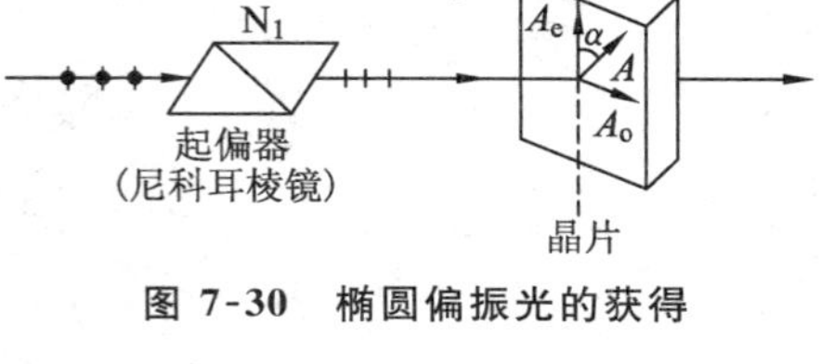

图 7-30　椭圆偏振光的获得

$A\cos\alpha$，它们的相位相同. 进入晶片后，o 光和 e 光虽然沿同一方向传播，但具有不同的速度. 因此，经过厚度为 d 的晶片后，o 光和 e 光之间将产生相位差 δ，则

$$\delta=\frac{2\pi}{\lambda_0}(n_o-n_e)d \tag{1}$$

式中，λ_0 表示光在真空中的波长；n_o 和 n_e 分别为晶体中 o 光和 e 光的折射率.

① 如果晶片的厚度使产生的相位差 $\delta=\frac{1}{2}(2k+1)\pi$ $(k=0, 1, 2, \cdots)$，这样的晶片称为 1/4 波片. 平面偏振光通过 1/4 波片后，透射光一般为椭圆偏振光，当 $\alpha=\pi/4$ 时，则为圆偏振光；但当 $\alpha=0$ 和 $\pi/2$ 时，椭圆偏振光退化为平面偏振光. 换言之，1/4 波片可将平面偏振光变成椭圆偏振光或圆偏振光；反之，它也可将椭圆偏振光或圆偏振光变成平面偏振光.

② 如果晶片的厚度使产生的相位差 $\delta=(2k+1)\pi$ $(k=0, 1, 2, \cdots)$，这样的晶片称为半波片. 如果入射平面偏振光的振动面与半波片光轴的交角为 α，则通过半波片后的光仍为平面偏振光，但其振动面相对于入射光的振动面转过 2α.

(3) 平面偏振光通过检偏器后光强的变化.

强度为 I_0 的平面偏振光通过检偏器后的光强

$$I=I_0\cos^2\theta \tag{2}$$

式中，θ 为平面偏振光偏振面和检偏器主截面的夹角，此关系即马吕斯定律，它表示改变 θ 即可改变透过检偏器的光强.

当起偏器和检偏器的取向使得通过的光能量最大时，称它们为平行(此时 $\theta=0°$).当二者的取向使系统射出的光能量最小时，称它们为正交(此时 $\theta=90°$).

(4) 单色平面偏振光的干涉.

如图 7-31a 所示，一束自然光经起偏器(尼科耳棱镜或偏振片)N_1 后，变成振幅为 A 的平面偏振光，再通过晶片 K 射到检偏器(尼科耳棱镜或偏振片) N_2 上. 图 7-31b 表示透过 N_2 迎着光线方向所观察到的振动情况，其中 N_1，N_2 及 ZZ' 分别表示起偏器的主截面、检偏器的主截面和晶片的光轴在同一平面上的投影，α 和 β 分别为 N_1，N_2 的主截面与晶片的光轴 ZZ' 的夹角.

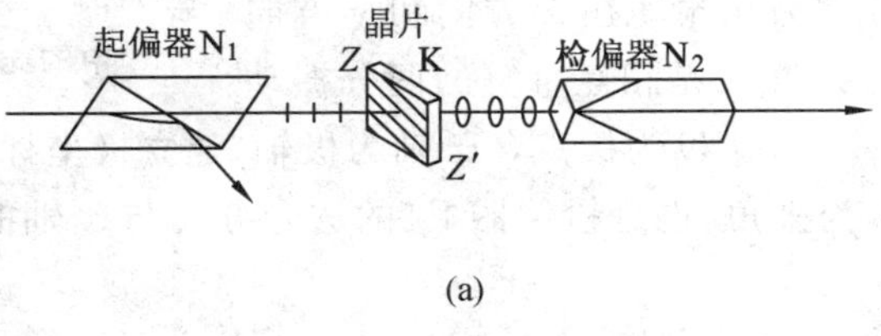

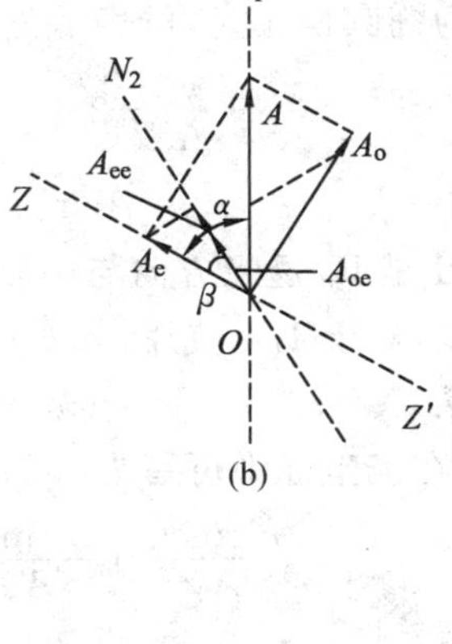

图 7-31　偏振光的干涉

从晶片透过的两平面偏振光的振幅分别为

$$A_0 = A\sin\alpha;\ A_e = A\cos\alpha \tag{3}$$

它们的相位差为 δ. 穿过 N_2 后，只存在振动平行于 N_2 主截面的分量 A_{oe} 和 A_{ee}，其值分别为

$$\begin{aligned} A_{oe} &= A_o\sin\beta = A\sin\alpha\cdot\sin\beta \\ A_{ee} &= A_e\cos\beta = A\cos\alpha\cdot\cos\beta \end{aligned} \tag{4}$$

可见这两束光是同频率、不等振幅、振动方向在同一平面内的相干光. 因此，透射光的光强(按双光束干涉的光强计算方法)为

$$I_2 = A_{oe}^2 + A_{ee}^2 + 2A_{oe}A_{ee}\cos\delta = I_1\left[\cos^2(\alpha-\beta) - \sin 2\alpha\cdot\sin 2\beta\cdot\sin^2\frac{\delta}{2}\right] \tag{5}$$

式中，$I_1 = A^2$，它是经起偏器 N_1 透射的平面偏振光的光强.

从式(5)可以看出：

① 当 α(或 β)$=0,\pi/2,\pi$ 时，

$$I_2 = I_1\cos^2(\alpha-\beta) \tag{6}$$

即透射光强只与 N_1，N_2 两主截面的夹角的余弦平方成正比，情形与不用晶片时相同.

② 当 N_1 与 N_2 正交时，$\alpha-\beta=\pi/2$，则

$$I_2 = I_1\sin^2 2\alpha\cdot\sin^2\frac{\delta}{2} \tag{7}$$

如果晶片是半波片，则 $\delta=\pi$. 当 α 等于 $\pi/4$ 的奇数倍时，$I_2=I_1$，即有光透过 N_2，发生相长干涉. 当 α 等于 $\pi/4$ 的偶数倍时，$I_2=0$，无光透过，发生相消干涉. 由此可见，当半波片旋转一周时，视场内将出现 4 次消光现象.

③ 当 N_1 与 N_2 平行时，$\alpha-\beta=0$，于是有

$$I_2 = I_1\left(1-\sin^2 2\alpha\cdot\sin^2\frac{\delta}{2}\right) \tag{8}$$

因此，这时透过 N_2 的光强恰与 N_1，N_2 正交时互补.

(5) 椭圆偏振光光矢量与经检偏器后光强之间的关系.

设自然光经起偏器 P_1 后成为线偏振光的振幅为 A，以 1/4 波片快轴方向为 x 轴建立坐标系，如图 7-32 所示. 线偏振光经 1/4 波片后为椭圆偏振光，可表示为

$$\frac{x^2}{A_x^2} + \frac{y^2}{A_y^2} - 2\frac{x}{A_x}\cdot\frac{y}{A_y}\cdot\cos\delta = \sin^2\delta \tag{9}$$

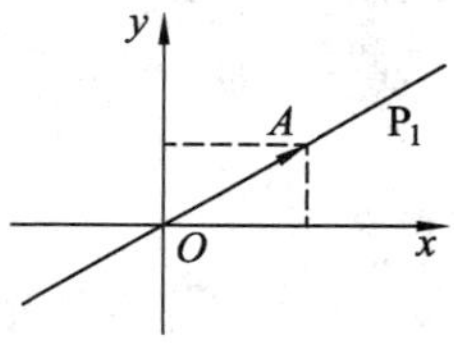

图 7-32　波片坐标系中的光矢量

式中，$A_x = A\cos\alpha$，$A_y = A\sin\alpha$，分别为光振动在 x 方向和 y 方向的振幅；α 是 P_1 透光方向与 x 轴的夹角；δ 是相互垂直的两分振动的相位差，对于 1/4 波片，其 $\delta=\pi/2$. 仍以 O 为极点，Ox 轴为极轴，建立极坐标，由坐标变换关系 $x=r\cos\varphi$，$y=r\sin\varphi$(φ 为极角，也是检偏器 P_2 的透光方向与 x 轴的夹角)，则式(9)在极坐标中可写为

$$\frac{r^2\cos^2\varphi}{A_x^2} + \frac{r^2\sin^2\varphi}{A_y^2} - 2\frac{r^2\cdot\cos\varphi\cdot\sin\varphi}{A_xA_y}\cdot\cos\delta = \sin^2\delta \tag{10}$$

经整理得

$$A_y^2\cos^2\varphi + A_x^2\sin^2\varphi - 2A_xA_y\cos\varphi \cdot \sin\varphi \cdot \cos\delta = \frac{A_x^2A_y^2}{r^2} \cdot \sin^2\delta \qquad (11)$$

椭圆偏振光经检偏器 P_2 后的输出光强为

$$I = A_x^2\cos^2\varphi + A_y^2\sin^2\varphi + 2A_xA_y\cos\varphi \cdot \sin\varphi \cdot \cos\delta \qquad (12)$$

由式(10)和式(12)知,I 和 r 都是 φ 的函数,联立消去 φ,则可建立 I 和 r 之间的关系. 式(11)和式(12)两式相加并整理得

$$r = \frac{A_x \cdot A_y}{\sqrt{A_x^2 + A_y^2 - I}} \cdot \sin^2\delta \qquad (13)$$

测出了 I 随 φ 的变化关系曲线,由式(13)即可画出 r 与 φ 的关系曲线,即椭圆偏振光光矢量. 图 7-33 是取 $A=2,\alpha=30°,\delta=\pi/2$ 时,由式(12)和式(13)画出的椭圆偏振光光矢量(实线)和光强(虚线)理论曲线.

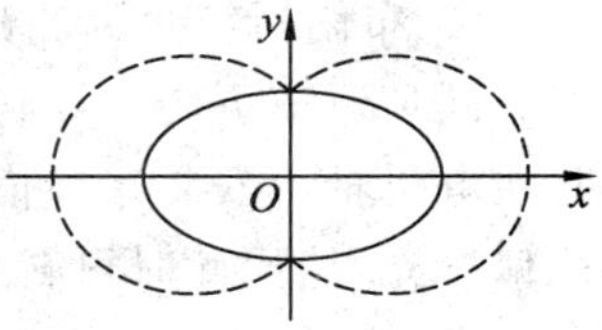

图 7-33　椭圆偏振光光强与光矢量

【实验内容及步骤】

(1) 定性观察.

首先按说明书仔细调节光路,使其共轴等高.

① 偏振片透光方向的确定.

根据玻璃折射率计算出布儒斯特角. 调整可转导轨,使光在玻璃面上以布儒斯特角入射,反射光为振动方向垂直于入射面的线偏振光. 以反射光的方向为轴旋转偏振片 N,当透射光强度为零时,则平行于入射面的方向即检偏器的透光方向. 在偏振片上标记好透光方向(主截面的方向).

② 验证马吕斯定律.

激光器发出的光先经过起偏器 N_1 再经过检偏器 N_2,使检偏器 N_2 慢慢地绕光的传播方向转动,观察透过检偏器 N_2 后的光强. 当 N_1,N_2 正交时透光最弱,平行时透光最强.

③ 考察半波片对偏振光的影响.

调节 N_1,N_2,使其正交,在 N_1 与 N_2 间插入半波片,以光线方向为轴,调整半波片,使透过 N_2 的光强为零,这时半波片的光轴方向和 N_1 的主截面平行或正交. 将半波片的光轴转过 α(10°～15°,相对于起偏器的主截面而言),记下 N_2 的位置,转动 N_2 使之再消光,再记录 N_2 的位置. 改变 α,每次增加 10°～15°,按上述方式测量直至 α 约等于 90°.

④ 椭圆偏振光、圆偏振光的产生与检验.

实验装置同上,将半波片换成 1/4 波片.

a. 使 N_1,N_2 正交,以光的传播方向为轴将波片转 360°,记录观测到的现象.

b. 使用起偏器 N_1 和 1/4 波片产生椭圆偏振光,旋转检偏器 N_2 观测光强的变化. 记录 1/4 波片光轴相对 N_1 主截面的夹角 α,以及转动 N_2 使透射光强极大、极小时,N_2 主截面与波片光轴的夹角 β. α 取不同值重复观测.

c. 使用 N_1 和 1/4 波片产生圆偏振光,旋转 N_2 进行观测并记录.

d. 为了区分椭圆偏振光和部分偏振光、圆偏振光和自然光,应在检偏器前再加一个 1/4 波片进行观测(应注意 1/4 波片光轴的取向).

(2) 定量研究.

首先对偏振实验仪进行预热和调零.

① 马吕斯定律的验证.

调整光路,使线偏振光通过步进电机轴,并在电机轴上安装好检偏器,利用自动或手动测出电机旋转一周过程中每一步对应的光电信号,在坐标纸上描绘出检偏器转角和光电信号的关系曲线.

② 布儒斯特角的测量.

同步调节可转动导轨和反射玻璃的方位,仔细调节光路,使光束通过步进电机轴;并在电机轴上安装好检偏器,用手动或自动状态检测反射光的偏振态,使反射光为完全线偏振光,读出此时可转导轨转过的角度,此角是布儒斯特角的两倍.

③ 椭圆、圆偏振光光强分布曲线和光矢量曲线的描绘.

在马吕斯定律验证光路中起偏器与步进电机之间插入 1/4 波片,并调节波片的光轴与起偏器的透光方向平行或垂直,使波片转过一个角度(一般小于 45°),仿照马吕斯定律验证中利用自动或手动测出电机旋转一周过程中每一步对应的光电信号,在坐标纸上描绘出检偏器转角和光电信号的关系曲线. 利用式(13)在同一张图上描绘出椭圆光强分布曲线和光矢量曲线. 同理,使波片转过 45°,即可描绘出圆偏振光光强分布和光矢量分布曲线.

【注意事项】

(1) 所有的光学元件均要保持干净,切不可用手直接触摸光学元件表面.

(2) 接通电源后,硅光电池切记不要曝露在强光下.

(3) 尽量将经空心轴电机的光束调细,但落在硅光电池上的光斑应尽可能大一些.

(4) 波片和偏振片调节要轻柔,不要用力过猛.

(5) 激光束不要直接对着人眼,避免损伤眼睛.

【思考题】

(1) 强度为 I_0 的自然光通过偏振片后,光强 $I<I_0/2$,在应用偏振片时,马吕斯定律是否适用? 为什么?

(2) 如何产生和检验左旋或右旋椭圆偏振光?

(3) 如何测量合成椭圆偏振光的相互正交线偏振光的相位差?

【知识拓展】

ZPS-Ⅰ型智能式偏振光实验仪包括智能式实验仪主机,工作软件,轻质航空铝材的可旋转导轨(含各种支架),光源,1/4 波片(大、小口径),1/2 波片,偏振片(大、小口径),光电探测器,计算机,打印机.

ZPS-Ⅰ型智能式偏振光实验仪的可旋转导轨结构如图 7-34 所示.

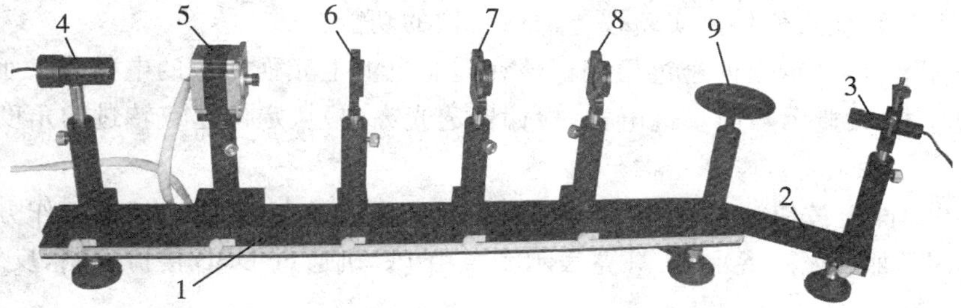

1—燕尾式滑动直导轨；2—可旋转燕尾导轨；3—半导体激光器(波长 635 nm)；4—光电池盒；
5—步进电动机(步距角可调，最大为 1.8°)；6—小口径检偏器(1/4 波片)；
7，8—偏振镜架；9—载物台(放置直角三棱镜或玻璃夹)

图 7-34　ZPS-Ⅰ型智能式偏振光实验仪可旋转导轨结构

ZPS-Ⅰ型智能式偏振光实验仪的仪器连接如图 7-35 所示.

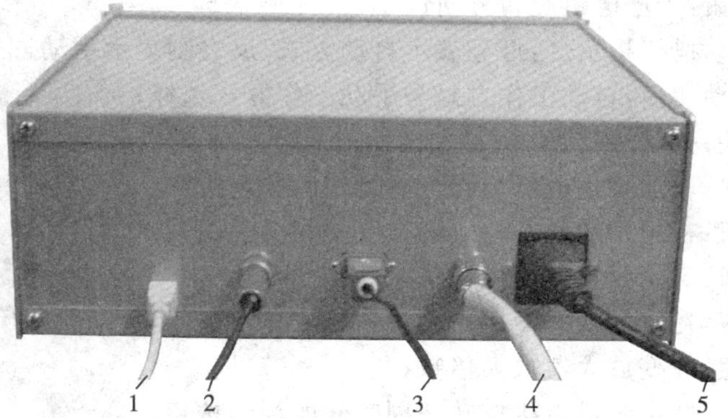

1—USB 接口；2—光电信号接入；3—半导体激光器电源输出；
4—步进电机驱动信号输出；5—电源输入

图 7-35　ZPS-Ⅰ型智能式偏振光实验仪的仪器连接方式

ZPS-Ⅰ型智能式偏振光实验仪的面板结构如图 7-36 所示.

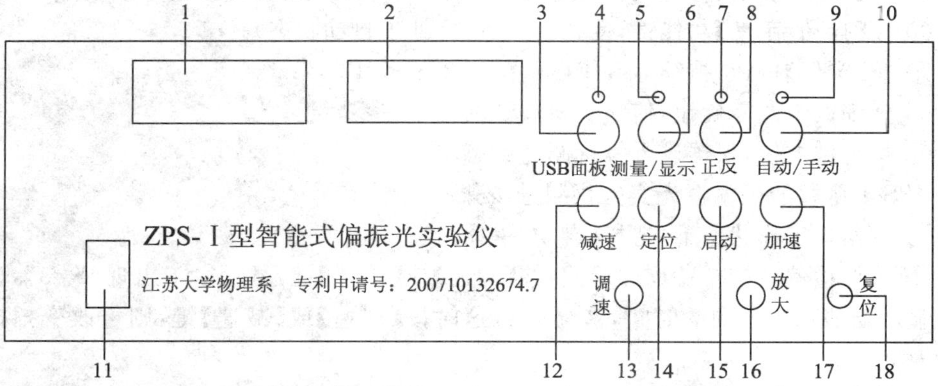

1—显示窗 1；2—显示窗 2；3—USB/面板按钮；4—USB/面板按钮指示灯；
5—测量/显示按钮指示灯；6—测量/显示按钮；7—正/反按钮指示灯；8—正/反按钮；
9—自动/手动按钮指示灯；10—自动/手动按钮；11—电源开关；12—减速按钮；
13—调零旋钮；14—定位旋钮；15—启动按钮；16—放大旋钮；17—加速按钮；
18—系统复位按钮

图 7-36　ZPS-Ⅰ型智能式偏振光实验仪面板结构

ZPS-Ⅰ型智能式偏振光实验仪各部件结构的功能：

① 显示窗1：显示当前透过检偏器落在硅光电池上光强对应的电信号大小；

② 显示窗2：显示当前步进电机（检偏器透光方向）从定位起点转过的角度，单位为度（°）；

③ USB/面板按钮：主机控制工作方式与PC机通过USB接口控制工作方式选择；

④ USB/面板按钮指示灯：灯亮表示系统由PC机通过USB接口控制，反之则受面板控制；

⑤ 测量/显示按钮指示灯：灯亮表示系统处于测量状态，反之系统处于显示状态；

⑥ 测量/显示按钮：测量与显示工作方式选择；

⑦ 正/反按钮指示灯：灯亮表示步进电机按初始设定方向旋转，反之则向反方向旋转；

⑧ 正/反按钮：步进电机旋转方向设定；

⑨ 自动/手动按钮指示灯：灯亮表示自动方式，反之则表示手动方式；

⑩ 自动/手动按钮：自动工作方式与手动工作方式选择；

⑪ 电源开关；

⑫ 减速按钮：增加步进电机旋转一周时间的控制按钮；

⑬ 调零旋钮：补偿杂散光及暗电流；

⑭ 定位旋钮：确定测量起始位置；

⑮ 启动按钮：在自动状态下用于测量开始或显示开始，手动状态用于单步前进；

⑯ 放大旋钮：改变放大器放大倍数；

⑰ 加速按钮：减少步进电机旋转一周时间的控制按钮；

⑱ 系统复位按钮.

ZPS-Ⅰ型智能式偏振光实验仪调零步骤：

① 按【USB/面板】功能键，使指示灯熄灭；

② 按【测量/显示】功能键，使指示灯点亮，选择步进电机的正/反；

③ 按【自动/手动】功能键，使指示灯点亮（处于自动状态）；

④ 按【定位】按钮，持续3 s，使显示窗口2显示“F_n 1”；

⑤ 仔细调节调零旋钮，使显示窗口2的数字在零附近；

⑥ 按定位按钮，仪器进入等待测量状态.

ZPS-Ⅰ型智能式偏振光实验仪测量步骤：

① 在面板工作状态下，选择【自动/手动】；

② 选择检偏器旋转一周的时间，按【加速】或【减速】键，显示窗1出现“F_n 3”，显示窗2显示当前扫描一周的时间，单位是s，这时按【加速】或【减速】键，则可改变扫描一周的时间.

③ 按下【启动】键，如是手动，每按一次，电机前进一步，相应的转角和光电信号数值分别在显示窗口2和显示窗口1显示；如是自动，电机旋转一周，并把每步中对应的光电信号大小存储在数据存储区，等待显示.

ZPS-Ⅰ型智能式偏振光实验仪显示步骤：

① 按一次测量/显示按钮，指示灯不亮；

② 选择自动或手动显示；

③ 在自动状态下，按一次启动按钮，则显示窗 2 和显示窗 1 显示相应数值，每隔 6 s 数字变化一个. 手动状态下，每按一次，数字变化一个.

ZPS-Ⅰ型智能式偏振光实验仪安装与调试步骤：

① 根据实验内容选择直导轨或可旋转导轨，在导轨上布置好光学元器件；

② 按图示电路连好接线；

③ 调整光路，使其同轴和等高；

④ 打开电源，点燃激光器，仔细调节光源的聚焦螺丝，使通过步进电机中心孔时的光点尽量小，而落在硅光电池上的光斑应尽可能大；

⑤ 在主机预热 20 min 之后进行调试，包括预测、调零、测量和读数.

实验二十四　光电效应

【实验目的】

(1) 了解光电效应的规律，加深对光的量子性的理解.

(2) 测定光电效应的光电流与入射光强度、加速电压之间的关系.

(3) 验证爱因斯坦光电效应方程，测量出普朗克常数.

【实验器材】

智能光电效应实验仪、示波器.

智能光电效应实验仪包括五部分.

① 光源：高压汞灯. 实验中使用的谱线的波长分别为 365.0 nm(紫外线)、404.7 nm(紫光)、435.8 nm(蓝光)、546.1 nm(绿光)和 577.0 nm(黄光).

② 滤色片：一组宽通带型有色玻璃组合滤色片.

③ 光电管：光电管放置在暗箱中，暗箱窗口光阑孔径为 16 mm，可放置滤色片和减光片.

④ 减光片：一组减光片包含孔径分别为 2 mm，4 mm 和 8 mm 的光阑.

⑤ 实验测试仪：设有"伏安特性测试"和"截止电压测试"两种功能，"手动"和"自动"两种测试模式，分别可以通过相应的转换键进行切换.

【实验原理】

在光的照射下，电子从金属表面逸出的现象称为光电效应. 图 7-37 是研究光电效应实验规律和测量普朗克常数 h 的实验原理图. 在抽成真空的光电管中，A 为阳极，K 为阴极，光频率为 ν 的光照射到由金属材料做成的阴极 K 上，就有光电子逸出金属表面，在电场的加速作用下光电子向阳极 A 迁移，在回路中形成光电流.

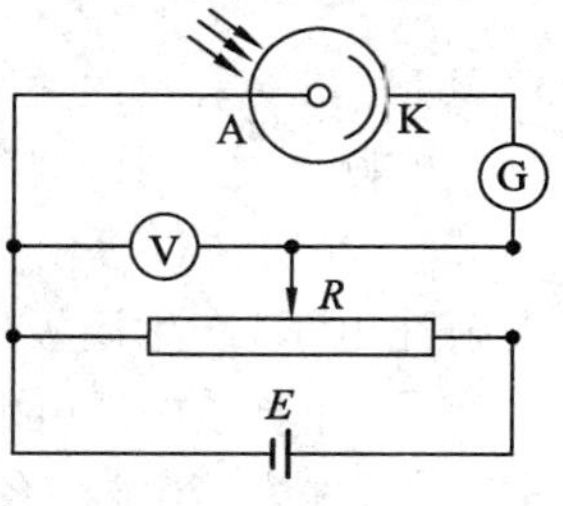

图 7-37　光电效应实验原理图

由实验可知，光电效应具有以下基本规律：

① 在一定频率、一定光强的单色光照射下，光电流 I 随光电管两端的加速电压的增加而增加. 当加速电压增加到一

定值后，光电流达到饱和值 I_H. 饱和电流 I_H 的大小与入射光强成正比，其伏安特性曲线如图 7-38 所示.

② 当光电管两端加反向电压时，光电流将逐步减小. 当光电流减小到零时，所对应的反向电压称为遏止电压 U_a，这表明此时具有最大动能的光电子刚好被反向电场所阻挡，即

$$\frac{1}{2}mv_m^2 = eU_a \tag{1}$$

式中，m，v_m 和 e 分别为电子的质量、速度和电荷量.

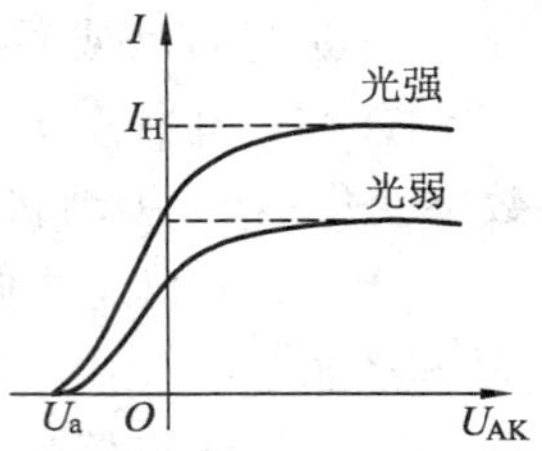

图 7-38 光电管伏安特性曲线

③ 改变入射光频率 ν 时，遏止电压 U_a 随之改变，U_a 与 ν 呈线性关系，如图 7-39 所示. 当入射光频率低于某极限值 ν_0 时，无论光强多大，照射时间多长，也没有光电流产生. ν_0 称为截止频率，其对应的波长称为截止波长，亦称红限. ν_0 随不同金属而异.

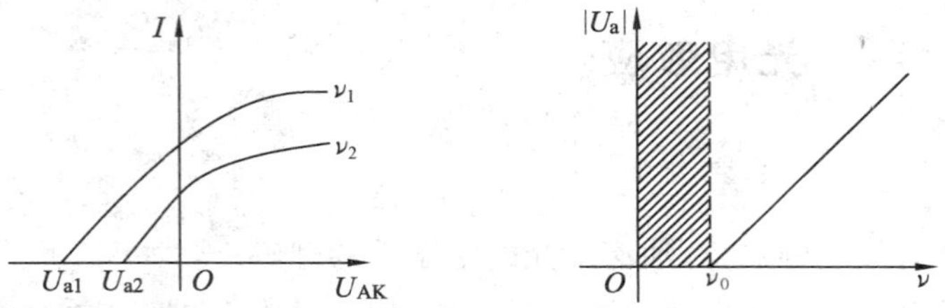

(a) 不同频率时的 I-U_{AK} 曲线　(b) $|U_a|-\nu$ 曲线

图 7-39 光电效应的特性曲线

④ 光电效应是瞬时效应，一经光线照射，便立刻产生光电子.

光电效应现象是 1887 年赫兹在验证电磁波存在时发现的，但运用光的经典电磁波理论无法对光电效应的实验规律做出圆满的解释. 1905 年，爱因斯坦根据普朗克的能量子假设提出了光量子理论. 他认为，当金属中的一个电子吸收一个频率为 ν 的光子时，便获得能量 $h\nu$. 如果此能量大于电子逸出金属表面所需的逸出功 A 时，电子就能从金属表面逸出. 按照光子论和能量守恒定律，有

$$h\nu = \frac{1}{2}mv_m^2 + A \tag{2}$$

式(2)称为爱因斯坦方程，它成功地解释了光电效应的规律. 由式(2)可知，要产生光电效应必须有$(h\nu - A) \geqslant 0$ 即 $\nu \geqslant A/h$，因此 A/h 就是截止频率，即 $\nu_0 = A/h$.

由式(1)和式(2)可得

$$U_a = \frac{h}{e}\nu - \frac{A}{e} = \frac{h}{e}\nu - \frac{h}{e}\nu_0$$

可见 U_a 与 ν 呈线性关系.

实际上光电管的伏安特性曲线比图 7-38 复杂，这是因为：

① 在制造过程中，阴极材料也会溅射到阳极上，因而当光照射到阳极时，阳极也会发射光电子，产生阳极电流.

② 由于存在自由电子热运动及光电管壳漏电等原因，阴极在无光照射时也会产生电子流，称为暗电流；各种杂散光也会产生光电流. 两种电流还随外加电压的变化而变化.

本实验测试仪器采用了新型结构的光电管，其特殊结构使光不能直接照射到阳极，

由阴极反射照到阳极的光也很少．此外，采用新型的阴、阳极材料及制造工艺，也使得阳极反向电流大大降低，暗电流很少．因此，在测量各谱线的遏止电压 U_a 时，可不用难以操作的"拐点法"，而用"零电流法"．利用零电流法测得的遏止电压与真实值相差很小，可直接将各谱线照射下得到的电流为零时对应的电压 U_{AK} 作为遏止电压 U_a，且各谱线的遏止电压都相差 ΔU，对 $|U_a|-\nu$ 曲线的斜率无大的影响，从而对 h 的测定也就不会产生较大影响．

【实验内容及步骤】

光电效应实验仪前面板如图 7-40 所示．

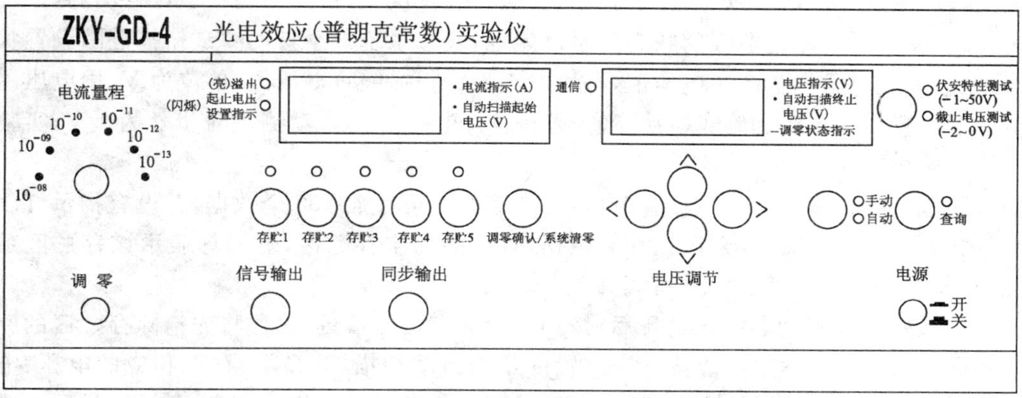

图 7-40　光电效应实验仪前面板示意图

（1）测试前准备．

将光源上的出光孔和光电管暗箱上的入光孔分别用遮光盖盖上，并将光源出光孔对准光电管暗箱入光孔，调整光电管与汞灯距离约 40 cm 并保持不变．用专用连接线将光电管暗箱电压输入端与测试仪电压输出端(后面板上)进行连接(红、蓝色对应连接，实验前导线已连接好，实验结束后不要拆掉)．

若要动态显示采集曲线，需将测试仪主机的【信号输出】端口接至示波器"CH2"输入端，【同步输出】接至示波器的"外触发"输入端．示波器的【触发源】开关拨至"外"，【CH2 电压衰减器】拨至"1 V/div"，【扫描速率】拨至约"20 μs/div"．此时示波器将以轮流扫描的方式显示 5 个存贮区中存贮的曲线，横轴表示电压 U_{AK}，纵轴表示电流 I．

将测试仪主机及汞灯电源接通，预热 20 min．

（2）测量不同频率时的遏止电压 U_a，测定普朗克常数 h．

测试仪【电流量程】选择开关置于 10^{-13} A 挡，断开光电管暗箱电流输出端 K 与测试仪微电流输入端的高频匹配连接线，旋转【调零】使电流指示为零，将断开的高频匹配线重新连接起来，按下【调零确认/系统清零】．此时测试仪默认为【遏止电压测试】状态，【手动】测试模式(红灯亮)；打开光电管暗箱入光孔上的遮光盖，将直径 4 mm 的光阑及 365.0 nm 的滤色片装在光电管暗箱入光孔上，然后打开汞灯光源遮光罩．

采用手动测试模式时，左边电表显示与 U_{AK} 对应的电流值 I，单位为所选择的"电流量程"，右边电表显示电压 U_{AK} 值，单位为 V．用电压调节键→，←，↑，↓ 调节 U_{AK} 的值(→和←用于选择调节位，↑和↓用于调节电压值的大小)，观察电流值的变化，寻找电流为零时对应的U_{AK}值，记录其值作为该波长对应的遏止电压值U_a.

将遮光盖盖住光源出光孔，依次换上其他4种波长的滤色片，重复以上测量步骤测量不同频率时的遏止电压值U_a.

对于各条谱线，其遏止电压值U_a范围大致为：365.0 nm，−1.90～−1.50 V；404.7 nm，−1.60～−1.20 V；435.8 nm，−1.35～−0.95 V；546.1 nm，−0.80～−0.40 V；577.0 nm，−0.65～−0.25 V.

(3) 测量同一光阑、不同频率的光电管伏安特性曲线.

将【电流量程】选择开关置于10^{-10} A挡，将测试仪电流输入电缆断开，调零后重新接上，按下【调零确认/系统清零】. 将测试仪切换为【伏安特性测试】状态，【自动】测试模式(绿灯亮)，此时左边电表的状态指示灯闪烁，表示系统处于自动测试扫描范围设置状态，左边电表显示扫描起始电压值，右边电表显示扫描终止电压值，单位为V. 用电压调节键可设置扫描起始和终止电压，最大范围为−1～50 V，自动测试时步长为1 V，实验时一般采用默认值−1～35 V.

测试仪主机设有5个数据存贮区，每个存贮区可存贮500个数据，并设有指示灯表示其状态：灯亮表示该存贮区已存有数据，灯不亮为空存贮区，灯闪烁表示该存贮区系统为预选的或正在存贮数据的存贮区.

设置好扫描起始和终止电压后，按动相应的存贮区按键，仪器将先清除存贮区的原有数据，等待30 s，然后系统按预先设置的步长自动扫描，并显示、存贮相应的电压、电流值. 扫描完成后，测试仪自动进入数据查询状态，此时查询指示灯亮，显示区显示扫描起始电压和相应的电流值. 用电压调节键改变电压值，就可查阅到在测试过程中扫描电压为当前显示值时相应的电流值.

按【查询】键，查询指示灯灭，系统回复到扫描范围默认设置状态，可进行下一次测试.

依次换上404.7 nm，435.8 nm，546.1 nm，577.0 nm的滤色片，重复以上测量步骤，分别按下【存贮2】、【存贮3】、【存贮4】和【存贮5】，将测试的结果存入相应的存贮区内. 测试结束后自动进入查询状态，此时按下需查询的存贮区按钮即可查询相应的存贮区数据.

测试仪主机与示波器相连时，可同时观察到5条不同频率谱线在同一光阑、同一距离下的伏安特性曲线.

(4) 测量同一频率、不同光强时光电管的伏安特性曲线.

① 选用某一频率谱线的滤色片，保持光电管与汞灯之间的距离不变，改变不同孔径的光阑，测量不同光强时光电管的伏安特性曲线. 利用示波器可同时观察到同一距离、不同光阑下的伏安特性曲线.

② 选用某一频率谱线的滤色片，保持光阑不变，改变光电管与汞灯之间的距离，测量不同光强时光电管的伏安特性曲线. 利用示波器可同时观察到同一光阑、不同距离下的伏安特性曲线.

【数据记录与处理】

(1) 列表记录测量5种滤色片时遏止电压的实验数据. 绘制$|U_a|$-ν关系曲线，用线性拟合法计算出普朗克常数h和光电管的截止频率ν_0，并求出普朗克常数的百分误差

（公认值 $h_0=6.626\times10^{-34}$ J·s）.

（2）列表记录测量 5 种滤色片、同一光阑时的伏安特性曲线的实验数据. 在同一张坐标纸上绘制相应的伏安特性曲线.

（3）列表记录测量某一频率、同一距离、不同光阑时的伏安特性曲线的实验数据. 在同一张坐标纸上分别绘制相应的伏安特性曲线，并说明其实验规律.

（4）列表记录测量某一频率、同一光阑、不同距离时的伏安特性曲线的实验数据. 在同一张坐标纸上分别绘制相应的伏安特性曲线，并说明其实验规律.

【注意事项】

（1）选择不同的【电流量程】后仪器自动进入调零状态，必须再次断开光电管暗箱电流输出端 K 与测试仪器微电流输入端的高频匹配连接线，重新调零，按下【调零确认/系统清零】后才能进入测试状态.

（2）在【手动】测试模式时，【查询】键无效. 若按下【调零确认/系统清零】，实验测试仪将重新启动，进入开机状态；若按下需要清零的存贮区按钮，相应的存贮区被清零.

（3）在【自动】测试模式时，只要按下【手动/自动】，手动测试指示灯亮，测试仪就中断了自动测试过程，回复到【手动】测试状态.

（4）更换滤色片或光阑时，必须先将汞灯光源出光孔用遮光盖盖上，再更换滤色片.

【思考题】

（1）为什么会出现反向光电流？如何减少反向光电流？

（2）实验测得的伏安特性曲线与理想的伏安特性曲线有什么不同？为什么会出现此情形？

（3）你所测得的普朗克常数 h 是偏大还是偏小？试从实验现象中分析产生误差的原因.

实验二十五　激光全息照相

【实验目的】

（1）了解激光全息照相的原理和特点.

（2）学习激光全息照相的基本技术.

【实验器材】

He-Ne 激光器、曝光定时器、反射镜、扩束镜、分束镜、全息干板、白屏、磁性座、皮尺、全息平台、照相冲洗设备、显影液、定影液.

【实验原理】

全息照相技术是 20 世纪 60 年代初随着激光器的产生而发展起来的一门照相技术，在干涉计量、工件检测、无损探伤、信息存贮、立体显示、医疗卫生、宇宙航行、国防军事等科学领域内有许多重要的应用. 全息照相术从原理到方法都是一种崭新的摄影技术，它不仅记录物体发出或反射的光波的振幅，而且将光波的相位也记录下来，即记录了物体光波的全部信息. 观看全息照片与观看实物有同样的立体感和真实感，“全息”一词即由此而来.

激光全息照相过程包括记录过程和再现过程两部分.前者相当于普通照相的摄影过程,后者相当于普通照相印成正片的过程.

(1) 全息照相的记录过程.

全息照相的记录过程可用图 7-41 所示的光路来实现.在感光干板(全息干板)与被照物体之间没有任何成像系统;感光干板不仅接收到物光,同时还接收到一束与物光相干的光(称为参考光),两束光在感光干板上发生干涉.这是全息照相与普通照相的两个重要区别.感光干板上记录下来的不是物体的像,而是物光与参考光的干涉图样.被照的物体不同,全息照片上记录下来的干涉条纹也就不同.

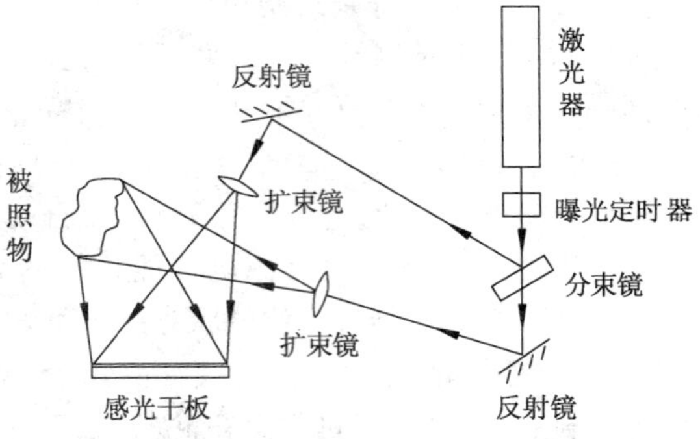

图 7-41 全息照相的拍摄光路图

为简单起见,假设感光干板上的乳胶层很薄(厚度 $d \sim \lambda$),可看作平面的用 x-y 表示该平面,并设物光和参考光传到该平面上某一点 (x,y) 处的光矢量分别为 $\boldsymbol{E}_1$ 和 $\boldsymbol{E}_2$,其大小为

$$\boldsymbol{E}_1 = E_{10}\cos(\omega t + \varphi_1)$$

$$\boldsymbol{E}_2 = E_{20}\cos(\omega t + \varphi_2)$$

光矢量 $\boldsymbol{E}_1$ 和 $\boldsymbol{E}_2$ 叠加后的光矢量为 $\boldsymbol{E}$,则数量关系为

$$\boldsymbol{E} = E_0\cos(\omega t + \varphi)$$

式中,

$$E_0^2 = E_{10}^2 + E_{20}^2 + 2E_{10}E_{20}\cos(\varphi_2 - \varphi_1)$$

式中,E_{10},E_{20},φ_1,φ_2 均是 x,y 的函数,感光干板上各点处的光强随该点处所对应的 E_{10},E_{20} 及 $(\varphi_2 - \varphi_1)$ 而定.这样,物光波的全部信息——振幅和相位就被记录下来了.

(2) 全息照相的再现过程.

全息照相在感光干板上所记录的不是被摄物体的直观形象,而是一些复杂的干涉条纹,它们与被摄物体的形状没有任何共同之处.因此,要想从全息照片上看到物体的像,必须把原物光再现出来.为此,可利用图 7-42 所示的光路.

用一束激光束(称为再现光束)从特定方向照射全息照片,只要再现光束的光波波长、波阵面形状、照射方向等与原参考光束一致,在全息照片的背面透过全息照片朝被摄物体原来所在位置观察,就可看到一个与原物体相同的立体虚像.

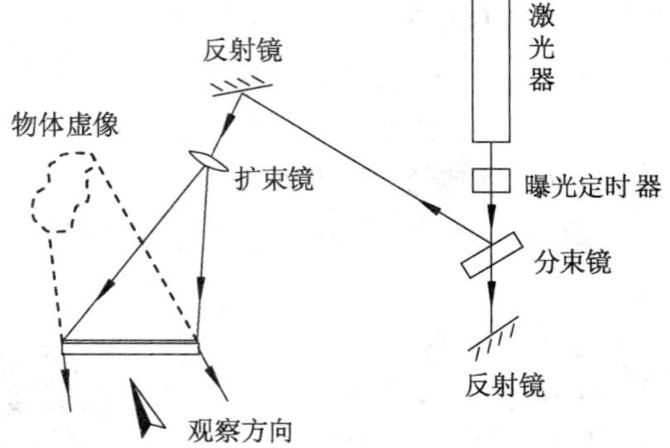

图 7-42 全息照相的再现光路图

若改变再现光束的照射方向或观察方向,物体的再现像会发生变化,甚至会观察不

到再现像.

物体发出的光波是物体上无数个物点发出的光波叠加而成的.在全息照片上记录了每一个物点发出的光波与参考光的干涉图样.每一个物点的光波,都对应有一组干涉条纹;不同物点的光波,所对应的干涉条纹的疏密、走向和亮度等都不尽相同.这无数组干涉条纹叠加在一起,就形成了被摄物体的全息图,通常呈现为一幅斑纹状的图样.用高倍显微镜观察全息照片,可观察到在均匀的颗粒状的背景上叠加不规则的、断续的细条纹光栅似的结构.

全息照片在再现光束照射下再现出物光波的现象与光栅衍射类似.透过全息照片的光分裂为几束衍射光,其中零级衍射光沿再现光束的方向前进,不带有物光的信息.在其一侧的一束第一级衍射光的传播方向及相位均与原物光相同,原物光就被再现出来.面对这束衍射光观察,在被摄物体原来位置上就呈现出一个与原物体一模一样的立体像.它一般为一个虚像,称为原始像或真像.另一束第一级衍射光束则形成一个共轭的实像,称为赝像.图 7-43 是再现像示意图.

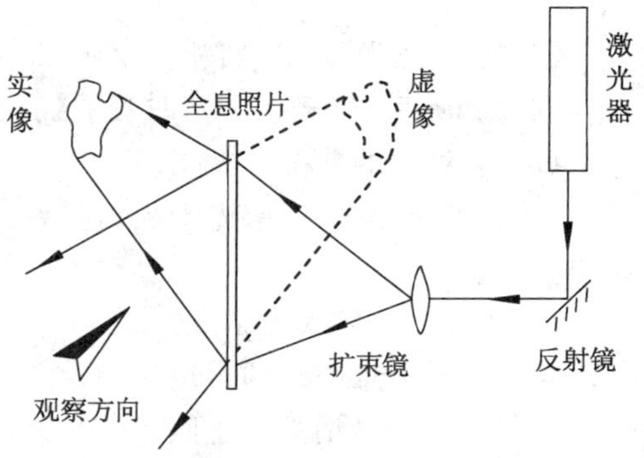

图 7-43　再现像示意图

(3) 全息照相的主要特点.

① 普通的照相是记录物体的像,而全息照相是记录物光波的振幅、相位,再现时是再现物体存在时的光波,所以观察再现像时可观察到有实物感的三维立体形象.

② 全息照相弥漫性好.用漫射型物体所制成的全息图,由于具有空间弥漫性,感光干板上任一点处都接收到每一个物点的光,因此即使只取全息片的任意一个局部,也能再现原物体的完整的形象.

③ 一张感光干板可进行多次曝光,因此可使多个全息图重叠在一起并被记录下来.再现时,只需依照拍摄时所选用的参考光的不同波长、不同照射方向来选用再现光,便可各自再现.

【实验内容及步骤】

(1) 在教师指导下观察全息照片的再现像.

(2) 拍摄某物体的全息照片.

① 打开激光电源开关,点亮 He-Ne 激光器.

② 按图 7-41 所示光路图布置拍摄光路(先用一块已拍摄过的感光干板).布置光路时,各光学元件的中心应在平台上方同一高度,参考光与物光的夹角在不遮光的情况下应尽可能小些,一般在 30°左右,并尽量做到物光与参考光的光程大致相等.

③ 调整物光与参考光的光强比为 1∶3 左右,可利用改变光路中扩束镜与被照物体或感光干板间的距离的方法进行调节.

④ 打开曝光定时器的电源(定时器面板如图 7-44 所示),根据实验室给定的曝光时间,旋转定时器的时间选择旋钮,调好时间.

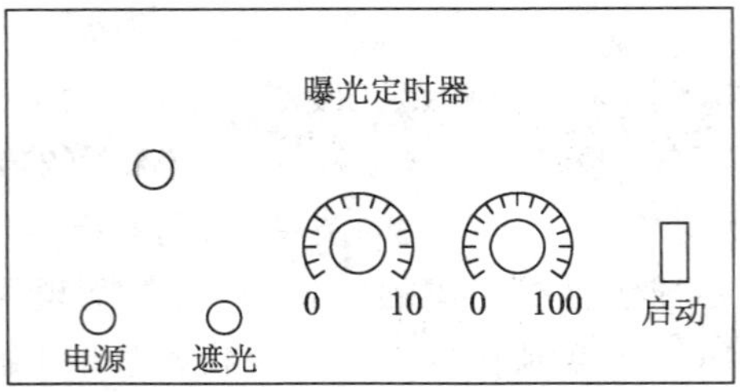

图 7-44　定时器面板示意图

⑤ 拨通“遮光”开关，将激光束遮住. 在黑暗中装上感光干板（乳胶面应朝向激光束）.

⑥ 1 min 后，轻轻按下定时器的【启动】键，激光束穿过光开关自动计时曝光.

(3) 全息片的冲洗.

① 曝光完毕，取下感光干板，在暗绿色灯光下进行显影（显影至微黑程度）、水洗、定影、漂洗.

② 冲洗完成后吹干.

(4) 观察全息照片的再现像.

① 整理、记录拍摄全息照片的光路数据.

② 按再现光路图 7-43 布置光路，观察所拍摄全息照片的再现像.

【注意事项】

(1) 激光具有单色性强、发光强度高、方向性好、相干性好等优点. He-Ne 激光器输出波长为 632.8 nm 的红色光. 调整光路时，由于激光束亮度很高，切勿迎视，因激光直射眼底时，可造成视网膜永久性损伤.

(2) 由于激光器工作电压很高，激光器工作时，不要触摸阳极.

(3) 在照相过程中，如果被拍摄物体在感光板方向上有 1/4 波长的位移，就会使物光与参考光的光程差改变 1/2 波长，使干涉条纹“抹去”造成照相失败. 因此，在拍摄时，不要讲话和走动，更不要与全息台接触，以免造成不必要的振动.

【思考题】

(1) 全息照相和普通照相的主要区别是什么?

(2) 试用干涉、衍射理论简述全息照相的记录和再现过程.

实验二十六　电子电荷的测定——密立根油滴实验

【实验目的】

(1) 测定电子的基本电荷值，并验证电荷的不连续性.

(2) 了解用油滴仪测定油滴所带电荷的基本原理及实验方法.

【实验器材】

OM99 型密立根油滴仪、喷雾器等.

密立根油滴仪包括油滴盒、油滴照明装置、调平系统、测量显微镜、供电电源等部分，其结构如图 7-45 所示.

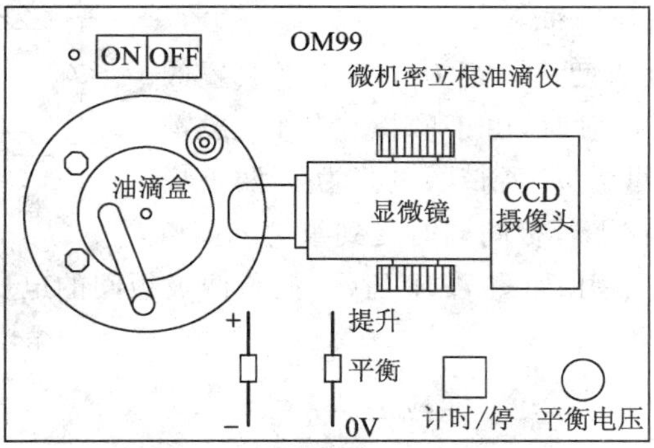

图 7-45　OM99 型密立根油滴仪结构

油滴盒由两块圆形平行极板组成(上下电极板间距为 5.00×10^{-3} m),放在有机玻璃防风罩中,如图 7-46 所示.上极板有一小孔,油滴从油雾室侧面的喷雾口喷入,经油雾孔及上极板小孔进入上下极板之间.油雾室底部有油雾孔开关,关闭后可使油滴不再落入油滴盒内.

油滴盒防风罩前装有测量显微镜,目镜头中装有分划板,刻度如图 7-47 所示,其纵向总刻度相当于视场中的 2.00×10^{-3} m,用以测量油滴运动的距离 l.

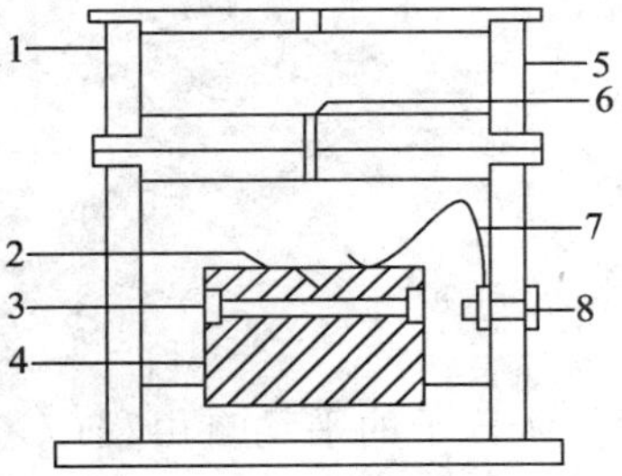

1—油雾室;2—上电极;3—油滴盒;
4—下电极;5—喷雾口;6—油雾孔;
7—上电极压簧;8—上电极插孔

图 7-46　油滴盆

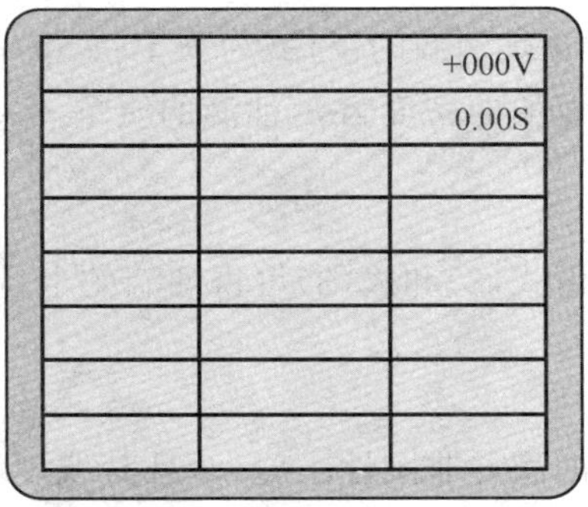

图 7-47　目镜分划板

电源部分提供 3 种电压:

① 2.2 V 油滴照明电压.

② 500 V 直流平衡电压,其大小可连续调节,并能从电压表上直接读出.利用平衡电压换向开关,可以改变上下电极板的极性.换向开关倒向“+”侧时,下电极带正电,能达到平衡的油滴带正电;反之带负电.换向开关放在“0”位置时,上下极板短路,不带电.

③ 300 V 直流升降电压.它可通过升降电压换向开关叠加(加或减)在平衡电压上,以便把油滴移动到极板间合适的位置上.升降电压高,油滴移动速度快;反之则慢.

【实验原理】

因电子电量很小,且获得单个电子也不易,密立根通过研究电场中的带电油滴下落测定电子的电量.

(1) 油滴所带电荷的测定.

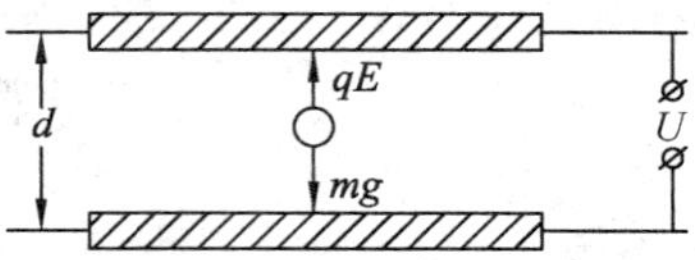

图 7-48 电荷受力平衡

用喷雾器将油滴喷入两块相距为 d 的水平放置的平行极板之间. 油滴在喷射时，由于摩擦作用，一般都是带电的. 设油滴的质量为 m，所带的电荷为 q，两极板间的电压为 U，则油滴在平行板间同时受到重力 mg 和静电力 $qE=q(U/d)$ 的作用. 如图 7-48 所示，调节两极板间的电压 U 可使油滴不动，这时两力达到平衡，即

$$mg=q\frac{U}{d} \tag{1}$$

为了测出 q 值，除测定 d,U 外，还需要测定 m. 油滴的 m 很小，需用特殊的方法测定.

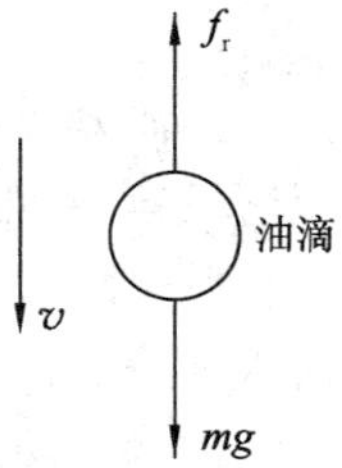

图 7-49 油滴受力分析

(2) 油滴质量的测定.

平行极板不加电压时，油滴受重力作用而加速下降，但由于受空气阻力的作用，油滴下降一段距离后将做匀速运动(速度为 v)，这时重力与空气黏滞阻力平衡(其他力可以不计)，如图 7-49 所示，根据流体力学中的斯托克斯定律，油滴匀速下降时受到的黏滞阻力为

$$f_r=6\pi a\eta v=mg \tag{2}$$

式中，a 是油滴的半径(约为 10^{-6} m)；η 是空气的黏度.

设油的密度为 ρ，油滴的质量 m 可表示为

$$m=\frac{4}{3}\pi a^3\rho \tag{3}$$

由式(2)和式(3)可得油滴的半径

$$a=\sqrt{\frac{9\eta v}{2\rho g}} \tag{4}$$

油滴并非刚性小球，而且其线度可与室温时气体分子的平均自由程(7×10^{-8} m)相比较，故此时斯托克斯定律不严格成立. 若仍沿用上述 f_r 的表达式，可将 η 修正为 η'，即

$$\eta'=\frac{\eta}{1+b/(pa)} \tag{5}$$

式中，b 为修正常数；p 为大气压强. 将式(4)代入式(3)，并以 η' 代替式(4)中的 η，可得

$$m=\frac{4}{3}\pi\left[\frac{9}{2}\frac{\eta v}{\rho g}\cdot\frac{1}{1+b/(pa)}\right]^{3/2}\rho \tag{6}$$

(3) v 的测定.

当极板间的电压 $U=0$ 时，设油滴匀速下降 l 路程所需的时间为 t，则

$$v=\frac{l}{t} \tag{7}$$

将式(7)和式(6)代入式(1)得

$$q=\frac{18\pi}{\sqrt{2\rho g}}\left[\frac{\eta l}{t(1+b/(pa))}\right]^{3/2}\frac{d}{U} \tag{8}$$

式中，

$$a=\sqrt{\frac{9\eta l}{2\rho g t}}$$

本实验中

油的密度	$\rho=981\ \text{kg}\cdot\text{m}^{-3}$
重力加速度	$g=9.80\ \text{m}\cdot\text{s}^{-2}$
空气的黏度	$\eta=1.83\times10^{-5}\ \text{kg}\cdot\text{m}^{-1}\cdot\text{s}^{-1}$
油滴匀速下降的距离	$l=1.50\times10^{-3}\ \text{m}$
修正常数	$b=6.17\times10^{-6}\ \text{m}\cdot\text{cm(Hg)}$
大气压强	$p=76.0\ \text{cm(Hg)}$
平行极板距离	$d=5.00\times10^{-3}\ \text{m}$

将以上数据代入式(8),得

$$q=\frac{0.927\times10^{-14}}{[t(1+0.0226\sqrt{t})]^{3/2}}\cdot\frac{1}{U} \tag{9}$$

上述某些数据是近似的,在一般条件下该计算引起的相对误差在1%左右.

在实验中可以观察到,一颗油滴所带的电量 q 满足关系式

$$q=mg\frac{d}{U}=ne \tag{10}$$

式中,$n=\pm1,\ \pm2,\ \cdots$;e 是一个不变的值.因式,式(10)就表示电量 q 是不连续的,是最小电量 e 的整数倍,这个最小电量 e 就是电子的电荷值,即

$$e=\frac{q}{n}\quad(n\text{ 为电子数}) \tag{11}$$

【实验内容及步骤】

(1) 调整仪器.

① 调节调平螺丝,使水准仪气泡处于中央,这时平行极板处于水平位置.

② 将油滴照明灯接上 2.2 V 电源,平行极板接上 500 V 直流电源(插孔在仪器后盖上).平衡电压、升降电压的换向开关均放在"0"处.

③ 合上电源开关,利用预热时间,先调节显微镜使分划板位置放正,并使刻度清晰.

④ 在喷雾器中注入少许实验用油,将油从油雾室旁的喷雾口喷入(喷一下即可).适当调节显微镜,视场中将出现大量清晰的油滴(如油滴太暗,可转动照明小灯座,使油滴明亮),关上油雾孔.

(2) 测量.

实验中需测量两个量:一个是平衡电压 U;另一个是油滴匀速下降一段距离 l 所需的时间 t.

① 加上平衡电压(250 V 左右),大多数油滴将被驱走,当剩下少数几颗缓慢运动的油滴时,注视其中某一颗,仔细调节平衡电压,使这颗油滴静止不动.记录此平衡电压 U 的数值.测量平衡电压时须仔细调节,可将油滴移置于分划板上某条横线附近,以便准确判断出这颗油滴是否平衡.移动油滴时可用叠加升降电压的办法.

② 去掉平衡电压,让油滴匀速下降,用秒表记录油滴下降 $l=1.50$ mm(分划板上是 6 大格)距离所需时间.为了保证测量时油滴速度是均匀的.应使油滴从接近上极板

处开始运动，而距离 l 则选在平行板之间中央部分（即分划板中央部分）.

③ 油滴走完距离 l 后，立即加上平衡电压，使油滴停住不动，再将升降电压叠加在平衡电压上使油滴移动适当位置.

④ 对同一油滴重复上述步骤，共测量 5 次.

⑤ 用同样的方法分别对 5 颗油滴进行测量.

【数据记录与处理】

(1) 数据表格自拟.

(2) 分别记录 5 颗油滴的 $\bar{U}$ 和 $\bar{t}$，并由式(9)算出每颗油滴所带电荷 q.

(3) 为了证明电荷的不连续性和所有电荷都是基本电荷 e 的整数倍，并求得 e 值，用"倒过来验证"的办法进行数据处理，即用公认的电子电荷值 $e_0 = 1.60 \times 10^{-19}$ C 去除上述实验所得的电荷值 q，定出 n(取最接近的整数). 这个 n 就是油滴所带的基本电荷的数目，然后用 q/n 求出实验值 e.

对 5 颗油滴取平均值 $\bar{e}$ 并和公认值 e_0 比较，计算实验结果的百分误差.

【思考题】

(1) 何时应加上升降电压？何时应去掉它？

(2) 如何判断油滴是否处在匀速运动状态？

实验二十七　太阳能电池伏安特性的测量

【实验目的】

(1) 了解太阳能电池的工作原理及其应用.

(2) 测定太阳能电池在光照时的输出特性，并求出短路电流、开路电压、最大输出功率及填充因子.

(3) 测定太阳能电池随光照变化的特性.

【实验器材】

功率为 5 W 的太阳能光伏组件、300 W 卤钨灯、数字万用表、接线板、负载电阻、导线等.

【实验原理】

太阳能电池(Solar Cells)也称为光伏电池，是将太阳光辐射能直接转换为电能的器件. 由这种器件封装成太阳能电池组件，再按需要将 1 块以上的组件组合成一定功率的太阳能电池方阵，经与储能装置、测量控制装置及直流-交流变换装置等相配套，即构成太阳能电池发电系统，也称为光伏发电系统. 它具有不消耗常规能源、无转动部件、寿命长、维护简单、使用方便、功率大小可任意组合、无噪音、无污染等优点.

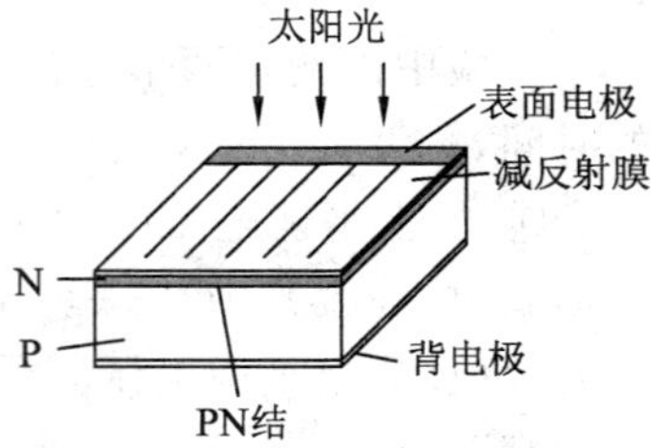

图 7-50　晶体硅太阳能电池示意图

(1) 太阳能电池的结构.

以晶体硅太阳能电池为例，其结构如图 7-50 所示.

晶体硅太阳能电池以硅半导体材料制成大面积 PN 结进行工作. 一般采用 N^+/P 同质结的结构，如在约10 cm×10 cm 面积的 P 型硅片(厚度约 500 μm)上利用扩散法制作出一层很薄(厚度约 0.3 μm)的、经过新掺杂的 N 型层. 然后在 N 型层上制作金属栅线，作为正面接触电极. 在整个背面也制作金属膜，作为背面欧姆接触电极，这样就形成了晶体硅太阳电池. 为了减少光的反射损失，一般在整个表面上再覆盖一层减反射膜.

(2) 光生伏特效应原理.

PN 结光生伏特效应是 1839 年法国人贝克勒首先发现的. 图 7-51 为光生伏特效应原理图. 光未照射时，PN 结中 P 型材料中的空穴浓度大，N 型材料中的电子浓度大，同时由于两材料的费米能级高低不同，在两种材料的交界处形成了空间电荷层及相对应的由 N 区指向 P 区的内建电场 $E_内$. 内建电场对载流子的作用是阻止两边载流子的扩散. 由于它具有阻止载流子扩散的功能，故也被称为阻挡层. 从能量角度看，对载流子来说，PN 结处形成了一个势垒，电子在 N 区具有较低电势能，在 P 区具有较高电势能，空穴则反之. 因此，N 区电子和 P 区空穴要想从一区进入极性相反的另一区都需要外界提供的能量.

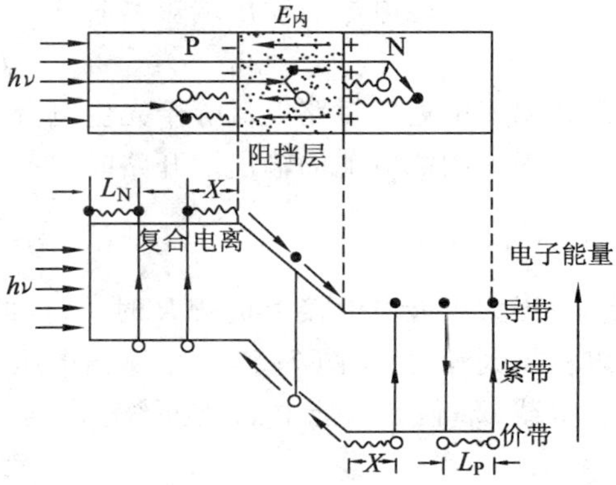

图 7-51 光生伏特效应原理图

光照射时，在离表面不远的 PN 结区域内，光子可进入 P 区、结区和 N 区. 根据能级理论，由于本征吸收在这 3 个区域中，电子都可以吸收光子而激发，越过禁带，跃迁到空的导带，而在价带中留下一个空穴，形成电子-空穴对，当然也同时存在电子与空穴的复合过程. 图 7-51 中的波纹线表示载流子的扩散. 在每个区域，非平衡的光生少数载流子起主要作用，P 区的少数载流子是电子，只要在此区所产生的光生电子离结区的距离 X 小于电子的扩散长度 L_N(指光生电子从产生到与空穴复合的时间内移动的平均距离)，便可靠扩散从 P 区进入结区，而被内建电场 $E_内$ 加速趋向 N 区；在 N 区，空穴是少数载流子，只要光生空穴离结区距离 X 小于空穴的扩散长度 L_P，便可靠扩散进入结区，被内建电场加速趋向 P 区；在结区产生的光生电子-空穴对，被内建电场加速并分离到结两边. 3 个区域中都是光子产生电子-空穴对，靠扩散和内建电场实现正负电荷分离，使电荷累积到两边，P 型侧带正电，N 型侧带负电，从而建立一个与原内建电场相反的电位差 U_L 和一个与原内建电场方向相反的电流. PN 结在光照下建立起的这种稳定的电动势称为光生电动势. 如果 PN 结与外电路相连，在光的照射下，PN 结就成了一个能持续提供电能的电源，构成一个电池——光电池.

(3) 太阳能电池的表征参数.

太阳能电池的工作原理是基于光伏效应. 当光照射太阳能电池时，将产生一个由 N 区到 P 区的光生电流 I_{ph}. 同时，由于 PN 结二极管的特性，存在正向二极管电流 I_D，此电流方向从 P 区到 N 区，恰与光生电流相反. 因此，实际获得的电流为

$$I = I_{ph} - I_D = I_{ph} - I_0\left[\exp\left(\frac{eU_D}{nkT}\right) - 1\right] \tag{1}$$

式中，U_D 为结电压；I_0 为二极管的反向饱和电流；I_{ph} 为与入射光的强度成正比的光生电流；n 为理想系数（n 是表示 PN 结特性的参数，通常在 1～2 之间）；e 为电子电量；k 为玻耳兹曼常数；T 为温度. 如果忽略太阳能电池的串联电阻 R_s，U_D 即为太阳能电池的端电压 U，则式(1)可写为

$$I=I_{ph}-I_0\left[\exp\left(\frac{eU}{nkT}\right)-1\right] \tag{2}$$

当太阳能电池的输出端短路时，$U=0(U_D\approx 0)$，由式(2)可得到短路电流为

$$I_{sc}=I_{ph} \tag{3}$$

即太阳能电池的短路电流等于光生电流，与入射光的强度成正比.

当太阳能电池的输出端开路时，$I=0$，由式(2)和式(3)可得到开路电压为

$$U_{oc}=\frac{nkT}{e}\ln\left(\frac{I_{sc}}{I_0}+1\right) \tag{4}$$

当太阳能电池接上负载 R 时，所得的负载伏安特性曲线如图 7-52 所示. 负载 R 可以从零到无穷大. 图 7-53 表示输出电压、输出电流、输出功率与负载电阻的关系曲线. 当负载 R_m 使太阳能电池的功率输出为最大时，它对应的最大功率

$$P_m=I_mU_m \tag{5}$$

式中，I_m 和 U_m 分别为最佳工作电流和最佳工作电压. 将最大功率 P_m 与 I_{oc} 及 I_{sc} 的乘积之比定义为填充因子 FF，则

$$FF=\frac{P_m}{U_{oc}I_{sc}}=\frac{U_mI_m}{U_{oc}I_{sc}} \tag{6}$$

填充因子 FF 为太阳能电池的重要表征参数，FF 越大，则输出的功率越高. FF 取决于入射光强、材料的禁带宽度、理想系数、串联电阻和并联电阻等.

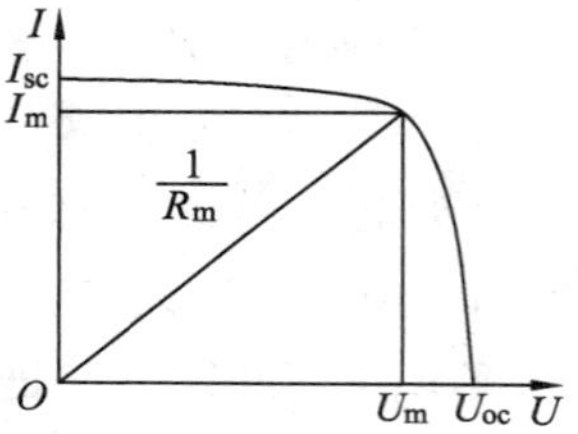

图 7-52　负载伏安特性曲线

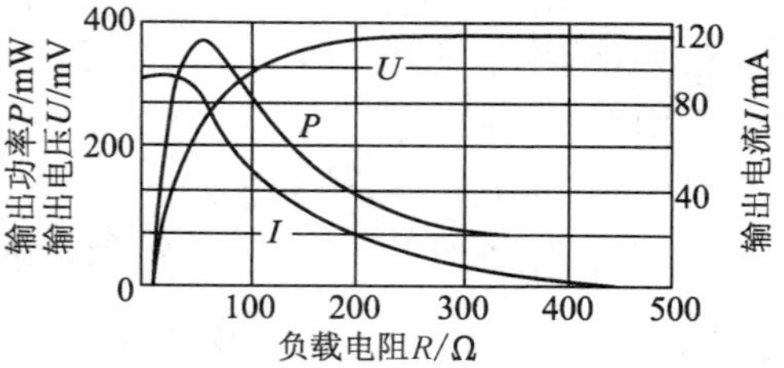

图 7-53　P,U,I 与 R 关系曲线

太阳能电池的转换效率定义为太阳能电池的最大输出功率与照射到太阳电池的总辐射能P_{in}之比，即

$$\eta=\frac{P_m}{P_{in}}\times 100\% \tag{7}$$

(4) 太阳能电池的等效电路.

太阳能电池可用 PN 结二极管 D、恒流源 I_{ph}、太阳能电池的电极等引起的串联电阻 R_s 以及相当于 PN 结泄漏电流的并联电阻 R_{sh}组成的电路来表示，如图 7-54 所示. 该电路为太阳能电池的等效电路. 由等效电路图可以得出太阳能电池两端的电压和输出电流的关系为

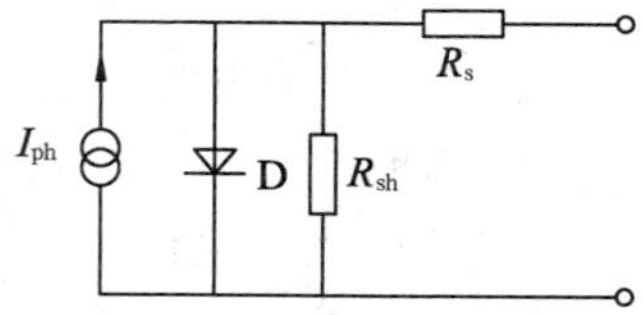

图 7-54　太阳能电池等效电路

$$I=I_{ph}-I_0\left\{\exp\left[\frac{e(U+R_sI)}{nkT}\right]-1\right\}-\frac{U+R_sI}{R_{sh}} \tag{8}$$

为了使太阳能电池输出更大的功率，必须尽量减小串联电阻 R_s，增大并联电阻 R_{sh}.

【实验内容及步骤】

(1) 将太阳能光伏组件、数字万用表、负载电阻通过接线板连接成回路，改变负载电阻 R，测量流经负载电阻的电流 I 和负载电阻上的电压 U，即可得到该光伏组件的伏安特性曲线. 测量过程中辐射光源与光伏组件的距离应保持不变，以保证整个测量过程是在相同光照强度下进行的.

(2) 分别测量以下几种条件下光伏组件的伏安特性曲线：

① 辐射光源与光伏组件的距离为 60 cm；

② 辐射光源与光伏组件的距离为 80 cm；

③ 辐射光源与光伏组件的距离为 80 cm，并且光伏组件转过一角度(如 30°)；

④ 辐射光源与光伏组件的距离为 80 cm，将两组光伏组件串联；

⑤ 辐射光源与光伏组件的距离为 80 cm，将两组光伏组件并联.

【数据记录与处理】

(1) 数据记录与处理表格自拟.

(2) 用坐标纸或计算机绘图软件绘制不同光照条件下光伏组件的伏安特性曲线，输出功率 P 随负载电压 U 的变化曲线，输出功率 P 随负载电阻 R 的变化曲线，并确定不同光照条件下光伏组件的短路电流 I_{sc}、开路电压 U_{oc}、最大功率 P_m、最佳工作电流 I_m、工作电压 U_m、负载电阻 R_m 及填充因子 FF，并将这些实验数据列在同一表格内进行比较.

【注意事项】

(1) 辐射光源的温度较高，应避免与灯罩接触.

(2) 辐射光源的供电电压为 220 V，应小心触电.

【思考题】

如何测量无光照时光伏组件的伏安特性？请画出电路图，并写出测量方法和步骤.

8 设计研究性实验

8.1 设计研究性实验的基础知识

8.1.1 设计研究性实验的基本特性

所谓"设计研究性实验",实际上是一种介于基础教学实验与实际科学实验之间的、具有对科学实验的全过程进行模拟训练功能的综合教学实验,下表简单说明设计研究性实验与一般基础教学实验的区别.

设计研究性实验与基础性实验的区别

比较项目	基础性教学实验	设计研究性实验
目的	掌握基本的实验知识和技能	提高科学实验的能力和素质
要求	学习基本的实验测量方法和实验数据处理方法,熟悉基本仪器的使用方法	运用在基础教学实验中所学知识和技能,按照课题要求独立地设计并实施方案,获得实验结果
过程	教师(教材)讲明实验原理、所用仪器和实验要求,"指导学生"完成实验内容	教师提出实验课题,提供足够仪器,"引导学生"查阅有关资料、设计实验方案、独立进行实验、综合分析讨论
特性	基础性、重复性、教学性	综合性、探索性、模拟性

众所周知,任何科学实验过程都需经过实践—反馈—修正—实践……多次反复,而这正是学生在通常的基础教学实验中无法体会到的.所以,基于"在实验教学中提高学生的能力和素质比给学生传播知识和技能更重要"这一教学指导思想,大学生特别是一部分学有余力的学生在经过了相当数量的基础实验训练之后,再对其进行一定的"内容上具有综合性,形式上具有模拟性,实践中具有探索性"的设计研究性实验的训练是很有必要的.

设计研究性实验的核心是设计,确定实验方案并在实验中检验方案的正确性与合理性.同时,在实验过程中应考虑各种误差出现的可能性,估计其对实验结果的影响程度,特别是要善于发现、分析和处理实验中的系统误差,并在注意实验可行性的前提下尽量提高实验的精确度.

8.1.2 设计研究性实验中的系统误差的分析与处理

系统误差是指大小和符号保持不变或按某一特定规律变化的那一部分误差.虽然系统误差的出现具有某种特定的规律性,但这种规律性对不同的实验测量却是不同的.它不像处理随机误差那样有完整和普遍适用的方法,而只能对每一具体情况采取不同的处理方法.这就要求实验者在学识、实际经验、实际技巧等方面有相当的水平.对广大学生来说,如何在实验中发现、分析与处理系统误差则是一项需要通过实验训练,上升到理论总结,再回到实验训练中去以求逐步提高的实验技能.

1. 系统误差的分类

为了正确有效地分析处理系统误差,有必要了解系统误差的不同类型及其特征.

系统误差种类很多,分类方法也不止一种,通常按系统误差出现的规律可将其分为定值系统误差与变值系统误差两大类.

(1) 定值系统误差.

在测量过程中,误差的数值与符号始终保持不变的系统误差即为定值系统误差.例如,分析天平上用的三等砝码,根据国家规定,50 g 砝码允许有±2 mg 的极限误差.如果一个砝码在出厂时经高一级仪器鉴定,知其实际值为 49.998 g,那么生产厂家完全可将它标上 50 g 的字样作为合格品出厂.显然,当人们以后每次使用这一砝码时,已引入了 2 mg 的定值系统误差.

(2) 变值系统误差.

在测量过程中,当测量条件变化时,误差的大小和符号按一定规律变化的系统误差即为变值系统误差.根据变化规律的不同,变值系统误差又可分为以下 3 种.

① 线性变化系统误差.

随着测量时间或被测值的延伸,该误差呈线性递增或递减.

例如,用总长为 L 的刻度尺去测量某一长度 l,设刻度尺总长偏差 ΔL,则在测量 l 时引起的误差为

$$\Delta l=\frac{l}{L}\Delta L$$

即测量误差 Δl 与测量值 l 间呈线性关系.

又如,在气垫导轨上测速度实验中,滑块在导轨上的运动并非理想的无摩擦运动,而是受到了一定的黏滞性摩擦阻力,从而引起速度的损失所带来系统误差.根据运动黏度的特性及牛顿定律,可知

$$f=-bv=m\frac{\mathrm{d}v}{\mathrm{d}t}$$

$$\mathrm{d}v=-\frac{b}{m}v\,\mathrm{d}t=-\frac{b}{m}\mathrm{d}x$$

所以

$$\Delta v=v_2-v_1=-\frac{b}{m}(x_2-x_1)=-\frac{b}{m}\Delta x$$

这说明由运动黏度造成的测速中的系统误差与滑块的位移量成线性关系.

② 周期性变化系统误差.

在测量过程中,随着测量值或时间的变化,该误差呈现周期性变化规律.其中最常见的是误差按正弦或余弦规律变化.

如图 8-1 所示，当表盘式指示仪表的指针转轴 O' 不在表盘中心 O 上，而是有一偏心差 e 时，则指针在任何位置 ψ 上的读数偏差为

$$\Delta\psi \approx \frac{AA'}{R} = \frac{e}{R}\sin\psi$$

即误差按周期性规律变化，在 0°和 180°时误差为零，在 90°和 270°时误差分别是正值最大和负值最大. 在已做过的分光计实验中，由于刻度盘中心与分光计中心轴线之间不严格重合而存在的“偏心差”，即为这一类周期性变化系统误差.

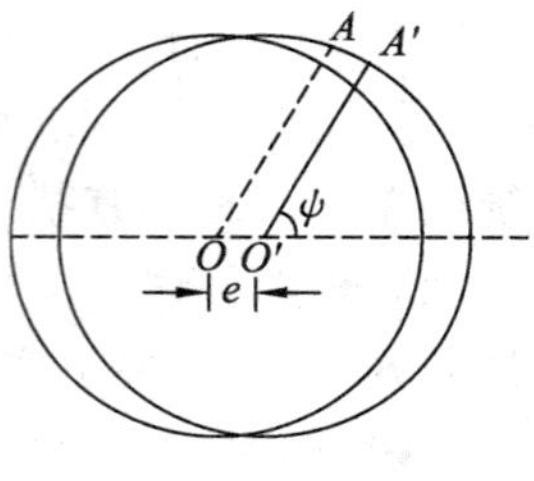

图 8-1 偏心差示意

③ 复杂规律性系统误差.

在整个测量过程中，该误差的变化规律很复杂，难以用数学公式表示.

例如，磁电式仪表的指针偏转角度由于某些较复杂的原因（轴承摩擦力、磁间隙不均匀等）与偏转力矩不成严格的线性关系，而表盘上仍是均匀刻度，这样就会产生一种随测量值复杂变化的系统误差.

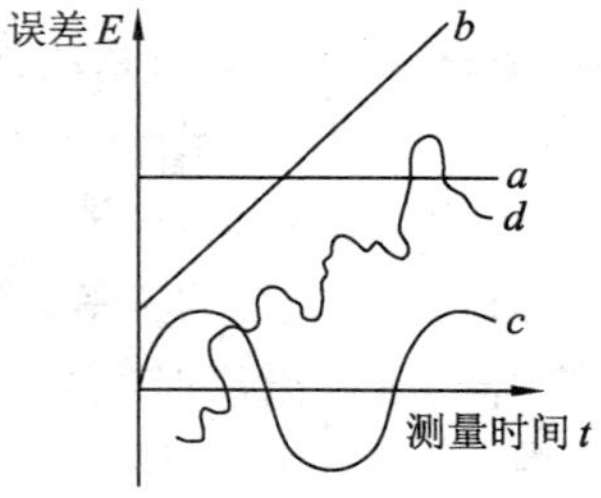

图 8-2 各种系统误差表示法

一般可用图 8-2 表示以上各种系统误差，其中直线 a 表示定值系统误差，直线 b 表示线性变化系统误差，曲线 c 表示周期性变化系统误差，曲线 d 则表示复杂规律性系统误差.

2. 系统误差的分析

为了减小或消除系统误差，首先应对测量中有没有系统误差及是何种性质的系统误差进行鉴别和分析. 尽管各种测量过程中形成系统误差的因素是多种多样的，系统误差的表现形式也各不相同，但人们通过长期实践和理论研究还是总结出了不少发现系统误差的方法. 这里简要介绍几种发现系统误差的常用方法.

（1）理论分析法.

所谓理论分析法，就是观测者凭借所掌握的有关实验测量的物理理论、实验方法、实际经验对实验所依据的理论公式的近似性、所采用的实验方法的完善性等进行仔细、认真的研究与分析，从中找出产生系统误差的一些主要根源. 这是发现、确定系统误差的最基本的方法，它一般在实验测量前进行，也可在测量过程中进行.

例如，在气垫导轨实验中，经理论分析易知由于滑块与导轨间存在一定的摩擦阻力，因而测出的下滑加速度 a 应比预期值 $g\sin\alpha$ 偏小.

又如，单摆实验中公式 $T=2\pi\sqrt{l/g}$ 对 θ 做了 $\theta\approx 0°$ 的近似，而实验中 $\theta\neq 0°$；式中将摆球视作质点，忽略摆线质量，而实验中摆球体积 $V\neq 0$，摆线也有质量，它实际上是一个复摆. 另外，实验中还存在空气的阻力和浮力，故上式只是一个近似公式，用它测量重力加速度必定带来系统误差.

（2）数据分析法（残差观察法）.

设有一测量列 $x_1, x_2, \cdots, x_n$，其平均值为 $\bar{x}$，各测量值的残差为 $v_i = x_i - \bar{x}$. 现将测量列的残差按顺序排列起来，采用列表或作图的方式分析残差变化的情况. 如果残差数

值有规律地递增或递减(从正到负或从负到正),则说明测量中有线性系统误差存在.中间伴有的微小起伏则说明测量中同时存在随机误差,如图 8-3 所示.

若残差的大小和符号发生规律的周期性变化,则说明测量中有周期性系统误差存在,其中伴有的微小起伏同样是由随机误差的影响所引起的,如图 8-4 所示.

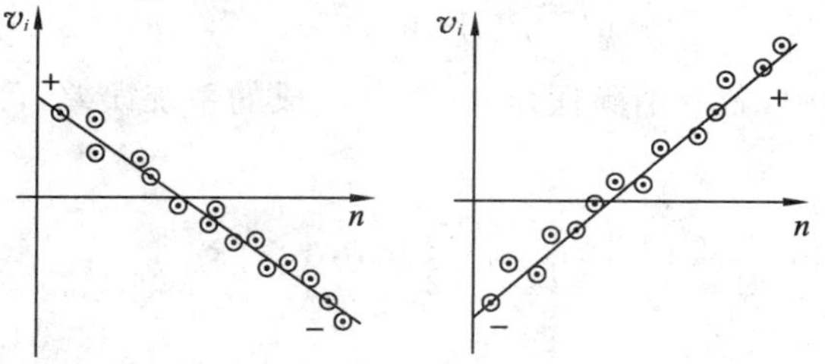

图 8-3　线性变化系统误差示意

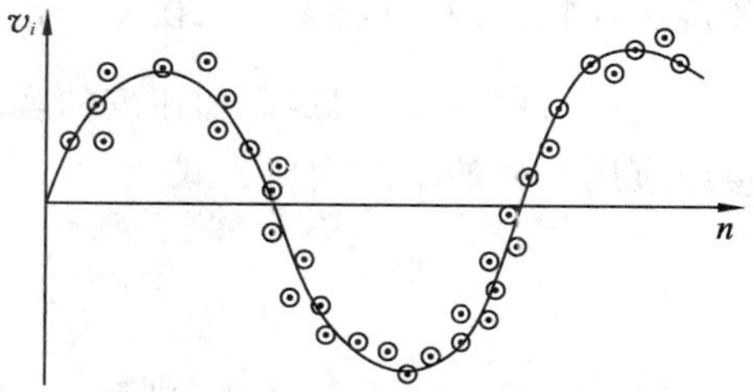

图 8-4　周期性变化系统误差示意

(3) 对比分析法.

对于固定的系统误差,由于其本身的特点,通常不能通过简单的重复测量、分析残差情况来发现.但一般来说,这种误差可通过改变产生误差根源的条件并进行相互对比来发现.

① 不同实验方法的对比.如分别用单摆法、复摆法、自由落体法、气垫导轨法测同一地区的重力加速度,通过对比可发现测量中的系统误差情况.

② 不同测量方法的对比.如在杨氏弹性模量测定实验中分别采用增重测量法和减重测量法,对比测量结果可发现其中的系统误差.

③ 不同实验仪器的对比.用不同的仪器测同一物理量,例如,将一个电流表与另一个标准表串联在同一电路上,就能从中发现电流表的系统误差.

④ 不同实验条件的对比.如改变单摆的摆角和摆长观测单摆周期的变化情况,可分别检验单摆摆角较大和不计摆球大小产生的系统误差.

⑤ 不同实验人员的对比.让不同的测量者进行相同的测量,通过对比可发现人员误差.

3. **系统误差的限制与消除**

从原则上讲,消除系统误差影响的途径首先是设法使实验不产生系统误差.如果做不到这一点,就应在实际测量中设法抵消它的影响,或在测量后对结果进行修正.

应该指出,由于任何“标准”的仪器总有缺陷,任何理论模型也只能是实际情况的近似,并且人们在实验中也不可能全部掌握所有系统误差的信息,因此,对于系统误差,从本质上讲只可能限制,而不可能消除.通常所说的“消除”系统误差的影响,是指把它的影响减小到随机误差之下,即使其不影响有效数字的最后一位.

这里简单介绍几种消除系统误差的途径和方法.

(1) 消除系统误差产生的根源.

首先应从理论方法、仪器装置、环境条件和测量人员等各方面仔细分析,在实验前应力争处理好可能产生系统误差的各种因素,尽可能消除系统误差产生的根源.

(2) 对测量结果加以修正.

在采取一定的消除或减小系统误差的措施后,若有必要还应对残余的系统误差进行相应的分析和研究，并在结果中加以修正.

例如，在伏安法测电阻实验中，若待测电阻较大，则首先应采用电流表内接法，其次可考虑对电流表的接入误差进行修正 $R_X=\frac{U}{I}-R_A$. 若待测电阻较小，则应采用电流表外接法，同时可对电压表接入误差进行修正 $R_X=U/\left(I-\frac{U}{R_V}\right)$.

又如，在单摆法测重力加速度的实验中，若要消除摆角 $\theta\neq0°$ 所造成的系统误差，可考虑应用严格的单摆周期公式

$$T=2\pi\sqrt{\frac{l}{g}}\left[1+\left(\frac{1}{2}\right)^2\sin^2\frac{\theta}{2}+\left(\frac{1\times3}{2\times4}\right)^2\sin^4\frac{\theta}{2}+\cdots\right]$$

略去 $\sin^4\frac{\theta}{2}$ 及其后各项，则有

$$T=2\pi\sqrt{\frac{l}{g}}\left(1+\frac{1}{4}\sin^2\frac{\theta}{2}\right)$$

或

$$g=4\pi^2\frac{l}{T^2}\left(1+\frac{1}{4}\sin^2\frac{\theta}{2}\right)^2$$

再略去 $\sin^4\frac{\theta}{2}$ 项，可得

$$g=\frac{4\pi^2 l}{T^2}\left(1+\frac{1}{2}\sin^2\frac{\theta}{2}\right)$$

式中，$\frac{1}{2}\sin^2\frac{\theta}{2}$ 即为对摆角 $\theta\neq0°$ 产生的系统误差的修正项. 在一般情况下，$\theta<5°$ 时产生的系统误差可忽略，若 $\theta>5°$ 则应该修正.

(3) 采用适当的测量方法.

在测量过程中，应根据系统误差的性质选择适当的测量方法，从而消除或减少系统误差对测量结果的影响. 这是系统误差的分析与处理问题中最具创造性的一项内容，虽然系统误差情况千差万别，没有一种通用的处理方法，但人们通过实践和研究还是总结出了一些具有一定普遍意义的原则和方法.

① 替代法.

替代法就是在测量装置上测定待测量后立即用一可调节的标准量替代该待测量的测量方法. 在保持其他条件不变的情况下，调节标准的替代量使系统仍处于与第一次相同的状态，则待测量就等于此时标准量所显示的值.

例如，用两臂不严格等长的天平测物体的质量. 设物体质量为 m，天平两臂的长度分别为 l_1 和 l_2. 当砝码质量为 P 时，天平达到平衡，则

$$m=\frac{l_2}{l_1}P$$

显然，若直接以 P 作为 m 的测量值将带来定值系统误差. 为此，可考虑用另外的砝码替代 m，当此砝码的质量为 $P+\Delta P$ 时天平再次平衡，则

$$P+\Delta P=\frac{l_2}{l_1}P$$

所以

$$m=P+\Delta P$$

这样就消除了天平不等臂所产生的系统误差.

又如,用电桥测电阻时,可先接入待测电阻使电桥达到平衡,然后用一个可调的标准电阻(高级别的电阻箱)替代待测电阻,使电桥重新平衡.如果替代过程中保证没有其他条件的变化,那么待测电阻值就等于标准电阻显示值,测量中的误差将仅取决于标准电阻本身的误差,从而提高了测量精度.

② 交换法.

交换法就是根据误差产生的原因,在一次测量后,交换某些测量条件再测一次,综合两次测量结果以消除系统误差.

例如,上述天平不等臂所造成的系统误差也可通过交换法消除.首先将质量为 m 的被测物放在左边,砝码放在右边,调至平衡,此时有

$$ml_1 = Pl_2$$

再将被测物与砝码交换位置,改变砝码至 P' 使天平重新平衡,又有

$$P'l_1 = ml_2$$

所以

$$m = \sqrt{PP'}$$

这样就消除了天平不等臂造成的系统误差.

同样,在惠斯通电桥实验中,由于两桥臂阻值不严格相等或不能准确知晓其值所造成的系统误差也可用交换法消除.

③ 补偿法.

补偿法是在测量中改变某些条件,例如改变测量方向、电流方向等,使两次测量结果中系统误差的符号相反,从而在相加时得到补偿的测量方法.

例如,在用自准直法或物距、像距法测透镜焦距时,为抵消透镜的光学中心与几何中心不重合所带来的系统误差,可在测出一组数据后将透镜反转 180°,再测量一组数据,取其平均值即可消除这种系统误差.

又如,在气垫导轨测重力加速度实验中,为抵消气流的运动黏度给测量加速度带来的系统误差,可在下滑测量后再进行上滑测量.由于两次测量误差相反,相加补偿,即可消除这一系统误差的影响.

事实上,补偿法常用于处理变值系统误差.例如,为消除周期性系统误差,常采用半周期偶测法,即相隔半个周期进行一次测量,两次测量取平均值,就可有效地消除周期性系统误差.

在分光计实验中的偏心差就属于这一类情况,因为

$$\Delta\varphi = \frac{e}{R}\sin\varphi$$

故当 $\varphi = \varphi_1$ 时, $\Delta\varphi_1 = \frac{e}{R}\sin\varphi_1$

当 $\varphi = \varphi_1 + \pi$ 时, $\Delta\varphi_2 = \frac{e}{R}\sin(\varphi_1 + \pi) = -\frac{e}{R}\sin\varphi$

即有 $\Delta\varphi_1 + \Delta\varphi_2 = 0$

由此可见,在分光计上间隔 180°安排两个游标正是用补偿法消除系统误差思想的体现.

8.1.3 设计研究性实验的基本内容

设计研究性实验的核心是设计、选择实验方案，而实验方案的选择一般来说应包括实验方法和测量方法的选择、测量仪器和测量条件的选择、数据处理方法的选择及综合分析讨论等基本内容.

(1) 实验方法的选择.

根据课题所研究的对象和实验室所具备的条件，搜集各种可能的实验方法，然后比较各种方法所能达到的实验精度、适用条件及实施的现实可能性，以确定最佳实验方法.

例 8-1 要测量一电压源的输出电压，要求测量结果的相对不确定度 $E\leqslant 0.03\%$，可供选择的仪器有电压表 2.5 级、电位差计 0.5 级、可变标准电压源 0.01 级，应如何选择实验方法?

解 测量电压源的输出电压，首先应想到直接用电压表进行测量，但实验精度要求 $E=\Delta_{U_X}/U_X\leqslant 0.03\%$，即要求所用电压表的准确度等级至少为 0.03 级，无法满足这一要求. 其次，若用 0.5 级的电位差计测量，则测量相对不确定度将大于 0.5%，也无法满足课题要求.

在仔细分析实验精度要求和现有仪器条件后，可运用微差法进行测量，即不直接测量未知电压 U_X，而是通过测量标准可控电压 U_S 与 U_X 的差值 δ 来达到测 U_X 的目的. 由于 δ 比 U_X 小很多，因而测量 δ 的不确定度也就比测 U_X 的不确定度小很多，这样就能最终提高 U_X 的测量精度.

因为
$$U_X=U_S+\delta$$
所以
$$\Delta_{U_X}=\Delta_{U_S}+\Delta_\delta$$
所以
$$\frac{\Delta_{U_X}}{U_X}=\frac{\Delta_{U_S}}{U_X}+\frac{\Delta_\delta}{U_X}\approx\frac{\Delta_{U_S}}{U_S}+\frac{\delta}{U_X}\cdot\frac{\Delta_\delta}{\delta}$$

可见，微差 δ 的值越小，则测量中的误差对最后测量结果的影响越小. 现选 0.01 级标准电压源 $\left(\frac{\Delta_{U_S}}{U_S}=0.01\%\right)$，若取 $\delta=\frac{U_X}{100}$，则
$$\frac{\Delta_\delta}{\delta}=\left(\frac{\Delta_{U_X}}{U_X}-\frac{\Delta_{U_S}}{U_S}\right)\cdot\frac{U_X}{\delta}\leqslant(0.03-0.01)\%\times 100=2\%$$
即只要求测量微差值的相对不确定度不超过 2%，就能满足课题要求，所以用 0.5 级电位差计即可.

(2) 测量方法的选择.

与实验方法选择紧密联系在一起的是测量方法的选择. 在选定实验方法、确定测量对象后，往往有着各种不同的测量方法. 为使测量尽可能准确，需要进行误差来源及误差传递(不确定度合成)的分析，应结合具体情况确定合适的测量方法.

例如，在重力加速度测定实验中，最初有单摆法、复摆法、自由落体法和气垫导轨法等不同的实验方法. 如果根据实验情况选定用单摆法测量重力加速度，那么无论是时间测量还是摆长测量，仍有许多不同的测量方法需要人们进一步选定. 这里具体分析摆长测量方法的确定问题.

例 8-2 按如图 8-5 所示测量摆长 L，可在以下 3 种方式中选择：① $L=\frac{1}{2}(L_1+$

L_2)；② $L=L_1+\frac{1}{2}D$；③ $L=L_2-\frac{1}{2}D$. 设 L_1，L_2 均用米尺测量，其最大示值误差为 0.5 mm，其测量的不确定度取为 $\Delta_{L_1}=\Delta_{L_2}=\frac{0.5}{\sqrt{3}}=0.3$ mm，而 D 用 10 分游标尺测量 6 次，若 $\Delta_D=0.2$ mm，那么该选哪一种测量方法呢？

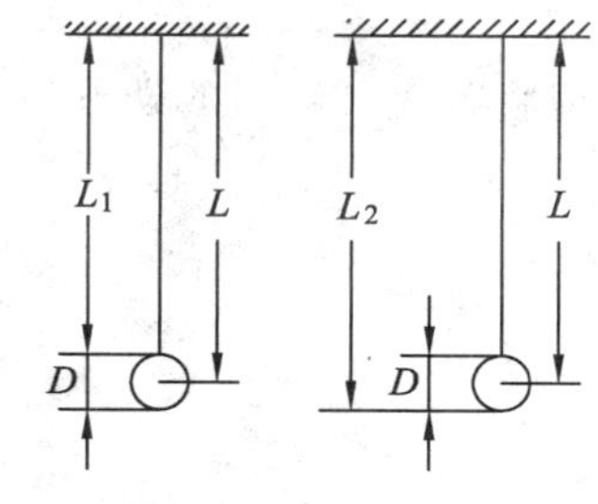

图 8-5　单摆示意

解　根据误差传递原理，在第一种方法中，

$$\Delta_L=\sqrt{\frac{1}{4}\Delta_{L_1}^2+\frac{1}{4}\Delta_{L_2}^2}=0.21\ \text{mm}$$

而若用第二或第三种方法，则

$$\Delta_L=\sqrt{\Delta_{L_1}^2+\frac{1}{4}\Delta_D^2}=0.32\ \text{mm}$$

可见，选用第一种测量方法较好.

(3) 测量条件的选择.

在实验方法和测量方法都已确定的情况下，有时还要分析、确定测量的最有利条件，即在什么条件下可使测量引起的误差最小. 例如，当选定某一级别的电压表测定某一电压值时，总要适当选择量程以使测量误差尽可能小. 又如，当选定用单摆法测量重力加速度并决定用秒表测量 n 个周期时，显然应考虑将测时的起点和终点安排在单摆通过平衡位置时刻而不是在摆幅处，这也是一测量条件的选择问题.

例 8-3　如图 8-6 所示，当用滑线式惠斯通电桥测量电阻时，问滑线臂在什么位置上，能使测量的相对不确定度最小？

解　设 R_S 为可调标准电阻，l_1 和 l_2（$l_1+l_2=L$）为滑线电阻的两臂长，当电桥平衡时有

$$R_X=R_S\,\frac{l_1}{l_2}=R_S\left(\frac{L-l_2}{l_2}\right)$$

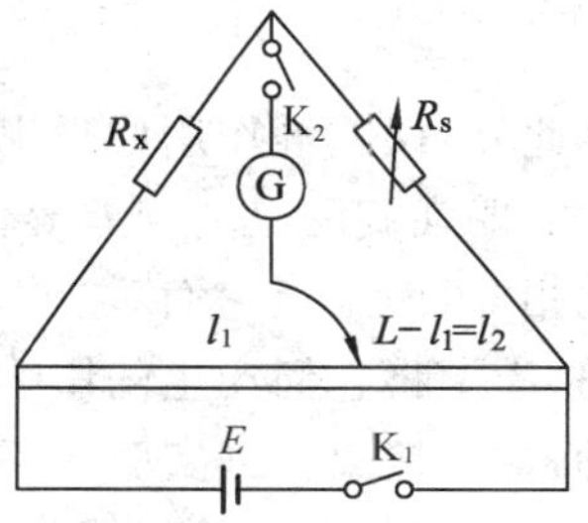

图 8-6　滑线式惠斯通电桥示意

如果忽略标准电阻 R_S 的示值误差，则 R_X 的相对不确定度为

$$E_{R_X}=\frac{\Delta_{R_X}}{R_X}=\frac{L}{(L-l_2)l_2}\Delta_{l_2}$$

它是 l_2 的函数，显然当 $l_1=l_2=\frac{L}{2}$时取最小值，此即为测量的最佳条件.

(4) 测量仪器的选择和配套.

在实验室进行设计研究性实验选择测量仪器时一般从以下几方面考虑：① 仪器的精度(级别)；② 仪器的灵敏度(分辨率)；③ 仪器的量程.

实际上，一个实验往往涉及多个物理量的测量，需要同时选择多种仪器，所以对于测量仪器不仅存在选择的问题，而且存在配套的问题.

如何合理地配套测量仪器呢？一般的方法是按“误差等作用原理”选择配套仪器，即规定各仪器的分项测量误差对总误差的影响都相同.

设 $N=f(x,y,z,\cdots)$，若采用绝对值合成法，则

$$\left|\frac{\partial f}{\partial x}\Delta_x\right|=\left|\frac{\partial f}{\partial y}\Delta_y\right|=\left|\frac{\partial f}{\partial z}\Delta_z\right|=\cdots=\frac{1}{n}\Delta_N$$

即应将各直接测量的误差(不确定度)控制为

$$\Delta_x=\frac{1}{n}\left|\Delta_N/\frac{\partial f}{\partial x}\right|$$

$$\Delta_y=\frac{1}{n}\left|\Delta_N/\frac{\partial f}{\partial y}\right|$$

$$\Delta_z=\frac{1}{n}\left|\Delta_N/\frac{\partial f}{\partial z}\right|$$

若实验精度较高(以随机误差为主),则应用方和根合成法讨论,即

$$\Delta_N^2=\left(\frac{\partial f}{\partial x}\right)^2\Delta_x^2+\left(\frac{\partial f}{\partial y}\right)^2\Delta_y^2+\left(\frac{\partial f}{\partial z}\right)^2\Delta_z^2+\cdots$$

按误差等作用原理应为

$$\left(\frac{\partial f}{\partial x}\right)^2\Delta_x^2=\left(\frac{\partial f}{\partial y}\right)^2\Delta_y^2=\left(\frac{\partial f}{\partial z}\right)^2\Delta_z^2=\frac{1}{n}\Delta_N^2$$

即

$$\Delta_x=\Delta_N/\left(\sqrt{n}\frac{\partial f}{\partial x}\right)$$

$$\Delta_y=\Delta_N/\left(\sqrt{n}\frac{\partial f}{\partial y}\right)$$

$$\Delta_z=\Delta_N/\left(\sqrt{n}\frac{\partial f}{\partial z}\right)$$

$$\vdots$$

此外,误差等作用原理也可以从相对误差(不确定度)角度进行分析.

需要强调的是,“误差等作用原理”并不是指各直接测量量的分项误差(不确定度)彼此相等,而是指它们对总不确定度的影响相同.事实上,各分项不确定度的传递系数不同,为了将它们产生的影响控制得相同,往往会使它们各自本身的测量误差有很大差别,而这直接关系到实验中不同量的测量方法和测量仪器的选择,在已做过的杨氏弹性模量实验中安排实验仪器和确定测量方法时就体现了这一思想.

还需说明的是,误差等作用原理并不是绝对的原则,它有时难以实现,有时则没有必要完全实现.为了避免选择昂贵的高精度仪器或付出巨大劳动,常对其做适当的调整.

现举例说明运用误差等作用原理选择配套实验仪器的情形.

例 8-4 对某圆柱体的直径 D 和高 H 进行测量,可根据 $V=\frac{\pi}{4}D^2H$ 求得体积.若要求体积测量的相对不确定度不超过 1%,试确定 D 和 H 的测量精度,已知公认值 $D=6$ mm,$H=20$ mm.

解 由于简单的乘除运算和实验精度要求不很高,可考虑直接用相对不确定度的绝对值合成法进行分析.

因为
$$V=\frac{\pi}{4}D^2H$$

所以
$$\frac{\Delta_V}{V}=2\frac{\Delta_D}{D}+\frac{\Delta_H}{H}\leqslant 1\%$$

所以 $$2\frac{\Delta_D}{D}\leqslant 0.5\%,\ \Delta_D\leqslant\frac{1}{2}\times 0.5\%\times D=0.015\ \text{mm}$$

$$\frac{\Delta_H}{H}\leqslant 0.5\%,\ \Delta_H\leqslant 0.5\%\times H=0.1\ \text{mm}$$

可见，测量 D 的精度要求较高，应选千分尺；测量 H 的精度要求较低，用 20 分游标卡尺即可.

例 8-5 利用“双秒摆”($T=2$ s)测重力加速度，要求测量的不确定度 $\Delta_g\leqslant 0.02\ \text{m/s}^2$，那么测摆长和测周期的仪器应如何选配？

解 重力加速度的测量公式为

$$g=4\pi^2\frac{L}{T^2}$$

由前面分析可知

$$\Delta_L=\frac{1}{\sqrt{2}}\left|\Delta_g/\frac{\partial g}{\partial L}\right|=\frac{1}{\sqrt{2}}\times\frac{\Delta_g}{4\pi^2/T^2}\leqslant 0.0014\ \text{m}=1.4\ \text{mm}$$

$$\Delta_T=\frac{1}{\sqrt{2}}\left|\Delta_g/\frac{\partial g}{\partial T}\right|=\frac{1}{\sqrt{2}}\times\frac{\Delta_g}{8\pi^2L/T^3}\leqslant\frac{1}{\sqrt{2}}\times\frac{\Delta_g}{2g/T}\leqslant 0.0015\ \text{s}=1.5\ \text{ms}$$

可见，摆长的测量完全可用米尺进行，至于周期的测量则可通过两条途径达到测量精度要求：一是用数字毫秒仪测量，但必须同时配备相应的光电触发器；二是借助于前面介绍的累计放大法，用普通秒表测多个周期以提高测量精度.

例 8-6 根据欧姆定律 $I=\frac{U}{R}$ 测通过电阻 R 的电流强度，设电阻值约为 20 Ω，两端电压值约为 16 V，若要求测量电流的不确定度不大于 0.01 A，则电阻及电压的测量不确定度应如何控制？

解 若根据误差等作用原理分析，则

$$\Delta_U=\frac{1}{\sqrt{2}}\left|\frac{\Delta_I}{\partial I/\partial U}\right|=\frac{1}{\sqrt{2}}\times\frac{\Delta_I}{1/R}\leqslant\frac{20}{\sqrt{2}}\times 0.01=0.14\ \text{V}$$

$$\Delta_R=\frac{1}{\sqrt{2}}\left|\frac{\Delta_I}{\partial I/\partial R}\right|=\frac{1}{\sqrt{2}}\times\frac{\Delta_I}{U/R^2}\leqslant\frac{400}{\sqrt{2}\times 16}\times 0.01=0.18\ \Omega$$

从实际情况看，16 V 的电压若用准确度等级 $K=0.5$、量程 $U_\text{m}=25$ V 的电压表测量，则由于电表的引用误差已为 0.13 V 左右，综合其他误差因素，要使电压测量不确定度小于 0.14 V 是比较困难的. 当然可寻求更精密的仪器. 另一方面，对 20 Ω 的电阻用通常的方法和仪器测量(例如用惠斯通电桥)并将误差控制在 0.1 Ω 以下并不困难. 因此，在全面分析后，可做如下调整：

$$\Delta_I^2=\frac{1}{R^2}\Delta_U^2+\left(\frac{U}{R^2}\right)^2\Delta_R^2\leqslant 0.01^2$$

而 $$\Delta_R=0.1\ \Omega$$

所以 $$\Delta_U=R^2\left[\Delta_I^2-\left(\frac{U}{R^2}\right)^2\Delta_R^2\right]$$

$$\leqslant(20)^2\times\left[1.0\times 10^{-4}-\left(\frac{16}{400}\right)^2\times(0.1)^2\right]$$

即 $$\Delta_U\leqslant 0.18\ \text{V}$$

可见，将 Δ_R 控制在 0.1 Ω 时，就能用普通电压表测量电压满足测量要求.

8.1.4　设计研究性实验的基本程序

1. 实验前的准备

实验前应做好两项准备：① 搜集资料；② 实验方案的拟订.

（1）搜集资料.

实验资料是实验研究的基础.占有资料越多，研究内容才能越深，实验方法才能越有创新性.在设计研究性阶段，每人做一项实验，提交一份研究报告.为了搜集到有用的资料，首先应读懂自己选定的实验内容，对教材中提出的问题做出正确的回答.为了有所创新，应查阅课外资料，如国内外的实验教材，以及《物理实验》《大学物理实验》和《物理与工程》等相关的杂志，还可以去图书馆、情报部门进行文献检索.

（2）实验方案的拟订.

对搜集到的资料进行整理，设计实验的方案，制订测量方法和操作程序.

制订具体的实验实施方案是一项细致的工作，好的实验方案可以使实验有条不紊地完成；若没有好的实验方案，即使具备理想的物理模型和精密的实验仪器，也得不到准确的实验结果.在实验之前编制的操作程序应包括以下内容：按照所选定的物理模型及实验方法，选择实验仪器和型号，调节仪器并掌握使用方法，明确实验原理图、原理公式、实验步骤，列出数据表格等.

制订操作程序的目的是：① 使实验过程能科学地、有条理地进行；② 便于观测和记录.

2. 实验操作

这是为了取得预期的实验成果而实施的实验过程.这一过程是决定实验成败的关键，也是培养学生实践动手能力的有利时机.在实验过程中难免会出现故障，有些故障（如仪器使用不当、操作错误等）是由主观原因造成的，有些故障（如仪器失灵等）是由客观原因造成的.实验中出现故障是人们不希望看到的，但实验者若能运用所学知识排除故障，这将是一个十分难得的学习机会，同时也能使实验者分析问题和解决问题的能力在实践中得到锻炼和提高.这正是物理实验教学始终追求的境界.

3. 撰写实验报告

做完实验只是完成了实验工作的一部分，只有认真进行数据处理并写出完整的实验报告，才是完成整个实验工作.

实验报告是实验的书面总结，记录了自己工作的整个过程及结果，为评阅者评价自己实验结果提供依据，应真实、认真地用自己的语言清楚表达实验内容、依据的物理规律、实验数据处理与分析结果，以及对实验的见解与收获.

习　　题

1. 回答下列关于系统误差的有关问题：

（1）分析和发现系统误差有哪几种方法？

（2）一个实验中可能存在定值系统误差，能否通过数据分析法发现它？为什么？

2. 限制和消除系统误差有哪些主要方法？在以下具体实验中分别运用了什么方法？

(1) 用伏安法测定待测电阻时选合适的测量电路.

(2) 用流体静力称衡法称量在水中的固体时需去除附于其上的气泡.

(3) 在用自准法测透镜焦距过程中，将透镜反转 180°.

(4) 在惠斯登电桥实验中，将两桥臂电阻换位后再测一次.

(5) 在用分光计测三棱镜顶角时，从两相对游标上同时读数.

(6) 在用示波器测交流电幅值前校准方形波的高度.

3. 用复摆公式 $T=2\pi\sqrt{\frac{l_0}{g}}$，通过测出 T 可求等值摆长 l_0，已知 g 的标准值，并测得 $T=0.1$ s，问要使 l_0 的测量相对不确定度小于千分之一，测周期时至少应数多少个周期？

4. 用伏安法测电阻，已知 $R_X\approx10\ \Omega$，$I\approx2.5$ A，忽略电表内阻的影响，为使被测电阻的相对不确定度小于 1.5%，试问应选用怎样的电流表和电压表？

5. 为使圆柱体体积测量的相对不确定度小于 0.6%，试就以下三种情况说明测量仪器的选择：

(1) 已知 $D\approx10$ mm，而 $H\gg D$，则应用什么仪器测 D？

(2) 已知 $h\approx10$ mm，而 $D\gg h$，则应用什么仪器测 h？

(3) 已知 $D\approx h\approx10$ mm，则应分别用什么仪器测量 D 和 h？

8.2 设计研究性实验示例

实验二十八 简谐振动的研究

【实验目的】

(1) 测量弹簧的倔强系数和有效质量，研究简谐振动的运动规律.

(2) 培养学生设计简单实验的能力.

【实验器材】

气垫导轨，弹簧，滑块，骑码，物理天平，米尺，单、双挡光片，数字计时计数测速仪.

【实验要求】

(1) 研究简谐振动运动规律.

① 设计实验方案，验证简谐振动的运动学规律.

② 确定测量方法、数据处理方法. 数据记录表格自拟.

③ 测量滑块从平衡位置运动到 X 位置的时间，绘制 $X-t$ 曲线.

④ 测绘 $v-t$ 曲线.

(2) 利用简谐振动的周期 T 与质量 M 的关系，求弹簧的倔强系数和有效质量.

① 拟定实验步骤，写出测量方法.

② 测定滑块的振动周期，改变滑块质量测量振动周期，说明测量结果.

③ 根据测出的周期和滑块质量，用二变量的统计(即最小二乘法)计算方法求 k 和 m.

【实验提示】

自然界中存在着各种振动现象，如机械振动，电磁振动，分子、原子内部振动等都是不同本质的振动现象. 一切复杂的振动现象都可以认为是几个或多个简谐振动的合成，而简谐振动是最简单、最基本的振动，研究简谐振动是研究其他复杂振动的基础. 本实验对置于气垫导轨上的弹簧振子运动规律进行观察和研究.

图 8-7 为一个简单的弹簧振动系统，振子质量为 M，弹簧倔强系数分别为 k_1，k_2. 当振子振动时，用牛顿定律可以证明：

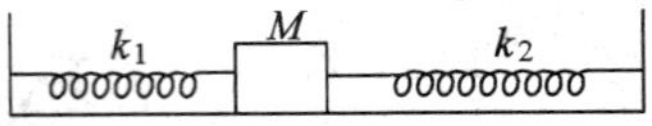

图 8-7　弹簧振动系统

(1) 这一系统做简谐振动.

(2) $T=2\pi\sqrt{\frac{M+m_0}{k}}$，式中 $k=k_1+k_2$，$m_0=\frac{1}{3}m$，m 为弹簧的质量，m_0 为弹簧的有效质量.

【思考题】

(1) 在实验中，每次在滑块上加骑码后测周期应进行多次测量，在每次测量时，是否必须保持固定振幅？为什么？

(2) 在本实验中，是否必须将气垫导轨调到水平状态？为什么？

(3) 在测量周期时，滑块的挡光片的宽度对测量结果有什么影响？

实验二十九　多用表的设计与组装

【实验目的】

(1) 掌握将某表头改装为双量程电流表、电压表、欧姆表的原理和设计方法.

(2) 掌握多用表的组装和标定方法.

【实验器材】

干电池，直流稳压电源，改装用的表头，0.5 级微安表、电流表、电压表各 1 只，滑线变阻器 100 Ω 和 5 kΩ(或 10 kΩ)各 1 只，0.1 级标准电阻箱 10 kΩ 和 100 kΩ 各 1 只，电阻若干，单刀开关 2 只，双刀选择开关 1 只，三头接线柱 1 只，连接线若干. 如需其他仪器，可与指导老师商量.

【实验要求】

电流计表头串联或并联一个电阻后即改装成一个量程较大的电压表或电流表，用类似的方法还可设计出其他用途的电表或多用途的电表.

(1) 电路设计.

① 分别画出将表头改装成双量程电流表、双量程电压表、不带量程变换的欧姆表的电路图.

② 画出具有上述功能的多用表电路图，写出相应的计算公式.

(2) 实验操作.

① 测量表头内阻及满偏电流.

② 根据实验条件计算电流量程分别为 1 mA,2 mA,电压量程分别为 1 V,2 V 的多用表所用的各电阻元件的阻值(3 位有效数字).

③ 组装一个具有上述功能的多用表.

(3) 数据处理.

① 以 0.5 级电流表作为标准表,画出双量程电流表的两条校准曲线.

② 对改装成欧姆表的表头进行标定(用图示).

③ 分析讨论误差产生的原因.

【实验提示】

(1) 表头内阻的测定.

进行多用表设计时,必须知道表头内阻 R_g 的大小.表头内阻的测定方法很多,常用的方法有标准表法、半偏法、电桥法、替代法.

(2) 欧姆表的原理.

图 8-8 是欧姆表的原理电路图.表头的内阻为 R_g,满偏电流为 I_g,E 为电源电动势,它与固定电阻 R_0、可变电阻 R_t 串联,R_X 是被测电阻,测量时将它接在 a,b 两点之间.由闭合电路欧姆定律知,接入 R_X 后,表头所指示的电流 I_X 为

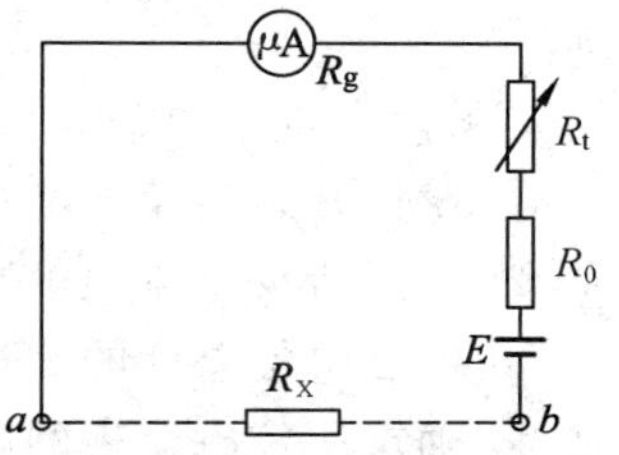

图 8-8　欧姆表原理电路图

$$I_X=E/(R_g+R_t+R_0+R_X)$$

当 E,$R_g+R_0+R_t$ 的值一定时,R_X 的值与 I_X 的值相对应,因此,表面可以按电阻值来划分刻度.

(3) 电阻挡的调零问题.

电池经过一段时间的使用以后,电动势有所下降,电阻显著增大.为适应电源的这种变化,可在表头回路中串联一个电位器 R_p 作为"调零电阻",调节 R_p 可改变通过表头的电流.

实验三十　电位差计测定电阻和校准电表

【实验目的】

(1) 熟练掌握箱式电位差计的使用方法.

(2) 了解简单电路的设计及实验条件.

【实验器材】

箱式电位差计、标准电池、标准电阻箱、直流电源、检流计、滑线变阻器、待校准电表、开关导线若干.

【实验要求】

(1) 测量干电池的电动势和内阻.

① 设计利用电位差计测量 1 节电池的电动势和电池内阻的电路图,选择合适的电

路元件，并给出计算公式.

② 利用最小二乘法处理数据，求出相关系数、线性回归方程的斜率和截距，计算电池电动势和内阻.

③ 应用误差分析的方法，讨论内阻 R_X 的测量不确定度.

(2) 用箱式电位差计校准量程为 3 V 的电压表.

① 被校准的 3 V 的电压表量程大于电位差计能测量的最高电位差，根据实验要求设计控制电路.

② 校准电压表. 记录由电压表和电位差计确定的电压值，自拟数据记录表格.

③ 确定被校电压表的准确度等级.

④ 作校准曲线.

⑤ 画出 U_P(电位差计测量值)-U(电压表)直线，分析截距 $b\neq 0$ 和斜率 $k\neq 1$ 的实验原因.

(3) 校准量程为 3 mA 的电流表.

① 设计并画出校准电流表的控制电路.

② 根据所校电流表，确定控制电路中滑线电阻的阻值范围.

③ 保证电位差计的测量值有 5 位有效数字，选取合适的取样电阻.

④ 确定所校电流表的准确度等级并画出校准曲线.

【实验提示】

箱式电位差计是专门用来测量电池电动势或电位差的精确仪器，它利用电位比较的方法和补偿原理进行测量. 由于将标准电池的电动势与待测电池的电动势或待测的电位差进行比较，并且利用工作回路的电压补偿标准电池或待测的电动势及待测的电压. 因此，该方法测量的精确度很高，被广泛地应用于精确的电位差测量中. 电位差计除了能够精确地测量电动势或电位差外，还可借助分流器测量电流的大小，借助标准电阻来测量待测电阻及许多其他可变换为电位差的物理量.

本实验中所使用的电位差计是两量程的电位差计，为了扩大测量范围，变换电位差计的量程的方法很多，可参见本书分压电路、限流电路内容，注意在量程变换中应遵循以下原则：

① 工作电流不变，即工作回路中总电阻保持不变.

② 测量回路中待测电阻上的电流随量程不同而变化.

实验三十一　*RC* 串联电路

【实验目的】

(1) 进一步掌握示波器的使用方法.

(2) 掌握一种利用示波器测量 *RC* 串联电路的电流和电容量的方法.

(3) 了解 *RC* 串联电路稳态过程的规律，并利用李萨如图形求出电路的相移.

(4) 利用作图法求出电路时间常数.

【实验器材】

示波器、信号发生器、标准电容箱、标准电阻箱、待测电容器.

【实验要求】

(1) 设计用示波器测量 RC 串联电路的电流 I 和电容器 C 的方法和实验步骤.

(2) 设计用示波器测量 RC 串联电路在稳态过程时间的相移 φ 的方法和实验步骤(建议 $C=0.500\ \mu F$,$R=500\ \Omega$).

(3) 改变频率 f,作出 $f-\tan\varphi$ 图形,求出时间常数 τ,并与理论值比较,求出百分误差(建议 f 选取范围为 100~1 500 Hz).

(4) 分析讨论实验结果.

【实验提示】

电阻、电容是电路的基本元件. 在 RC 串联电路中,电流及各元件上的电压随电源信号频率的变化而变化的性质称为幅频特性,而电路中电流与电源电压之间的相位差随频率的变化而变化的性质称为相频特性.

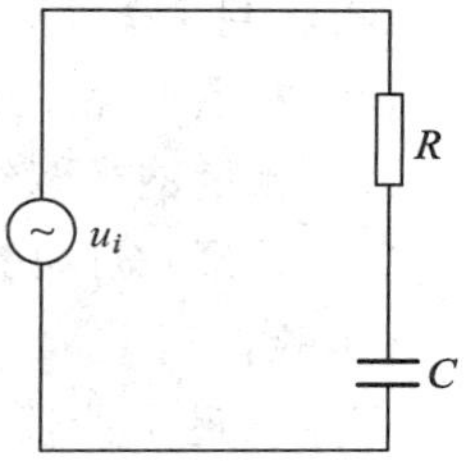

图 8-9 电路图

如图 8-9 所示,RC 串联电路中电流为

$$I=\frac{U_R}{R} \tag{1}$$

当电源按角频率 ω 变化时,有

$$U_C=I\cdot\frac{1}{\omega C} \tag{2}$$

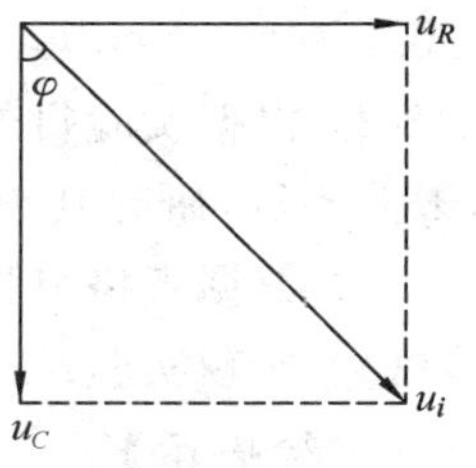

图 8-10 相位图

实验中分别测出 u_R,u_C 的幅值 U_R,U_C,根据式(1)、式(2)及给定的 R,f 值,可求得电流 i 的幅值 I 和电容量 C.

考虑 RC 串联电路的稳态过程,正弦电压 $u_i=U_{io}\cos\omega t$ 输入 RC 串联电路时,电容(或电阻)两端的输出电压 u_C(或 u_R)的幅度及相位将随输入电压 u_i 的频率而变化. 如图 8-10 所示,以电流为参考矢量,作 u_R,u_C 和 u_i 的矢量图. u_C 和 u_i 之间的相位差 φ 满足下式:

$$\tan\varphi=\omega RC$$

$$\frac{u_C}{u_i}=\cos\varphi \tag{3}$$

式中,φ 即为电路的相移;RC 为电路时间常数,用 τ 表示,即 $\tau=RC$.

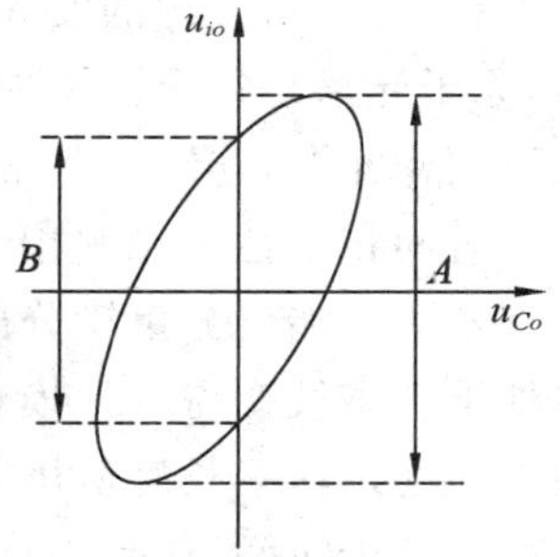

图 8-11 李萨如图形

用李萨如图形测量电路的相移时,将 u_C 和 u_i 分别输入示波器的 x,y 端,可得李萨如图形,如图 8-11 所示. 其解析式为

$$u_C=U_{Co}\cos(\omega t-\varphi) \tag{4}$$
$$u_i=U_{io}\cos\omega t$$

式中,U_{Co},U_{io} 分别为正弦信号 u_C 和 u_i 的振幅.

由式(4)可知,当 $U_C=0$ 时,李萨如图形在 u_{io} 轴的两交点间的距离为

$$B=2U_{io}\sin\varphi \tag{5}$$

在 u_{io} 轴上的最大投影值为

$$A=2U_{io}$$

将式(5)、式(6)相比得

$$\sin\varphi=\frac{B}{A} \tag{6}$$

因此，通过测量李萨如图形的 A，B 值，即可求得电路的相移 φ.

实验三十二　光源相干性的研究

【实验目的】

(1) 熟悉迈克尔逊干涉仪的调节技术.

(2) 测量钠光双线波长差和相干长度.

(3) 观察汞灯、白光干涉条纹，理解相干长度和光源波长差的关系.

【实验器材】

迈克尔逊干涉仪，He-Ne 激光源，钠灯，汞灯，白炽灯.

【实验要求】

(1) 查找资料，总结实验原理，写出相干长度 L_m 和相干时间 t_m 与波长差的关系式.

(2) 根据实验目的拟定实验步骤. 具体内容主要有：观察激光、汞灯、钠黄光、白光的干涉条纹，研究其规律. 测量钠黄光的相干长度，估计白光的相干长度.

(3) 数据表格自拟，记录实验数据.

(4) 比较实验结果与理论值，分析误差原因.

【实验提示】

从物体发光的光源情况来看，共有两类：一类是激光，具有很好的相干性；另一类是普通光源，其发光机制是处在激发态的电子跃迁时自发进行的辐射过程，自激辐射的光是不相干的. 由光源的发光条件来看，普通光源有原子光谱、分子光谱和连续光谱. 其中，原子光谱是每个原子独有的、有一定宽度的谱线，它标志着原子的属性. 分子光谱一般不用作光源，连续光谱常为白光源. 常见的普通光源的谱线就是原子光谱.

时间相干性是光源相干程度的一种描述. 这里以入射角 $i=0$ 为例进行讨论，这时迈克尔逊干涉仪分束镜分出两束光的光程差 $L=2d$，当 d 增加某一增值 Δd 后，原有的清晰干涉条纹变得一片模糊，$2\Delta d$ 就称为相干长度，用 L_m 表示. 相干长度除以光速 c 则是光通过这一长度所用的时间，称为相干时间，用 t_m 表示. 不同的光源有不同的相干长度和相干时间，这是为什么呢？有两种不同的解释：① 实际光源发射的光波都不可能是无穷长的波列，而是有限长的波列，当波列的长度与两路光的光程差小时，一束光(波列)已通过了分束镜，而另一束光(波列)还没到达，它们就不能相遇发生干涉. 只有当波列的长度大于两束光的光程差时，两束光在相遇处才能发生干涉，才能观察到干涉现象，所以波列的长度就表征了相干长度. ② 实际光源发射的光束不可能是单色的，而是有一个波长范围，用谱线宽度来表示. 假设光的中心波长是 λ_0，谱线宽度是 $\Delta\lambda$，即光

是由波长 $\lambda_0-\Delta\lambda/2$ 到 $\lambda_0+\Delta\lambda/2$ 之间所有的波长的光组成的，各个波长对应一套干涉图样. 随着 d 的增加，$\lambda_0-\Delta\lambda/2$ 和 $\lambda_0+\Delta\lambda/2$ 所对应的干涉条纹就逐渐错开，当 d 增加到使两者错开一条条纹时，就看不到干涉图样了，所对应的 $2\Delta d=L_m$ 就称为相干长度. 可以证明 L_m 与 λ_0，$\Delta\lambda$ 之间的关系为

$$L_m=\lambda_0^2/\Delta\lambda$$

可见，波长差 $\Delta\lambda$ 越小，光源的单色性就越好，相干长度就越长. 因此，上面两种解释是完全一致的. 相干时间为

$$t_m=L_m/c=\lambda_0^2/(c\Delta\lambda)$$

钠光灯的谱线是 589.0 nm 与 589.6 nm，故相干长度只有 1～2 mm；He-Ne 激光器所发射的激光单色性很好，对应 632.8 nm 的谱线，谱线宽度 $\Delta\lambda$ 只有 10^{-5}～10^{-2} nm，故相干长度的范围应为几米到几千米；而对于白光，$\Delta\lambda\approx\lambda$，故相干长度为波长数量级，只有在等光程附近才能看到级数很少的彩色条纹，而且可调范围很小. 两路光的光程差稍微大一些，视场中就看不到干涉图样.

【注意事项】

(1) 熟悉迈克尔逊干涉仪的调节方法.

(2) 观察光的干涉条纹时，对于 $\Delta\lambda$ 小的光，因其相干长度大，容易观察到干涉条纹，故可考虑先观察相干长度大的光. 等调到近似等光程时，再换上相干长度小的光. 如先用 He-Ne 激光作光源，观察 He-Ne 激光的干涉条纹；当调节到近似等光程，干涉条纹只有两三个条纹时，再换上钠光光源，一般就可在视场中看到钠光的干涉条纹. 同理，调节白光干涉时，可以先把钠光的干涉条纹调节出来，并调成只有几个干涉条纹(即近似等光程)时，再换成白光光源，一般稍微调节后就可在视场中看到白光的彩色干涉条纹.

实验三十三　光栅特性的研究

【实验目的】

(1) 学习测定光学元件特性参数的方法.

(2) 加深对光的干涉、衍射及光栅分光作用的基本原理的了解.

【实验器材】

汞灯、光栅(每毫米 600 条)、凸透镜两块(焦距一长一短)、光具组、支架若干、米尺、坐标纸、光功率计、白墙(作观察屏).

【实验要求】

(1) 光栅参数的测量.

① 根据实验室提供的仪器自行设计光路，观测夫琅禾费条件下的光栅衍射图样.

② 用绿光测定光栅常数 d、光栅分辨本领 R.

③ 测量黄光双线波长和相应的衍射一级的色散率.

④ 选择数据的测量次数，确定数据的处理方法. 数据记录表格自拟.

(2) 光栅衍射光谱的观察和完整光谱线的测量.

① 按上述设计的光路连接设备，用汞灯作光源，观察衍射光谱图.

② 测量完整光谱的最高级次 k.

③ 按光的衍射理论,计算衍射的最高级次并和实验值相比较,并说明结果.

【实验提示】

光栅是一组数目极多的等宽等距、平行排列的狭缝,光栅透射率具有一定的周期性.由于光栅衍射条纹狭窄细锐,衍射图样的强度很大,故其分辨本领非常高.光栅常用作光谱仪的色散系统,亦可用来测定谱线的波长,研究光谱的结构和强度,其作用远比棱镜优越.

(1) 光栅参数.有关光栅的基本概念和光栅常数参见实验十九,其他参数如下.

角色散率是分光元件的重要参数,由光栅方程 $d\sin\varphi_k=k\lambda$ 可知,当光栅一定时,某级的衍射角与波长有关.当波长变化时,与之对应的 φ_k 角亦有一个变化,定义单位波长间隔内两单色谱线之间的角距离为角色散率,即 $\psi=\frac{d\varphi_k}{d\lambda}=\frac{k}{d\cos\varphi_k}$.另一个反映光栅重要性能的参数是分辨本领 R,根据瑞利判据,所谓两条刚好被分开的谱线就是波长相差 $\Delta\lambda$ 的两条相邻谱线,其中一条谱线的最亮处恰好落在另一条谱线的最暗处.光学上用两条刚被分开的谱线的波长差除该波长 λ 作为光栅的分辨本领,即 $R=\lambda/\Delta\lambda=kN$,其中 k 为光谱的级次,N 为光栅总狭缝数.

(2) 光栅衍射中的缺级现象和光谱线的重叠现象可参阅相关资料了解.

【思考题】

分析比较光栅光谱和棱镜光谱的特点.

8.3 研究性实验示例

实验三十四　磁阻尼和滑动摩擦系数的测定

【实验目的】

(1) 观察磁阻尼现象.

(2) 掌握用霍尔传感器测量时间的方法.

(3) 测量磁性滑块在非铁磁质良导体斜面上下滑时的速度,计算磁阻尼系数和滑动摩擦系数.

【实验器材】

磁阻尼系数和滑动摩擦系数测定仪、天平.

磁阻尼系数和滑动摩擦系数测定仪的结构如图8-12所示.

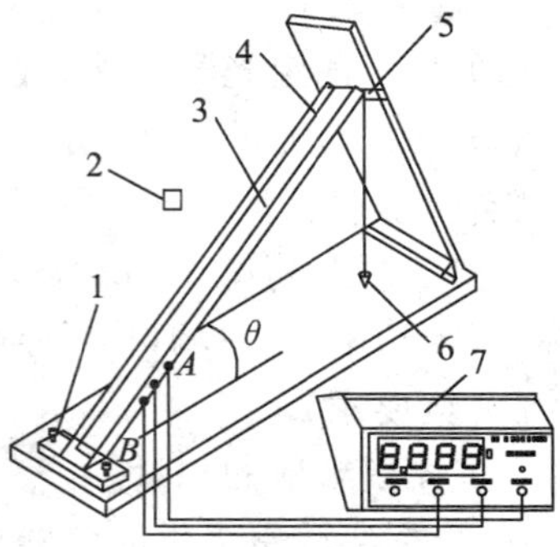

1—调节斜面横向倾角的螺钉;
2—磁性滑块;3—M型透明隐形胶带;
4—铝质槽形斜面;5—夹子;6—重锤;
7—HTM-2霍尔开关用计时仪

图8-12　磁阻尼系数和滑动摩擦系数测定仪

(1) 调节斜面横向倾角的螺钉可防止滑块在下滑过程中偏向一边.

(2) 磁性滑块是在圆柱形非磁性材料的一个滑动面上粘一薄片磁钢制成的,此面磁感应强度较强,涂以蓝色，而另一面磁感应强度较弱，涂以黄色，如图 8-13 所示.

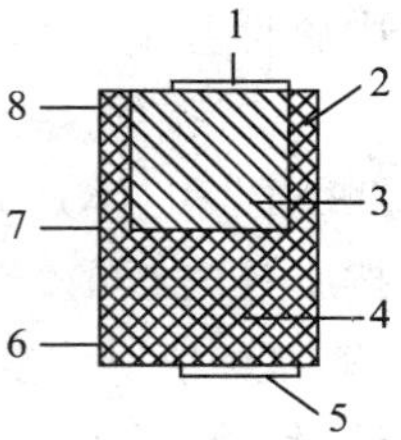

图 8-13　磁性滑块

(3) M 型透明隐形胶带分别粘于磁性滑块的两滑动面和铝制斜面上.

(4) 铝质槽形斜面可通过夹子的上下移动来调节倾角 θ，在斜面的反面 A，B 处各装 1 个霍尔开关，用计时仪可测量滑块通过 A，B 的时间.

(5) 重锤用于确定底边 L 和高 H 的长度，可得出 θ，$\tan\theta$ 和 $\cos\theta$ 的值.

(6) HTM-2 霍尔开关用计时仪由 5 V 直流电源和电子计时器组成. 若滑块接触导轨面的磁性为 N 极，当滑块滑动到第一个对应导轨下的霍尔开关位置时，霍尔开关传感器输出低电平，计时仪上相应的指示灯发光，计时仪开始计时；当滑块滑到第二个对应导轨下的霍尔开关位置时，霍尔开关传感器输出低电平，计时仪上相应的指示灯发光. 计时仪停止计时，并保持所计的时间至按“RESET”键前. 若滑块接触导轨面的磁性为 S 极，霍尔开关传感器将不会输出低电平，计时仪不计时.

【实验原理】

磁阻尼是电磁学中重要的概念，它所产生的机械效应在实际中有着广泛的应用. 开关型霍尔传感器和单片机测量时间可以使计时测量方法从光敏传感器计时转为磁敏传感器计时，尤其是它隔着介质(非磁介质)仍能工作的特性，使其应用前景更广泛，是正在大规模推广和应用的测时技术.

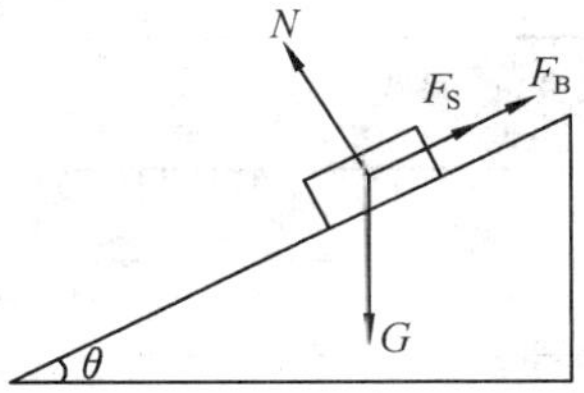

图 8-14　滑块的受力分析图

当一个磁性滑块在非铁磁质良导体斜面上匀速下滑时，滑块受到的阻力有滑动摩擦力 F_S 和磁阻尼力 F_B. 如果磁性滑块在斜面上产生的磁感应强度为 B，滑块与斜面接触线长度为 L，当滑块以匀速 $\boldsymbol{v}$ 下滑时，因切割磁力线而产生电动势 $E=BL\boldsymbol{v}$. 现将磁感应产生的电流流经斜面部分的等效电阻设为 R，则感应电流 I 与速度 $\boldsymbol{v}$ 成正比，即 $I=BL\boldsymbol{v}/R$. 此时斜面受到的安培力 F 的反作用力就是磁阻尼力 F_B，因为 F_B 正比于 I，故 F_B 正比于 $\boldsymbol{v}$. 令 $F_B=K\boldsymbol{v}$(K 为常数，称为磁阻尼系数)，当斜面角度 θ 选择恰当时，滑块运动速度为匀速. 在斜面上有力的平衡式

$$G\sin\theta=K\boldsymbol{v}+\mu G\cos\theta \tag{1}$$

式中，G 是滑块所受的重力；θ 是斜面与水平面的倾角；μ 为滑块与斜面间的滑动摩擦系数.

经变换，式(1)可写为

$$\tan\theta=\frac{K}{G}\cdot\frac{v}{\cos\theta}+\mu \tag{2}$$

显然，$\tan\theta$ 和 $v/\cos\theta$ 呈线性关系，从其斜率和截距可分别求得 K/G 和 μ.

【实验内容及步骤】

(1) 观察磁阻尼现象，明确实验条件.

① 调节斜面下端的螺钉，使斜面与底板间具有某一倾角 θ，初步确定 θ 的范围，要求在该范围内磁性滑块下滑接近匀速. 调节螺钉，在滑块下滑时使其不往旁边偏，滑块

中磁性强的一面朝下，令滑块从斜面顶端不同高度下滑.

② 接线. 将两传感器的"V_+""V_-"和"OUT"接头分别与 HTM-2 计时仪的"SV""GNP"和"INPUT"接线柱相接. 接通 HTM-1 霍尔开关计时仪的电源，在滑块下滑前按下计时仪的"RESET"键，复零计时数.

③ 依次改变斜面倾角，从已定角度（设 θ 变化范围为 $\theta_1 \sim \theta_5$）测出滑块从不同高度处（铝质槽形斜面的侧面上 $C_1 \sim C_5$ 5 个已固定圆孔位置）下滑通过 A，B 两点的时间. 记录实验数据.

(2) 磁阻尼系数与滑动摩擦系数的测量.

记录滑块质量 m 及 A，B 两点间的距离. 根据上述记录数据用最小二乘法进行数据处理，从而求得磁阻尼系数 K 和滑动摩擦系数 μ.

【数据记录与处理】

斜面			滑块从不同高度下滑通过 A，B 两点间的时间 t/s					
L/m	H/m	θ/(°)	C_1	C_2	C_3	C_4	C_5	$\bar{t}$/s

A，B 间距 S_{AB} = ________________，$m_{滑块}$ = ________________

序号	θ/(°)	$\bar{t}$/s	$y=\tan\theta$	$\cos\theta$	v/(m·s^{-1})	$x=v/\cos\theta$	x^2	xy
1								
2								
3								
4								
5								
平均值	—	—		—	—			

K= ________________，μ= ________________

【注意事项】

(1) 磁阻尼系数的大小与滑块表面的磁感应强度、导轨的阻抗有关，因滑块的磁感应强度不同或略有变化，故最终结果也会有差异.

(2) 由于滑动摩擦系数与接触表面有关，实验前必须用柔软的纸仔细擦拭实验导轨和实验滑块，并留意湿度和灰尘对滑动摩擦的影响.

【思考题】

磁阻尼系数的大小与哪些因素有关？

实验三十五　空气热机实验

【实验目的】

(1) 理解空气热机原理及热循环过程.

(2) 测量不同输入功率(冷热端温差改变)下热功转换效率,验证卡诺定理.

(3) 测量空气热机输出功率随负载的变化关系,计算热机实际效率.

【实验器材】

空气热机、热源(可选择电加热或酒精灯加热)、热机实验仪、计算机(或示波器)、力矩计.

【实验原理】

热机是将热能转换为机械能的机器. 历史上对热机循环过程及热机效率的研究,为热力学第二定律的确立起到了奠基性的作用.

空气热机的结构及工作原理如图 8-15 所示. 热机主机由高温区、低温区、工作活塞与汽缸、位移活塞与汽缸、飞轮、连杆、热源等部分组成.

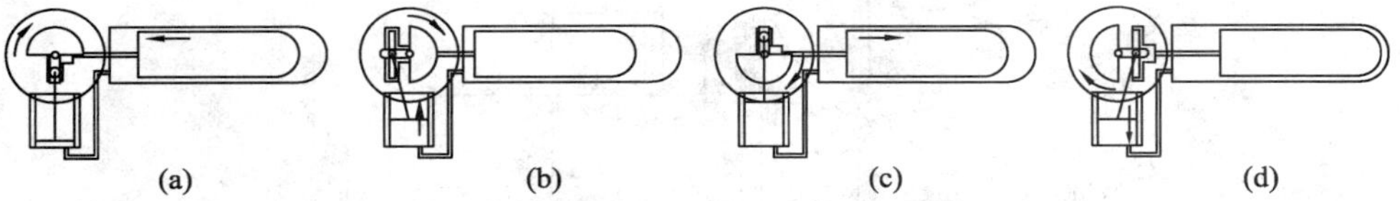

图 8-15　空气热机的结构及工作原理

热机中部为飞轮与连杆机构,工作活塞与位移活塞通过连杆与飞轮连接. 飞轮的下方为工作活塞与工作汽缸;飞轮的右方为位移活塞与位移汽缸,工作汽缸与位移汽缸之间用通气管连接;位移汽缸的右边是高温区,可用电热方式或酒精灯加热;位移汽缸左边的散热片构成了低温区.

工作活塞使汽缸内气体封闭,并在气体的推动下对外做功. 位移活塞是非封闭的占位活塞,其作用是在循环过程中使气体在高温区与低温区间不断交换,气体可通过位移活塞与位移汽缸间的间隙流动. 工作活塞与位移活塞的运动是不同步的,当某一活塞处于位置极值时,它本身的速度最小,而另一个活塞的速度最大. 当工作活塞在最底端时,位移活塞迅速左移,使汽缸内气体向高温区流动,如图 8-15a 所示;进入高温区的气体温度升高,使汽缸内压强增大并推动工作活塞向上运动,如图 8-15b 所示, 在此过程中热能转换为飞轮转动的机械能;工作活塞在最顶端时,位移活塞迅速右移,使汽缸内气体向低温区流动,如图 8-15c 所示;进入低温区的气体温度降低,使汽缸内压强减小,同时工作活塞在飞轮惯性力的作用下向下运动,完成循环,如图 8-15d 所示. 在一次循环过程中气体对外所做净功等于 P–V 图所围的面积.

根据卡诺对热机效率的研究而得出的卡诺定理, 热机的热功转换效率有以下关系:

$$\eta \propto (T_1 - T_2)/T_1 = \Delta T/T_1$$

式中,T_2 为冷源的绝对温度;T_1 为热源的绝对温度. 由上式可知,热机冷热源的温度比值越小，热机的热功转换效率越高.

实验中的电热功率是可以计算的，热能转换的机械功率可由 P-V 图面积与热机每秒转速的乘积而得，测量并计算不同冷热端温度时热功转换效率，可验证卡诺定理.

当热机带负载时，热机向负载输出的功率可由力矩计测量而得，且热机实际输出功率的大小随负载的变化而变化. 在这种情况下，可同时测量、计算出不同负载时的热功转换效率和热机实际效率.

实验装置如图 8-16 所示，飞轮下部装有双光电门，上面的一个光电门用以定位工作活塞的最低位置，下面的一个光电门用以测量飞轮转动的角度. 热机实验仪以光电门信号为采样触发信号. 汽缸的体积随工作活塞的位移变化而变化，而工作活塞的位移与飞轮的位置有对应关系，因此可在飞轮边缘均匀排列 45 个挡光片，采用光电门信号上下沿均匀触发方式，飞轮每转 4°便发出一个信号，由光电门信号可确定飞轮位置，进而计算汽缸体积.

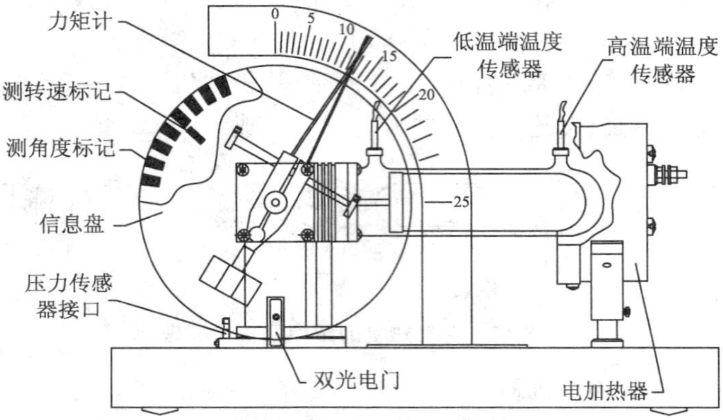

图 8-16 空气热机实验装置

压力传感器通过管道在工作汽缸底部与汽缸连通，用于测量汽缸内的压力.

在高温区和低温区都装有温度传感器，用以测量高、低温区的温度.

热机实验仪采集光电门信号、压力信号和温度信号，经微处理器处理后，在仪器显示窗口显示热机转速和高、低温区的温度. 在仪器前面板上提供压力和体积的模拟信号，供连接示波器显示 P-V 图. 所有信号均可经仪器后面板上的串行接口连接到计算机.

变压器为加热电阻提供能量，输出电压可在 24～36 V 变化.

力矩计悬挂在飞轮轴上，调节螺钉可调节力矩计与轮轴之间的摩擦力. 由力矩计可读出摩擦力矩 M，进而算出摩擦力和热机克服摩擦力所做的功. 经简单推导可得热机输出功率 $P=2\pi nM$，式中 n 为热机每秒的转数，即输出功率为单位时间内的角位移与力矩的乘积.

若将热机与计算机相连，可在计算机上显示压力与体积的实时波形，显示 P-V 图，并能显示温度、转速、P-V 图面积等参数.

【实验内容及步骤】

(1) 用手顺时针拨动飞轮，结合图 8-15 仔细观察热机循环过程中工作活塞与位移活塞的运动情况，切实理解空气热机的工作原理.

(2) 按图 8-16 连接实验装置，将力矩计调松以减小摩擦力. 将加热电压加到 36 V，等待约 10 min，加热电阻丝发红后，用手顺时针拨动飞轮，热机即可运转(若不能运转，可检查热机实验仪显示的温度，冷热端温度差在 50 ℃以上时易于起动).

(3) 减小加热电压至 24 V，测量加热电压和电流. 等待约 10 min，待温度和转速平衡后，从热机实验仪(或计算机)上读取温度和转速，从计算机上读取(或从示波器显示的 P-V 图估算)P-V 图面积.

(4) 逐步加大加热功率，重复以上测量步骤.

(5) 在最大加热功率下，调节力矩计的摩擦力(不要停机)，待输出力矩、转速、温度稳定后，读取并记录各项参数.

(6) 逐步增大输出力矩，重复测量 6 次.

【数据记录与处理】

热机实验记录表格

热源温度 T_1/K	温度差 ΔT/K	热机转速 n/s^{-1}	加热电压 U/V	加热电流 I/A	输入功率 $P_i=UI$/W	P-V 图面积 S/J	机械功率 $P=nS$/W	输出力矩 M/(N·m)	输出功率 $P_o=2\pi nM$/W	热功转换效率 $\eta=P/P_i$	实际输出效率 $\eta_{o/i}=P_o/P_i$

(1) 计算热功转换效率 η，比较 η 与 $\Delta T/T_1$ 的关系，验证其是否符合卡诺定理，并讨论.

(2) 计算实际输出效率 $\eta_{o/i}$，作 $\eta_{o/i}$-M 曲线，比较在同一输入功率下效率随负载的变化，并讨论.

【注意事项】

(1) 热机汽缸等部件为玻璃制品，容易损坏，请谨慎操作.

(2) 热机在静止状态下严禁长时间大功率加热，若热机运转过程中因各种原因停止转动，必须用手拨动飞轮帮助其重新运转或立即关闭电源.

(3) 记录测量数据前须保证已基本达到热平衡，避免出现较大误差.

【思考题】

为什么 P-V 图的面积等于热机在一次循环过程中将热能转换为机械能的数值?

实验三十六　磁阻传感器与地磁场的测量

【实验目的】

(1) 了解磁阻传感器的特性，掌握 HMC1021Z 型磁阻传感器的定标方法.

(2) 测量实验室所在地地磁场磁感应强度的水平分量、垂直分量和地磁场的磁倾角.

【实验器材】

FD-HMC-2 型磁阻传感器和地磁场测定仪、水平仪、重垂线.

【实验原理】

地球本身具有磁性，所以地球及近地空间存在磁场，称为地磁场. 地磁场的数值比较小，磁感应强度约 10^{-5} T 量级，其强度与方向也随地点而异. 但在直流磁场测量，特别是弱磁场测量中，往往需要知道其数值，并设法消除其影响. 地磁场作为一种天然磁源，在军事、工业、医学、探矿等科研中也有着重要用途.

物质在磁场中电阻率发生变化的现象称为磁阻效应. 对于铁、钴、镍及其合金等磁性金属，但当外加磁场平行于磁体内部磁化方向时，电阻几乎不随外加磁场变化；当外加磁场偏离金属的内部磁化方向时，此类磁性金属的电阻减小. 这就是强磁金属的各向异性磁阻效应.

HMC1021Z 型磁阻传感器是由长而薄的玻莫合金(铁镍合金)制成的一维磁阻微电路集成芯片(二维和三维磁阻传感器可以测量二维和三维磁场). 它通常利用半导体工艺将铁镍合金薄膜附着在硅片上，如图 8-17 所示.

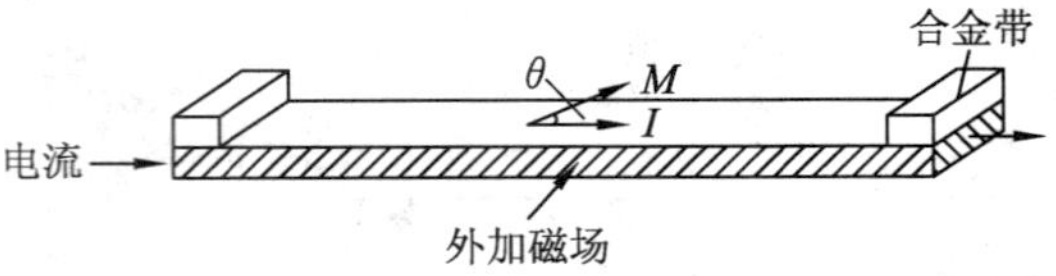

图 8-17　磁阻传感器的构造示意图

薄膜的电阻率 $\rho(\theta)$ 依赖于磁化强度 M 和电流 I 方向的夹角 θ，即

$$\rho(\theta)=\rho_{\perp}+(\rho_{/\!/}-\rho_{\perp})\cos^2\theta \tag{1}$$

式中，$\rho_{/\!/}$ 和 $\rho_{\perp}$ 分别是电流 I 平行于 M 和垂直于 M 时的电阻率. 当沿着铁镍合金带的长度方向通以一定的直流电流，而沿着垂直于电流方向施加一个外界磁场时，合金带自身的阻值会产生较大的变化. 利用合金带阻值这一变化，可以测量磁场的大小和方向. 同时在硅片上设计了两条铝制电流带：一条是置位与复位带，该传感器遇到强磁场感应时，将产生磁畴饱和现象，它可用于置位或复位输出极性；另一条是偏置磁场带，用于产生一个偏置磁场，补偿环境磁场中的弱磁场部分(当外加磁场较弱时，磁阻相对变化值与磁感应强度成平方关系)，使磁阻传感器输出显示线性关系.

HMC1021Z 磁阻传感器是一种单边封装的磁场传感器，它能测量与管脚平行方向的磁场. 传感器由 4 条铁镍合金磁电阻组成一个非平衡电桥，非平衡电桥输出部分接集成运算放大器，将信号放大输出. 传感器内部结构如图 8-18 所示. 由于适当配置的 4 个磁电阻电流方向不同，当存在外界磁场时，将引起电阻值增减变化，因而输出电压 U_{out} 可表示为

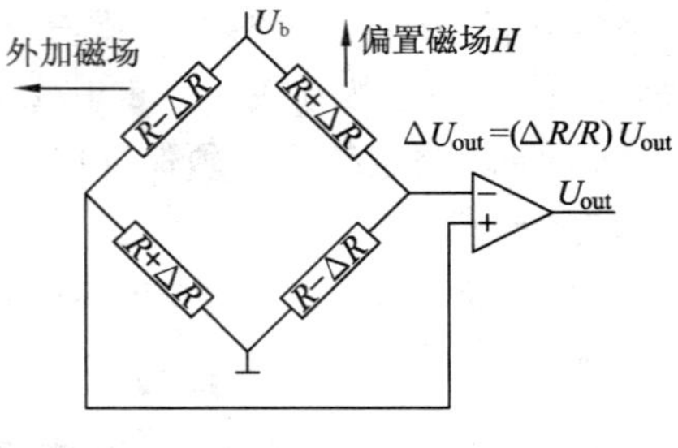

图 8-18　磁阻传感器内的惠斯通电桥

$$U_{out}=\frac{\Delta R}{R}\times U_b \tag{2}$$

式中，U_b 是“电桥”的工作电压；$\Delta R/R$ 是外磁场引起的磁电阻阻值的相对变化量.

对于一定的工作电压，如 $U_b=6.00$ V，HMC1021Z 型磁阻传感器输出电压 U_{out} 与外界磁场的磁感应强度呈线性关系，即

$$U_{out}=U_0+KB \tag{3}$$

式中，K 为传感器的灵敏度，可由已知磁感应强度进行定标；B 为待测磁感应强度；U_0 为外加磁场为零时传感器的输出电压.

亥姆霍兹线圈的特点是能在其轴线中心点附近产生较宽范围的均匀磁场区，因此它常用作弱磁场的标准磁场.亥姆霍兹线圈公共轴线中心点位置的磁感应强度为

$$B=8\mu_0 NI/5^{3/2}R \tag{4}$$

式中，N 为线圈匝数；I 为线圈流过的电流强度；R 为亥姆霍兹线圈的平均半径；μ_0 为真空磁导率.

传感器特性测量装置如图 8-19 所示.用磁阻传感器测量地磁场的装置如图 8-20 所示.它主要包括底座、转轴、带角刻度的转盘、磁阻传感器的引线、亥姆霍兹线圈、地磁场测定仪控制主机(数字式电压表、5 V 直流电源)等.亥姆霍兹线圈每个线圈匝数 $N=500$ 匝，线圈的半径 $R=10.00$ cm，真空磁导率 $\mu_0=4\pi\times10^{-7}$ H/m.

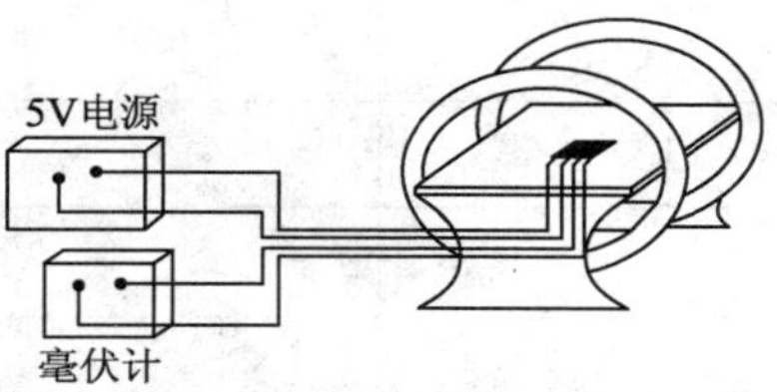

图 8-19　磁阻传感器特性测量装置

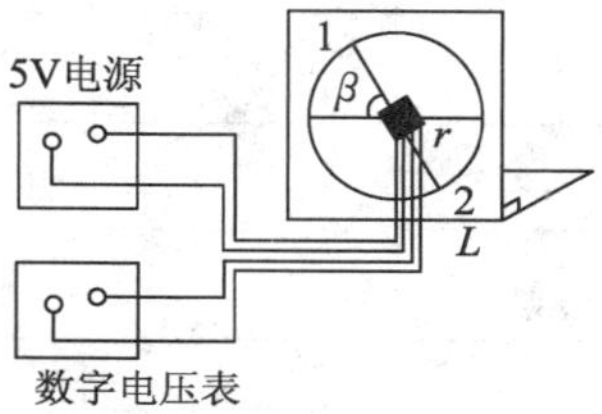

图 8-20　用磁阻传感器测量地磁场装置

【实验内容及步骤】

(1) 磁阻传感器灵敏度的定标.

① 按图 8-21 所示连线.将磁阻传感器放置在亥姆霍兹线圈公共轴线中点，并使管脚和磁感应强度方向平行，即传感器的感应面与亥姆霍兹线圈轴线垂直.

② 从 0 开始每隔 10 mA 改变励磁电流，分别测量励磁电流为正向和反向时磁阻传感器的输出电压 U_1 和 U_2，$\overline{U}=(U_1-U_2)/2$.正向和反向测量两次的目的是消除地磁沿亥姆霍兹线圈方向(水平)分量的影响.

(2) 测量地磁场的磁感应强度和磁倾角.

① 拆去亥姆霍兹线圈与直流电源的连线，将磁阻传感器平行固定在转盘上，调整转盘至水平(可用水准器指示，先调整底座至水平，再调整转盘至水平).水平旋转

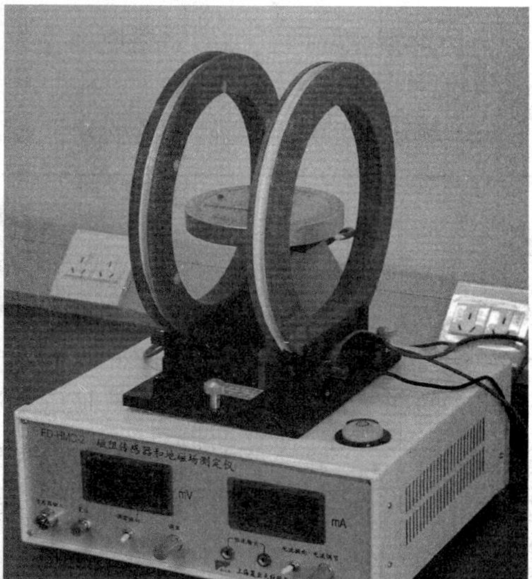

图 8-21　实验装置

转盘，直至找到传感器输出电压最大方向，这个方向就是地磁场磁感应强度的水平分量 $B_{/\!/}$ 的方向. 记录此时传感器输出电压 U_1 后旋转转盘，记录传感器输出最小电压 U_2，由 $|U_1-U_2|/2=KB_{/\!/}$ 求得当地地磁场水平分量 $B_{/\!/}$. 这时校正底座的方位，使 0°或 90°方向在地磁场的方向(可使内盘和外盘对零，转动底座使输出最大或最小).

② 将带有磁阻传感器的转盘平面调整为铅直(用重垂线确定铅直的位置)，并使装置沿着地磁场磁感应强度水平分量 $B_{/\!/}$ 方向放置，只是方向转 90°. 转动调节转盘，分别记下传感器输出最大和最小时转盘指示值和水平面之间的夹角 β_1 和 β_2，同时记录此最大读数 U_1' 和 U_2'. 由 $\beta=(\beta_1+\beta_2)/2$ 计算磁倾角 β. 测量 10 组 β 值，求其平均值.

③ 由 $|U_1'-U_2'|/2=KB$，计算地磁场磁感应强度 B 的值，并计算地磁场的垂直分量 $B_\perp=B\sin\beta$.

【数据记录与处理】

(1) 磁阻传感器灵敏度标定的数据记录与处理.

励磁电流 I/mA	磁感应强度 $B/10^{-4}$ T	U/mV		平均值/mV
		正向 U_1	正向 U_2	
10.00				
20.00				
30.00				
40.00				
50.00				
60.00				

用亥姆霍兹线圈产生的磁感应强度作为已知量，采用最小二乘法计算磁阻传感器的灵敏度 K.

(2) 地磁场的磁感应强度水平分量的测量数据.

序号		1	2	3	4	5	6	7	8	9	10	$\bar{U}=\sum\left(\frac{\lvert U_1-U_2\rvert}{2}\right)/5$	B
U	U_1												
	U_2												

(3) 地磁场的磁感应强度和磁倾角测量数据.

序号		1	2	3	4	5	6	7	8	9	10	U'，β 平均值
U'	U_1'											
	U_2'											
β	β_1											
	β_2											

根据地磁场和磁倾角的大小，计算地磁场的垂直分量.

【注意事项】

(1) 实验仪器周围的一定范围内不应存在铁磁金属物体，以保证测量结果的准确性.

(2) 测量地磁场水平分量，须将转盘调至水平位置；测量地磁场 $U_{总}(U')$ 和磁倾角 β 时，须将转盘面处于地磁子午面方向.

【思考题】

(1) 磁阻传感器和霍尔传感器在工作原理和使用方法方面各有什么特点？

(2) 如果在测量地磁场时，在磁阻传感器周围较近处放一个铁钉，将对测量结果产生什么影响？

(3) 铁镍合金磁阻传感器遇到较强磁场时，其灵敏度会降低，用什么方法可恢复其原来的灵敏度？

【知识拓展】

1. 地磁场简介

地球本身具有磁性，所以地球和近地空间之间存在磁场，称为地磁场. 地磁场的强度和方向随地点(甚至随时间)而异. 地磁场的北极、南极分别在地理南极、北极附近，彼此并不重合，如图 8-22 所示. 此外，两者间的偏差随时间不断地缓慢变化，地磁轴与地球自转轴并不重合，有大小约为 11°的交角.

在一个不太大的范围内，地磁场基本上是均匀的，可用 3 个参量来表示地磁场的方向和大小，如图 8-23 所示.

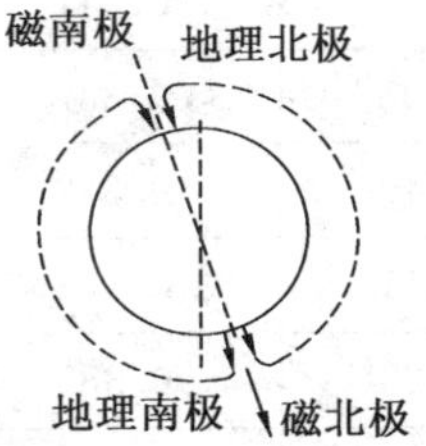

图 8-22 地磁场与地理的南北极分布

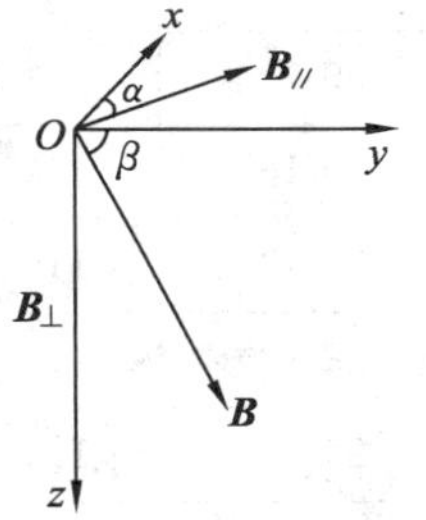

图 8-23 地磁场的水平与垂直分量

(1) 磁偏角 α：地球表面任一点的地磁场矢量所在垂直平面($B_{/\!/}$ 与 z 构成的平面，称地磁子午面)，与地理子午面(xOz 平面)之间的夹角.

(2) 磁倾角 β：磁场强度矢量 $\boldsymbol{B}$ 与水平面(xOy 平面)之间的夹角.

(3) 水平分量 $\boldsymbol{B}_{/\!/}$：地磁场矢量 $\boldsymbol{B}$ 在水平面上的投影.

测量地磁场的这 3 个参量，就可确定某一地点地磁场矢量 $\boldsymbol{B}$ 的方向和大小. 当然，这 3 个参量的数值随时间不断改变，但这一变化极其缓慢、极为微弱.

2. 我国一些城市的地磁参量（地磁要素）

地名	地理位置		磁偏角 α(偏西)	磁倾角 β	磁场矢量 $B_{//}$/ 10^{-4}T	测定年份
	北纬	东经				
齐齐哈尔	47°22′	123°59′	7°34′	64°27′	0.242	1916
长春	43°51′	126°36′	7°30′	60°20′	0.266	1916
沈阳	41°50′	123°28′	6°49′	58°43′	0.277	
北京	39°56′	116°20′	4°48′	57°23′	0.289	1936
天津	39°05′	117°11′	4°04′	56°21′	0.293	1916
太原	37°51′	112°33′	3°18′	55°11′	0.301	1932
济南	36°39′	117°01′	3°36′	53°06′	0.308	1915
兰州	36°03′	103°48′	1°15′	53°24′	0.312	
郑州	34°45′	113°43′	0°18′	50°43′	0.320	1932
西安	34°16′	108°57′	3°02′	50°29′	0.323	1932
南京	32°03′	118°48′	1°42′	46°43′	0.331	1922
上海	31°11′	121°26′	3°13′	45°25′	0.333	
成都	30°38′	104°03′	0°58′	45°06′	0.346	
武汉	30°37′	114°20′	2°23′	44°34′	0.343	
安庆	30°32′	117°02′		44°27′	0.341	1911
杭州	30°16′	120°08′	2°59′	44°05′	0.337	1917
南昌	28°42′	115°51′	1°51′	41°49′	0.349	1917
长沙	28°12′	112°53′	0°50′	41°11′	0.352	1907
福州	26°02′	119°11′	1°43′	27°28′	0.355	1917
桂林	25°17′	110°12′	0°05′	36°13′	0.366	1907
昆明	25°04′	102°42′	0°04′	35°19′	0.372	1911
广州	23°06′	113°28′	0°47′	31°41′	0.375	

实验三十七　双光栅法测量音叉振动的振幅

【实验目的】

(1) 了解光栅莫尔条纹的概念，以及莫尔条纹的放大原理在几何量自动测量中的应用.

(2) 熟悉一种利用光栅莫尔条纹原理精确测量微弱振动位移(振幅)的方法.

【实验器材】

双光栅微弱振动测量仪、双通道示波器.

【实验原理】

设二元振幅光栅 G_1 的光栅常数为 d，在光栅平面上建立坐标系 xOy（见图 8-24），x 方向垂直于栅线. 光栅透过率函数的傅里叶级数的复数形式是

$$T(x) = \sum_{n=-\infty}^{\infty} A_n \exp\left(\mathrm{i}2\pi n \frac{x}{d}\right) \tag{1}$$

式中，A_n 为傅里叶系数.

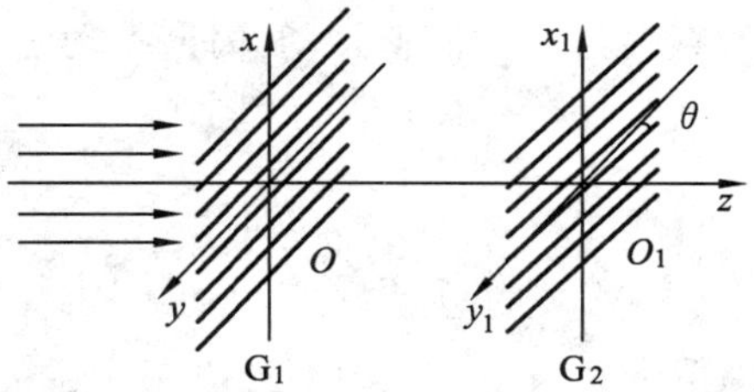

图 8-24　双光栅形成莫尔条纹原理图

当光栅在 x 方向有一平移 x_0，则透过率函数可写为

$$T(x-x_0) = \sum_{n=-\infty}^{\infty} A_n \exp\left(\mathrm{i}2\pi n \frac{x-x_0}{d}\right) \tag{2}$$

现用振幅为 1 的单色平行光垂直照明光栅，在近轴条件下，经 G_1 透射在 z 处 $x_1O_1y_1$ 平面上的光场复振幅表达式是

$$U(x_1, z) = \frac{1}{z}\int_{-\infty}^{\infty} A_n \exp\left(\mathrm{i}2\pi n \frac{x-x_0}{d}\right)\exp\left[\mathrm{i}\frac{\pi}{\lambda z}(x_1-x)^2\right]\mathrm{d}x \tag{3}$$

经整理得

$$U(x_1, z) = A\sum_{n=-\infty}^{\infty} C_n \exp\left\{\mathrm{i}\pi\left[\frac{2n(x_1-x_0)}{d} - \frac{\lambda z n^2}{d^2}\right]\right\} \tag{4}$$

光强可写为

$$I_1 = I_0 \sum_{n=-\infty}^{\infty} C_n' \cos\left(\frac{\pi\lambda z n^2}{d^2}\right)\exp\left[\mathrm{i}\pi \frac{2n(x_1-x_0)}{d}\right] \tag{5}$$

为获得莫尔条纹，在 z 处放置光栅常数仍为 d 的光栅 G_2，栅线方向和 y_1 轴成夹角 θ. G_2 的光强透过率可写为

$$T_2(x_1, y_1) = \sum_{m=-\infty}^{\infty} B_m \exp\left(\mathrm{i}2\pi m \frac{x_1\cos\theta + y_1\sin\theta}{d}\right) \tag{6}$$

则透过 G_2 的光强为

$$\begin{aligned} I &= I_1 T_2(x_1, y_1) \\ &= \sum_{n=-\infty}^{\infty} C_n' \sum_{m=-\infty}^{\infty} B_m \cos\left(\frac{\pi\lambda z n^2}{d^2}\right)\exp\left\{\frac{\mathrm{i}2\pi}{d}[n(x_1-x_0) + m(x_1\cos\theta + y_1\sin\theta)]\right\} \end{aligned} \tag{7}$$

略去高频项，仅取 $m=n=0$ 和 $m=\pm1, n=\mp1$ 的项，利用 $B=C_{+1}B_{-1}=C_{-1}B_{+1}$，则 G_2 后 $x_1O_1y_1$ 平面上的光强分布为

$$I = I'_0 + I'_1 \cos \frac{\pi\lambda z}{d^2} \cdot \cos\left[\frac{2\pi}{d}\left(y_1 \sin\theta - 2x_1 \sin^2\frac{\theta}{2} + x_0\right)\right] \tag{8}$$

式(8)是莫尔条纹的光强表达式. 在 G_2 后设置光电接收器件,由光电器件输出的莫尔条纹光电信号电压为

$$U = U_0 + U_1 \cdot \cos\left[\frac{2\pi}{d}(x_0 + \psi)\right] \tag{9}$$

式中,$\psi = y_1 \sin\theta - 2x_1 \sin^2\frac{\theta}{2}$,并取 $y_1 = 0$,x_1 与 θ 为常数.

使 G_1 在 x 方向振动,则 $x_0 = x_0(t)$ 就是时间的函数. 光电信号就反映了 x_0 的变化情况. 令 G_1 在 x 方向上做频率为 f 的简谐振动,简谐振动的表达式为

$$x_0 = a_0 \cos(2\pi f t + \varphi) \tag{10}$$

代入式(9)得

$$U = U_0 + U_1 \cos\left\{\frac{2\pi}{d}\left[a_0 \cos(2\pi f t + \varphi) + \psi\right]\right\} \tag{11}$$

图 8-25 是由计算机模拟音叉振动一个周期光电探测器接收到的光电信号曲线,图 8-26、图 8-27 分别是实验照片.

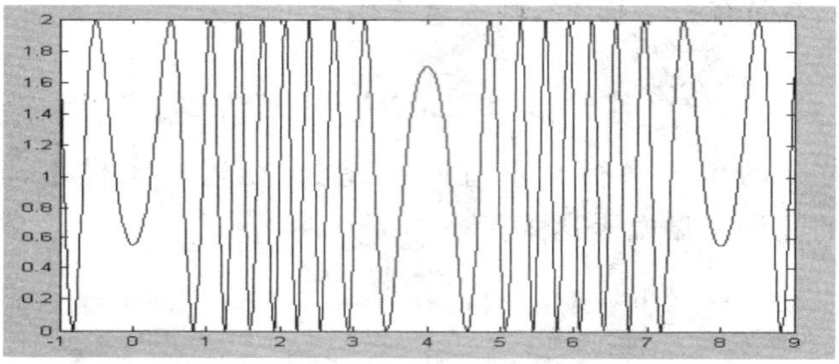

图 8-25　计算机模拟光电信号曲线

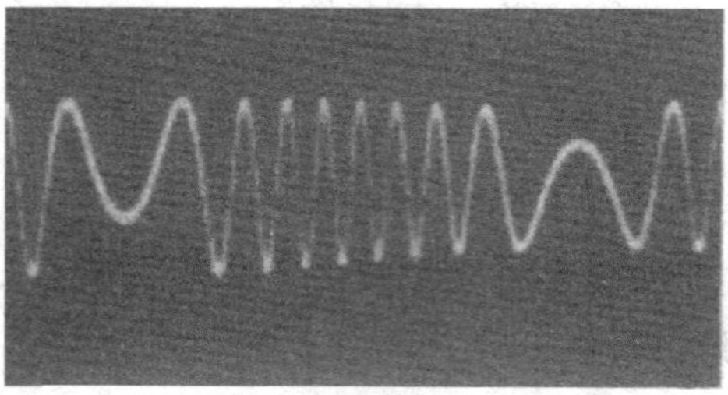

图 8-26　半个周期的光电信号波

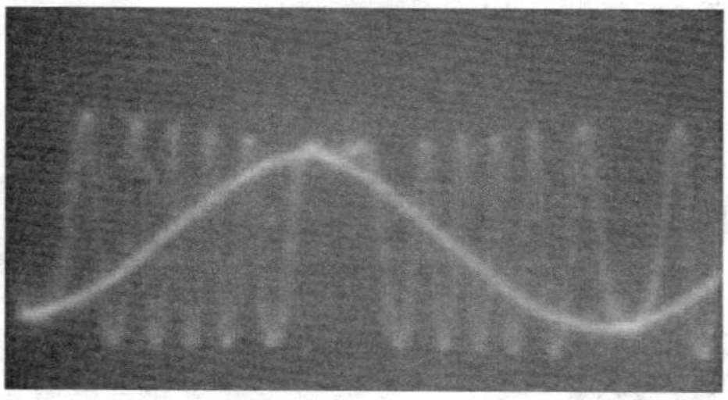

图 8-27　音叉驱动和光电信号波形

一个周期信号对应振源振幅的 4 倍. 每个周期内包含多个整数变周期电信号和 4 个分数电信号(两两相同). 一个变周期电信号对应振源(动光栅)一个光栅常数 d 的位移,分数部分对应振源振幅不足一个光栅常数 d 的位移部分,振源的振幅可写为

$$a_0=\frac{1}{2}\times\left(M+\frac{\text{分数周期}}{d}\right)\times d \tag{12}$$

式中,M 是半个周期内包含完整变周期电信号的个数,分数周期是指与半周期两端的电信号对应部分各占一个周期电信号的比例之和. 可见,测出了一个周期内变周期电信号的个数及分数周期的相对大小,就能测出振源的振幅.

【实验内容及步骤】

(1) 几何光路调整.

小心取下静光栅架(不可擦伤光栅),微调半导体激光器的左右、俯仰调节手轮,让光束从安装静止光栅架的孔中心通过. 调节光电池架手轮,让某一级衍射光正好落入光电池前的小孔内,锁紧激光器.

(2) 双光栅调整.

小心地安装静光栅架,使静光栅尽可能与动光栅接近(不可相碰). 将一个屏放于光电池架处,慢慢转动光栅架(务必仔细观察调节),使得两个光束尽可能重合. 去掉观察屏,轻轻敲击音叉,在示波器上应看到拍频波. 注意:如看不到拍频波,可试着减小激光器的功率. 在半导体激光器的电源进线处有一个电位器,转动电位器即可调节激光器的功率. 过大的激光器功率照射在光电池上,将使光电池"饱和"而无信号输出.

(3) 音叉谐振调节.

先将【功率】旋钮置于 6~7 点钟附近,调节【频率】旋钮(500 Hz 附近)使音叉谐振. 调节时应用手轻轻按住音叉顶部,找出调节方向. 如音叉谐振太强烈,将【功率】旋钮向逆时针方向转动,使在示波器上看到的 $T/2$ 内光拍的波数为 10~20 个.

(4) 波形调节.

光路粗调完成后,就可以看到一些拍频波,但欲获得光滑细腻的波形,还须仔细地反复调节. 稍稍松开固定静光栅架的手轮,试着微微转动光栅架,改善动光栅衍射光斑与静光栅衍射光斑的重合度,检查波形有无改善;在两光栅产生的衍射光斑重合区域中,不是每一点都能产生拍频波,所以光斑正中心对准光电池上的小孔时并不一定都能产生好的波形,有时光斑的边缘即能产生好的波形,可以微调光电池架或激光器的 X-Y 微调手轮,改变光斑在光电池上的位置,查看波形有无改善.

(5) 测量音叉振动的谐振曲线.

固定【功率】旋钮位置,小心调节【频率】旋钮,绘制音叉的频率-振幅曲线(测出不同频率时音叉振动的振幅).

(6) 研究谐振曲线的变化趋势.

改变音叉的有效质量,研究谐振曲线的变化趋势并说明原因(改变质量时可用橡皮泥或在音叉上吸一小块磁铁,注意此时信号输出功率不能变).

【数据记录与处理】

(1) 调整过程中仔细观察波形,数出一个周期中完整波形的个数和两侧分数波形对应的相位角,利用式(12)计算振动的振幅. 自拟数据记录表格.

(2) 在谐振频率附近多测几组不同频率下的振动振幅，以便描绘频率-振幅曲线.

【注意事项】

(1) 光栅是精密光学元件，使用过程中切勿用手触摸其表面.

(2) 调节过程中不要让两片光栅面相接触，以免划伤光栅.

(3) 频率调节要仔细，信号幅度不宜太大.

【思考题】

(1) 如何判断动光栅与静光栅的刻痕已平行？

(2) 作外力驱动音叉谐振曲线时，为什么要固定信号功率？

(3) 本实验的测量方法有何优点？测量微振动位移的灵敏度是多少？

(4) 应用该装置可否测量音叉振动的速度和加速度？

【知识拓展】

双光栅微弱振动测量仪的结构如图 8-28 所示.

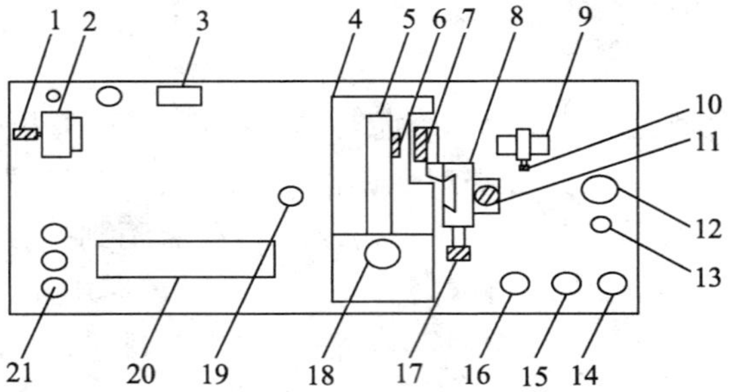

1—光电池升降调节手轮；2—光电池座(在顶部有光电池盒，盒前有一小孔光阑)；3—电源开关；4—音叉座；5—音叉；6—动光栅(粘在音叉上的光栅)；7—静光栅(固定在调节架上)；8—静光栅调节架；9—半导体激光器；10—激光器升降调节手轮；11—调节架左右调节止紧螺钉；12—激光器输出功率调节；13—耳机插孔；14—音量调节；15—信号发生器输出功率调节；16—信号发生器频率调节；17—静光栅调节架升降调节手轮；18—驱动音叉用的蜂鸣器；19—蜂鸣器电源插孔；20—频率显示窗口；21—三个信号输出插口(Y_1 为拍频信号，Y_2 为音叉驱动信号，X 为示波器提供“外触发”扫描信号，可使示波器上的波形稳定)

图 8-28　双光栅微弱振动测量仪的结构

实验三十八　光速的测定

【实验目的】

(1) 了解光拍概念及其获得光拍频波的方法.

(2) 掌握光拍法测量光速的技术.

【实验器材】

光速测定仪、双踪示波器、频率计等.

【实验原理】

光速是物理学中重要的常数之一. 光速与物理学中许多基本的问题有着密切联系，天文测量、地球物理测量及空间技术的发展等计量工作使得对光速的精确测量更为重要，因此光速测定已成为近代物理学中的重点研究对象之一.

17 世纪 70 年代，人们就开始对光速进行测量，由于光速的数值很大，因而早期的测量都采用天文学的方法. 1849 年，菲索利用转齿法实现了在地面实验室测定光速，其通过测量光信号的传播距离和相应时间来计算光速. 由于测量仪器的精度限制，该方法的测量精度不高. 19 世纪 50 年代后，对光速的测量都采用测量光波波长 λ 及其频率 f 的方法，由 $c=\lambda f$ 得出光的传播速度. 20 世纪 60 年代，高稳定的崭新光源激光的出现，使光速测量精度得到很大的提高，目前公认的光速为 299 792 458. 4 m/s.

测量光速的方法很多，本实验采用声光调制形成光拍的方法进行测量. 实验集声、光、电于一体，通过本实验不仅可以学习一种新的测量光速的方法，而且对声光调制的基本原理、衍射特性等声光效应也可有所了解.

光拍频法测量光速是利用光拍的空间分布，测出同一时刻相邻同相位点的光程差和光拍频率，从而间接测出光速的方法.

(1) 光拍的形成.

根据振动叠加原理，两列速度相同、振面和传播方向相同、频差又较小的简谐波叠加形成拍. 为简化讨论，假设两列振幅相同，角频率分别为 ω_1 和 ω_2 的简谐波沿 x 方向传播，则有

$$E_1=E_0\cos(\omega_1 t-k_1 x+\varphi_1)$$
$$E_2=E_0\cos(\omega_2 t-k_2 x+\varphi_2)$$

式中，$k_1=\dfrac{2\pi}{\lambda_1}$，$k_2=\dfrac{2\pi}{\lambda_2}$，它们称为波数；$\varphi_1$ 和 φ_2 为初相位.

这两列简谐波叠加得

$$E=E_1+E_2=2E_0\cos\left[\frac{\omega_1-\omega_2}{2}\left(t-\frac{x}{c}\right)+\frac{\varphi_1-\varphi_2}{2}\right]\cdot\cos\left[\frac{\omega_1+\omega_2}{2}\left(t-\frac{x}{c}\right)+\frac{\varphi_1+\varphi_2}{2}\right] \tag{1}$$

式中，$\dfrac{\omega_1+\omega_2}{2}$ 为合振动的角频率；$2E_0\cos\left[\dfrac{\omega_1-\omega_2}{2}\left(t-\dfrac{x}{c}\right)+\dfrac{\varphi_1-\varphi_2}{2}\right]$ 为合振动的振幅. 可见振幅项不仅仅是空间 x 的函数，还是时间 t 的函数，它以频率 $\Delta f=\dfrac{\omega_1-\omega_2}{2\pi}$ 做周期性的变化. 只有当 $|\omega_1-\omega_2|\ll|\omega_1+\omega_2|$ 时，才产生"拍"现象.

从式(1)可看出，合成的振动基本上是一种频率为两个分振动频率的平均值，而振幅是随时间呈周期性变化的扰动. 合振动的振幅每变化一周就包含着若干周的基本振动. 这是一个振幅受调制的行波，其波形如图 8-29 所示. 图中虚线所示的波形包络线会随时间传播，从而失去了驻波的特性. 包络线由 $A=\pm 2E_0\cos\left[\dfrac{\omega_1-\omega_2}{2}\left(t-\dfrac{x}{c}\right)+\dfrac{\varphi_1-\varphi_2}{2}\right]$ 来决定. 拍频现象的主要应用价值在于：它将高频信号中的频率信息和相位信息转移到差频信号中，使难以测量的高频变得容易测量.

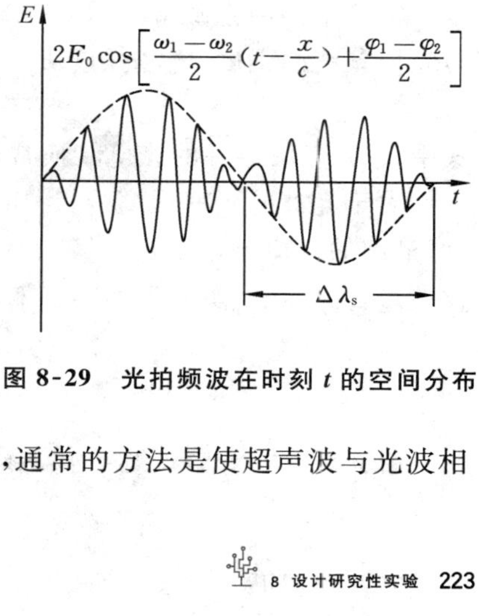

图 8-29 光拍频波在时刻 t 的空间分布

(2) 光拍频波的获得.

为了获得两列具有频率相近、频差固定的激光束，通常的方法是使超声波与光波相

互作用，也就是声光调制．超声波（弹性波）在介质（晶体）中传播，引起介质对光的折射率发生周期性变化，从而产生相位光栅．当入射的激光束通过相位光栅时产生了与超声声频有关的频移．

利用声光相互作用产生频移的方法有两种．一种是行波法，在声光介质与声源（压电换能器）相对端面上覆以吸声材料，防止声波反射，以保证只有声行波通过，如图8-30所示，其相互作用的结果是激光束产生对称多级衍射．第 i 级衍射光的角频率为

$$\omega_i=\omega_0+i\Omega$$

式中，ω_0 为入射光波的角频率；Ω 为声波角频率；衍射级 $i=\pm1,\pm2,\cdots$，例如，$+1$ 级衍射光频为 $\omega_i=\omega_0+\Omega$；衍射角 $\alpha=\lambda/\lambda_s$，λ 和 λ_s 为介质中的光波和声波波长．仔细调节光路，使 $+1$ 级与零级两光束平行叠加，产生频差为 Ω 的光拍频波．

另一种是驻波法，如图8-31所示．利用声波的反射，使介质中存在驻波声场（相当于介质传声的厚度为声波半波长的整数倍的情形）．驻波法也产生 i 级对称衍射，而且衍射光比行波法强得多（衍射效率高），第 i 级的衍射光频为

$$\omega_{i,m}=\omega_0\pm(i+2m)\Omega$$

式中，$i=\pm1,\pm2,\cdots$；$m=\pm1,\pm2,\cdots$．可见在同一级衍射光束内就含有许多不同频率的光波的叠加（但强度不同），因此不用调节光路就能获得拍频波．例如，选取第1级（$i=1$）的衍射，由 $m=0$ 和 $m=-1$ 的两种频率成分叠加得到拍频为 2Ω 的拍频波．

比较两种方法，显然驻波法有利，本实验采用产生驻波的声光移频器．

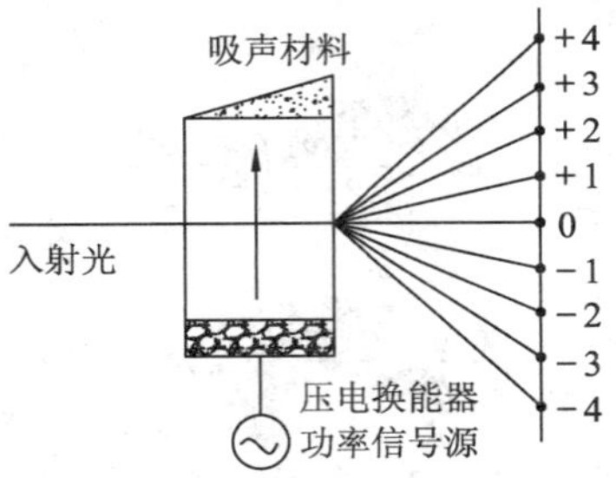

图8-30　行波法

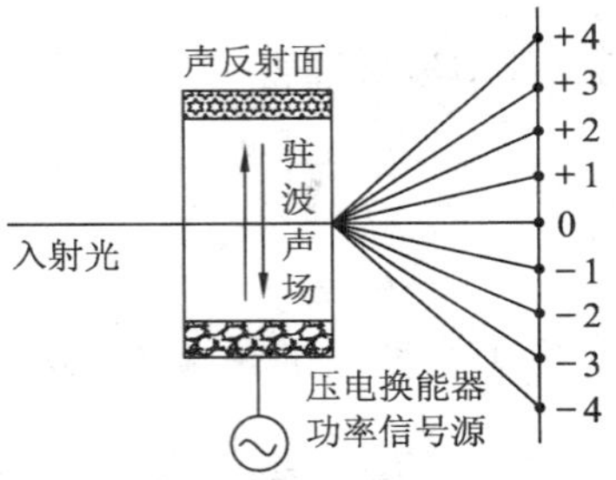

图8-31　驻波法

（3）光拍频波的检测．

① 光拍频波的接收．

实验中使用光敏检测器——光电二极管接收光拍频波，其光敏面上产生的光电流与光拍频波的强度（电场强度 E 的平方）成正比，所以光电流为

$$i_0=gE^2 \tag{2}$$

式中，g 为光敏器件的光电转换常数．

由于光波的频率很高（$f>10^{14}$ Hz），而目前光敏二极管的最短响应时间 $\tau\approx10^{-8}$ s（即最高的响应频率 Δf 为 10^8 Hz左右），所以目前光波照射光敏检测器所产生的光电流只能是响应时间 $\tau\left(\frac{1}{f_c}<\tau<\frac{1}{\Delta f}\right)$ 内的平均值，即

$$\overline{i_0}=\frac{1}{\tau}\int_\tau i_0\,\mathrm{d}t \tag{3}$$

将式(1)代入式(2)后再代入式(3)，结果 i_0 积分中的高频项为零，只留下常数项和

缓变项(光拍信号),即

$$\overline{i_0} = \frac{1}{\tau}\int_{\tau} i_0\,\mathrm{d}t = gE_0^2\left\{1+\cos\left[\Delta\omega\left(t-\frac{x}{c}\right)+\Delta\varphi\right]\right\} \tag{4}$$

式中,$\Delta\omega$ 是光拍频的角频率;$\Delta\varphi=\varphi_1-\varphi_2$ 为初相角.可见,光检测器输出的光电流包含直流成分 gE_0^2 和光拍信号成分.图 8-32 是光拍信号 $\overline{i_0}$ 在某一时刻的空间分布情况.如果接收电路将直流成分滤掉,检测器将输出频率为拍频 Δf,而相位与空间位置有关的光拍信号.

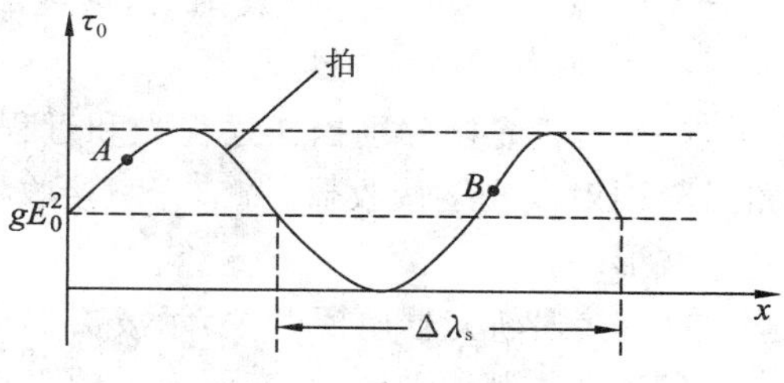

图 8-32　光拍的空间分布

(2) 光速的测量.

由图 8-32 和式(1)、式(4)可见,光拍信号的相位与空间位置有关.处在不同空间位置的光检测器,在同一时刻有不同位相的光电流输出.

假设空间两点 A,B(见图 8-33)的光程差为 $\Delta x'$,对应的光拍信号的相位差为 $\Delta\varphi'$,即

$$\Delta\varphi'=\Delta\omega\cdot\Delta x'/c=2\pi\Delta f\cdot\Delta x'/c$$

光拍信号的同相位诸点的相位差 $\Delta\varphi$ 满足下列关系:

$$\Delta\varphi=\Delta\omega\cdot\Delta x/c=2\pi\Delta f\cdot\Delta x/c=2\pi n$$

则

$$c=\Delta f\cdot\Delta x/n$$

式中,当取相邻两同位相点即 $n=1$ 时,Δx 恰好是同位相点的光程差,即光拍频波的波长 $\Delta\lambda_s$,从而有

$$c=\Delta f\cdot\Delta\lambda_s \tag{5}$$

因此,实验中只要测出光拍波的波长 $\Delta\lambda_s$(光程差 Δx)和拍频 Δf($\Delta f=2f$,f 为超声波频率),根据式(5)即可求得光速 c.

【实验内容及步骤】

(1) 按图 8-33 连接好所用仪器.8-33a 是光路示意图,8-33b 是电路原理框路.

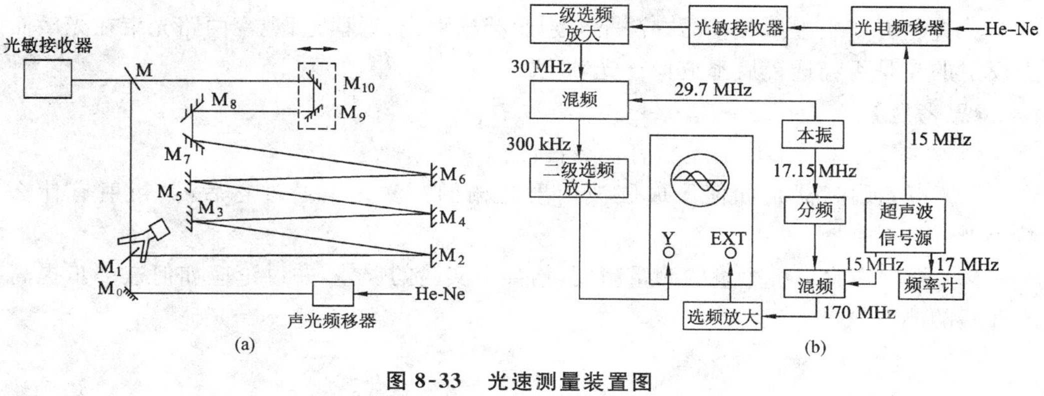

图 8-33　光速测量装置图

(2) 接通激光器电源开关,调节激光器工作电流,使其略大于激光管启辉电流.

(3) 接通稳压电源开关,细心调节超声波频率,调节激光束通过声光介质并与驻声

场充分作用(可通过调节频移器底座上的螺丝完成),使之产生二级以上明显的衍射光斑.

(4) 用光阑选取所需的光束(零级或一级),调节 M_0,M_1 方位,使远程光束①依次经全反射镜 M_2,M_3 等多次反射后,透过半反射镜 M 入射光敏接收器;近程光束②由半反射镜 M 反射进入光敏接收器.

(5) 用斩光器分别挡住远程光和近程光光束,调节远程光或近程光使其经各自光路后分别射入光敏接收器,调节光敏接收器方位,使示波器荧屏上能分别显示出它们的清晰波形.

(6) 接通斩光器电源开关,示波器上将显示相位不同的两列正弦波形.

(7) 移动滑动平台,改变两光束的光程差,使两列光拍信号同相(相位差为 2π),此时的光程差 Δx 即为光拍频波波长 $\Delta\lambda_S$.

(8) 精确测量两光束的光程,并从频率计测出超声波的频率 f.

【数据记录与处理】

记录测量数据,求出两光束的光程差,计算出光速值,并与公认光速值比较,求出百分误差.

【注意事项】

(1) 声光频移器引线等不得随意拆卸.

(2) 切忌用手或其他物体接触光学元件的光学面,实验结束应盖上防护罩.

(3) 切勿带电触摸激光管电极.

(4) 提高实验精度,防止假相移的产生.

为了提高实验精度,除准确测量超声波频率和光程差外,还要注意对两束光的相位精确比较.如果实验中调试不当,可能会产生虚假的相移,影响实验精度.如图 8-34 所示的远程光①沿透镜 L 的光轴入射并会聚于点 P_1,近程光②偏离 L 的光轴入射并会聚于点 P_2,由于光敏面点 P_1 与点 P_2 的灵敏度及光电子渡越时间 τ 不同,使两束光产生虚假相移.

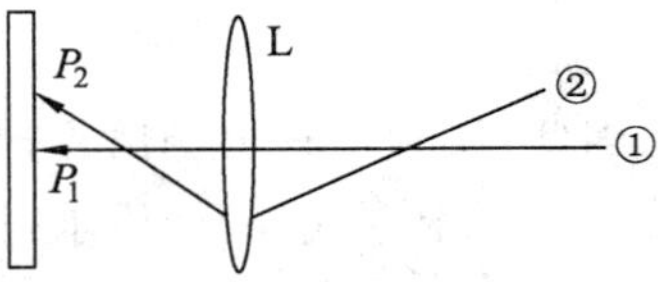

图 8-34 虚假相移产生示意图

检查是否产生虚假相移的办法是分别遮挡远程光、近程光,观察两路光束在光敏面上反射的光是否经透镜后都成像于光轴上.

【思考题】

(1) "拍"是怎样形成的? 它有什么特性?

(2) 声光调制器是如何形成驻波衍射光栅的? 激光束通过它后,其衍射有什么特点?

(3) 根据实验中各个量的测量精度,估计本实验的误差,并讨论应如何进一步提高本实验的测量精度.

实验三十九　多普勒效应

【实验目的】

(1) 测量超声波接收器运动速度与接收频率之间的关系，验证多普勒效应，并由 $f-v$ 关系直线的斜率求声速.

(2) 利用多普勒效应测量物体运动过程中多个时间点的速度.

(3) 研究匀加速直线运动，以及测量力、质量与加速度之间的关系，验证牛顿第二定律.

【实验器材】

多普勒效应综合实验仪.

多普勒效应综合实验仪由实验仪、超声波发射/接收器、红外发射/接收器、导轨、运动小车、支架、光电门、电磁铁、弹簧、滑轮、砝码等组成. 实验仪内置微处理器，带有液晶显示屏，图 8-35 为实验仪的面板示意图.

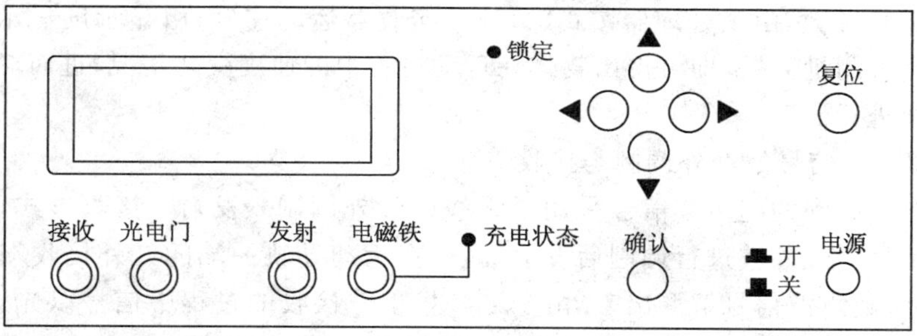

图 8-35　实验仪面板示意图

实验仪采用菜单式操作，显示屏显示菜单及操作提示，通过▲、▼、◀、▶键可选择菜单或修改参数.【查询】页面可查询在实验时已保存的实验数据，按提示即可完成操作.

【实验原理】

当波源和接收器之间有相对运动时，接收器接收到的波的频率与波源发出的频率不同的现象称为多普勒效应. 多普勒效应在科学研究、工程技术、交通管理、医疗诊断等各方面都有十分广泛的应用. 例如，原子、分子和离子由于热运动使其发射和吸收的光谱线变宽，称为多普勒增宽；在天体物理和受控热核聚变实验装置中，光谱线的多普勒增宽已成为一种分析恒星大气及等离子体物理状态的重要测量和诊断手段. 基于多普勒效应原理的雷达系统已广泛应用于导弹、卫星、车辆等运动目标速度的监测. 在医学上，利用超声波的多普勒效应可检查人体内脏的活动情况、血液的流速等. 电磁波(光波)与声波(超声波)的多普勒效应原理是一致的. 本实验既可研究超声波的多普勒效应，又可利用多普勒效应将超声波探头作为运动传感器，研究物体的运动状态.

(1) 超声波的多普勒效应.

根据声波的多普勒效应公式，当声源与接收器之间有相对运动时，接收器接收到的

频率为

$$f=f_0(u+v_1\cos\alpha_1)/(u-v_2\cos\alpha_2) \tag{1}$$

式中，f_0 为声源发射频率；u 为声速；v_1 为接收器运动速率；α_1 为声源和接收器连线与接收器运动方向之间的夹角；v_2 为声源运动速率；α_2 为声源和接收器连线与声源运动方向之间的夹角.

若声源保持不动，运动物体上的接收器沿声源与接收器连线方向以速度 v 运动，则从式(1)可得接收器接收到的频率应为

$$f=f_0(1+v/u) \tag{2}$$

当接收器向着声源运动时，v 取正；反之取负.

若 f_0 保持不变，以光电门测量物体的运动速度，并由仪器对接收器接收到的频率自动计数，根据式(2)绘制 f-v 关系图可直观验证多普勒效应. 因为根据实验点作直线，其斜率应为 $k=f_0/u$，由此可计算出声速 $u=f_0/k$.

由式(2)可得

$$v=u(f/f_0-1) \tag{3}$$

若已知声速 u 及声源频率 f_0，通过设置可使仪器以某种时间间隔对接收器接收到的频率 f 采样计数，由微处理器按式(3)计算接收器运动速度，由显示屏显示 v-t 关系图或调阅有关测量数据，即可得出物体在运动过程中的速度变化情况，进而对物体运动状况及规律进行研究.

(2) 超声波信号的红外调制与接收.

仪器对接收到的超声波信号采用了无线的红外调制—发射—接收方式，即用超声波接收器信号对红外波进行调制后发射，固定在运动导轨一端的红外接收端接收红外信号后，再将超声波信号解调出来. 由于红外发射—接收的过程中信号以光速传播，远远大于声速，因此它引起的多普勒效应可忽略不计. 信号的调制—发射—接收—解调在信号的无线传输过程中是一种常用的技术.

验证多普勒效应并计算声速

【实验内容及步骤】

(1) 按图 8-36、图 8-37 安装实验装置. 所有需固定的附件均安装在导轨上，并在两侧的安装槽上固定. 调节水平超声传感发生器的高度，使其与超声接收器(已固定在小车上)在同一个平面上，再调整红外接收传感器的高度和方向，使其与红外发射器(已固定在小车上)在同一轴线上. 将组件电缆接入实验仪的对应接口上. 安装完毕，让电磁铁吸住小车，给小车上的传感器充电，第一次充电时间 6～8 s. 充满后(仪器面板充电灯变绿色)可以持续使用 4～5 min. 在充电时必须保证小车上的充电板和电磁铁上的充电针接触良好.

(2) 使小车以不同速度通过光电门，仪器自动记录小车通过光电门时的平均速度及与之对应的平均接收频率. 由仪器显示的 f-v 关系图可看出，若测量点成直线，符合式(2)描述的规律，即直观验证了多普勒效应. 用作图法或线性回归法计算 f-v 直线的斜率 k，由 k 计算声速 u 并与声速的理论值比较，计算其百分误差.

(3) 实验仪开机后，首先输入室温. 因为计算物体运动速度时要代入声速，而声速

是温度的函数. 利用◀、▶键将室温 t 调到实际值，按【确认】键.

（4）第二个界面要求对超声发生器的驱动频率进行调谐. 在超声应用中，需要将发生器与接收器的频率匹配，并将驱动频率调到谐振频率 f_0，此时接收器获得的信号幅度最强，只有这样才能高效地发射与接收超声波. f_0 一般为 40 kHz 左右. 调谐好后，面板上的锁定灯将熄灭.

（5）电流调至最大值后，按【确认】键确认. 本仪器所有的操作数据均在按【确认】键后才被写入.

（6）在液晶显示屏上，选中【多普勒效应验证实验】，并按【确认】键确认.

（7）利用▶键修改测试总次数（选择范围 5～10，一般选 5 次），按▼键，选中【开始测试】.

（8）准备好后，按【确认】键确认，电磁铁释放，测试开始进行. 仪器自动记录小车通过光电门时的平均速度及与之对应的平均接收频率.

改变小车的运动速度，一般有以下两种方式：

① 砝码牵引，利用砝码的不同组合来实现；

② 用手推动，沿水平方向对小车施以变力，使其通过光电门.

为便于操作，一般由小到大改变小车的速度.

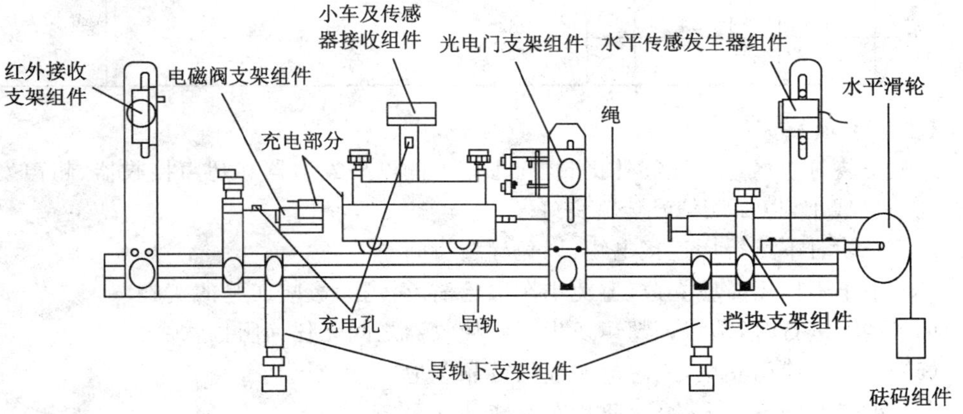

图 8-36　验证多普勒效应实验装置

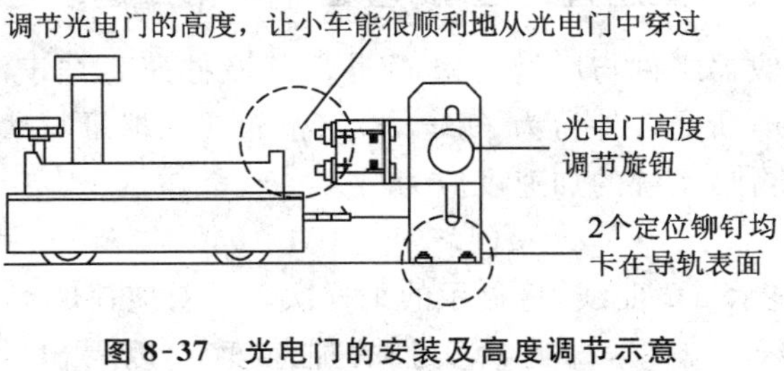

图 8-37　光电门的安装及高度调节示意

（9）每完成一次测试，都有存入或重测的提示，可根据实际情况选择，确认后回到测试状态，并显示测试总次数及已完成的测试次数.

（10）改变砝码质量（砝码牵引方式），并退回小车让其被磁铁吸住，按【开始】进行第二次测试.

(11) 完成设定的测量次数后，仪器自动存储数据，并显示 f-v 关系图及测量数据.

【数据记录与处理】

利用▶键选中【数据】项，用▼键翻阅数据并记入表中，用作图法或线性回归法计算 f-v 关系直线的斜率 k. 线性回归法计算 k 值的公式为

$$k=\frac{\overline{v_i}\cdot\overline{f_i}-\overline{v_i\cdot f_i}}{\overline{v_i}^2-\overline{v_i^2}} \tag{4}$$

其中测量次数 i 取 5～10 次.

由斜率 k 计算声速($u=f_0/k$)，并与声速的理论值比较，声速理论值由 $u_0=331\times(1+t/273)^{1/2}$ 计算得出，t 表示室温. 仪器自动记录所测量的数据. 在测量完成后，只需在出现的显示界面上，利用▶选中【数据】项，用▼翻阅数据并记入表中，然后按照式(4)计算出相应结果并填入表格.

多普勒效应的验证与声速的测量

$f_0=$ ________

测量数据							直线斜率 k /m^{-1}	声速测量值 $u/(\mathrm{m\cdot s^{-1}})$	声速理论值 $u_0/(\mathrm{m\cdot s^{-1}})$	百分误差 $\lvert u-u_0\rvert/u_0$
次数 i	1	2	3	4	5	6				
$v_i/(\mathrm{m\cdot s^{-1}})$										
f_i/Hz										

【注意事项】

(1) 安装时应尽量保证红外接收器、小车上的红外发射器和超声接收器、超声发射器在同一轴线上，以保证信号传输良好.

(2) 安装时不可挤压连接电缆，以免导线折断.

(3) 小车不使用时应立放，避免小车滚轮沾上污物，影响实验的实施.

(4) 实验进行时，须保证超声发生器和接收器之间无任何阻挡物.

(5) 为保证使用安全，三芯电源线须可靠接地.

(6) 小车速度不可太快，以防小车脱轨跌落损坏.

研究匀变速直线运动，验证牛顿第二运动定律

质量为 M 的接收器组件与质量为 m 的砝码托及砝码悬挂于滑轮的两端，运动系统的总质量为 $M+m$，所受合外力为 $(M-m)g$(滑轮转动惯量与摩擦力忽略不计).

根据牛顿第二定律，系统的加速度应为

$$a=g(M-m)/(M+m) \tag{5}$$

采样结束后会显示 v-t 曲线，将显示的采样次数及对应速度记入表中. 由记录的 t，v 数据求得 v-t 直线的斜率，即此次实验的加速度 a. 以得出的加速度 a 为纵轴、$(M-m)/(M+m)$ 为横轴作图，若该图为线性关系，则符合式(5)描述的规律，即验证了牛顿第二定律，且直线的斜率为重力加速度.

【实验内容及步骤】

(1) 按图 8-38 所示安装仪器，使电磁阀吸住自由落体接收器组件，并让该接收器

的充电部分和电磁阀的充电针接触良好.

(2) 用天平称量接收器组件的质量 M、砝码托及砝码质量 m，每次取不同质量的砝码放于砝码托上，记录每次实验对应的 m.

(3) 由于超声发生器和接收器已经改变，因此需要对超声发生器的驱动频率重新调谐.

(4) 在液晶显示屏上，用▼键选中【变速运动测量实验】，并按【确认】进行确认.

(5) 利用▶键修改测量点总数为 8(选择范围为 8～150)，用▼键选择采样步距，并修改为 50 ms(选择范围为 50～100 ms)，选中【开始测试】.

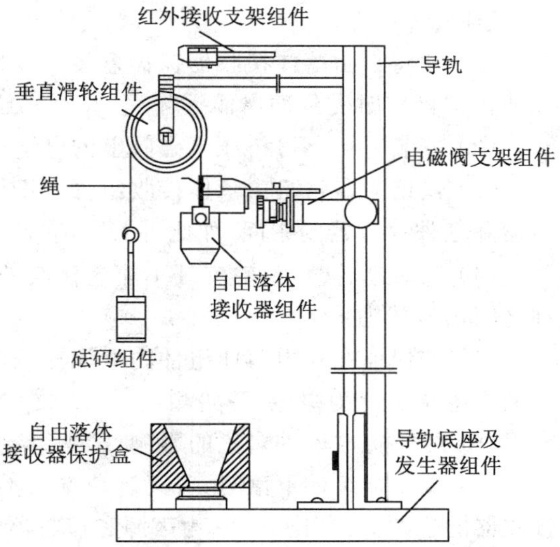

图 8-38　验证牛顿第二运动定律实验装置

(6) 按【确认】键确认后，磁铁释放，接收器组件拉动砝码做垂直方向的运动. 测量完成后，显示屏上出现测量结果.

(7) 在结果显示界面中用▶键选择【返回】，确认后重新回到测量设置界面. 改变砝码质量，按以上程序进行新的测量.

(8) 采样结束后显示 v-t 直线，用▶键选择【数据】，将显示的采样次数及相应速度记入表中，t_i 为采样次数与采样步距的乘积.

【数据记录与处理】

匀变速直线运动的测量　　　　M=________ kg

采样次数 i	2	3	4	5	6	7	8	加速度 a/(m·s^{-2})	砝码托及砝码质量 m/kg	$\frac{M-m}{M+m}$
$t_i=0.05(i-1)$/s										
v_i/(m·s^{-1})										
$t_i=0.05(i-1)$/s										
v_i/(m·s^{-1})										
$t_i=0.05(i-1)$/s										
v_i/(m·s^{-1})										
$t_i=0.05(i-1)$/s										
v_i/(m·s^{-1})										

(1) 由记录的 t,v 数据求得 v-t 直线的斜率，就是此次实验的加速度 a.

(2) 以得出的加速度 a 为纵轴、$(M-m)/(M+m)$ 为横轴作图. 若该图为线性关系，则符合式(5)描述的规律，即验证了牛顿第二定律，直线的斜率应为重力加速度.

【注意事项】

(1) 须将自由落体接收器保护盒套于发射器上，避免发射器在非正常操作时受到冲击而损坏.

(2) 安装时切不可挤压电磁阀上的电缆.

(3) 调谐时需将自由落体接收组件用细绳拴住，置于超声发射器和红外接收器的中间，如此可兼顾信号强度，便于调谐.

(4) 安装滑轮时，滑轮支杆不能遮住红外接收和自由落体组件之间信号传输.

(5) 需保证在自由落体组件内电池充满电后(即实验仪面板上的充电指示灯为绿色)开始测量.

(6) 为避免电磁铁剩磁的影响，第1组数据不记.

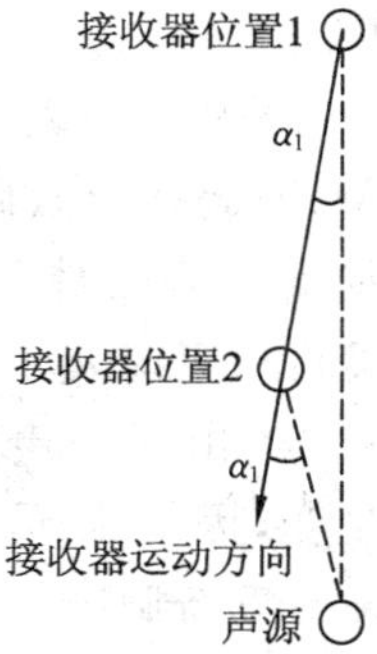

图 8-39　运动过程中 α_1 变化示意

(7) 接收器组件下落时，若其运动方向不是严格地在声源和接收器的连线方向，则 α_1(它为声源和接收器连线与接收器运动方向之间的夹角，见图 8-39)在运动过程中增加，此时式(2)不再严格成立，由式(3)计算的速度误差也随之增加. 因此，在数据处理时，可根据情况对最后两个采样点进行取舍.

实验四十　超声特性与超声诊断综合实验

【实验目的】

(1) 了解超声波产生和发射的机理.

(2) 测量水中声速或水层厚度.

(3) 测量固体中声速.

(4) 学习超声定位诊断方法.

(5) 测试超声实验仪器对于铝合金材料的分辨力.

(6) 利用脉冲反射法进行超声无损探伤.

【实验器材】

A类超声特性与超声诊断综合实验仪，含有机玻璃水箱、配件箱(样品架两个，横向导轨一个，横向滑块一个，铝合金、冕玻璃、有机玻璃样品按高度不同各两个，分辨力测试样块一个，探伤实验用工件样块一个等)；数字示波器，如图 8-40 所示.

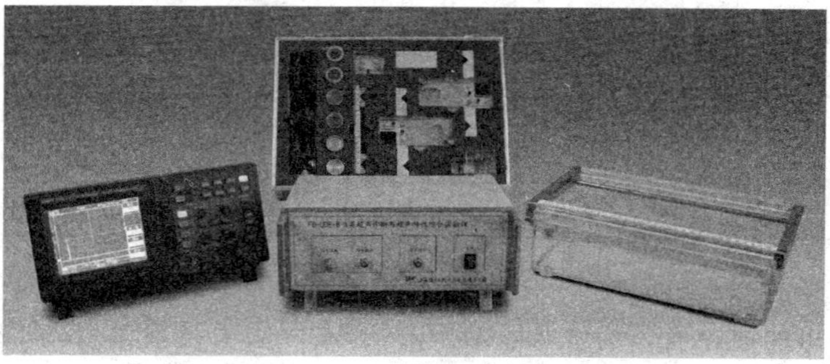

图 8-40　A类超声特性与超声诊断综合实验装置

【实验原理】

超声学主要研究超声的产生方法和探测技术、超声在介质中的传播规律、超声与物质的相互作用，包括在微观尺度的相互作用及超声的众多应用. 超声的用途可分为两大类，一类是利用它的能量改变材料的某些状态，为此需要产生比较大能量的超声，这类用途的超声通常称为功率超声，如超声加湿、超声清洗、超声焊接、超声手术刀、超声马达等；另一类是利用它采集信息，超声波测试分析包括对材料和工件进行检验和测量，由于检测的对象和目的不同，具体的技术和措施也是不同的，因而产生了名称各异的超声检测项目，如超声测厚、超声发射、超声测硬度、测应力、测金属材料的晶粒度及超声探伤等.

超声波是弹性机械波，不论材料的导电性、导磁性、导热性、导光性如何，只要是弹性材料，它都可以传播进去，并且它的传播与材料的弹性有关，如果弹性材料发生变化，超声波的传播就会受到干扰，根据这个扰动，就可了解材料的弹性或弹性变化的特征，这样就可以很好地检测到材料特别是材料内部的信息，对某些其他辐射能量不能穿透的材料，超声更显示出这方面的实用性. 与 X 射线、γ 射线相比，超声的穿透本领并不优越，但由于它对人体的伤害较小，使得它的应用很广泛.

产生超声波的方法有很多种，如热学法、力学法、静电法、电磁法、磁致伸缩法、激光法及压电法等，但应用得最普遍的方法是压电法. 压电体的正压电效应与逆压电效应统称为压电效应. 利用逆压电效应对具有压电效应的材料(压电体)施加交变电压，如果压电体产生的振动是超声频的振动，把这种振动耦合到弹性介质中去，那么在弹性介质中传播的波即为超声波. 若利用正压电效应，可将超声能转变成电能，这样就可实现超声波的接收.

超声波按振动质点与波传播方向的关系可分为纵波和横波：当介质中质点振动方向与超声波的传播方向平行时，称为纵波；当介质中质点振动方向与超声波传播方向垂直时，称为横波. 按波阵面的形状可分为球面波和平面波. 按发射超声的类型可分为连续波和脉冲波. 超声探头是把其他形式的能量转换为声能的器件，亦称为超声波换能器. 在超声波分析测试中常用的换能器既能发射声波，又能接收声波，称为可逆探头. 在实际应用中要根据需要使用不同类型的探头，主要有直探头、斜探头、水浸式聚焦探头、轮式探头、微型表面波探头、双晶片探头及其他形式的组合探头等. 本实验仪器采用的是直探头发出来的纵波、平面波、脉冲波，脉冲频率为 2.5 MHz.

超声在介质中传播时，其声强将随着距离的增加而减弱. 衰减的原因主要有两类，一类是声束本身的扩散，使单位面积中的能量减小；另一类是由于介质的吸收，将声能转化为热能，而使声能减小.

如果介质的声阻抗相差很大，比如说声波从固体传至固气界面或从液体传至液气界面时将产生全反射，因此可以认为声波难以从固体或液体中进入气体.

超声回波信号的显示方式主要有幅度调制显示(A 型)和亮度调制显示及两者的综合显示，其中亮度调制显示按调制方式的不同又可分为 B 型、C 型、M 型、P 型等. A 型显示是以回波幅度的大小表示界面反射的强弱，即在荧光屏上以横坐标代表被测物体的深度，纵坐标代表回波脉冲的幅度，横坐标有时间或距离的标度，可借以确定产生回波的界面所处的深度. 本实验仪器采用的显示方式即 A 型.

超声的生物效应、机械效应、温热效应、空化效应、化学效应等效应对人体组织有一定的伤害作用，必须重视安全剂量. 一般认为超声对人体的安全阈值为 100 mW/cm^2. 本仪器小于 10 mW/cm^2，可安全使用.

(1) 医用 A 类超声.

医用 A 类超声波是按时间顺序将信号转变为显示器上位置的不同来分析人体组织的位置、形态等. 这项技术可用于人体腹腔内器官位置及厚度的测量与颅脑的占位性病变的分析诊断. 如图 8-41 所示，超声波从探头发出，先后经过腹外壁、腹内壁、脏器外壁、脏器内壁，t 为探头探测到的回波信号在示波器时间轴上所显示的时间，即超声波到达界面后又返回探头的时间. 若已知声波在腹壁中的传播速度 u_1、腹腔内的传播速度 u_2 与在脏器壁的传播速度 u_3，则可求得腹壁的厚度为

$$d_1 = u_1(t_2 - t_1)/2 \tag{1}$$

脏器距腹内壁的距离为

$$d_2 = u_2(t_3 - t_2)/2 \tag{2}$$

脏器的厚度为

$$d_3 = u_2(t_4 - t_3)/2 \tag{3}$$

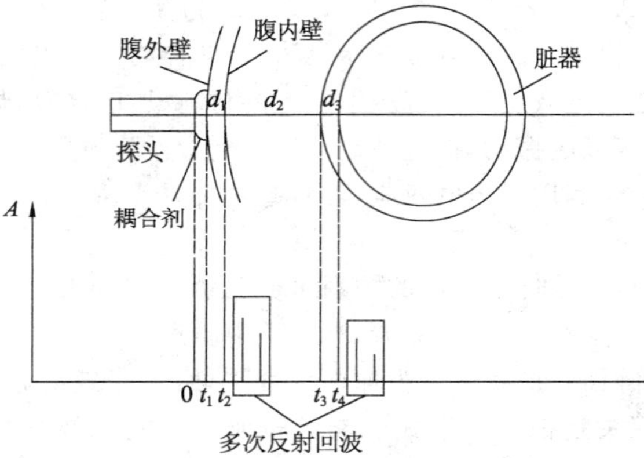

图 8-41　A 类超声诊断原理示意

(2) 超声脉冲反射法探伤.

对于有一定厚度的工件来说，若其中存在缺陷，则该缺陷处会反射一与工件底部声程不同的回波，一般称之为缺陷回波. 图 8-42 为一存在裂缝缺陷工件的探伤示例.

图 8-42a，b，c 分别反映了同一超声探头在 D，E，F 三个不同位置时的反射情况. 在位置 D 时，超声信号被缺陷完全反射，此时缺陷回波的高度为 A_0；在位置 F 时，该处不存在缺陷，回波完全由工件底面反射；而在位置 E 时，由于超声信号一半由缺陷反射，一半由工件底面反射，缺陷回波的高度降为 $A_0/2$，此处即为缺陷的边界——这种确定缺陷边界的方法称为半高波法.

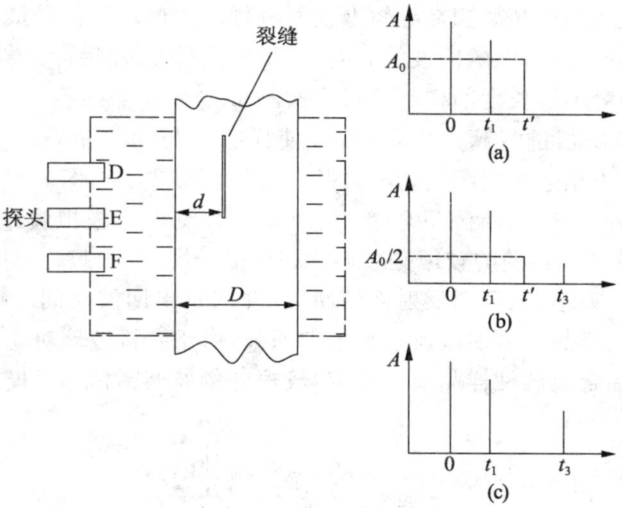

图 8-42　超声脉冲反射法探伤原理示意

超声探头本身的频率特征及脉冲信号源的性质等条件决定了超声波探伤具有时间上的分辨率，该分辨率反映在介质中即为区分距离不同的相邻两缺陷的能力，称为分辨力. 能区分的两缺陷的距离愈小，分辨力就愈高. 如图 8-43 所示，测量出 d_1，d_2 的距离，从示波器上读出 a 和 b 的宽度，代入公式即可计算出仪器对于该种介质的分辨力 F.

$$F=(d_2-d_1)\frac{b}{a} \tag{4}$$

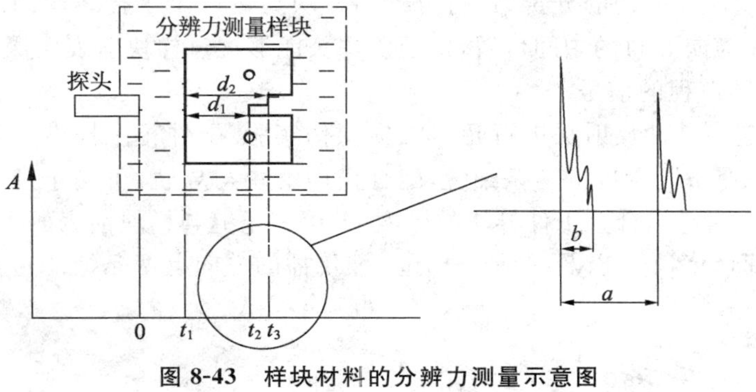

图 8-43　样块材料的分辨力测量示意图

【实验内容及步骤】

(1) 准备工作. 在有机玻璃水箱侧面装上超声波探头后注入清水，至超过探头位置 1 cm 左右即可(由于水是良好的耦合剂，下列实验均在水中进行). 探头另一端与仪器"超声探头"相接. "信号输出"通过 Q9 线与示波器的 CH1 或 CH2 相连. 示波器调至交流信号挡，使用上升沿触发方式，并找到一适当的触发电平使波形稳定.

(2) 测量清水中超声波传播的速度. 将任一圆柱样品固定在样品架上，把样品架搁在导轨上并微调样品架使反射信号最大. 每隔 2 cm 移动样品架至水箱中的不同位置，测出每个位置下超声探头与样品第一反射面间超声波的传播时间. 注意实验时有时能看到水箱壁反射引起的回波，应该分辨出来并且舍弃之.

(3) 测量冕玻璃和铝合金中超声波传播的速度. 分别将冕玻璃和铝合金的圆柱样

品固定在样品架上，把样品架搁在导轨上并微调样品架使反射信号最大.记录样品第一反射面的回波与第二反射面的回波的时间，量出样品长度 d.每种材料都有两个不同长度的样品，可分别对不同长度的样品进行多次测量.

(4) 模拟人体脏器进行超声定位诊断.使样品 1 与探头相隔一小段距离，作为腹壁，样品 2 与样品 1 相隔一定距离，作为内脏，这样便形成了与图 8-41 所示相似的探测环境，从而模拟超声定位诊断测量环境(见图 8-44).测量出模拟腹壁的较短铝合金圆柱样品长度 d_1、模拟脏器壁的较短冕玻璃圆柱样品长度 d_3 和腹腔厚度 d_2.在示波器上分别找出第一、第二、第三、第四反射面的回波，并测量出回波时间.测量中要注意鉴别超声波在样品间或样品内部多次反射形成的回波(由于有机玻璃对超声波衰减较大，实验中使用较短的铝合金圆柱样品模拟腹壁，较短的冕玻璃圆柱样品模拟脏器壁).

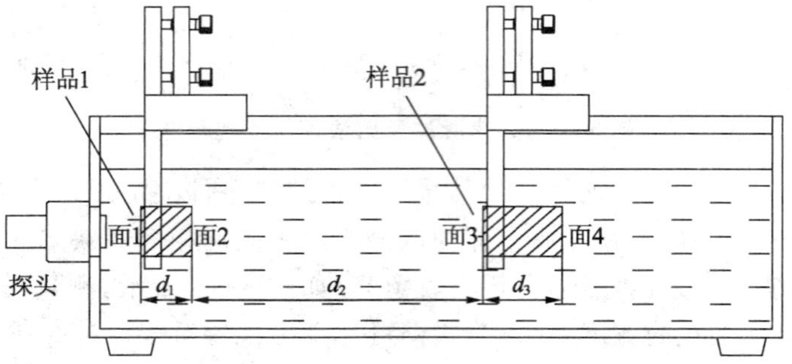

图 8-44　超声定位诊断模拟实验的装置图

(5) 测量超声波探伤的分辨力.将分辨力样块通过两个手拧螺丝固定在横向滑块的底部，搁置在横向导轨的中间位置，使超声探头能够透过样块前表面探测到后表面中间台阶左右不同声程的信号.

(6) 利用超声脉冲反射法进行超声无损探伤实验.配件箱中提供了一块铝合金工件样块，样块中有不同深度的两条细缝，配合横向滑块与导轨，可用于进行超声探伤测量(见图 8-45).测量铝合金工件样块的厚度 D、第一条缝与样块前表面距离 d_1、第二条缝与样块前表面距离 d_2，以及在垂直于超声波传播的方向上两条缝的边界距离 Δx(见图 8-46).

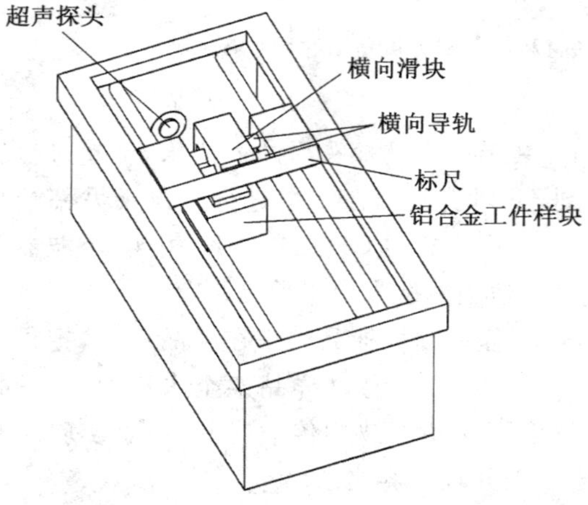

图 8-45　超声脉冲反射法探伤实验装置图

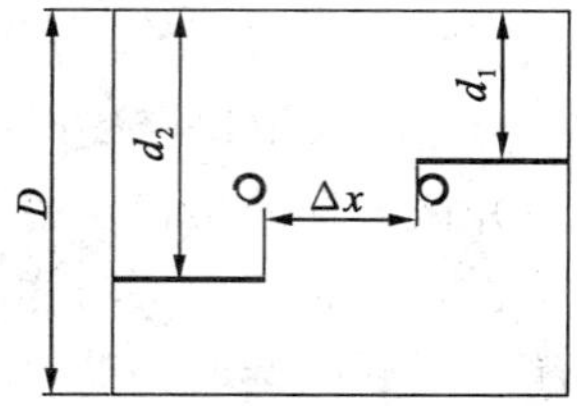

图 8-46　铝合金工件样块

超声探头的探测位置在无缺陷回波时，从标尺上读出横向滑块的位置 x_1，分别测量样块底面回波与表面回波的时间 t_2，t_1；超声探头的探测位置在第一条缝的边界处时（半高波法），从标尺上读出横向滑块的位置 x_1，分别测量该缝的缺陷回波与样块表面回波的时间 t_1'，t_1；超声探头的探测位置在第二条缝的边界处时（半高波法），从标尺上读出横向滑块的位置 x_2，分别测量该缝的缺陷回波与样块表面回波的时间 t_2'，t_1.

【数据记录与处理】

（1）自行设计测量清水中超声波传播速度的数据记录表格，并将测量结果作 x-$t/2$ 的线性拟合，根据拟合系数求出水中的声速，并与理论值比较，求出百分误差.

（2）自行设计测量冕玻璃和铝合金中超声波传播速度的数据记录与处理表格.

（3）记录模拟腹壁的较短铝合金圆柱样品长度 d_1、模拟脏器壁的较短冕玻璃圆柱样品长度 d_3，算出腹腔厚度 d_2. 记录模拟人体脏器进行超声定位诊断时不同反射面的回波时间，根据声波在腹壁中、腹腔内与脏器壁的不同传播速度，求出腹壁、腹腔与脏器壁的厚度，并与前面直接测量的结果相比较.

（4）记录超声波探伤的分辨力实验中测量出的距离 d_1，d_2，以及示波器上读出的宽度 a，b，代入公式计算出仪器对于该种介质的分辨力 F.

（5）记录铝合金工件样块的厚度 D，第一条缝与样块前表面距离 d_1，第二条缝与样块前表面距离 d_2，在垂直于超声波传播的方向上两条缝的边界距离 Δx.

计算无缺陷回波时，样块底面回波与表面回波的时间差 $\Delta t_0 = t_2 - t_1$；

计算超声探头探测位置在第一条缝的边界处时，该缝的缺陷回波与样块表面回波的时间差 $\Delta t_1 = t_1' - t_1$，从而算出该缺陷的深度为 $d_1' = D \cdot \dfrac{\Delta t_1}{\Delta t_0}$；

计算超声探头的探测位置在第二条缝的边界处时，该缝的缺陷回波与样块表面回波的时间差 $\Delta t_2 = t_2' - t_1$，从而算出该缺陷的深度为 $d_2' = D \cdot \dfrac{\Delta t_2}{\Delta t_0}$；

计算通过半高波法找到的两条缝的边界相距 $\Delta x = x_2 - x_1$.

将上述测得的数据分别与实际测量结果进行比较.

【注意事项】

（1）数字存储示波器应使用其配套探头，否则会使波形失真，影响读数精度.

（2）若要在空气中进行测量，探头与探测物间要涂上声耦合剂，常用的耦合剂为对人体无刺激性且不易流失的油类，如甘油、蓖麻油、石蜡油等.

（3）超声探头处有 380 V 高压，请使用有绝缘保护的 Q9 线连接超声波探头与实验主机，插拔注意安全.

（4）实验结束后请将样品擦干放于附件箱内.

实验四十一　液晶电光效应

【实验目的】

（1）在掌握液晶光开关的基本工作原理的基础上，测量液晶光开关的电光特性，由光开关特性曲线得到液晶的阈值电压和关断电压、上升时间和下降时间.

(2) 测量由液晶光开关矩阵所构成的液晶显示器的视角特性及在不同视角下的对比度,了解液晶光开关的工作条件.

(3) 了解液晶光开关构成图像矩阵的方法,学习和掌握这种矩阵所组成的液晶显示器构成文字和图形的显示模式,从而了解一般液晶显示器件的工作原理.

【实验器材】

液晶光开关电光特性综合实验仪.

【实验原理】

1888 年,奥地利植物学家 Reinitzer 在做有机物溶解实验时,在一定的温度范围内观察到液晶. 1961 年,美国 RCA 公司的 Heimeier 发现了液晶的一系列电光效应,并制成显示器件. 从 20 世纪 70 年代开始,日本公司将液晶与集成电路技术结合,制造了一系列的液晶显示器件. 液晶已成为物理学家、化学家、生物学家、工程技术人员和医药工作者共同关心与研究的领域,在物理、化学、电子、生命科学等诸多领域有着广泛应用. 液晶显示器件、光导液晶光阀、光调制器、光路转换开关等均是利用液晶电光效应的原理制成的. 因此,掌握液晶电光效应从实用角度或物理实验教学角度都是很有意义的.

(1) 液晶和液晶电光效应.

液晶态是一种介于液体和晶体之间的中间态,既有液体的流动性、黏度、形变等机械性质,又有晶体的热、光、电、磁等物理性质. 液晶与液体、晶体的区别是,液体是各向同性的,分子取向无序;液晶分子有取向序,但无位置序;晶体则既有取向序又有位置序. 就形成液晶方式而言,液晶可分为热致液晶和溶致液晶. 热致液晶又可分为近晶相、向列相和胆甾相,其中向列相液晶是液晶显示器件的主要材料.

液晶分子是在形状、介电常数、折射率及电导率上具有各向异性特性的物质. 如果对这样的物质施加电场(电流),随着液晶分子取向结构发生变化,它的光学特性也随之变化,这就是通常说的液晶的电光效应.

液晶的电光效应种类繁多,主要有动态散射型(DS)、扭曲向列型(TN)、超扭曲向列型(STN)、有源矩阵液晶显示(TFT)、电控双折射(ECB)等. 其中有几种类型应用较广:TFT 型主要用于液晶电视、笔记本电脑等高档产品;STN 型主要用于手机屏幕等中档产品;TN 型主要用于电子表、计算器、仪器仪表、家用电器等中低档产品,是目前应用最普遍的液晶显示器件. TN 型液晶显示器件显示原理较简单,是 STN 与 TFT 等显示方式的基础. 本实验所使用的液晶样品即为 TN 型.

(2) 扭曲向列型(TN)液晶光开关的工作原理.

TN 型液晶光开关的结构如图 8-47 所示. 在涂覆透明电极的两枚玻璃基板之间夹有正介电各向异性的向列相液晶薄层,四周用密封材料(一般为环氧树脂)密封. 玻璃基板内侧覆盖着一层定向层,通常是一薄层高分子有机物. 经定向摩擦处理可使棒状液晶分子平行于玻璃表面,沿定向处理的方向排列. 上下玻璃表面的定向方向是相互垂直的,这样液晶分子的取向逐渐扭曲,从上玻璃片到下玻璃片扭曲了 90°,所以称为扭曲向列型.

理论和实验都证明,上述均匀扭曲排列起来的结构具有光波导的性质,即偏振光从上电极表面透过扭曲排列的液晶传播到下电极表面时,偏振方向会旋转 90°.

取两张偏振片贴在玻璃的两面，P_1 的透光轴与上电极的定向方向相同，P_2 的透光轴与下电极的定向方向相同，于是 P_1 和 P_2 的透光轴相互正交.

在未加驱动电压的情况下，来自光源的自然光经过偏振片 P_1 后只剩下平行于透光轴的线偏振光，该偏振光到达输出面时偏振面旋转了 90°，如图 8-47a 所示. 此时光的偏振面与 P_2 的透光轴平行，因而有光通过.

在施加足够电压（一般为 1～2 V）的情况下，在静电场的吸引下，除了基片附近的液晶分子被基片"锚定"以外，其他液晶分子趋于平行于电场方向排列. 于是原来的扭曲结构被破坏，形成均匀结构，如图 8-47b 所示. 从 P_1 透射出来的偏振光的偏振方向在液晶中传播时不再旋转，保持原来的偏振方向到达下电极. 这时光的偏振方向与 P_2 正交，因而光被关断.

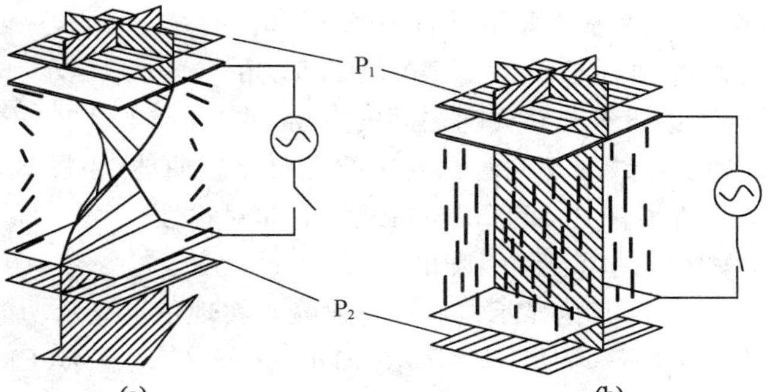

图 8-47　TN 型液晶光开关的结构

由于上述光开关在没有电场的情况下让光透过，加上电场的时候光被关断，因而被称为常通型光开关，又称为常白模式. 若 P_1 和 P_2 的透光轴相互平行，则构成常黑模式.

（3）液晶光开关的电光特性.

热致液晶在一定的温度范围内呈现液晶的光学各向异性，溶致液晶是溶质溶于溶剂中形成的液晶. 目前用于显示器件的都是热致液晶，它的电光特性随温度的改变而产生一定变化.

图 8-48 为光线垂直入射时本实验所用液晶相对透射率（以不加电场时的透射率为 100%）与外加电压的关系图.

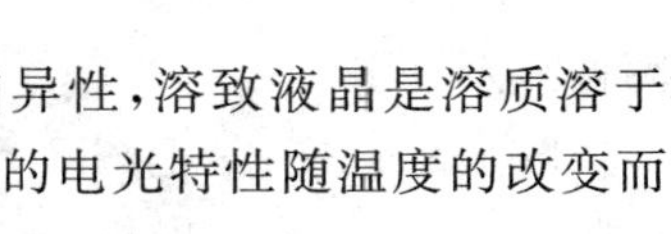

图 8-48　液晶光开关的电光特性曲线

由图 8-48 可知，对于常白模式的液晶，其透射率随外加电压的增大而逐渐减小，在一定电压下达到最低点，此后略有变化. 最大透光强度的 10% 所对应的外加电压值称为关断电压（U_{th}），它标志着液晶电光效应有可观察反应的开始（或称起辉）. 阈值电压小，是电光效应好的一个重要指标. 最大透光强度的 90% 对应的外加电压值称为阈值电压（U_r），它标志着获得最大对比度所需的外加电压数值，U_r 小则易获得良好的显示效果，且降低显示功耗，这有利于延长液晶光开关的显示寿命. 对比度 $D_r = I_{max}/I_{min}$，其中 I_{max} 为最大观察（或接收）亮度（或照度），I_{min} 为最小亮度. 陡度 β 为关断电压与阈值电压之比，即 $\beta = U_r/U_{th}$.

另外，在液晶板上加一个周期性的作用电压，液晶的透过率也会随电压的改变而变化，就可以得到液晶的相应上升时间 Δt_1 和下降时间 Δt_2. 上升时间为透过率由 10%升到 90%所需时间；下降时间为透过率由 90%降到 10%所需时间.

(4) 液晶光开关的视角特性.

液晶光开关的视角特性表示对比度与视角的关系. 对比度定义为光开关打开和关断时透射光强度之比，对比度大于 5 时可以获得满意的图像，对比度小于 2 时图像就模糊不清了. 图 8-49 表示了某种液晶视角特性的理论计算结果. 在图 8-49 中，用与原点的距离表示垂直视角(入射光线方向与液晶屏法线方向的夹角)的大小.

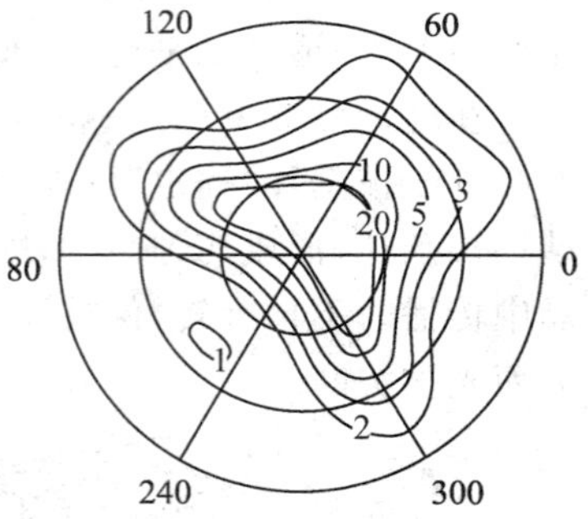

图 8-49　液晶的视角特性

图 8-49 中 3 个同心圆分别表示垂直视角为 30°，60°和 90°. 90°同心圆外面标注的数字表示水平视角(入射光线在液晶屏上的投影与 0°方向之间的夹角)的大小. 图 8-49 中的闭合曲线为不同对比度时的等对比度曲线. 由图 8-49 可以看出，对比度与垂直和水平视角都有关，而且视角特性具有非对称性.

(5) 液晶光开关构成图像显示矩阵的方法.

除了液晶显示器以外，其他显示器靠自身发光来实现信息显示功能. 这些显示器主要有阴极射线管显示(CRT)、等离子体显示(PDP)、电致发光显示(ELD)、发光二极管显示(LED)、有机发光二极管显示(OLED)、真空荧光管显示(VFD)、场发射显示(FED). 这些发光显示器将消耗大量的能量.

液晶显示器通过对外界光线的开关控制来完成信息显示任务，为非主动发光型显示，其最大的优点在于能耗极低. 正因为如此，液晶显示器在便携式装置(如电子表、手机等)的显示应用方面具有不可代替的地位. 这里介绍如何利用液晶光开关来实现图形和图像显示任务.

矩阵显示方式，是把图 8-50a 所示的横条形状的透明电极制作在一块玻璃片上，称为行驱动电极，简称行电极(常用 Xi 表示)；而把竖条形状的电极制作在另一块玻璃片上，称为列驱动电极，简称列电极(常用 Si 表示). 可将这两块玻璃片面对面组合起来，并在其间灌注液晶构成液晶盒. 为了画面简洁，通常将横条形状和竖条形状的 ITO 电极抽象为横线和竖线，分别代表扫描电极和信号电极，如图 8-50b 所示.

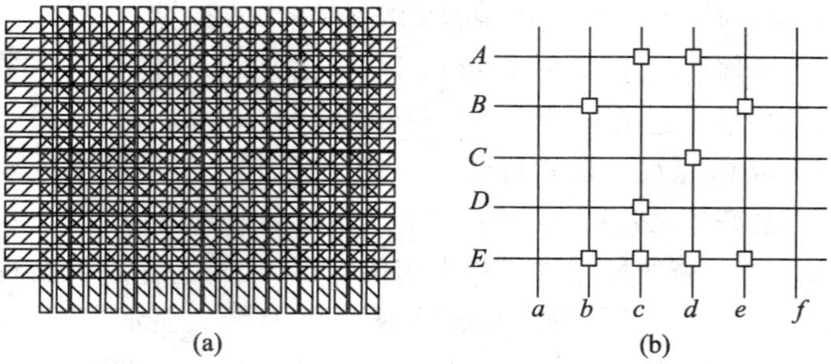

图 8-50　液晶光开关组成的矩阵式图形显示器

矩阵型显示器的工作方式为扫描方式，这里对其显示原理可做简要说明.

欲显示图 8-50b 的那些有方块的像素，首先在第 A 行加高电平，其余行加低电平，同时在列电极的对应电极 c,d 上加低电平，于是第 A 行的那些带有方块的像素就被显示出来了. 其次在第 B 行加高电平，其余行加低电平，同时在列电极的对应电极 b,e 上加低电平，由于第 B 行的那些带有方块的像素被显示出来了. 再次依次是第 C 行，第 D 行……最后显示出一整场的图像. 这种工作方式称为扫描方式.

这种分时间扫描每一行的方式是平板显示器的共同的寻址方式，依据这种方式，可以让每一个液晶光开关按照其上电压的幅值让外界光关断或通过，从而显示出任意文字、图形或图像.

【实验内容及步骤】

(1) 安装和调节仪器.

液晶板方向如图 8-51 所示.

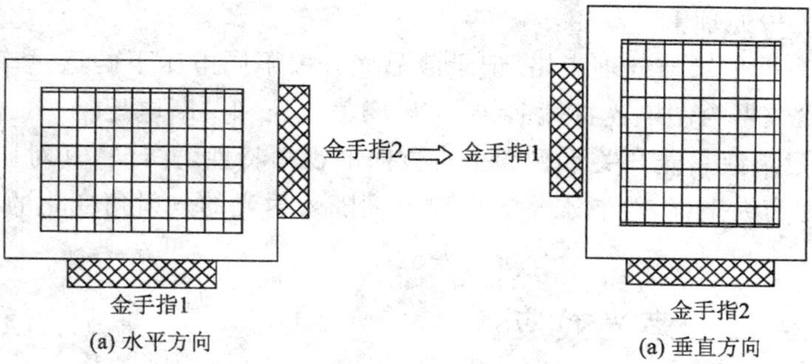

图 8-51　液晶板方向显示

将 TN 型 16×16 点阵液晶屏金手指 1 插入转盘上的插槽. 插上电源，打开电源总开关和激光器电源开关，使激光器预热 10～20 min，模式转换开关置于静态全屏模式. 将液晶屏旋转台置于零刻度位置并固定住，以此为基准调节左边的激光发射器，使得准直激光垂直入射到液晶屏上，而且激光光斑要尽可能地照在液晶屏上其中某个像素单元上，然后调节激光接收的位置，使得激光通过液晶后经过入射孔垂直照射到接收装置上(在供电电压为 0 V、透过率达到最大时，接收装置接收效果最好).

调节好激光发射和接收装置后再校准透过率，其方法是将供电电压置于 0 V，此时光开关处于开通状态，遮住激光接收端的激光入光口，调节 0%旋钮，使得透过率显示为 0；再调节 100%旋钮，使得透过率显示为 100. 此后用同样的方法再次调 0 和调 100，如此重复几次，直到两个旋钮之间匹配合适为止. 当初始的透过率校准后，就可以开始做实验了.

(2) 液晶光开关电光特性测量.

① 阈值电压和关断电压的测量：将模式转换开关置于静态全屏模式. 按 0，0.5，0.8，1.0，1.2，1.3，1.4，1.5，1.6，1.7，2.0，3.0，4.0，5.0，6.0 V 依次改变电压，测量相应电压下的透过率数值，重复此操作 3 次.

② 时间响应的测量：用数字存储示波器在液晶静态闪烁状态下观察此光开关时间响应特性曲线，测量液晶的上升时间 Δt_1 和下降时间 Δt_2.

(3) 液晶光开关视角特性的测量.

① 水平方向视角特性的测量.

首先将透过率显示调 0 和调 100，再进行实验. 在供电电压为 0 V 时，从 $-85°$～$+85°$

每隔 5°调节液晶屏与入射激光的角度，在每一角度下测量光强透过率最大值 T_{max}. 将供电电压置于 2 V，再次调节液晶屏角度，测量光强透过率最小值 T_{min}.

② 垂直方向视角特性的测量.

关断总电源后取下液晶显示屏，将液晶显示屏旋转 90°，插入金手指 2. 重新打开总电源，按照与水平方向视角特性相同的测量方法和步骤，测量垂直方向的视角特性.

(4) 液晶显示器显示原理.

将模式转换开关置于图像显示模式，此时矩阵开关板上的每个按键位置对应一个液晶光开关像素. 初始时各像素都处于开通状态，按 1 次矩阵开光板上的某一按键，可改变相应液晶像素的通断状态，所以可利用点阵输入关断(或点亮)对应的像素，使暗像素(或点亮像素)组合成一个字符或文字. 矩阵开关板右上角的按键为清屏键，用以清除已输入在显示屏上的图形.

【数据记录与处理】

(1) 自拟数据记录与处理表格. 记录液晶光开关不同电压下的透过率，计算其平均值，并依据实验数据绘制电光特性曲线，得出阈值电压和关断电压.

(2) 分别记录液晶光开关水平和垂直方向的视角特性，并计算其对比度. 以角度为横坐标、对比度为纵坐标，绘制水平方向对比度随入射光的入射角变化的曲线.

实验四十二　声光效应

【实验目的】

(1) 了解声光效应的原理.

(2) 了解拉曼-奈斯衍射和布拉格衍射的实验条件和特点.

(3) 通过对声光器件衍射效率和带宽等的测量，加深对其概念的理解.

(4) 掌握测量和绘制声光偏转、声光调制曲线的方法.

【实验器材】

声光实验仪(包含已安装在转角平台上的 100 MHz 声光器件、半导体激光器、功率信号源、CCD 光强分布测量仪及光具座)，示波器，频率计.

【实验原理】

早在 20 世纪 30 年代，人们就开始了声光衍射的实验研究. 20 世纪 60 年代激光器的问世为声光现象的研究提供了理想的光源，促进了声光效应理论和应用研究的迅速发展. 声光效应为控制激光束的频率、方向和强度提供了一个有效的手段. 利用声光效应制成的声光器件，如声光调制器、声光偏转器和可调谐滤光器等，在激光技术、光信号处理和集成光通信技术等方面有着重要的应用.

超声波在介质中传播时，将引起介质的弹性应变做时间和空间上的周期性变化，并且使介质的折射率也发生相应变化. 当光束通过有超声波的介质后就会产生衍射现象，这就是声光效应. 有超声波传播的介质如同一个相位光栅.

声光效应有正常声光效应和反常声光效应之分. 在各向同性介质中，声光相互作用不会导致入射光偏振状态的变化，将产生正常声光效应. 在各向异性介质中，声光相互作用可能导致入射光偏振状态的变化，将产生反常声光效应. 反常声光效应是制造高性能声光偏转器和可调滤波器的基础. 正常声光效应可用拉曼-奈斯的光栅假设做出解释，而反常声光效应不能用光栅假设做出解释. 在非线性光学中，利用参量相互作用理论，可建立起声光相互作用的统一理论，并且运用动量匹配和失配等概念都可对正常和反常声光效应作出解释. 本实验只涉及各向同性介质中的正常声光效应.

设声光介质中的超声行波是沿 y 方向传播的平面纵波，其角频率为 ω_s，波长为 λ_s，波矢为 k_s；入射光为沿 x 方向传播的平面横波，其角频率为 ω，在介质中的波长为 λ，波矢为 k，如图 8-52 所示；介质内的弹性应变也以行波形式随声波一起传播. 由于光速大约是声速的 10^5 倍，在光波通过的时间内介质在空间上的周期变化可看成是固定的.

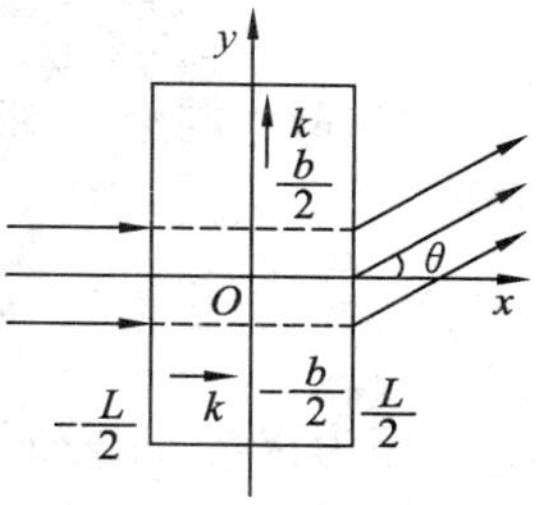

图 8-52 声光衍射

应变而引起的介质的折射率的变化由下式决定：

$$\Delta\left(\frac{1}{n^2}\right)=PS \tag{1}$$

式中，n 为介质折射率；S 为应变；P 为光弹系数. 通常，$\boldsymbol{P}$ 和 $\boldsymbol{S}$ 为二阶张量. 当声波在各向同性介质中传播时，$\boldsymbol{P}$ 和 $\boldsymbol{S}$ 可作为标量处理. 如前所述，应变也以行波形式传播，所以可写成

$$S=S_0\sin(\omega_s t-k_s y) \tag{2}$$

当应变较小时，折射率作为 y 和 t 的函数可写作

$$n(y,t)=n_0+\Delta n\sin(\omega_s t-k_s y) \tag{3}$$

式中，n_0 为无超声波时的介质折射率；Δn 为声波折射率变化的幅值. 由式(1)可求出

$$\Delta n=-\frac{1}{2}n^3 PS_0$$

设光束垂直入射($k\perp k_s$)并通过厚度为 L 的介质，则前后两点的相位差为

$$\begin{aligned}\Delta\Phi&=k_0 n(y,t)L\\&=k_0 n_0 L+k_0\Delta nL\sin(\omega_s t-k_s y)\\&=\Delta\Phi_0+\delta\Phi\sin(\omega_s t-k_s y)\end{aligned} \tag{4}$$

式中，k_0 为入射光在真空中的波矢的大小. 右边第一项 $\Delta\Phi_0$ 为不存在超声波时光波在介质前后两点的相位差，第二项为超声波引起的附加相位差(相位调制)，$\delta\Phi=k_0\Delta nL$. 可见，当平面光波入射在介质的前界面上时，超声波使出射光波的波振面变为周期变化的折皱波面，从而改变出射光的传播特性，使光产生衍射.

设入射面上 $x=-L/2$ 的光振动为 $E_i=Ae^{it}$，A 可以为常数，也可以是复数. 考虑到在出射面 $x=L/2$ 上各点相位的改变和调制，在 xOy 平面内离出射面很远一点的衍射光叠加结果为

$$E\propto A\int_{-\frac{b}{2}}^{\frac{b}{2}}e^{i[(\omega t-k_0 n(y,t)-k_0 y\sin\theta]}dy$$

写成等式时，有

$$E=Ce^{i\omega t}\int_{-\frac{b}{2}}^{\frac{b}{2}}e^{i\delta\Phi\sin(k_s y-\omega_s t)}e^{-ik_0 y\sin\theta}dy \tag{5}$$

式中，b 为光束宽度；θ 为衍射角；C 为与 A 及 $\Delta\Phi_0$ 有关的常数，为了简单起见可取为实

数. 利用与贝塞尔函数有关的恒等式

$$\mathrm{e}^{\mathrm{i}a\sin\theta}=\sum_{m=-\infty}^{\infty}J_m(a)\mathrm{e}^{\mathrm{i}m\theta}$$

式中，$J_m(a)$为(第一类)m 阶贝塞尔函数，可将式(5)展开并积分得

$$E=Cb\sum_{m=-\infty}^{\infty}J_m(\delta\Phi)\mathrm{e}^{\mathrm{i}(\omega-m\omega_s)t}\cdot\frac{\sin[b(mk_s-k_0\sin\theta)/2]}{b(mk_s-k_0\sin\theta)/2}\tag{6}$$

式(6)中与第 m 级衍射有关的项为

$$E_m=E_0\mathrm{e}^{\mathrm{i}(\omega-m\omega_s)t}\tag{7}$$

$$E_0=CbJ_m(\delta\Phi)\frac{\sin[b(mk_s-k_0\sin\theta)/2]}{b(mk_s-k_0\sin\theta)/2}\tag{8}$$

因为函数 $\sin x/x$ 在 $x\to0$ 取极大值，因此衍射极大的方位角 θ_m 由

$$\sin\theta_m=m\frac{k_s}{k_0}=m\frac{\lambda_0}{\lambda_s}\tag{9}$$

决定. 式中，λ_0 为真空中光的波长；λ_s 为介质中超声波的波长. 与一般的光栅方程相比可知，由超声波引起的有应变的介质相当于一光栅常数为超声波长的光栅. 由式(7)可知，第 m 级衍射光的频率 ω_m 为

$$\omega_m=\omega-m\omega_s\tag{10}$$

可见，衍射光仍然是单色光，但发生了频移. 由于 $\omega\gg\omega_s$，这种频移是很小的.

第 m 级衍射极大的强度 I_m 可用式(7)模数平方表示，即

$$\begin{aligned}I_m&=E_0E_0^*=C^2b^2J_m^2(\delta\Phi)\\&=I_0J_m^2(\delta\Phi)\end{aligned}\tag{11}$$

式中，E_0^* 为 E_0 的共轭复数；$I_0=C^2b^2$.

第 m 级衍射极大的衍射效率 η_m 定义为第 m 级衍射光的强度与入射光的强度之比. 由式(11)可知，η_m 正比于 $J_m^2(\delta\Phi)$. 当 m 为整数时，$J_{-m}(a)=(-1)^mJ_m(a)$. 式(9)和式(11)表明，各级衍射光相对于零级对称分布.

当光束斜入射时，如果声光作用的距离满足 $L<\lambda_s^2/(2\lambda)$，则各级衍射极大的方位角 θ_m 由

$$\sin\theta_m=\sin i+m\frac{\lambda_0}{\lambda_s}\tag{12}$$

决定. 式中，i 为入射光波矢 k 与超声波波面的夹角. 上述超声衍射称为拉曼-奈斯衍射，有超声波存在的介质起着一平面位光栅的作用.

当声光作用的距离满足 $L>2\lambda_s^2/\lambda$，而且光束相对于超声波波面以某一角度斜入射时，在理想情况下除了 0 级之外，只出现 1 级或 −1 级衍射，如图 8-53 所示. 这种衍射与晶体对 X 光的布拉格衍射很类似，故称为布拉格衍射. 能产生这种衍射的光束入射角称为布拉格角. 此时有超声波存在的介质将发挥体积光栅的作用. 可以证明，布拉格角满足

$$\sin i_B=\frac{\lambda}{2\lambda_s}\tag{13}$$

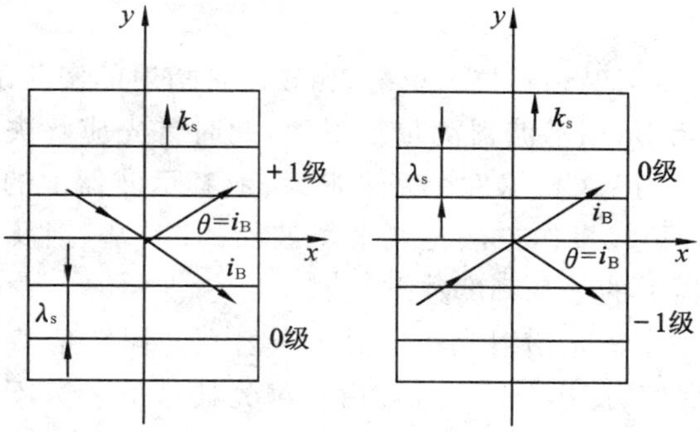

图 8-53　布拉格衍射

式(13)称为布拉格条件.因为布拉格角一般都很小,故衍射光相对于入射光的偏转角有

$$\Phi=2i_B\approx\frac{\lambda}{\lambda_s}=\frac{\lambda_0}{nv_s}f_s \tag{14}$$

式中,v_s 为超声波的波速;f_s 为超声波的频率.在布拉格衍射条件下,一级衍射光的效率为

$$\eta=\sin^2\left(\frac{\pi}{\lambda_0}\sqrt{\frac{M_2LP_s}{2H}}\right) \tag{15}$$

式中,P_s 为超声波功率;L 和 H 为超声换能器的长和宽;M_2 为反映声光介质本身性质的一个常数,且 $M_2=n^6p^2/(\rho v_s)$,ρ 为介质密度,p 为光弹系数.在布拉格衍射下,衍射光的频率也由式(10)决定.理论上布拉格衍射的衍射效率可达 100%,拉曼-奈斯衍射中一级衍射光的最大衍射效率仅为 34%,所以使用的声光器件一般都采用布拉格衍射.

由式(14)和式(15)可看出,通过改变超声波的频率和功率,可分别实现对激光束方向的控制和强度的调制,这是声光偏转器和声光调制器的基础.从式(10)可知,超声光栅衍射会产生频移,因此利用声光效应还可以制成频移器件.超声频移器在计量方面有重要应用,如用于激光多普勒测速仪.

以上讨论的是超声行波对光波的衍射.实际上,超声驻波对光波的衍射也产生拉曼-奈斯衍射和布拉格衍射,而且各衍射光的方位角与超声频率的关系和超声行波时的情形相同.不过,各级衍射光不再是简单地产生频移的单色光,而是含有多个傅里叶分量的复合光.

由于 SO2000 声光效应实验仪采用中心频率高达 100 MHz 的声光器件,而拉曼-奈斯衍射发生的条件是声频较低、声波与光波作用长度比较小,因此,本实验主要围绕布拉格衍射展开,对于拉曼-奈斯衍射仅进行观察.

【实验内容及步骤】

(1) 开机预热 10 min.仔细调节光路,使半导体激光器射出的光束准确地由声光器件外塑料盒的小孔射入,穿过声光介质,并由另一端的小孔射出;仔细调节转角平台旋钮,以满足布拉格衍射,并将 1 级衍射光射入光电池盒的接收圆孔.

关闭模拟通信发送器的喇叭,以避免它对模拟通信接收器还原出的音乐的干扰.此时,模拟通信接收器的扬声器应送出模拟通信发送器的音乐;在示波器上应观察到两路信号波形相一致或相反.

(2) 观察拉曼-奈斯衍射和布拉格衍射,比较两种衍射的实验条件和特点.

(3) 调出布拉格衍射,用示波器测量衍射角,此时首先应解决"定标"的问题,即示波器 x 方向上的 1 格等于 CCD 器件上多少像元,或者示波器上的 1 格等于 CCD 器件位置 x 方向上的多少距离.操作方法是调节示波器的"时基"挡及"微调",使信号波形 1 帧正好对应于示波器上的某个刻度数.

(4) 在布拉格衍射下测量衍射光相当对于入射光的偏转角 Φ 与超声波频率(即电信号频率) f_s 的关系曲线,测出 (Φ, f_s) 值.由于声光器件的参数不可能达到理论值,实验中布拉格衍射不是理想的,可能会出现高级次衍射光等现象.调节布拉格衍射时,只要使一级衍射光最强即可.

(5) 在布拉格衍射下,固定超声波功率,测量衍射光相对于零级衍射光的相对强度与超声波频率的关系曲线.

(6) 在布拉格衍射下,将功率信号源的超声波频率固定在声光器件的中心频率上,测量衍射光强度与超声波功率的关系曲线.

(7) 测定布拉格衍射下的最大衍射效率.衍射效率为 $\eta = I_1/I_0$,其中 I_0 为未发生衍射光强度时 0 级光的强度,I_1 为发生声光衍射后 1 级光的强度.

(8) 在拉曼-奈斯衍射(光束垂直入射)下,测量衍射角 θ_m.

(9) 在拉曼-奈斯衍射下,在声光器件的中心频率上测定 1 级光的衍射效率,超声波功率固定在布拉格衍射最佳时的功率.在观察和测量以前,应将整个光学系统调至共轴.

(10) 完成声光模拟通信实验的仪器安装和调试.改变超声波功率,注意观察模拟通信接收器送出的音乐的变化,并分析原因.

【数据记录与处理】

(1) 记录示波器定标数据:信号波形 1 帧=示波器上________格.

(2) 列表记录布拉格衍射下 6~8 组 (Φ, f_s) 值,用直线拟合法求出 Φ 和 f_s 的相关系数,作出 Φ 和 f_s 的关系曲线,并计算声速 v_s.注意式(13)和式(14)中布拉格角 i_B 和偏转角 Φ 都是指介质内的角度,而直接测出的角度是空气中的角度,应对其进行换算,声光器件 $n=2.386$.L 是声光介质的光出射面到 CCD 线阵光敏面的距离,注意不要忘记 CCD 器件光敏面至光强仪前面板的距离为 4.5 mm.

(3) 列表记录衍射光相对于零级衍射光的相对强度与超声波频率,作出其变化关系曲线,并定出声光器件的带宽和中心频率.

(4) 列表记录功率信号源的超声波频率固定在声光器件的中心频率时的衍射光强度与超声波功率,作出其变化关系曲线.

(5) 记录未发生声光衍射时 0 级光的强度 I_0 和发生声光衍射后 1 级光的强度 I_1,根据衍射效率 $\eta = I_1/I_0$,求出布拉格衍射下的最大衍射效率.

(6) 记录拉曼-奈斯衍射(光束垂直入射)下的衍射角 θ_m,并与理论值比较,求出其百分误差.

(7) 求出拉曼-奈斯衍射下在声光器件的中心频率上 1 级光的衍射效率,并与布拉格衍射下的最大衍射效率比较.

【思考题】

(1) 为什么说声光器件相当于相位光栅?

(2) 声光器件在什么实验条件下产生拉曼-奈斯衍射? 在什么实验条件下产生布拉格衍射? 两种衍射的现象各有什么特点?

(3) 调节拉曼-奈斯衍射时,如何保证光束垂直入射?

(4) 声光效应有哪些可能的应用?

实验四十三 夫兰克-赫兹实验

【实验目的】

(1) 测量氩原子的第一激发电位,证明原子能级的存在,加深对原子结构的了解.

(2) 了解微观世界中电子与原子的碰撞机理.

(3) 分析灯丝电压、拒斥电压等因素对夫兰克-赫兹实验曲线的影响.

(4) 了解计算机实时测控系统的一般原理和使用方法.

【实验器材】

ZKY-FH-2 智能夫兰克-赫兹实验仪、计算机.

【实验原理】

1911 年,卢瑟福在 α 粒子散射实验的基础上,提出了原子的行星结构模型. 根据经典电动力学的观点,这个模型发射的光谱应该是连续的,且不稳定. 这显然与实验事实不符,说明由研究宏观现象而确立的经典理论已不适用于原子的微观过程. 1913 年,丹麦物理学家玻尔在卢瑟福原子模型的基础上,结合普朗克能量子概念和原子光谱的实验资料,提出原子是由原子核和以核为中心、沿各种不同直径的轨道运动的电子构成的量子模型理论,如图 8-54 所示.

某一轨道上的电子具有一定的能量,当电子在某一轨道上运动时,相应的原子就处在一个稳定的能量状态,简称为定态. 当某一原子的电子从低能量的轨道跃迁到较高能量的轨道时(如图 8-54 中电子从Ⅰ到Ⅱ),就称该原子进入受激状态. 如果电子从轨道Ⅰ跃迁到轨道Ⅱ,该原子进入第一受激态,从Ⅰ跃迁到Ⅲ则进入第二受激态等.

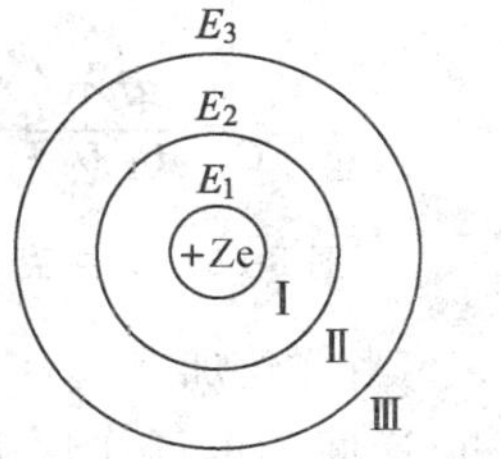

图 8-54 原子结构示意

玻尔的原子模型理论指出:

(1) 原子只能处在一些不连续的稳定状态(定态)中,其中每一定态相应于一定的能量 $E_i(i=1, 2, 3, \cdots, m)$. 原子在这些定态中,不发射或吸收能量.

(2) 原子的能量无论通过什么方式发生改变,只能从一个定态跃迁到另一个定态. 如从某定态 E_m 跃迁到另一定态 E_n 时,吸收或辐射一定频率的电磁波,其频率与两定态之间的能量差(E_n-E_m)满足以下关系:

$$h\nu=E_n-E_m$$

式中,普朗克常数 $h=6.63\times10^{-34}$ J·s.

正常情况下原子处于基态,当原子吸收电磁波或受到其他具有足够能量的粒子碰撞而交换能量时，可由基态跃迁到能量较高的激发态. 从基态跃迁到第一激发态所需要的能量称为临界能量. 当电子与原子碰撞时，如果电子能量小于临界能量，则发生弹性碰撞，电子碰撞前后能量不变，只改变运动方向；如果电子能量大于临界能量，则发生非弹性碰撞，这时电子可把数值为 $\Delta E=E_n-E_1$ 的能量交给原子(E_n 是原子激发态能量，E_1 是基态能量)，其余能量仍由电子保留.

处于电场中的电子，如果加速电压 U_0 恰好使电子能量 eU_0 等于原子的临界能量，即 $eU_0=E_2-E_1$，则 U_0 称为第一激发电位或临界电位. 测出这个电位差 U_0，就可求出原子的基态与第一激发态之间的能量差 E_2-E_1.

在玻尔原子理论模型发表的第二年(1914 年)，夫兰克和赫兹用慢电子与稀薄气体原子(Hg，He)碰撞，经过反复实验获得了如图 8-55 所示的实验曲线，验证了玻尔的量子模型理论.

实验原理如图 8-56 所示，在充氩的夫兰克-赫兹管中，电子由阴极 K 发出，阴极 K 与第一栅极 G_1 之间的加速电压 U_{G_1K} 及其与第二栅极 G_2 之间的加速电压 U_{G_2K} 使电子加速. 在板极 A 和第二栅极 G_2 之间可设置反向拒斥电压 U_{G_2A}，管内空间电位分布见图 8-57. 第一栅极 G_1 和阴极 K 之间的加速电压 U_{G_1K} 约 1.5 V，用于消除阴极电压散射的影响.

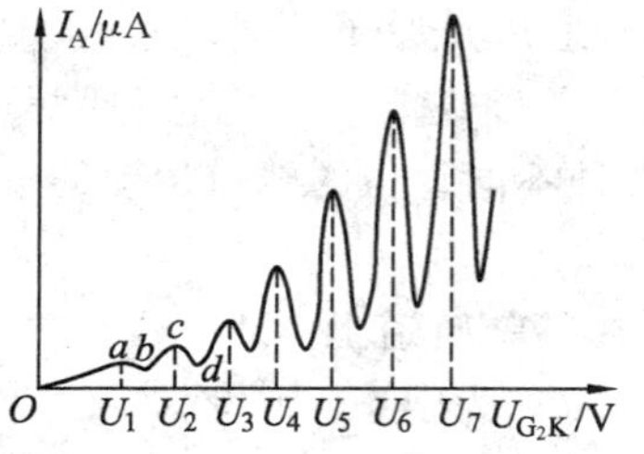

图 8-55 夫兰克-赫兹实验 I_A-U_{G_2K} 曲线

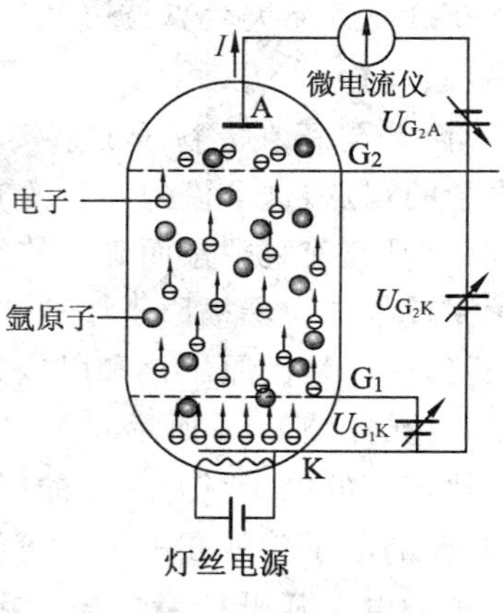

图 8-56 夫兰克-赫兹实验原理示意

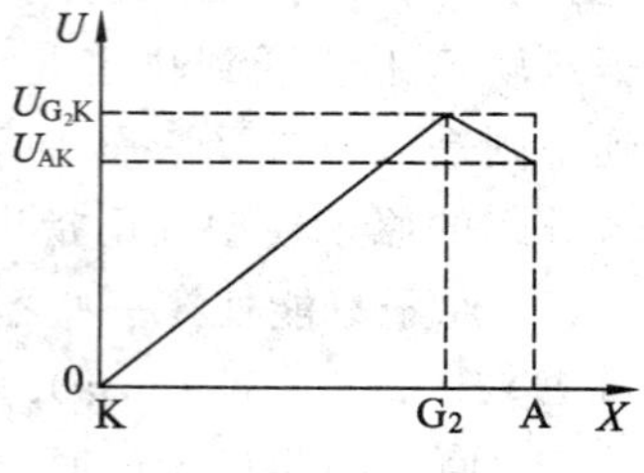

图 8-57 夫兰克-赫兹管内电位分布

当灯丝加热时，阴极的表面即发射电子，电子在 G_1 和 G_2 间的电场作用下被加速而取得越来越大的能量. 但在起始阶段，由于电压 U_{G_1K} 较低，电子的能量较小，即使在运动过程中，它与原子相碰撞(为弹性碰撞)也只有微小的能量交换. 这样，穿过第二栅极的电子所形成的电流 I_A 随第二栅极电压 U_{G_2K} 的增加而增大(见图 8-55 的 Oa 段).

当 U_{G_2K} 达到氩原子的第一激发电位时，电子在第二栅极附近与氩原子相碰撞(此时产生非弹性碰撞). 电子把从加速电场中获得的全部能量传递给氩原子，使氩原子从基态跃迁到第一激发态；电子本身由于把全部能量传递给了氩原子，它即使穿过第二栅极，也不能克服反向拒斥电压而被折回第二栅极. 所以板

极电流 I_A 将显著减小(见图 8-55 的 ab 段). 氩原子在第一激发态时不稳定,会跃迁回基态,同时以光量子形式向外辐射能量. 以后随着第二栅极电压 U_{G_2K} 的增加,电子的能量也随之增加,其与氩原子相碰撞后还留下足够的能量,这就可以克服拒斥电压的作用力而到达板极 A,这时电流又开始上升(见图 8-55 的 bc 段),直到 U_{G_2K} 是 2 倍氩原子的第一激发电位时,电子在 G_2 与 K 间又会因第二次弹性碰撞失去能量,因而又造成第二次板极电流 I_A 的下降(见图 8-55 的 cd 段),这种能量转移随着加速电压的增加而呈周期性的变化. 若以 U_{G_2K} 为横坐标、以板极电流值 I_A 为纵坐标就可以得到谱峰曲线,两相邻谷点(或峰尖)间的加速电压差值,即为氩原子的第一激发电位值.

实验说明,原子一般是不攫取能量的,即原子与电子的碰撞是弹性的;如果攫取能量,也只取两定态间的能量差值,此时是非弹性碰撞. 夫兰克-赫兹管内的电子缓慢地与氩原子碰撞,能使原子从低能级被激发到高能级,通过测量氩的第一激发电位值(11.5 V 是一个定值,即吸收和发射的能量是完全确定且不连续的),即可说明原子能级的存在.

原子受激后约经 10^{-8} s 即自动"跳回"到基态,这时原子将激发态所具有的能量以光子的形式辐射出来,在夫兰克-赫兹管的窗口可以获得与该能量相对应波长的光.

【实验内容及步骤】

(1) 用手动方式、计算机联机测试方式测量氩原子的第一激发电位,并做比较.

① 熟悉实验装置结构和使用方法.

② 按照实验要求连接实验线路,检查无误后开机.

③ 缓慢将灯丝电压调至 2.5 V,第一阳极电压 U_{G_1K} 调至 1.0 V,拒斥电压 U_{G_2A} 调至 5.0 V,预热 10 min.

智能夫兰克-赫兹实验仪有 3 种可选的工作方式,即手动工作方式、自动工作方式、联机测试工作方式,其中手动工作方式、自动工作方式可不由计算机辅助实验系统软件控制,能单独运行. 联机测试方式必须与计算机相连接,由计算机控制智能夫兰克-赫兹实验仪运行.

与之相对应,计算机辅助实验系统软件也有两种可选取的工作方式:

a. 联机显示. 在这种方式中,计算机只允许作为一个显示器使用,不能干预智能夫兰克-赫兹实验仪的运行,此时的软件工作方式适用于智能夫兰克-赫兹实验仪的手动、自动方式.

b. 联机测试. 在这种方式中,由计算机控制智能仪的运行.

④ 按机箱盖标牌上给定的参数输入实验参数,用手动方式进行实验,记录数据,绘制 I_A-U_{G_2K} 曲线图,求氩原子的第一激发电位.

⑤ 用联机测试方式进行联机测试,实验参数与手动方式情形相同,打印实验曲线,并与手动方式的结果进行比较.

(2) 分析灯丝电压、拒斥电压的改变对夫兰克-赫兹实验曲线的影响.

改变灯丝电压(建议控制在标牌参数的±0.3 V 范围内)、第一栅极或拒斥电压,重复进行实验,观察实验曲线的变化并分析原因. 实验结束后,将实验装置恢复为原始状态.

【注意事项】

(1) 所有仪器应在接线检查无误后才能开启电源. 开关电源时应将调节电位器左旋到位.

(2) 实验装置中各单元通信地址应与测控软件所设定的通信地址一致,在一个系统中,所有单元的通信地址均不应相同,否则系统将不能正常工作.

(3) 夫兰克-赫兹实验管的灯丝电压只能在实验室提供数据之间选用. 电压过高会使阴极发射能力过强,夫兰克-赫兹实验管易老化;电压过低会使阴极中毒,损坏管子.

【思考题】

(1) 为什么 I_A-U_{G_2K} 曲线中的 I_A 不是突然升高就是突然降低?

(2) 在夫兰克-赫兹管内为什么要在板极和栅极之间加反向拒斥电压?

(3) 在夫兰克-赫兹实验中,得到的 I-U 曲线为什么呈周期性变化?

(4) 对于图 8-55 曲线,某学生认为从左到右第一个峰对应氩的第一激发电位,第二个峰对应氩的第二激发电位,以此类推,请用有说服力的论述纠正他的看法.

(5) 根据你测到的 U_0 值,计算氩原子从第一激发态跃迁回基态时应该辐射多大波长的光? 查阅资料,并与公认值求相对误差.

【知识拓展】

1. 智能夫兰克-赫兹实验仪面板及基本操作介绍

(1) 智能夫兰克-赫兹实验仪前面板功能说明.

智能夫兰克-赫兹实验仪前面板如图 8-58 所示,按功能可划分为 8 个区.

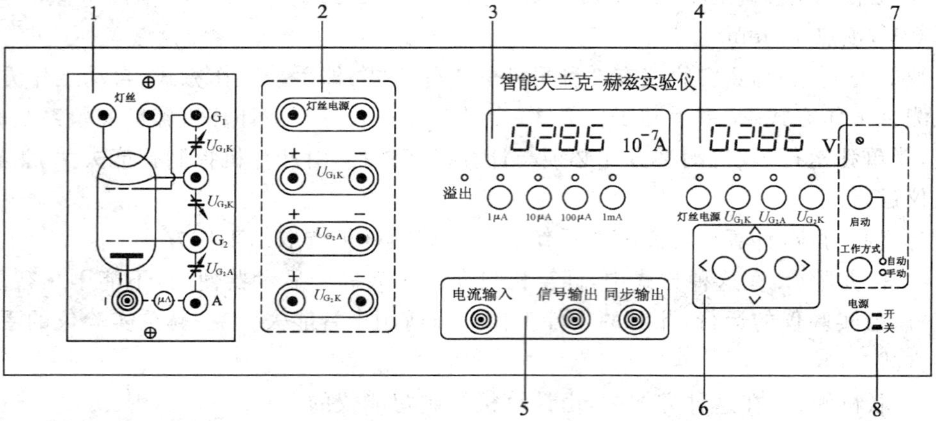

1—输入电压连接插孔和极板电流插座;2—激励电压的输出连接插孔;3—测试电流指示区;4—测试电压指示区;5—测试信号输入输出区;6—调整按键区;7—工作状态指示区;8—电源开关

图 8-58 智能夫兰克-赫兹实验仪面板

夫兰克-赫兹管所需激励电压的输出连接插孔区中,左侧输出孔为正极,右侧输出孔为负极;测试电流指示区中,4 位七段数码管指示电流值;4 个电流量程挡位选择按键用于选择不同的最大电流量程挡位,每一个量程选择同时备有一个选择指示灯指示当前电流量程挡位.

测试电压指示区中,4 位七段数码管指示当前选择电压源的电压值;4 个电压源选择按键用于不同的电压源,每一个电压量程选择都备有一个选择指示灯指示当前选择的电压源.

测试信号输入输出区中电流输入插座输入夫兰克-赫兹板极电流;信号输出和同步输出插座可将信号送至示波器显示.

调整按键区用于改变当前电压设定值,设置查询电压点.

工作状态指示区中,通信指示灯指示实验仪与计算机的通信状态;启动按键与工作方式按键共同完成多种操作,详细说明见相关栏目.

(2) 智能夫兰克-赫兹实验仪后面板说明.

智能夫兰克-赫兹实验仪后面板上有交流电源插座,插座上自带保险管座.如果实验仪已升为微机型,则通信插座可连接计算机,否则该插座不可使用.

(3) 智能夫兰克-赫兹实验仪连线说明.

在确认供电电网电压无误后,将随机提供的电源连线插入后面板的电源插座中;按图 8-59 所示连接面板连线,务必反复检查,切勿连错。

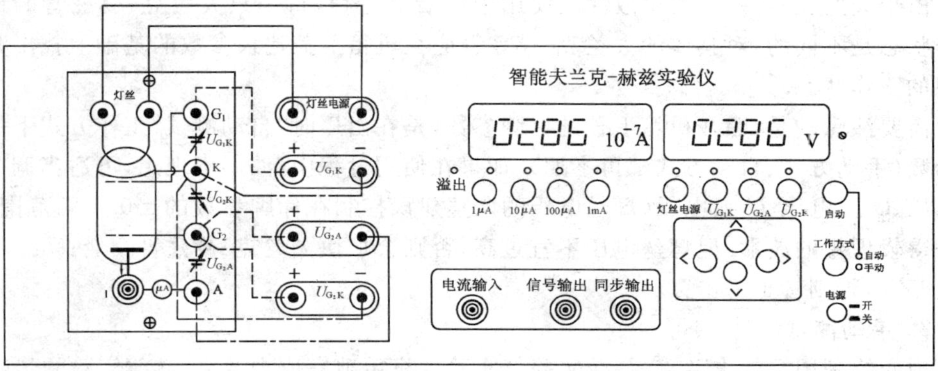

——— 黑线　- - - - - 红线　—·—·— 蓝线

图 8-59　智能夫兰克-赫兹实验仪连线示意

(4) 开机后的初始状态.

开机后,实验仪面板状态显示如下:

① 实验仪的"1 mA"电流挡位指示灯亮,表明此时电流的量程为 1 mA 挡;电流显示值为 000.0 μA(若最后一位不为 0,属正常现象).

② 实验仪的"灯丝电压"挡位指示灯亮,表明此时修改的电压为灯丝电压;电压显示值为 000.0 V;最后一位在闪动,表明现在修改位为最后一位.

③ "手动"指示灯亮,表明此时实验操作方式为手动操作.

(5) 变换电流量程.

如果想变换电流量程,则按下测试电流指示区中的相应电流量程按键.比如,对应的量程指示灯点亮,同时电流指示的小数点位置随之改变,表明量程已变换.

(6) 变换电压源.

如果想变换不同的电压,则按下测试电压指示区中的相应电压源按键.此时,对应的电压源指示灯随之点亮,表明电压源变换选择已完成,可以对选择的电压源进行电压值设定和修改.

(7) 修改电压值.

按下前面板调整按键区上的 ←或→键，当前电压的修改位将进行循环移动，同时闪动位随之改变，以提示目前修改的电压位置.

按下面板上的↑或↓键，电压值在当前修改位递增或递减一个增量单位.

在此过程中，应注意以下事项：

① 当当前电压值加上一个单位电压值的和值超过了允许输出的最大电压值，再按下↑键时，电压值只能修改为最大电压值.

② 当当前电压值减去一个单位电压值的差值小于零，再按下↓键时，电压值只能修改为零.

(8) 建议工作参数.

夫兰克-赫兹管很容易因电压设置不合适而遭到损害，因此，一定要按照规定的实验步骤和适当的状态进行实验.

由于夫兰克-赫兹管的离散性及使用中的衰老过程，每一只夫兰克-赫兹管的最佳工作状态是不同的，对具体的夫兰克-赫兹管应在机箱上盖建议参数的基础上找出其较理想的工作状态.

需要注意的是，贴在机箱上盖的标牌参数，是在出厂时"自动测试"工作方式下的设置参数(手动方式、自动方式都可参照). 如果在使用过程中，波形不理想，可适当调节灯丝电压、U_{G_1K}电压、U_{G_2A}电压(灯丝电压的调整建议控制在标牌参数的±0.3 V 范围内)以获得较理想的波形. 但灯丝电压不宜过高，否则会加快夫兰克-赫兹管衰老；U_{G_2K}不宜超过85 V，否则管子易击穿.

2. 手动测试

现介绍利用智能夫兰克-赫兹实验仪实验主机单独完成夫兰克-赫兹实验的步骤.

(1) 认真阅读实验教程，理解实验内容.

(2) 按照前面的要求完成连线连接.

(3) 检查连线连接，确认无误后按下电源开关，开启实验仪.

(4) 检查开机状态，应与前面所介绍的"开机的初始状态"一致.

(5) 开机预热：电流量程、灯丝电压、U_{G_1K}、U_{G_2A}设置参数见仪器机箱上盖的标牌参数，将U_{G_2K}设置为 30 V，实验仪预热 10 min.

(6) 设置各组电源电压值和电流量程.

需设定的电压源有灯丝电压U_F，U_{G_1K}和U_{G_2A}，它们的设定状态参见"建议工作参数"或随机提供的工作条件.

(7) 测试操作与数据记录.

测试操作过程中每改变一次电压源U_{G_2K}的电压值，夫兰克-赫兹管的板极电流值随之改变. 此时记录下测试电流指示区显示的电流值和测试电压指示区显示的电压值数据，以及环境条件，待实验完成后进行实验数据分析.

改变电压U_{G_2K}的电压值的操作方法可按前面所介绍的"变换电压源""修改电压值"方法进行.

电压源U_{G_2K}的电压值的最小变化值是 0.5 V. 为了快速改变U_{G_2K}的电压值，可按"修改电压值"叙述的方法先改变调整位的位置，再调整电压值，可以得到每步大于

0.5 V 的调整速度.

(8) 示波器显示输出.

测试电流也可以通过示波器进行观测.

将测试信号输入输出区中的"信号输出"和"同步输出"分别连接到示波器的信号通道和外同步通道,调节好示波器的同步状态和显示幅度,按"测试操作与数据记录"方法操作实验仪,在示波器上即可看到夫兰克-赫兹管板极电流的即时变化.

(9) 重新启动.

在手动测试的过程中,按下工作状态指示区中的启动按键,U_{G_2K}的电压值将被设置为零,内部存储的测试数据被清除,示波器上显示的波形被清除,但 U_F,U_{G_1K},U_{G_2K}和电流挡位等的状态不发生改变.这时可以在该状态下重新进行测试,或修改状态后再进行测试.

3. **自动测试**

智能夫兰克-赫兹实验仪除可以进行手动测试外,还可以自动测试.自动测试时,实验仪将自动产生 U_{G_2K}扫描电压,完成整个测试过程.将示波器与实验仪相连接,在示波器上可看到夫兰克-赫兹管板极电流随 U_{G_2K}电压变化的波形.

(1) 自动测试状态设置.

自动测试时,U_F,U_{G_1K},U_{G_2A}及电流挡位等状态设置的操作过程,夫兰克-赫兹管的连线操作过程与手动测试操作过程一样(若仪器已经开机预热,就不用再预热).

如果通过示波器观察自动测试过程,可将测试信号输入输出区的"信号输出"和"同步输出"分别连接到示波器的信号通道和外同步通道,调节好示波器的同步状态和显示幅度(建议工作状态和手动测试情况下相同).

(2) U_{G_2K}扫描终止电压的设定.

进行自动测试时,实验仪自动产生 U_{G_2K}扫描电压.实验仪默认 U_{G_2K}扫描电压的初始值为零,并大约每 0.4 s 递增 0.2 V,直至扫描终止电压.

要进行自动测试,必须设置电压U_{G_2K}的扫描终止电压.将面板工作状态指示区中的【手动/自动】测试键按下,自动测试指示灯亮;在测试电压指示区按下 U_{G_2K}电压源选择键,U_{G_2K}电压源选择指示灯亮;在调整按键区用 ↑或↓键,←或→键完成U_{G_2K}电压值的具体设定.U_{G_2K}设定终止值建议以不超过 85 V 为好.

(3) 自动测试启动.

① 自动测试状态设置完成后,在启动自动测试过程前应检查 U_F,U_{G_1K},U_{G_2K},U_{G_2A}的电压设定值是否正确,电流量程选择是否合理,自动测试指示灯是否正确指示.如有不正确的项目,请重新设置正确.

② 如果所有设置都正确、合理,将测试电压指示区的电压源选为U_{G_2K},再按下面板上工作状态指示区的【启动】键,开始自动测试.

③ 在自动测试过程中,通过面板的电压指示区、测试电流指示区,观察扫描电压U_{G_2K}与夫兰克-赫兹管板极电流的相关变化情况.

④ 如果连接了示波器,可通过示波器观察扫描电压 U_{G_2K}与夫兰克-赫兹管板极电流的相关变化输出波形.

⑤ 在自动测试过程中,为避免面板按键误操作而导致自动测试失败,面板上除【手

动/自动】键外的所有按键都被屏蔽禁用.

(4) 测试过程.

在自动测试过程中，只要按下【手动/自动】键，手动测试指示灯亮，实验仪就中断自动测试过程，恢复到开机初始状态. 所有按键都被再次开启工作. 这时可进行下一次的测试准备工作.

本次测试的数据依然留在实验仪主机的存储器中，直到下次测试开始时才被消除，所以示波器仍会观测到部分波形.

(5) 自动测试过程正常结束.

当扫描电压 U_{G_2K} 的电压值大于设定的测试终止电压值时，实验仪将自动结束本次自动测试过程，进入数据查询工作状态.

测试数据保留在实验仪主机的存储器中，供数据查询使用，所以，示波器仍可观测到本次测试数据所形成的波形，直至下次测试开始时才刷新存储器的内存.

(6) 自动测试后的数据查询.

自动测试过程正常结束后，实验仪进入数据查询工作状态. 这时面板按键除测试电流指示区部分还被禁止外，其他按键都已开启.

工作状态指示区的自动测试指示灯亮，测试电流指示区的电流量程指示灯指示本次测试的电流量程选择挡位；测试电压指示区的各电压源选择按键可选择各电压源的电压值指示，其中，U_F，U_{G_1K}，U_{G_2A} 三电压源只能显示原设定电压值，不能通过调整按键区的按键改变相应的电压值.

改变电压源 U_{G_2K} 的指示值，就可查阅到本次测试过程中电压源的扫描电压值为当前显示值时对应的夫兰克-赫兹管板极电流值的大小，该数值显示于测试电流指示区的电流指示表上.

(7) 结束查询过程，恢复到初始状态.

当需要结束查询过程时，只要按下工作状态指示区的【手动/自动】键，工作状态指示区的手动测试指示灯亮，查询过程结束，面板按键再次全部开启. 原设置的电压状态被消除，实验仪存储的测试数据被清除，实验仪恢复到初始状态.

4. 实验仪与计算机联机测试

这里的介绍仅对已被升级成为微机型的智能夫兰克-赫兹实验仪有效.

在与计算机联机测试的过程中，实验仪面板上的工作状态指示区的自动测试指示灯亮，通信指示灯闪亮；所有按键都被屏蔽禁止；在测试电流指示区，测试电压指示区的电流、电压指示表上可观察到即时的测试电压值和夫兰克-赫兹管的板极电流值，电流电压选择指示灯指示了目前的电流挡位和电压源选择状态；如果连接了示波器，在示波器上可看到测试波形，在计算机的显示屏上也能看到测试波形.

在与计算机联机测试的过程结束后，实验仪面板上的工作状态指示区的自动测试指示灯仍维持亮. 按下工作状态指示区的【手动/自动】键，工作状态指示区的手动测试指示灯亮，面板按键再次全部开启；实验仪存储的测试数据被清除，实验仪回复到初始状态. 这时可使用实验仪再次进行手动或自动测试.

实验四十四　塞曼效应

【实验目的】

(1) 理解塞曼效应原理和实验仪器的工作原理.

(2) 观察汞原子 546.1 nm 谱线在磁场中分裂的情况.

(3) 用 F-P 标准具测量塞曼分裂线(π 分量)的波数差.

(4) 掌握测量电子荷质比的方法.

【实验器材】

WPZ-Ⅲ塞曼效应仪、F-P 标准具、测微目镜、CCD 器件、监视器.

【实验原理】

1896 年,荷兰物理学家塞曼在研究电磁场对光的影响时将钠光源置于强磁场中,发现钠的光谱线出现了加宽现象,即谱线发生了分裂,这一现象称正常塞曼效应.著名物理学家洛伦兹用经典电子理论对这种现象进行了解释.他认为电子存在轨道磁矩,并且磁矩在空间的取向是量子化的,因此在磁场作用下能级发生分裂,谱线分裂成间隔相等的 3 条谱线.利用正常塞曼效应测出的电子荷质比,与 1897 年汤姆逊阴极射线的测量结果相同.由于塞曼效应的发现,塞曼和洛伦兹共同分享了 1902 年诺贝尔物理学奖.

塞曼效应证实了原子具有磁矩和空间取向的量子化.根据光谱线分裂的数目可知总角动量量子数 J,根据光谱线分裂的间隔可以测量 g 因子,进而确定原子总轨道角动量量子数 L 和总自旋量子数 S.因此,塞曼效应是研究原子结构的重要方法之一.

(1) 原子磁矩.

塞曼效应是原子磁矩和外加磁场相互作用引起原子能级分裂进而产生光谱线分裂的现象.原子总磁矩包括电子磁矩和核磁矩,由于核磁矩比电子磁矩小 3 个数量级,因此只考虑电子磁矩.原子中电子既有轨道磁矩也有自旋磁矩.原子的总轨道角动量 $\boldsymbol{P}_L$ 和总自旋角动量 $\boldsymbol{P}_S$ 合成为原子的总角动量 $\boldsymbol{P}_J$;原子的轨道磁矩 $\boldsymbol{\mu}_L$ 和自旋磁矩 $\boldsymbol{\mu}_S$ 合成为原子的总磁矩 $\boldsymbol{\mu}$(见图 8-60).总轨道磁矩 $\boldsymbol{\mu}_L$ 与总轨道角动量 $\boldsymbol{P}_L$ 的关系为

$$\boldsymbol{\mu}_L=\frac{e}{2m}\boldsymbol{P}_L,\quad \boldsymbol{P}_L=\sqrt{L(L+1)}\hbar$$

总自旋磁矩 $\boldsymbol{\mu}_S$ 与总自旋角动量 $\boldsymbol{P}_S$ 的关系为

$$\boldsymbol{\mu}_S=\frac{e}{m}\boldsymbol{P}_S,\quad \boldsymbol{P}_S=\sqrt{S(S+1)}\hbar$$

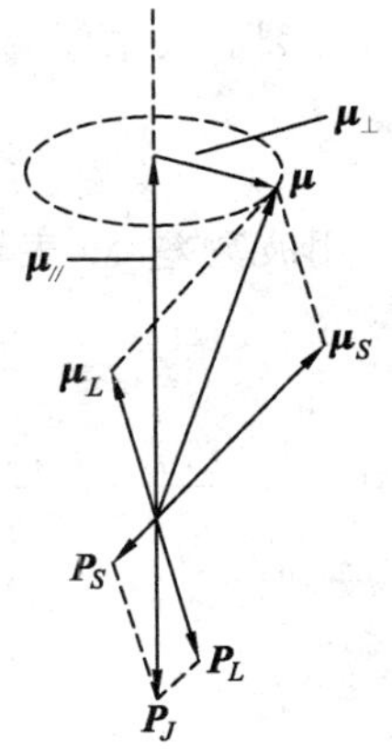

图 8-60　原子磁矩与角动量的矢量模型

因总磁矩 $\boldsymbol{\mu}$ 与总角动量 $\boldsymbol{P}_J$ 不共线,把 $\boldsymbol{\mu}$ 分解为与 $\boldsymbol{P}_J$ 平行的分量 $\boldsymbol{\mu}_{/\!/}\equiv\boldsymbol{\mu}_J$ 和垂直的分量 $\boldsymbol{\mu}_\perp$,在总磁矩 $\boldsymbol{\mu}$ 绕总角动量 $\boldsymbol{P}_J$ 旋进时,$\boldsymbol{\mu}_\perp$ 的平均值为零,因此原子的有效磁矩 $\boldsymbol{\mu}_J$ 与 $\boldsymbol{P}_J$ 的数值关系为

$$\boldsymbol{\mu}_J=g\,\frac{e}{2m}P_J,\quad \boldsymbol{P}_J=\sqrt{J(J+1)}\hbar$$

上述几式中,J 为总角动量量子数;L 为总轨道角动量量子数;S 为总自旋量子数;$\hbar$ 为

普朗克常数；m 为电子质量；g 为朗德因子，对于 L-S 耦合有

$$g=1+\frac{J(J+1)-L(L+1)+S(S+1)}{2J(J+1)}$$

(2) 外磁场对原子能级的影响.

当原子处于外磁场 $\boldsymbol{B}$ 中时，在力矩 $\boldsymbol{L}=\boldsymbol{\mu}_J\times\boldsymbol{B}$ 的作用下，原子总角动量 $\boldsymbol{P}_J$ 和磁矩 $\boldsymbol{\mu}_J$ 绕磁场方向进动（见图 8-61）. 原子在磁场中的附加能量 ΔE 为

$$\Delta E=-\boldsymbol{\mu}_J\cdot\boldsymbol{B}=-\mu_J B\cos\alpha=g\,\frac{e}{2m}P_J B\cos\beta$$

角动量 $\boldsymbol{P}_J$ 在磁场中的取向（投影）是量子化的，即

$$P_J\cos\beta=M\hbar\ (M=J,J-1,\cdots,-J)$$

式中，M 为磁量子数. 因此有

$$\Delta E=Mg\,\frac{e\hbar}{2m}B$$

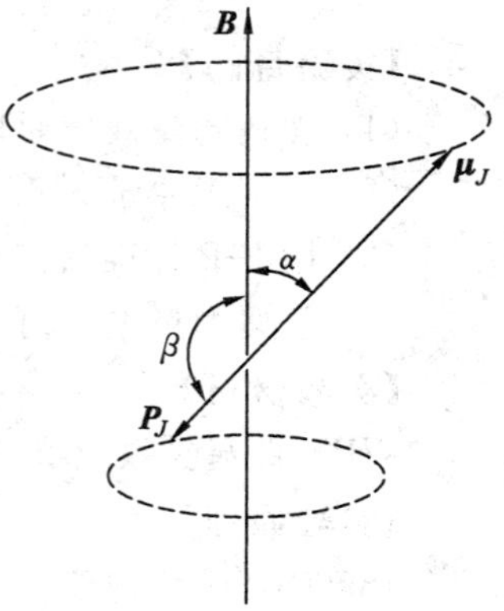

图 8-61　$\boldsymbol{\mu}_J$ 和 $\boldsymbol{P}_J$ 的进动

可见，附加能量不仅与外磁场 B 有关系，还与朗德因子 g 有关. 磁量子数 M 共有 $(2J+1)$ 个值，因此原子在外磁场中原来的一个能级将分裂成 $(2J+1)$ 个子能级.

未加磁场时，能级 E_2 和 E_1 之间的跃迁产生的光谱线频率为

$$\nu=\frac{E_2-E_1}{h}\tag{1}$$

外加磁场时，分裂后的谱线频率为

$$\nu'=\frac{(E_2+\Delta E_2)-(E_1+\Delta E_1)}{h}\tag{2}$$

分裂后的谱线与原来谱线的频率差 $\Delta\nu'$ 为

$$\Delta\nu'=\frac{\Delta E_2-\Delta E_1}{h}=(M_2g_2-M_1g_1)\frac{eB}{4\pi m}\tag{3}$$

用波数差 $\Delta\tilde{\nu}'$ 表示为

$$\Delta\tilde{\nu}'=(M_2g_2-M_1g_1)L_0=(M_2g_2-M_1g_1)\frac{eB}{4\pi mc}\tag{4}$$

式中，$L_0=\frac{eB}{4\pi mc}=\frac{46.78}{mT}$，为洛伦兹单位.

根据式(4)可求出电子的荷质比，即

$$\frac{e}{m}=\frac{4\pi c}{(M_2g_2-M_1g_1)B}\Delta\tilde{\nu}'\tag{5}$$

(3) 光谱线的分裂和选择定则.

能级之间的跃迁必须满足选择定则，它由两能态波函数的对称性决定. 磁量子数 M 的选择定则为 $\Delta M=M_2-M_1=0,\ \pm1$；当 $\Delta J=0$，即 $J_2=J_1$ 时，$M_2=0$ 向 $M_1=0$ 的跃迁是禁戒的.

当 $\Delta M=0$ 时，沿垂直于磁场方向观察时，产生 π 线（π 线为光振动方向平行于磁场的线偏振光）；沿平行于磁场方向观察时，光强度为零，不产生 π 线（见图 8-62）.

当 $\Delta M=\pm1$ 时，沿垂直于磁场方向观察时，产生线偏振光，其振动方向垂直于磁

场，称为 σ 线. 沿平行于磁场方向观察时，产生圆偏振光，其转动方向取决于 ΔM 的正负、磁场方向及观察者相对于磁场的方向. 迎着磁场方向观察时，σ 线为圆偏振光，$\Delta M=+1$ 时为左旋圆偏振光，$\Delta M=-1$ 时为右旋圆偏振光；沿垂直于磁场方向观察时，σ 线为线偏振光，其电矢量与磁场垂直(见图 8-62).

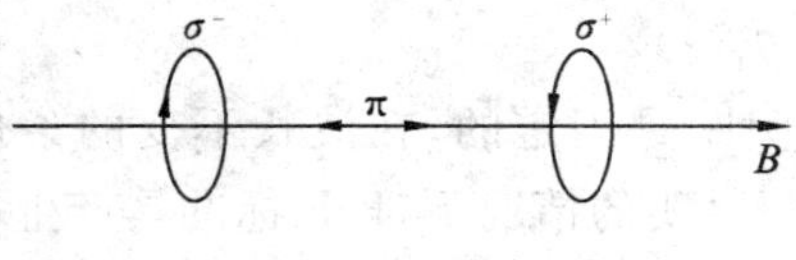

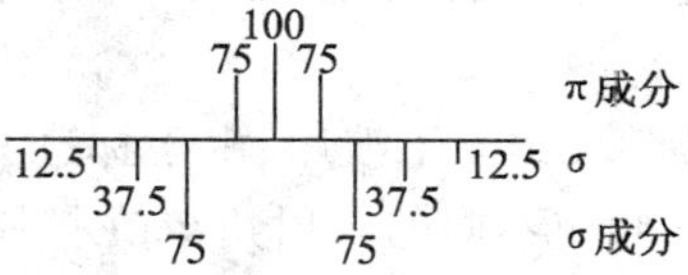

图 8-62 光谱线在磁场中的分裂

(4) 汞绿线在外磁场中的分裂.

汞绿线(546.1 nm)是汞原子的 $6s7s\ ^3S_1$ 能级到 $6s6p\ ^3P_2$ 能级跃迁产生的谱线. 这两个能级的分裂情况及对应的量子数 M 和 g 见图 8-63. 上能级 $6s7s\ ^3S_1$ 分裂为 3 个子能级，下能级 $6s6p\ ^3P_2$ 分裂为 5 个能级. 选择定则允许的跃迁共有 9 种，即原来的 546.1 nm 的谱线将分裂成 9 条谱线. 分裂后的 9 条谱线等距，间距为 $L_0/2$，9 条谱线的光谱范围是 $4L_0$.

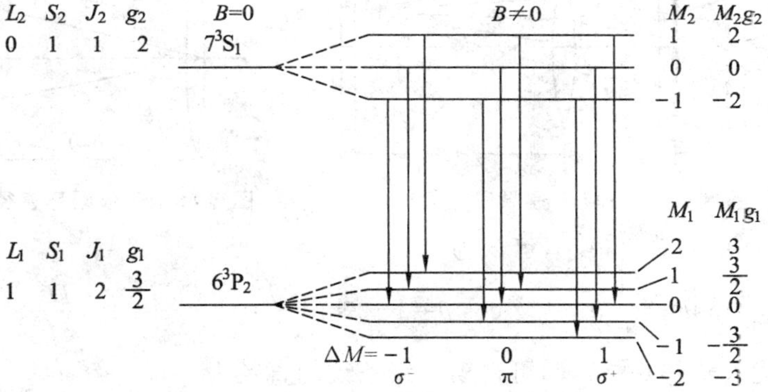

图 8-63 汞绿线的塞曼效应

在观察塞曼分裂时，一般光谱线最大的塞曼分裂仅有几个洛伦兹单位，塞曼效应分裂的波长差的数值是很小的，以 Hg 546.1 nm 谱线为例，当 $B=1$ T 时，$\Delta\lambda\approx10^{-11}$ m. 欲观察如此小的波长差，普通棱镜摄谱仪是不能胜任的，必须使用高分辨本领的光谱仪器. 因此，实验可采用高分辨率仪器，即法布里-珀罗标准具(简称 F-P 标准具).

(5) 用 F-P 标准具测量塞曼分裂谱线的波数差 $\Delta\tilde{\nu}'$.

F-P 标准具由两块平面玻璃板中间夹有一个间隔圈组成. 平面玻璃板内表面加工精度要求高于 1/30 波长，内表面镀有高反射膜(反射率达 90%). 间隔圈用膨胀系数很小的石英材料加工而成，其厚度为 h，以保证两块平面玻璃板之间精确的平行度和稳定的间距. 该装置是具有高分辨本领的多光束干涉光谱仪器，其干涉条纹为一组明暗相间、条纹清晰、细锐的同心圆环.

F-P 标准具光路图见图 8-64. 当单色平行光束 S 以小角度 θ 入射到标准具上时，入射光束 S 经过 M_1 表面及 M_2 表面多次反射和透射，形成一系列相互平行的反射、透射光束，这些相邻光束之间有一定的光程差 Δl，而且有以下关系：

$$\Delta l = 2nh\cos\theta$$

式中，h 为两平板之间的间距；n 为两平板之间介质的折射率（标准具在空气中使用，此时 $n=1$）；θ 为光束入射角. 这一系列互相平行并有一定光程差的光束经会聚透镜在焦平面上发生干涉，当光程差为波长整数倍时产生干涉极大值，则

$$2h\cos\theta = k\lambda \tag{6}$$

式中，k 为整数，称为干涉序. 由于标准具的间距是固定的，在波长不变的条件下，不同的干涉序 k 对应不同的入射角 θ. 在扩展光源照明的情况下，F-P 标准具产生等倾干涉，故它的干涉条纹是一组同心圆环. 中心处级次最高，即 $k=2h/\lambda$，其他同心圆环依次为 $k-1$，$k-2$ 级等.

应用 F-P 标准具测量各分裂谱线的波长或波数差是通过测量干涉圆环的直径实现的. 用透镜将 F-P 的干涉圆环在焦平面上成像，出射角为 θ 的圆环的直径 D 与透镜焦距间的关系（见图 8-65）为

$$\tan\theta = \frac{D/2}{f}$$

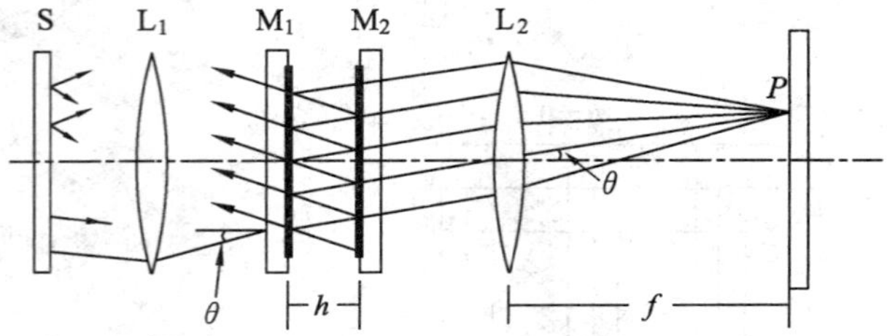

图 8-64　F-P标准具原理

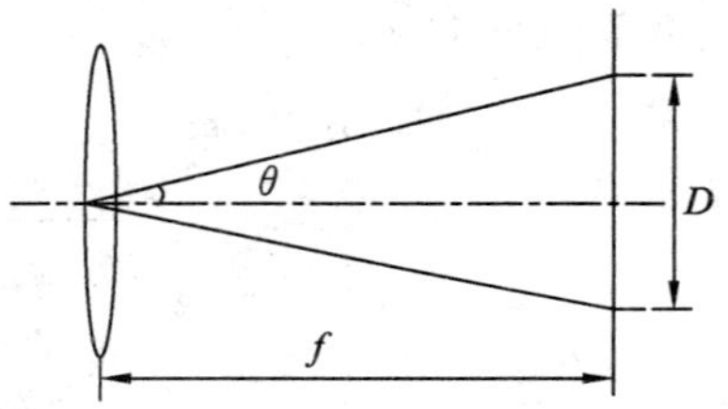

图 8-65　干涉圆环直径与焦距的关系

由于近中心的圆环 θ 很小，可认为

$$\sin\theta \approx \tan\theta \approx \theta,\quad \cos\theta = 1 - 2\sin^2\frac{\theta}{2} \approx 1 - \frac{\theta^2}{2} = 1 - \frac{D^2}{8f^2} \tag{7}$$

将式(7)代入式(6)并整理，可得第 k 级条纹的直径为

$$D_k^2 = 8f^2 - k\frac{4\lambda f^2}{h} \tag{8}$$

同一波长相邻两级 k 和 $k-1$ 级圆环直径平方差为

$$\Delta D^2 = D_{k-1}^2 - D_k^2 = 4\lambda\frac{f^2}{h} \tag{9}$$

它与级数 k 无关.

加磁场后，波长为 λ 的第 k 级圆环分裂成 9 个，其中 π 分量 3 个，如图 8-66 所示. 设分裂后第 k 级波长为 λ_a 和 λ_b 的干涉圆环直径分别为 D_a 和 D_b，由式(8)和式(9)得

$$\Delta\lambda = \lambda_a - \lambda_b = \frac{\lambda^2}{2h}\cdot\frac{D_b^2 - D_a^2}{D_{k-1}^2 - D_k^2} \tag{10}$$

相应波数差为

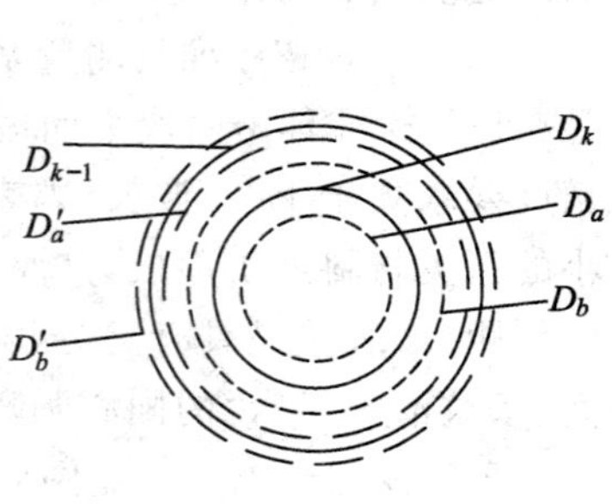

图 8-66　分裂后 π 成分示意

$$\Delta\tilde{\nu}=\frac{\Delta\lambda}{\lambda^2}=\frac{1}{2h}\cdot\frac{D_b^2-D_a^2}{D_{k-1}^2-D_k^2} \tag{11}$$

对于 $k-1$ 级同样可写出式(11),因此有

$$\Delta\tilde{\nu}'=\frac{(D_b^2-D_a^2)+(D_b'^2-D_a'^2)}{4h(D_{k-1}^2-D_k^2)} \tag{12}$$

式中,D_k 和 D_{k-1} 分别是无磁场时相邻两干涉亮环的直径;D_a 和 D_b 分别是 D_k 分裂后的直径;D_a' 和 D_b' 是 D_{k-1} 分裂后的直径.

由于标准具间隔 h 比波长大得多,中心处干涉级数很高,因此用 $k-1$ 或 $k-2$ 代替 k,引入的误差可忽略不计.

【实验内容及步骤】

塞曼效应实验装置由永磁铁、F-P 标准具($h=2$ mm)、干涉滤光片、会聚透镜、偏振片、测微目镜、导轨、笔型汞灯、CCD 及监视器组成,如图 8-67 所示.

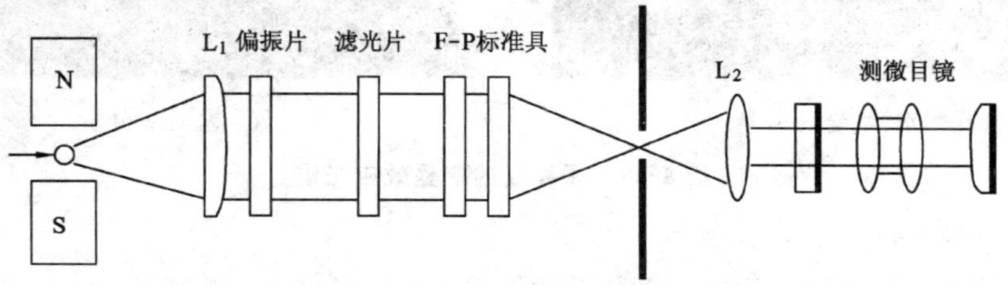

图 8-67 塞曼效应实验装置示意图

(1) 定性观察.

① 使导轨成水平状态.

② 将笔型汞灯放在磁铁磁极外,点燃汞灯.

③ 放置聚光透镜使它的照明光斑均匀.

④ 放置法布里-珀罗(F-P)标准具,要求与干涉滤光片同轴,调整微调螺丝,使两镜片严格平行.

⑤ 放置物镜,调整高度使之与标准具镜片同轴.

⑥ 放置测微目镜并调整高度使之与物镜同轴后,观察未加磁场时清晰的干涉图像(见图 8-68a).

⑦ 将汞灯移入磁极间,从测微目镜中可观察到细锐的干涉环逐渐变粗,然后发生分裂,可看到 9 条清晰的塞曼分裂谱线(见图 8-68b).

⑧ 在聚光镜片上装偏振片,旋转偏振片为不同位置时,可观察到偏振性质不同的 π 分量和 σ 分量(见图 8-68c 和图 8-68d).

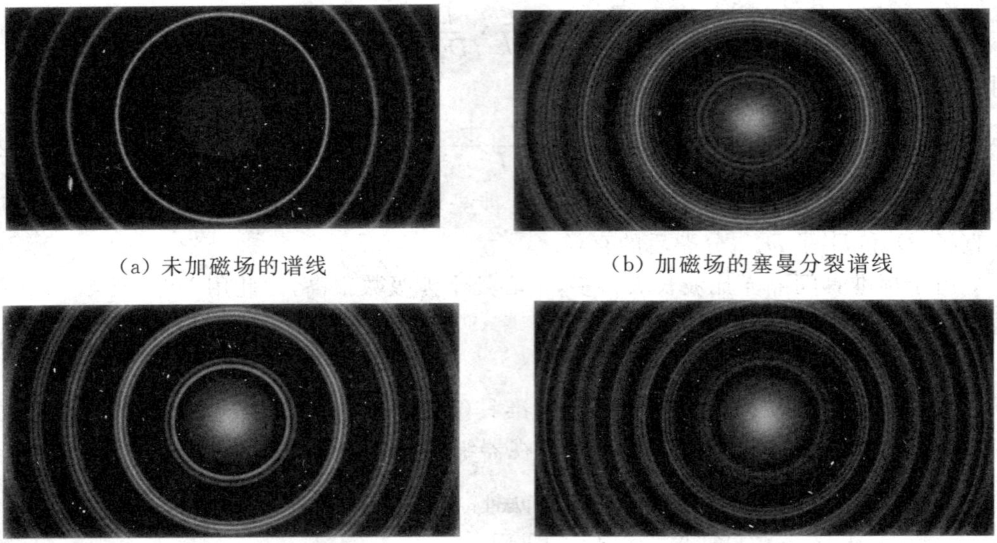

(a) 未加磁场的谱线　　(b) 加磁场的塞曼分裂谱线

(c) 塞曼 π 分量　　(d) 塞曼 σ 分量

图 8-68　汞绿线的塞曼效应光谱

(2) 定量测量.

① 无磁场时,读出对应两干涉环两级间直径 D_k 和 D_{k-1}.

② 加磁场后,转动偏振片使视场出现 π 分裂,分别测量直径 D_a,D_b 和 D'_a,D'_b.

③ 用式(12)求出塞曼分裂的波数差 $\Delta\tilde{\nu}'$,

④ 用式(5)求电子荷质比(理论值 $e/m=1.758\,820\,12\times10^{11}$ C/kg).

【注意事项】

(1) 汞灯由霓虹灯变压器供电,电压很高,务必注意安全,不要折断汞灯及电线.

(2) 电磁铁切断电源前,必须将励磁电流调为零.

(3) F-P 标准具十分精密,调节时务必细心谨慎.

【思考题】

(1) 简述利用塞曼效应测量电子荷质比的基本原理和实验方法.

(2) 在调节 F-P 标准具过程中,如人眼沿某一方向移动,为什么会发现有条纹冒出? 应如何调节?

(3) 实验装置中为什么要加干涉滤光片?

实验四十五　核磁共振

【实验目的】

(1) 了解核磁共振的基本原理.

(2) 熟悉核磁共振谱仪,观察核磁共振现象.

(3) 用核磁共振法校准恒定磁场 B_0.

(4) 测定氢核和氟核 ^{19}F 的旋磁比 γ_F 和朗德因子 g_F.

【实验器材】

磁铁及调场线圈、探头与样品、边限振荡器、磁场扫描电源、频率计和示波器.

【实验原理】

核磁共振是指具有磁矩的原子核在静磁场中受到电磁波的激发而产生的共振跃迁现象,其物理基础是原子核的自旋. 1945 年 12 月,美国哈佛大学珀塞尔等首先观察到石蜡样品中质子(即氢原子核)的核磁共振吸收信号. 1946 年 1 月,美国斯坦福大学布洛赫研究小组在水样品中也观察到质子的核磁共振信号. 两人由于这项成就,获得 1952 年诺贝尔物理学奖. 核磁共振的相关技术仍在不断发展之中,目前核磁共振已经广泛应用到许多科学领域,是物理、化学、生物和医学研究中的一项重要试验技术. 它是测定原子的核磁矩和研究核结构的直接而又准确的方法,也是精确测量磁场的重要方法之一.

本实验以氢核为主要研究对象介绍核磁共振的基本原理和观测方法. 氢核虽然是最简单的原子核,但它是目前在核磁共振应用中最常见和最有用的原子核.

(1) 单个核的磁共振.

通常将原子核的总磁矩在其角动量 $\boldsymbol{P}$ 方向的投影 $\boldsymbol{\mu}$ 称为核磁矩,它们之间的关系通常写成

$$\boldsymbol{\mu}=\gamma\cdot\boldsymbol{P}$$

或

$$\boldsymbol{\mu}=g_{\mathrm{N}}\cdot\frac{e}{2m_{\mathrm{P}}}\cdot\boldsymbol{P} \tag{1}$$

式中,$\gamma=g_{\mathrm{N}}\cdot\dfrac{e}{2m_{\mathrm{P}}}$称为旋磁比;$e$ 为电子电荷;m_{P} 为质子质量;g_{N} 为朗德因子. 不同的核具有不同的朗德因子. 对氢核来说,$g_{\mathrm{N}}=5.585\ 1$.

按照量子力学,原子核角动量的大小由

$$P=\sqrt{I(I+1)}\hbar \tag{2}$$

确定. 式中,$\hbar=\dfrac{h}{2\pi}$,h 为普朗克常数;I 为核的自旋量子数,可以取 $I=0,\dfrac{1}{2},1,\dfrac{3}{2},\cdots$ 对氢核来说,$I=\dfrac{1}{2}$.

把氢核放入外磁场 $\boldsymbol{B}$ 中,可以取坐标轴 z 方向为 $\boldsymbol{B}$ 的方向. 核的角动量在 $\boldsymbol{B}$ 方向上的投影值由

$$P_B=m\cdot\hbar \tag{3}$$

决定. 式中,m 称为磁量子数,可以取 $m=I,I-1,\cdots,-(I-1),-I$. 核磁矩在 $\boldsymbol{B}$ 方向上的投影值为

$$\mu_B=g_{\mathrm{N}}\frac{e}{2m_{\mathrm{P}}}P_B=g_{\mathrm{N}}\left(\frac{e\hbar}{2m_{\mathrm{P}}}\right)m$$

可简写为

$$\mu_B=g_{\mathrm{N}}\mu_{\mathrm{N}}m \tag{4}$$

式中,$\mu_{\mathrm{N}}=5.050\ 787\times10^{-27}\ \mathrm{J\cdot T^{-1}}$,称为核磁子,是核磁矩的单位.

磁矩为 $\boldsymbol{\mu}$ 的原子核在恒定磁场 $\boldsymbol{B}$ 中具有的势能为

$$E=-\boldsymbol{\mu}\cdot\boldsymbol{B}=-\mu_B B=-g_{\mathrm{N}}\mu_{\mathrm{N}}mB$$

任何两个能级之间的能量差为

$$\Delta E=E_{m1}-E_{m2}=-g_N\mu_N B(m_1-m_2) \tag{5}$$

考虑最简单的情况，对氢核而言，自旋量子数 $I=\frac{1}{2}$，所以磁量子数 m 只能取两个值，即 $m=\frac{1}{2}$ 和 $m=-\frac{1}{2}$. 磁矩在外场方向上的投影也只能取两个值，如图 8-69a 所示，与此相对应的能级如图 8-69b 所示.

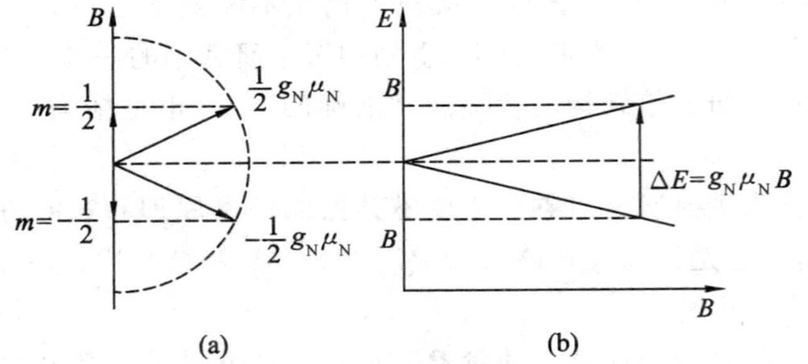

图 8-69　氢核能级在磁场中的分裂

根据量子力学的选择定则，只有 $\Delta m=\pm 1$ 的两个能级之间才能发生跃迁，这两个跃迁能级之间的能量差为

$$\Delta E=g_N\mu_N B \tag{6}$$

由式(6)可知，相邻两个能级之间的能量差 ΔE 与外磁场 $\boldsymbol{B}$ 的大小成正比. 磁场越强，则两个能级分裂也越大.

如果试验时外磁场为 $\boldsymbol{B}_0$，在该稳恒磁场区域又叠加了一个电磁波使其作用于氢核，如果电磁波的能量 $h\nu_0$ 恰好等于这时氢核两能级的能量差 $g_N\mu_N B_0$，即

$$h\nu_0=g_N\mu_N B_0 \tag{7}$$

则氢核就会吸收电磁波的能量，由 $m=\frac{1}{2}$ 的能级跃迁到 $m=-\frac{1}{2}$ 的能级，这就是核磁共振吸收现象. 式(7)就是核磁共振条件. 为了方便应用，常写成

$$\nu_0=\left(\frac{g_N\cdot\mu_N}{h}\right)B_0$$

即

$$\omega_0=\gamma B_0 \tag{8}$$

式中，ν_0 和 ω_0 分别为电磁波的频率和角频率.

(2) 核磁共振信号的强度.

上面讨论的是单个的核放在外磁场中的核磁共振理论，但试验中所用的样品是大量同类核的集合. 如果处于高能级上的核数目与处于低能级上的核数目没有差别，则在电磁波的激发下，上下能级上的核都要发生跃迁，并且跃迁的概率是相等的，吸收能量等于辐射能量，此时就观察不到任何核磁共振信号. 只有当低能级上的原子核数目大于高能级上的原子核数目，吸收能量比辐射能量多，才能观察到核磁共振信号. 在热平衡状态下，核数目在两个能级上的相对分布由玻尔兹曼因子决定：

$$\frac{N_1}{N_2}=\exp\left(-\frac{\Delta E}{kT}\right)=\exp\left(-\frac{g_N\mu_N B_0}{kT}\right) \tag{9}$$

式中，N_1 为低能级上的核数目；N_2 为高能级上的核数目；ΔE 为上下能级的能量差；k 为玻尔兹曼常数；T 为绝对温度. 当 $g_N\mu_N B_0 \ll kT$ 时，式(9)可以近似写成

$$\frac{N_1}{N_2}=1-\frac{g_N\mu_N B_0}{kT} \tag{10}$$

式(10)说明，低能级上的核数目比高能级上的核数目略微多一点. 对氢核来说，如果实验温度 $T=300$ K，外磁场 $B_0=1$ T，则

$$\frac{N_2}{N_1}=1-6.75\times10^{-6} \quad 或 \quad \frac{N_1-N_2}{N_1}\approx 7\times10^{-6}$$

这说明在室温下，每一百万个低能级上的核比高能级上的核大约只多出 7 个. 这就是说，在低能级上参与核磁共振吸收的每一百万个核中只有 7 个核的核磁共振吸收未被共振辐射所抵消，所以核磁共振信号非常微弱，检测如此微弱的信号，需要高质量的接收器.

由式(10)可以看出，温度越高，粒子差数越小，对观察核磁共振信号越不利. 外磁场 $\boldsymbol{B}_0$ 越强，粒子差数越大，越有利于观察核磁共振信号. 因此，一般要求核磁共振实验要磁场强一些.

另外，为观察到核磁共振信号，仅仅使磁场强一些还不足，磁场在样品范围内还应高度均匀，否则磁场多强也观察不到核磁共振信号. 原因之一是，核磁共振信号由式(7)决定，如果磁场不均匀，则样品内各部分的共振频率不同. 对某个频率的电磁波，将只有少数核参与共振，结果信号被噪声所淹没，难以观察到核磁共振信号.

(3) 实验装置.

核磁共振仪器的连线如图 8-70 所示.

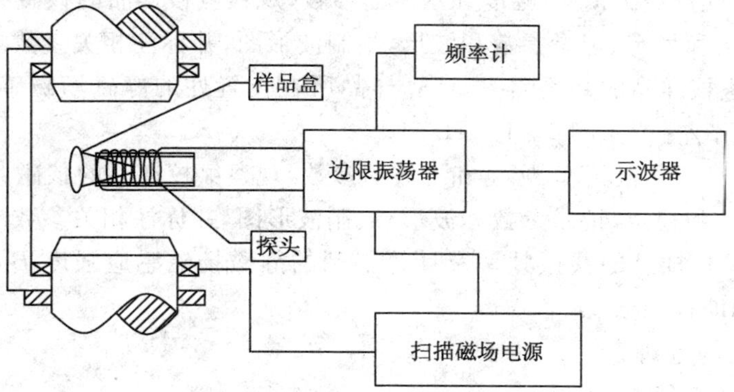

图 8-70　核磁共振仪器连线图

① 磁铁.

磁铁的作用是产生稳恒磁场 $\boldsymbol{B}_0$，它是核磁共振实验装置的核心，要求磁铁能够产生尽量强、非常稳定均匀的磁场. 强磁场有利于更好地观察核磁共振信号，磁场空间分布均匀性和稳定性越好，则核磁共振实验仪的分辨率就越高. 核磁共振试验装置中的磁铁有永久磁铁、电磁铁和超导磁铁 3 类.

② 边限振荡器.

边限振荡器具有与一般振荡器不同的输出特性，其输出幅度随外界吸收能量的轻

微增加而明显下降，当吸收能量大于某一阈值时即停振，因此通常被调整在振荡和不振荡的边缘状态，故称为边限振荡器.

③ 扫场单元.

观察核磁共振信号的最好途径是使用示波器，但示波器只能观察交变信号，所以必须设法使核磁共振信号交替出现，为此可采用扫频法或扫场法. 本实验中采用扫场法，即固定共振磁场的频率，在共振点附近连续改变静磁场的强度，使其扫过共振点. 这种方法需要在平行于静磁场的方向上叠加一个较弱的交变磁场，简称扫场. 在连续改变时，缓慢通过共振点. 图 8-71 给出了外磁场随时间的变化及响应的共振信号的关系. 从图 8-71 中可知，静磁场的变化范围是 $B=B_0\pm B'$（实际试验中 $B'/B_0\approx10^{-4}\sim10^{-2}$）. 因此，必须先要改变共振射频磁场的频率 ν_0，使 ν_0 进入捕捉范围，这时就能观察到共振信号. 这时的共振信号间隔可能是不等的，如图 8-71 中，其共振信号发生在虚线 a 与 b 的相交处，这时的场强 $\boldsymbol{B}$ 是难以确定的. 如果继续调整 ν_0，使得共振信号排列等间距，即共振点在扫场的过零处（图 8-71 的虚线 b），那么扫场就不参与共振，从而可以确定固定磁场 $\boldsymbol{B}_0$ 的大小.

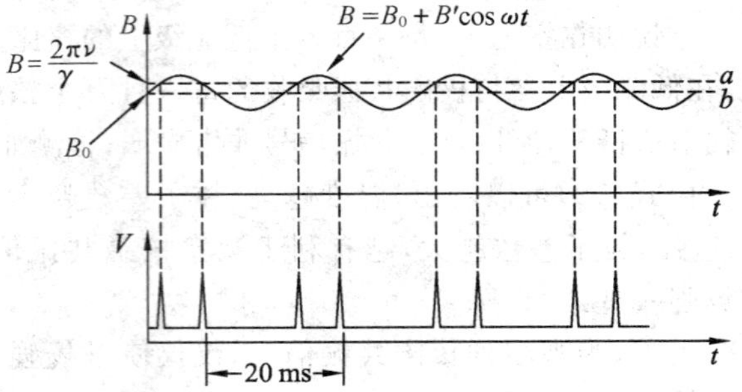

图 8-71　扫场、静磁场与共振信号之间的关系

【实验内容及步骤】

（1）熟悉各仪器的性能并用相关线连接.

（2）调整扫场、共振频率、幅度和示波器参数，观察氢核样品的核磁共振信号，使之达到幅度的最大和稳定，记录参数和波形，绘制波形图，并标注相关参数.

（3）根据氢核样品的共振频率，计算样品所在位置处的静磁场磁感应强度 B_0，其中氢核的旋磁比 $\gamma_N=2.675\,2\times10^8$ Hz/T.

（4）调整扫场、共振频率、幅度和示波器参数，观察氟核样品的核磁共振信号，使之达到幅度的最大和稳定，记录参数和波形，绘制波形图，并标注相关参数.

（5）根据氟核样品的共振频率及计算得到的静磁场磁感应强度 B_0，计算氟核 ^{19}F 的旋磁比 γ_F 和朗德因子 g_F.

【数据记录与处理】

（1）数据记录表格自拟.

（2）计算样品所在位置处的静磁场磁感应强度 $\boldsymbol{B}_0$.

（3）计算氟核 ^{19}F 的旋磁比 γ_F 和朗德因子 g_F.

（4）绘制波形图，并标注相关参数.

【思考题】

（1）本实验中有几个磁场？它们的相互方向有什么要求？

（2）根据本实验的学习，简述磁场的强弱对于核磁共振成像的质量的影响.

附　　录

1　国际单位制单位

1.1　国际单位制的基本单位和辅助单位

量的名称	单位名称	单位符号
长度	米	m
质量	千克	kg
时间	秒	s
热力学温度	开[尔文]	K
电流	安[培]	A
物质的量	摩[尔]	mol
发光强度	坎[德拉]	cd
平面角	弧度	rad
立体角	球面度	sr

1.2　国际单位制中具有专门名称的导出单位

量的名称	单位名称	符号	用 SI 基本单位的表示式
频率	赫[兹]	Hz	s^{-1}
力，重力	牛[顿]	N	$m \cdot kg \cdot s^{-2}$
压力，压强，应力	帕[斯卡]	Pa	$m^{-1} \cdot kg \cdot s^{-2}$
能[量]，功，热量	焦[耳]	J	$m^2 \cdot kg \cdot s^{-2}$
功率，辐[射能]通量	瓦[特]	W	$m^2 \cdot kg \cdot s^{-3}$
电荷[量]	库[仑]	C	$s \cdot A$
电势，电压，电动势	伏[特]	V	$m^2 \cdot kg \cdot s^{-3} \cdot A^{-1}$
电容	法[拉]	F	$m^{-2} \cdot kg^{-1} \cdot s^4 \cdot A^2$
电阻	欧[姆]	Ω	$m^2 \cdot kg \cdot s^{-3} \cdot A^{-2}$
电导	西[门子]	S	$m^{-2} \cdot kg^{-1} \cdot s^3 \cdot A^2$
磁通[量]	韦[伯]	Wb	$m^2 \cdot kg \cdot s^{-2} \cdot A^{-1}$
磁通[量]密度，磁感应强度	特[斯拉]	T	$kg \cdot s^{-2} \cdot A^{-1}$
电感	亨[利]	H	$m^2 \cdot kg \cdot s^{-2} \cdot A^{-2}$
摄氏温度	摄氏度	℃	K
光通量	流[明]	lm	$cd \cdot sr$
[光]照度	勒[克斯]	lx	$m^{-2} \cdot cd \cdot sr$
[放射性]活度	贝可[勒尔]	Bq	s^{-1}
吸收剂量	戈[瑞]	Gy	$m^2 \cdot s^{-2}$
剂量当量	希[沃特]	Sv	$m^2 \cdot s^{-2}$

1.3　单位词头

因数	词冠		代号	
			中文	国际
10^{18}	艾[可萨]	(exa)	艾	E
10^{15}	拍[它]	(peta)	拍	P
10^{12}	太[拉]	(tera)	太	T
10^{9}	吉[咖]	(giga)	吉	G
10^{6}	兆	(mega)	兆	M
10^{3}	千	(kilo)	千	k
10^{2}	百	(hecto)	百	h
10^{1}	十	(deca)	十	da
10^{-1}	分	(deci)	分	d
10^{-2}	厘	(centi)	厘	c
10^{-3}	毫	(milli)	毫	m
10^{-6}	微	(micro)	微	μ
10^{-9}	纳[诺]	(nano)	纳	n
10^{-12}	皮[可]	(pico)	皮	p
10^{-15}	飞[母托]	(femto)	飞	f
10^{-18}	阿[托]	(atto)	阿	a

2　基本的和重要的物理常数

名称	符号	数值和单位
真空中的光速	c	$2.997\,924\,584\times10^{8}$ m·s^{-1}
基本电荷	e	$1.602\,176\,487(40)\times10^{-19}$ C
电子静质量	m_e	$9.109\,382\,15(45)\times10^{-31}$ kg
中子静质量	m_n	$1.674\,927\,211(84)\times10^{-27}$ kg
质子静质量	m_p	$1.672\,621\,637(83)\times10^{-27}$ kg
原子质量常量	m_u	$1.660\,538\,782(83)\times10^{-27}$ kg
普朗克常量	h	$6.626\,068\,96(33)\times10^{-34}$ J·s
阿伏伽德罗常数	N_A	$6.022\,141\,79(30)\times10^{-23}$ mol^{-1}
摩尔气体常量	R	$8.314\,472(15)$ mol^{-1}·K^{-1}
玻尔兹曼常量	K	$1.380\,650\,4(24)\times10^{-23}$ J·K^{-1}
万有引力常量	G	$6.674\,28(67)\times10^{-11}$ m^{3}·kg^{-1}·s^{-1}
法拉第常量	F	$96\,485.339\,9(24)$ C·mol^{-1}
里德伯常量	R_∞	$1.097\,373\,156\,852\,7(73)\times10^{7}$ m^{-1}
电子荷质比	e/m_e	$1.758\,820\,150(44)\times10^{11}$ C·kg^{-1}
经典电子半径	r_e	$2.817\,940\,325(28)\times10^{15}$ m
电子康普顿波长	λ_c	$2.426\,310\,217\,5(33)\times10^{-12}$ m
玻尔磁子	μ_B	$9.274\,009\,15(23)\times10^{-24}$ J·T^{-1}

续表

名称	符号	数值和单位
玻尔半径	a_0	$5.291\,772\,085\,9(36)\times10^{-11}$ m
标准大气压	p_0	$1.013\,25\times10^{5}$ Pa
标准大气压下理想气体的摩尔体积	V	$22.413\,996\times10^{-3}$ $m^3\cdot mol^{-1}$
真空电容率	ε_0	$8.854\,187\,817\times10^{-12}$ $F\cdot m^{-1}$
真空磁导率	μ_0	$1.256\,637\,061\,4\times10^{-6}$ $N\cdot A^{-2}$
冰点绝对温度	T_0	273.15 K
标准状态下声音在空气中的速度	c	331.45 $m\cdot s^{-1}$
标准状态下干燥空气密度	ρ_a	1.293 $kg\cdot m^{-3}$
标准状态下水银密度	ρ_{Hg}	13 505.04 $kg\cdot m^{-3}$
钠光谱中黄线波长	λ_D	589.3 nm
在 15 ℃,101 325 Pa 时镉光谱中红线的波长	λ_{Cd}	643.846 96 nm

注：表中基本物理常数为科学技术数据委员会(CODATA)2006 年国际推荐值.

3　一些常用的物理数据

3.1　在标准大气压下不同温度的纯水的密度

温度 t/℃	密度 ρ/($kg\cdot m^{-3}$)	温度 t/℃	密度 ρ/($kg\cdot m^{-3}$)	温度 t/℃	密度 ρ/($kg\cdot m^{-3}$)
0	999.841	17	998.774	34	994.371
1	999.900	18	998.595	35	994.031
2	999.941	19	998.405	36	993.680
3	999.965	20	998.203	37	993.330
4	999.973	21	997.992	38	992.960
5	999.965	22	997.770	39	992.590
6	999.941	23	997.638	40	992.210
7	999.902	24	997.296	41	991.830
8	999.849	25	997.044	42	991.440
9	999.781	26	996.783	50	988.040
10	999.700	27	996.512	60	983.210
11	999.605	28	996.232	70	977.780
12	999.498	29	995.944	80	971.800
13	999.377	30	995.646	90	965.310
14	999.244	31	995.340	100	958.350
15	999.099	32	995.025		
16	998.943	33	994.702		

3.2 在 20 ℃时常用固体和液体的密度

物质	密度 $\rho/(10^3\,kg\cdot m^{-3})$	物质	密度 $\rho/(10^3\,kg\cdot m^{-3})$
铝	2.70	水晶玻璃	2.90～3.00
铜	8.94	窗玻璃	2.40～2.70
铁	7.86	冰(0℃)	0.80～0.92
银	10.50	甲醇	0.79
金	19.27	乙醇	0.789
钨	19.30	乙醚	0.71
铂	21.45	汽油	0.66～0.75
铅	11.34	松节油	0.87
锡	7.30	变压器油	0.84～0.89
水银	13.546	甘油	1.261
钢	7.60～7.90	蓖麻油	0.96～0.97
石英	2.50～2.80		

3.3 在 20 ℃时某些金属的杨氏模量

金属	杨氏模量	
	E/GPa	$E/(N\cdot m^{-2})$
铝	70.00～71.00	$(7.000\sim7.100)\times10^{10}$
钨	415.0	4.150×10^{11}
铁	190.0～210.0	$(1.900\sim2.100)\times10^{11}$
铜	105.0～130.0	$(1.050\sim1.300)\times10^{11}$
金	79.00	7.900×10^{10}
银	70.00～82.00	$(7.000\sim8.200)\times10^{10}$
锌	800.0	8.000×10^{10}
镍	205.0	2.050×10^{11}
铬	240.0～250.0	$(2.400\sim2.500)\times10^{11}$
合金钢	210.0～220.0	$(2.100\sim2.200)\times10^{11}$
碳钢	200.0～210.0	$(2.000\sim2.100)\times10^{11}$
康钢	163.0	1.630×10^{11}

注：杨氏模量 E 的值跟材料的结构、化学成分及加工制造方法有关，因此在某些情况下，E 的值可能跟表中所列的值不同.

3.4　水的表面张力系数

水的温度 T/℃	10	15	20	25	30
$\alpha/(10^{-2}\ N\cdot m^{-1})$	7.422	7.349	7.275	7.197	7.118

3.5　水的黏度

温度 t/℃	黏度 $\eta/(10^{-3}\ Pa\cdot s)$	温度 t/℃	黏度 $\eta/(10^{-3}\ Pa\cdot s)$
0	1.79	16	1.11
1	1.73	17	1.08
2	1.67	18	1.06
3	1.62	19	1.03
4	1.57	20	1.01
5	1.52	21	0.98
6	1.47	22	0.96
7	1.43	23	0.94
8	1.39	24	0.91
9	1.35	25	0.89
10	1.31	26	0.87
11	1.27	27	0.85
12	1.24	28	0.84
13	1.20	29	0.82
14	1.17	30	0.80
15	1.14		

3.6　某些材料的热导率

名称	热导率/ $(W\cdot m^{-1}\cdot K^{-1})$	名称	热导率/ $(W\cdot m^{-1}\cdot K^{-1})$
空气(0 ℃)	2.4×10^{-2}	矿渣砖	5.8×10^{-1}
氢气(0 ℃)	1.4×10^{-1}	砂(湿度<1%)	8.1×10^{-1}
铝	2.0×10^{2}	胶合板	1.7×10^{-1}
铜	3.9×10^{2}	软木板	5.6×10^{-2}
钢	4.6×10^{1}	沥青油毡	1.7×10^{-1}
钢筋混凝土*	1.55	石棉板	4.7×10^{-2}
碎石混凝土	1.16	聚氯乙烯(泡沫塑料)	3.0×10^{-2}
粉煤灰矿渣混凝土	0.7	聚氨脂	2.0×10^{-2}
大理石、花岗石、玄武石	3.49	橡胶板	1.5×10^{-1}
砂石、石英岩	2.03	玻璃	6.6×10^{-1}
重石灰岩	1.16	有机玻璃	1.32

注:制品数据为在正常温度条件测定,否则将有较大差异.

3.7 某些金属或合金的电阻率及其温度系数

金属或合金	电阻率/(μΩ·m)	温度系数/(℃⁻¹)	金属或合金	电阻率/(μΩ·m)	温度系数/(℃⁻¹)
铝	0.028	42×10^{-4}	锌	0.059	42×10^{-4}
铜	0.0172	43×10^{-4}	锡	0.12	44×10^{-4}
银	0.016	40×10^{-4}	水银	0.958	10×10^{-4}
金	0.024	40×10^{-4}	武德合金	0.52	37×10^{-4}
铁	0.098	60×10^{-4}	钢[$w(c)$0.10%～0.15%]	0.10～0.14	6×10^{-3}
铅	0.205	37×10^{-4}	康铜	0.47～0.51	$(-0.04\sim0.01)\times10^{-3}$
铂	0.105	39×10^{-4}	铜锰镍合金	0.34～1.00	$(-0.03\sim0.02)\times10^{-3}$
钨	0.055	48×10^{-4}	镍铬合金	0.98～1.18	$(0.03\sim0.4)\times10^{-3}$

注：电阻率与金属中的杂质有关，因此表中列出的只是 20 ℃时电阻率的平均值.

3.8 几种热电偶的温差电动势系数

温度/℃	温差电动势系数/(μV·℃⁻¹)		
	铜-康铜	铜-铂	铂-康铜
−270	1.016	0.136	0.700
−195.802	16.328	−4.255	20.583
−100	28.394	1.211	27.183
−78.476	30.828	2.347	28.481
0	38.741	5.881	32.860
100	46.773	9.378	37.395
200	53.146	11.885	41.261
300	58.086	14.302	43.785
400	61.793	16.297	45.495

3.9 某些物质中的声速

物质		声速/(m·s⁻¹)	物质		声速/(m·s⁻¹)
氧气	0 ℃(标准状态)	317.2	NaCl 4.8%水溶液	20 ℃	1 542
氩气	0 ℃	319	甘油	20 ℃	1 923
干燥空气	0 ℃	331.45	铅*		1 210
	10 ℃	337.46	金		2 030
	20 ℃	343.37	银		2 680
	30 ℃	349.18	锡		2 730
	40 ℃	354.89	铂		2 800
氮气	0 ℃	337	铜		3 750
氢气	0 ℃	1 269.5	锌		3 850
二氧化碳	0 ℃	258	钨		4 320
一氧化碳	0 ℃	337.1	镍		4 900
四氯化碳	20 ℃	935	铝		5 000
乙醚	20 ℃	1 006	不锈钢		5 000
乙醇	20 ℃	1 168	重硅钾铅玻璃		3 720
丙酮	20 ℃	1 190	轻氯铜银铅冕玻璃		4 540
汞	20 ℃	1 451.0	硼硅酸玻璃		5 170
水	20 ℃	1 482.9	熔融石英		5 760

注：固体中的声速为沿棒传播的纵波速度.

3.10 常用光源的谱线波长

nm

光源	波长	光源	波长	光源	波长
H(氢)		Ne(氖)		Hg(汞)	
	656.28 红		650.65 红		623.44 橙
	486.13 蓝绿		640.23 橙		579.07 黄$_2$
	434.05 紫		638.30 橙		576.96 黄$_1$
	410.17 紫		626.65 橙		546.07 绿
	397.01 紫		621.73 橙		491.60 蓝绿
			614.31 橙		435.83 蓝紫
			588.19 黄		404.66 紫
			585.25 黄		
He(氦)		Na(钠)		He-Ne 激光	
	706.52 红		589.592(D_1)黄		632.8 橙
	667.82 红		588.995(D_2)黄	Cd(镉)	
	587.56(D_3)黄				643.847 红
	501.57 绿				508.582 绿
	492.19 蓝绿				
	471.31 蓝				
	447.15 紫				
	402.62 紫				
	388.87 紫				